Teilchendetektoren

Teilchendetektoren

von
Prof. Dr. Claus Grupen
Universität Siegen

Wissenschaftsverlag
Mannheim·Leipzig·Wien·Zürich

Die Deutsche Bibliothek – CIP-Einheitsaufnahme

Grupen, Claus:
Teilchendetektoren / Claus Grupen. – Mannheim; Leipzig;
Wien; Zürich: BI-Wiss.-Verl., 1993
  ISBN 3-411-16571-5

Gedruckt auf säurefreiem Papier
mit neutralem pH-Wert (bibliotheksfest)

Umschlagbild: Schauer kosmischer Myonen
im ALEPH-Experiment in 150 m Tiefe unter der Erde [44].

© Bibliographisches Institut & F.A. Brockhaus AG, Mannheim 1993
Druck: RK Offsetdruck GmbH, Speyer
Bindearbeit: Ludwig Fleischmann, Fulda
Printed in Germany
ISBN 3-411-16571-5

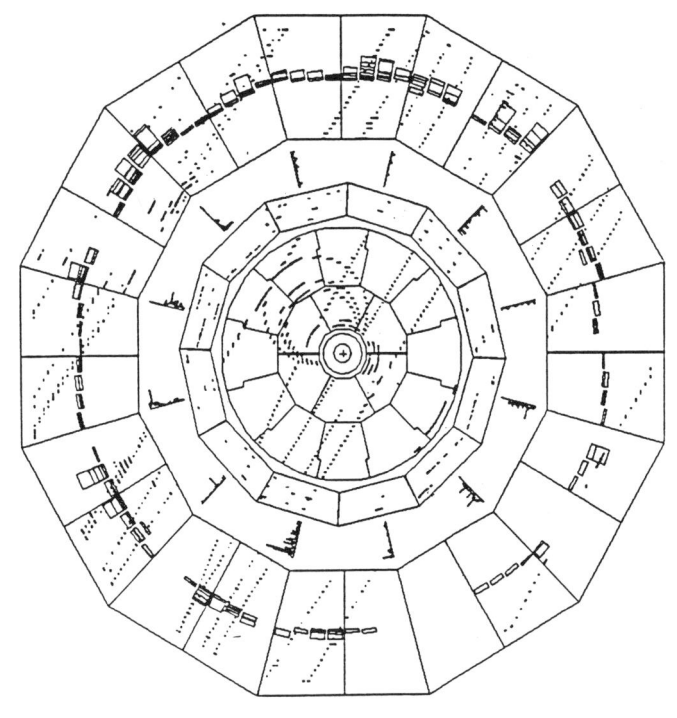

Titelbild:

Schauer kosmischer Myonen im ALEPH-Experiment

in 150 Meter Tiefe unter der Erde [44]

Vorwort

Das Motiv, das den Forscher zu neuen Entdeckungen und Erkenntnissen führt, ist im Grunde die Neugier. Der Fortschritt wird erreicht durch gezielte Fragen an die Natur, d.h. Experimente. Um solche Experimente auswerten zu können, müssen Meßdaten erfaßt werden. Die einfachsten Meßgeräte sind die Sinnesorgane des Menschen. Für moderne Fragestellungen sind diese Naturmeßinstrumente aber nicht hinreichend empfindlich, oder sie haben einen zu geringen dynamischen Bereich. Am Beispiel des menschlichen Auges wird dies offenkundig. Um einen Lichteindruck wahrzunehmen, benötigt ein Auge etwa 20 Photonen; ein Photomultiplier kann dagegen einzelne Photonen "sehen". Der dynamische Bereich des Auges umfaßt den Bereich einer halben Frequenzdekade (Wellenlängenbereich 400 bis 800 nm), das Spektrum der elektromagnetischen Wellen vom technischen Wechselstrom über Radiowellen, Mikrowellen, Infrarotstrahlung, sichtbares Licht, Ultraviolett-, Röntgen- und Gammastrahlung überstreicht 23 Frequenzdekaden!

Für viele Fragestellungen an die Natur mußten deshalb präzise Meßgeräte entwickelt werden, die objektive Resultate in einem weiten Bereich liefern. Auf diese Weise hat der Mensch seine Sinne geschärft und neue entwickelt. Dabei benötigt man für viele Experimente ganz spezielle Detektoren, die meist ein oder mehrere Meßziele in sich vereinigen. Einen Multifunktionsdetektor, der alle Parameter meßtechnisch erfaßt, gibt es noch nicht.

Um in die Welt des Mikrokosmos vorzustoßen, benötigt man Mikroskope. Mit sichtbarem Licht kann man höchstens Strukturen erkennen, die von der Größenordnung der Wellenlänge des Lichtes sind, also $\sim 0.5\,\mu m$. Die Mikroskope von Elementarteilchenphysikern sind die heutigen Beschleuniger mit ihren Detektoren. Wegen der umgekehrten Proportionalität von Wellenlänge und Impuls (de Broglie-Beziehung), lassen sich mit Teilchen hohen Impulses kleine Strukturen untersuchen. Gegenwärtig erreicht man hier Auflösungen von der Größenordnung $10^{-17}\,cm$, also eine Verbesserung gegenüber dem optischen Mikroskop um einen Faktor 10^{13}.

Zur Untersuchung des Makrokosmos, der Struktur des Universums, werden Energiequanten aus den Bereichen von einigen 100 Mikro-Elektronenvolt (μeV, kosmische Hintergrundstrahlung) bis hin zu $10^{20}\,eV$ (höchstenergetische kosmische Strahlung) herangezogen.

Zur Bewältigung all dieser Aufgaben werden Meßgeräte benötigt, die Parameter wie Zeit, Energie, Impuls, Geschwindigkeit und Ort von Teilchen und Strahlung bestimmen können. Darüberhinaus muß die Natur der Teilchen identifiziert werden, was durch Kombination verschiedener Messungen erreichbar ist.

Im folgenden werden Detektoren beschrieben, die in den Bereichen der Elementarteilchenphysik, der kosmischen Strahlung, der Hochenergie-Astrophysik, der Kernphysik, des Strahlenschutzes und z.T. in der Medizin Verwendung finden. Neben der Beschreibung der prinzipiellen Wirkungsweise und charakteristischer Eigenschaften der Detektoren wird exemplarisch auf Anwendungsgebiete eingegangen.

Dieses Buch ist aus Vorlesungen entstanden, die ich seit etwa 20 Jahren gehalten habe. Meist liefen diese Vorlesungen unter dem Titel "Teilchendetektoren". Jedoch wurden in anderen Spezialvorlesungen ("Einführung in den Strahlenschutz", "Elementarteilchenprozesse in der kosmischen Strahlung", "Gammaastronomie" und "Neutrinoastronomie") immer wieder spezielle Aspekte des Teilchennachweises behandelt. Das vorliegende Buch ist ein Versuch, die unterschiedlichen Aspekte des Strahlungs- und Teilchennachweises zusammenfassend darzustellen. Dabei steht der Anwendungsbereich für die Elementarteilchenphysik und die Physik der kosmischen Strahlung im Vordergrund.

Ich möchte nicht unerwähnt lassen, daß es zu diesem Thema in der deutschsprachigen Literatur bereits sehr schöne Darstellungen gibt. Dabei sind das etwas ältere Buch von Allkofer [48] und die drei Auflagen des aktuellen Buches von Kleinknecht [32] besonders hervorzuheben.

Ohne die tatkräftige Unterstützung vieler Mitarbeiter wäre die Fertigstellung dieses Buches unmöglich gewesen. Ich danke den Herren Dr. U. Schäfer, Dr. L. Smolik, Dr. A. Böhrer und Dipl.Phys. S. Schmidt für viele Anregungen und Verbesserungsvorschläge. Dr. R. Werthenbach und die Studenten R. Pfitzner und W. Meißner haben das Manuskript sorgfältig Korrektur gelesen. Herr Dipl.Phys. G. Lutters hat wesentliche Beiträge bei der Zusammenstellung eines umfangreichen Stichwortverzeichnisses geleistet. Ich danke Frau U. Bender, Frau C. Tamarozzi und Frau A. Wied für die Herstellung des

druckfertigen Manuskriptes und Herrn M. Euteneuer, Frau C. Tamarozzi sowie Frau T. Stöcker für die Anfertigung der vielen Zeichnun-
gen. Herrn Dipl.Phys. T. Stroh, Herrn R. Pfitzner, Herrn Dipl.Phys.
G. Gillessen und Herrn Cornelius Grupen danke ich für die Mithilfe
beim Computer-Layout des Textes und der Abbildungen.

Siegen, März 1993   Claus Grupen

Inhaltsverzeichnis

	Einleitung	**15**
1	**Wechselwirkung von Teilchen und Strahlung mit Materie**	**17**
	1.1 Wechselwirkung von geladenen Teilchen	18
	1.1.1 Energieverlust durch Ionisation und Anregung	20
	1.1.2 Ionisationsausbeute	31
	1.1.3 Vielfachstreuung	37
	1.1.4 Bremsstrahlung	38
	1.1.5 Direkte Paarerzeugung	42
	1.1.6 Energieverlust durch photonukleare Wechselwirkungen	43
	1.1.7 Gesamter Energieverlust	43
	1.1.8 Energie-Reichweite-Beziehung für geladene Teilchen	45
	1.2 Wechselwirkungen von Photonen	50
	1.2.1 Photoeffekt	51
	1.2.2 Compton-Effekt	52
	1.2.3 Paarerzeugung	54
	1.2.4 Totaler Photoabsorptionsquerschnitt	56
	1.3 Starke Wechselwirkungen von Hadronen	60
	1.4 Drift und Diffusion in Gasen	62
2	**Charakteristische Größen von Detektoren**	**71**
3	**Einheiten der Strahlungsmessung**	**83**
4	**Detektoren zur Orts- und Ionisationsmessung**	**89**
	4.1 Ionisationskammern	89
	4.2 Proportionalzähler	97

4.3   Auslösezähler (Geiger-Müller-Zähler)   107
4.4   Streamer-Rohre   109
4.5   Teilchenregistrierung in Flüssigkeiten   116
4.6   Vieldrahtproportionalkammer   119
4.7   Ebene Driftkammern   128
4.8   Zylindrische Drahtkammern   136
4.8.1 Zylinder-Proportionalkammern und
      Zylinder-Driftkammern   137
4.8.2 Jet-Driftkammern   145
4.8.3 Zeit-Projektions-Kammer
      (TPC – Time Projection Chamber)   149
4.9   Abbildungskammer   154
4.10 Alterungseffekte in Drahtkammern   156
4.11 Blasenkammer   163
4.12 Nebelkammer   170
4.13 Streamer-Kammer   173
4.14 Neon-Flash-Kammern   179
4.15 Funkenkammern   182
4.16 Kernemulsionen   188
4.17 Silberhalogenidkristalle   194
4.18 Röntgenfilme   195
4.19 Thermolumineszenz-Detektoren   196
4.20 Radiophotolumineszenz-Detektoren   198
4.21 Plastikdetektor   198
4.22 Vergleich der Detektoren zur Orts- und Ionisations-
      messung   201

5 Zeitmessung   205
   5.1   Photomultiplier   205
   5.2   Szintillatoren   213
   5.3   Planare Funkenzähler   226

6 Teilchenidentifizierung   229
   6.1   Neutronennachweis   230
   6.2   Neutrinodetektoren   235
   6.3   Flugzeitzähler   235
   6.4   Cherenkov-Zähler   238
   6.5   Übergangsstrahlungsdetektoren (TRD - Transition
         Radiation Detector)   255

6.6 Mehrfachmessung der spezifischen Ionisation 263
6.7 Vergleich der Methoden zur Identifizierung geladener
Teilchen 270

7 Energiemessung **273**
7.1 Halbleiterzähler 274
7.2 Elektron-Photon-Kalorimeter 291
7.3 Hadron-Kalorimeter 307
7.4 Teilchenidentifikation mit Kalorimetern 326
7.5 Eichung und Überwachung von Kalorimetern 332
7.6 Kryogenische Kalorimeter 335

8 Impulsmessung **341**
8.1 Magnetspektrometer für Experimente mit festem
Target 341
8.2 Magnetspektrometer für spezielle
Anordnungen 350

9 Beispiele für Anwendungen von Detektorsystemen **359**
9.1 Strahlenkamera 360
9.2 Oberflächenuntersuchungen mit langsamen Protonen 363
9.3 Tumortherapie mit schweren Teilchen 365
9.4 Nuklididentifizierung im radioaktiven Fallout 368
9.5 Suche nach verborgenen Grabkammern in Pyramiden 369
9.6 Experimenteller Nachweis für $\nu_e \neq \nu_\mu$ 372
9.7 Funkenkammerteleskop für hochenergetische
γ-Strahlen 376
9.8 Messung von ausgedehnten Luftschauern mit dem
Fliegenauge 378
9.9 Suche nach dem Nukleon-Zerfall mit
Wasser-Cherenkov-Zählern 381
9.10 Altersbestimmung mit Hilfe der ^{14}C-Methode 382
9.11 Havariedosimetrie 384
9.12 Das Elektron-Positron-Speicherring-Experiment
ALEPH 384

Schlußbetrachtung **393**

Glossar **395**

Anhang A
Tabelle wichtiger Naturkonstanten   423

Anhang B
Definition und Umrechnung einiger physikalischer
Einheiten   427

Literaturverzeichnis   431

Index   453

Einleitung

Die Entwicklung der Teilchendetektoren beginnt praktisch mit der Entdeckung der radioaktiven Strahlung im Jahre 1896 durch Henri Becquerel. Er stellte fest, daß die von Uransalzen ausgehende "Strahlung" in der Lage war, photoempfindliches Papier zu schwärzen. Praktisch zeitgleich entdeckte Wilhelm Conrad Röntgen die Röntgenstrahlung, die beim Beschuß von Materialien durch energiereiche Elektronen entstand.

Die ersten kernphysikalischen Detektoren (Röntgenfilme) waren also sehr einfach. Auch die Anfang des Jahrhunderts verwendeten Zinksulfid-Szintillatoren waren sehr elementar. Das Studium von Streuprozessen — etwa von α-Teilchen — war durch die optische Registrierung des Szintillationslichtes mit dem menschlichen Auge sehr mühsam.

Im Laufe der Zeit haben sich die Meßverfahren stark verfeinert. Es genügt heute nicht mehr, Teilchen und Strahlung nur nachzuweisen. Man möchte die Natur der Teilchen und der Strahlung identifizieren, also feststellen, ob es sich z.B. um Elektronen, Myonen, Pionen oder energiereiche γ-Quanten handelt. Ferner ist man an einer genauen Energie- und Impulsmessung interessiert. Für die meisten Anwendungen ist auch eine genaue Kenntnis des Teilchendurchgangsorts von Interesse. Aus diesen Informationen läßt sich die Bahn von Teilchen, sei es optisch (etwa in Funkenkammern, Streamer-Kammern, Blasenkammern und Nebelkammern) oder elektronisch (in Vieldrahtproportional- oder Driftkammern) rekonstruieren.

Der Trend der Teilchenmessung hat sich im Laufe der Zeit von optischen Nachweisgeräten immer stärker zu rein elektronisch auslesbaren Detektoren verlagert. Deshalb spielt die elektronische Verarbeitung der Signale von Teilchendetektoren eine zunehmend wichtige Rolle. Auch die Speicherung von Meßdaten auf Magnetplatten oder -bändern und die computerunterstützte Vorselektion von Daten ist in der Regel schon ein integraler Bestandteil von komplizierten Nachweisgeräten. Auf diese Weise werden auch immer kürzere Zykluszeiten möglich. Während man mit rein optischen Geräten (etwa Nebelkammern) nur ein Ereignis pro Minute registrieren kann, ist es heute möglich, etwa mit organischen Szintillationszählern Teilchenraten von 10^9 Hertz zu verarbeiten.

Im folgenden werden die Detektoren nach Meßzielen geordnet. Dieses Ordnungsschema ist zuerst konsequent von K. Kleinknecht [32] einführt worden. In Einzelfällen ist nicht immer leicht zu entscheiden, welchem Meßziel ein bestimmter Detektor zuzuordnen ist. Jeder Detektor nimmt automatisch eine Ortsbestimmung vor, denn er spricht ja nur an, wenn das Teilchen durch ihn, also durch ein bestimmtes, begrenztes Volumen, hindurchgegangen ist. Die Nachweisgeräte werden deshalb nach dem primären Meßziel eingeordnet. Auch dies muß nicht immer eindeutig sein, denn Halbleiterdetektoren etwa in der Kernphysik dienen einer hochpräzisen Energiemessung, als Halbleiterstreifenzähler in der Elementarteilchenphysik einer genauen Ortsmessung.

Die Anwendungsgebiete der Teilchendetektoren in der Kernphysik, der Elementarteilchenphysik, der Physik der kosmischen Strahlung, der Astronomie und Astrophysik sowie der Medizin sind in unterschiedlicher Weise gewichtet. Im Vordergrund stehen elementarteilchenphysikalische Anwendungsbereiche. Dabei sind durchaus auch astrophysikalische Fragestellungen und Techniken aus dem Bereich der kosmischen Strahlung wegen ihrer Nähe zur Teilchenphysik mit eingeschlossen.

Kapitel 1

Wechselwirkung von Teilchen und Strahlung mit Materie

Teilchen und Strahlung werden nicht direkt, sondern erst über ihre Wechselwirkung mit Materie nachgewiesen. Dabei gibt es spezifische Wechselwirkungen für geladene Teilchen, die sich von denen für neutrale Teilchen, wozu auch die Photonen gehören, unterscheiden. Im Grunde kann man sagen, daß jeder physikalische Wechselwirkungsprozeß die Basis für ein Detektorkonzept abgibt. Das Spektrum der Wechselwirkungen ist aber sehr reichhaltig und demzufolge gibt es eine Vielzahl von Nachweisinstrumenten für Teilchen und Strahlung. Hinzu kommt, daß für ein und dasselbe Teilchen unterschiedliche Wechselwirkungsprozesse bei verschiedenen Energien relevant sein können.

Es sollen hier die hauptsächlichen Wechselwirkungsmechanismen zusammenfassend dargestellt werden. Spezielle Effekte werden bei der Beschreibung der einzelnen Detektoren dargestellt. Die Wechselwirkungsprozesse werden an dieser Stelle nicht aus grundlegenden Prinzipien hergeleitet, sondern in ihren Ergebnissen dargestellt, wie sie für Teilchendetektoren benötigt werden.

Die hauptsächlichen Wechselwirkungen geladener Teilchen mit Materie sind Ionisation und Anregung. Bei relativistischen Energien tritt zusätzlich Bremsstrahlung hinzu. Neutrale Teilchen müssen erst in Wechselwirkungen geladene Teilchen erzeugen, die dann über ihre charakteristischen Wechselwirkungsprozesse nachgewiesen werden. Bei Photonen handelt es sich um Photoeffekt, Compton-Effekt und Paarerzeugung von Elektronen, also um die Erzeugung von Elektronen, die dann über ihre Ionisation der Detektormaterie registriert werden.

1.1   Wechselwirkung von geladenen Teilchen

Geladene Teilchen verlieren ihre kinetische Energie beim Durchgang durch Materie durch Anregung von gebundenen Elektronen und Ionisation. Anregungsprozesse wie

$$e^- + \text{Atom} \longrightarrow \text{Atom}^* + e^- \qquad (1.1)$$
$$\hookrightarrow \text{Atom} + \gamma$$

führen zu niederenergetischen Photonen und sind deshalb nützlich für Teilchendetektoren, die das Anregungsleuchten registrieren können. Von größerer Bedeutung sind reine Stoßprozesse, bei denen die stossenden Teilchen auf atomare Elektronen so viel Energie übertragen, daß sie den Atomverband verlassen können.

Die maximal übertragbare kinetische Energie auf ein Elektron hängt von der Masse m und dem Impuls des stoßenden Teilchens ab.

Sei der Impuls des einfallenden Teilchens

$$p = mv = \gamma m_0 \beta c \,, \qquad (1.2)$$

wobei γ der Lorentzfaktor ($= E/m_0 c^2$), $\beta c = v$ die Geschwindigkeit und m_0 die Ruhmasse sind, dann ist die maximal auf ein Elektron (Masse m_e) übertragbare kinetische Energie [64]

$$E_{\text{kin}}^{\text{max}} = \frac{2 m_e c^2 \beta^2 \gamma^2}{1 + 2\gamma m_e/m_0 + (m_e/m_0)^2} = \frac{2 m_e p^2}{m_0^2 + m_e^2 + 2 m_e \frac{E}{c^2}} \,. \qquad (1.3)$$

Es ist sinnvoll, hier die kinetische Energie anzugeben, da das Elektron nicht erst erzeugt werden muß. Die kinetische Energie E_{kin} hängt mit der Gesamtenergie E zusammen gemäß

$$E_{\text{kin}} = E - m_0 c^2 = c\sqrt{p^2 + m_0^2 c^2} - m_0 c^2 \,. \qquad (1.4)$$

Für kleine Energien

$$2\gamma m_e / m_0 \ll 1 \qquad (1.5)$$

und unter der Annahme, daß die stoßenden Teilchen keine Elektronen sind ($m_e < m_0$) kann Gl. (1.3) durch

$$E_{\text{kin}}^{\text{max}} = 2m_e c^2 \beta^2 \gamma^2 \qquad (1.6)$$

approximiert werden. Ein Teilchen (z.B. ein Myon, $m_\mu c^2 = 106\,MeV$) mit einem Lorentzfaktor von $\gamma = E/m_0 c^2 = 10$ entsprechend $E = 1.06\,GeV$ kann also auf ein Elektron (Masse $m_e c^2 = 0.511\,MeV$) etwa $100\,MeV$ übertragen.

Wenn man in Gl. (1.3) nur den quadratischen Term im Nenner vernachlässigt ($(m_e/m_0)^2 \ll 1$), was für alle Teilchen (außer für stoßende Elektronen) eine gute Annahme ist, so folgt

$$E_{\text{kin}}^{\text{max}} = \frac{p^2}{\gamma m_0 + m_0^2/2m_e} \cdot \qquad (1.7)$$

Für relativistische Teilchen ist $E_{\text{kin}} \approx E$ und $pc \approx E$, also

$$E^{\text{max}} = \frac{E^2}{E + m_0^2 c^2 / 2m_e} \qquad (1.8)$$

z.B. für Myonen

$$E^{\text{max}} = \frac{E^2}{E + 11} \quad ; \qquad E \text{ in } GeV \ . \qquad (1.9)$$

Im relativistischen Grenzfall ($E \gg m_0^2 c^2 / 2m_e$) kann also die gesamte Energie auf das Elektron übertragen werden.

Wenn das einfallende Teilchen ein Elektron ist, sind diese Näherungen allerdings nicht mehr gültig. Für diesen Fall ergibt sich (vgl. (1.3))

$$E_{\text{kin}}^{\text{max}} = \frac{p^2}{m_e + E/c^2} = \frac{E^2 - m_e^2 c^4}{E + m_e c^2} \qquad (1.10)$$

$$E_{\text{kin}}^{\text{max}} = E - m_e c^2 \qquad (1.11)$$

wie man es auch in der klassischen, nicht-relativistischen Kinematik für Teilchen gleicher Masse bei einem zentralen Stoß erwartet.

1.1.1   Energieverlust durch Ionisation und Anregung

Schon bei der Behandlung der maximal übertragbaren Energie haben wir gesehen, daß stoßende Elektronen – im Gegensatz zu schweren Teilchen ($m_0 \gg m_e$) – eine Sonderrolle spielen. Deshalb geben wir zunächst den Energieverlust für "schwere" Teilchen an. Nach Bethe und Bloch [1, 2, 4, 99, 328, 329][1] ist der mittlere Energieverlust dE pro Wegstrecke dx gegeben durch

$$-\frac{dE}{dx} = 4\pi N_A r_e^2 m_e c^2 z^2 \frac{Z}{A} \frac{1}{\beta^2} \left[\ln\left(\frac{2m_e c^2 \gamma^2 \beta^2}{I} \right) - \beta^2 - \frac{\delta}{2} \right] \quad (1.12)$$

Dabei sind

z – Ladung des einfallenden Teilchens in Einheiten der Elementarladung

Z, A – Kernladungszahl und Massenzahl des Absorbers

m_e – Elektronmasse

r_e – klassischer Elektronenradius ($r_e = \frac{1}{4\pi\varepsilon_0} \cdot \frac{e^2}{m_e c^2}$ mit ε_0 - Dielektrizitätskonstante)

N_A – Avogadro (= Loschmidt) Zahl (= Anzahl der Atome pro Grammatom) $= 6.022 \cdot 10^{23} Mol^{-1}$

I – eine für das bremsende Material charakteristische Ionisationskonstante, die durch

$$I = 16\, Z^{0.9}\, eV \quad \text{für } Z > 1$$

approximiert werden kann. I hängt allerdings von der molekularen Verbindung der Absorberatome ab. So ist $I = 15\, eV$ für atomaren und $19.2\, eV$ für molekularen Wasserstoff. Für flüssigen Wasserstoff ist $I = 21.8\, eV$.

---

[1]Für die folgenden Überlegungen und Formeln wurde hauptsächlich Sekundärliteratur verwendet, und zwar überwiegend [64, 5, 94, 332] und darin angegebene Zitate.

δ — ist ein Parameter, der berücksichtigt, daß das ausgedehnte transversale elektrische Feld einfallender relativistischer Teilchen durch die Ladungsdichte der Atomelektronen mehr oder weniger abgeschirmt wird. Auf diese Weise wird der Energieverlust reduziert ("Dichte-Effekt", "Fermi-Plateau" – des Energieverlustes). Wie der Name schon sagt, ist dieser Dichte-Effekt wesentlich in dichten Absorbermaterialien wie Blei oder Eisen. Er spielt bei Gasen unter Normaldruck aber praktisch kaum eine Rolle.

Für energiereiche Teilchen kann δ durch

$$\delta = 2\ln\gamma + \zeta$$

approximiert werden, wobei ζ eine materialabhängige Konstante ist.

Verschiedene Approximationen für δ und Materialabhängigkeiten für Parameter, die den Dichteeffekt beschreiben, sind in der Literatur ausführlich diskutiert [5].

Eine nützliche Konstante ist

$$4\pi N_A r_e^2 m_e c^2 = 0.3071 \, \frac{MeV}{g/cm^2} \cdot$$

Im logarithmischen Term tritt im Zähler der Ausdruck $2m_e c^2 \gamma^2 \beta^2$ auf, der nach Gl. (1.6) mit der maximal übertragbaren Energie identisch ist. Die mittlere Energie der durch Ionisation erzeugten Elektronen ist in Gasen etwa gleich der Ionisationsenergie [99].

Unter Verwendung der Näherung für die maximal übertragbare Energie (Gl. (1.6)) und der Abkürzung

$$\kappa = 2\pi N_A r_e^2 m_e c^2 z^2 \cdot \frac{Z}{A} \cdot \frac{1}{\beta^2} \qquad (1.13)$$

läßt sich die Bethe-Bloch-Formel kürzer schreiben als

$$-\frac{dE}{dx} = 2\kappa[\ln\frac{E_{\text{kin}}^{\max}}{I} - \beta^2 - \frac{\delta}{2}]. \qquad (1.14)$$

Der Energieverlust $-\frac{dE}{dx}$ wird gewöhnlich in Einheiten von $\frac{MeV}{g/cm^2}$ angegeben. Die Längeneinheit dx (in g/cm^2) hat sich eingebürgert, weil der Energieverlust pro Wegstrecke ("Massenbelegung")

$$dx = \varrho \cdot ds \qquad (1.15)$$

mit ϱ-Dichte (in g/cm^3) und ds-Wegstrecke (in cm) weitgehend unabhängig von Materialeigenschaften ist. Diese Längeneinheit dx gibt also die Materiebelegung an.

Gleichung (1.12) stellt nur eine Näherung für den Energieverlust geladener Teilchen durch Ionisation und Anregung in Materie dar, die allerdings bis zu Energien von einigen hundert GeV bis auf einige Prozent genau ist. Gleichung (1.12) ist aber nicht anwendbar für langsame Teilchen, d.h. für Teilchen, die sich mit Geschwindigkeiten bewegen, die denen der Atomelektronen vergleichbar oder gar noch kleiner sind. Für solche Geschwindigkeiten ($\alpha z \gg \beta \geq 10^{-3}$, $\alpha = \frac{e^2}{4\pi\varepsilon_0 \hbar c}$; Sommerfeldsche Feinstrukturkonstante) ist der Energieverlust proportional zu β. So kann etwa der Energieverlust langsamer Protonen in Silizium angegeben werden durch [94]

$$-\frac{dE}{dx} = 61.2\,\beta \quad \frac{GeV}{g/cm^2} \quad , \quad \beta < 5 \cdot 10^{-3}. \qquad (1.16)$$

Gleichung (1.12) gilt für alle Geschwindigkeiten

$$\beta \gg \alpha z \,.$$

Der Energieverlust fällt zunächst wie $1/\beta^2$ und erreicht ein breites Minimum der Ionisation in der Nähe von $\beta\gamma \approx 4$. Relativistische Teilchen ($\beta \approx 1$), die einen Energieverlust entsprechend diesem Minimum haben, heißen "minimalionisierende Teilchen". In leichten Absorbern, in denen das Verhältnis $Z/A \approx 0.5$ ist, kann der Energieverlust einfach geladener minimal ionisierender Teilchen grob durch

$$-\frac{dE}{dx}\Big|_{\min} \approx 2 \; \frac{MeV}{g/cm^2} \qquad (1.17)$$

genähert werden. Genaue materialabhängige Werte für den Energieverlust minimal ionisierender Teilchen sind in der Literatur angegeben [94, 332].

In der folgenden Tabelle sind die Energieverluste im Minimum der Ionisation für einige Standardabsorber zusammengestellt [94, 332].

Der Energieverlust steigt wieder für $\gamma > 4$ ("logarithmischer Anstieg") aufgrund des logarithmischen Terms in der Klammer von Gleichung (1.12); und zwar etwa gemäß $2 \ln \gamma$.

Absorber	$\frac{dE}{dx}\big|\min\left[\frac{MeV}{g/cm^2}\right]$	$\frac{dE}{dx}\big|\min\left[\frac{MeV}{cm}\right]$
Wasserstoff (H_2)	4.12	$0.37 \cdot 10^{-3}$
Helium	1.94	$0.35 \cdot 10^{-3}$
Lithium	1.58	0.84
Beryllium	1.61	2.98
Kohlenstoff (Graphit)	1.78	4.03
Stickstoff	1.82	$2.3 \cdot 10^{-3}$
Sauerstoff	1.82	$2.6 \cdot 10^{-3}$
Neon	1.73	$1.56 \cdot 10^{-3}$
Aluminium	1.62	4.37
Silizium	1.66	3.87
Argon	1.51	$2.69 \cdot 10^{-3}$
Titan	1.51	6.86
Eisen	1.48	11.65
Kupfer	1.44	12.90
Germanium	1.40	7.45
Zinn	1.26	9.21
Xenon	1.24	$7.30 \cdot 10^{-3}$
Wolfram	1.16	22.39
Platin	1.15	24.67
Blei	1.13	12.83
Uran	1.09	20.66
Wasser	2.03	2.03
Plexiglas	1.95	2.30

Tabelle 1.1: Mittlerer Energieverlust minimal ionisierender Teilchen in einigen Materialien [94, 332], Gase unter Normaldruck.

Die Abnahme des Energieverlustes im Minimum der Ionisation mit zunehmender Kernladungszahl rührt hauptsächlich vom Z/A Term in Gl. (1.12) her. Ein großer Teil des logarithmischen Anstiegs ist auf große Energieüberträge auf wenige Elektronen des Mediums zurückzuführen (δ-Elektronen oder Knock-on (Anstoß)-Elektronen). Durch den Dichte-Effekt wird der logarithmische Anstieg des Energieverlustes abgeflacht.

Der Energieverlust nach Gl. (1.12) beschreibt nur die Ionisationsverluste. Bei hohen Energien werden radiative Bremsstrahlungsverluste (vgl. Kap. 1.1.4) immer bedeutsamer. Der Energieverlust durch Bremsstrahlung ist proportional zur Energie des Teilchens und dominiert daher auch für schwere Teilchen den gesamten Energieverlust bei sehr hohen Energien ($> 1\ TeV$).

Der Energieverlust durch Ionisation und Anregung in Eisen ist für Myonen in Abb. 1.1 dargestellt [6, 94].

Abbildung 1.2 zeigt den Energieverlust für Elektronen, Myonen, Pionen, Protonen, Deuteronen und α-Teilchen in Luft [138].

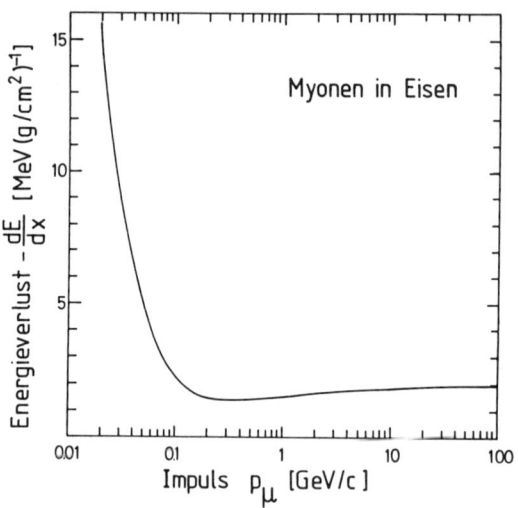

Abb. 1.1a Energieverlust durch Ionisation und Anregung für Myonen in Eisen als Funktion des Impulses [6, 94].

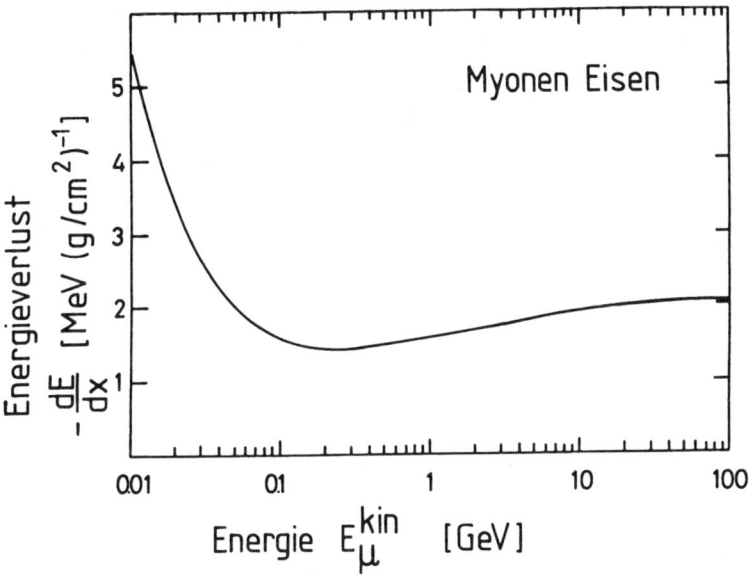

Abb. 1.1b Energieverlust durch Ionisation und Anregung für Myonen in Eisen als Funktion der Energie [6, 94].

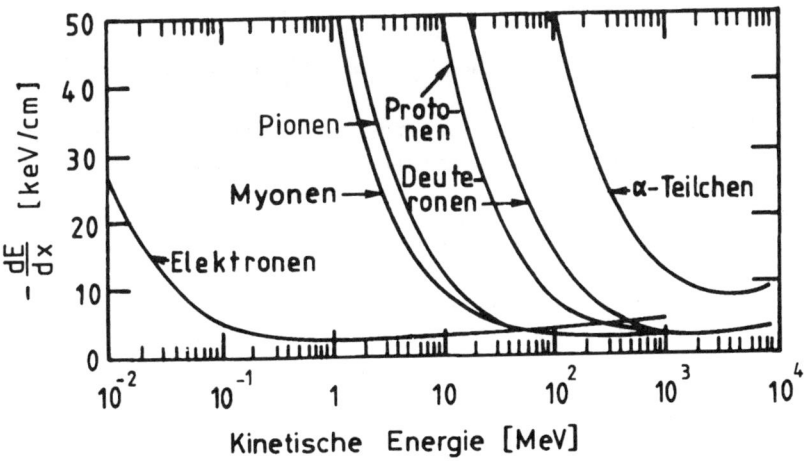

Abb. 1.2 Energieverlust für Elektronen, Myonen, Pionen, Protonen, Deuteronen und α-Teilchen in Luft [138].

Gleichung (1.12) gibt nur den mittleren Energieverlust geladener Teilchen durch Ionisation und Anregung an. Insbesondere für dünne Absorberschichten (im Sinne von Gl. (1.15)) treten starke Fluktuationen um den mittleren Energieverlust auf. Die Energieverlustverteilung ist bei dünnen Absorberschichten, also hauptsächlich in Gasen, stark unsymmetrisch [99]. Sie kann dort durch eine Landau-Verteilung beschrieben werden. Die Landau-Verteilung wird durch die inverse Laplace-Transformierte der Funktion s^s beschrieben [16, 17, 31, 387]. Eine akzeptable Approximation der Landau-Verteilung ist gegeben durch [18, 330, 388]

$$L(\lambda) = \frac{1}{\sqrt{2\pi}} \cdot \exp\left\{-\frac{1}{2}(\lambda + e^{-\lambda})\right\} \, , \qquad (1.18)$$

wobei λ die Abweichung vom wahrscheinlichsten Energieverlust angibt

$$\lambda = \frac{\Delta E - \Delta E^W}{\xi} \qquad (1.19)$$

ΔE – tatsächlicher Energieverlust in einer Schichtdicke x
ΔE^W – wahrscheinlichster Energieverlust in der Dicke x

$$\xi = 2\pi N_A r_e^2 m_e c^2 z^2 \frac{Z}{A} \cdot \frac{1}{\beta^2} \varrho x = \kappa \varrho x \qquad (1.20)$$

(ϱ – Dichte in g/cm^3 ; x – Absorberdicke in cm).

Für Argon und Elektronen von maximal 3.54 MeV aus einem ^{106}Rh-Zerfall ergibt sich für den wahrscheinlichsten Energieverlust nach [18]

$$\Delta E^W = \xi \left\{ \ln\left[\frac{2m_e c^2 \gamma^2 \beta^2}{I^2}\xi\right] - \beta^2 + 0.423 \right\} \, . \qquad (1.21)$$

Als Beispiel möge der Energieverlust von 250 MeV Elektronen in einer 1 cm dicken Argon-Gasschicht dienen. Für den wahrscheinlichsten Energieverlust, der dem Maximum der Energieverlustverteilung entspricht, ergibt sich, wenn wir als Näherung die Beziehung (1.21) verwenden,

$$\Delta E^W = 2.4 \, keV \, .$$

Dieser ist natürlich kleiner als der mittlere Energieverlust in einer 1 cm dicken Argon-Schicht.

Mit

$$\xi = 0.125\,keV$$

nach Gl. (1.20) ist die sich unter diesen Umständen ergebende Energieverlustverteilung gemäß Gl. (1.18) in Abb. 1.3 in linearem und halblogarithmischem Maßstab skizziert. Experimentell findet man, daß die gemessene Energieverlustverteilung häufig breiter ist als durch die Landau-Verteilung angegeben wird [18, 99].

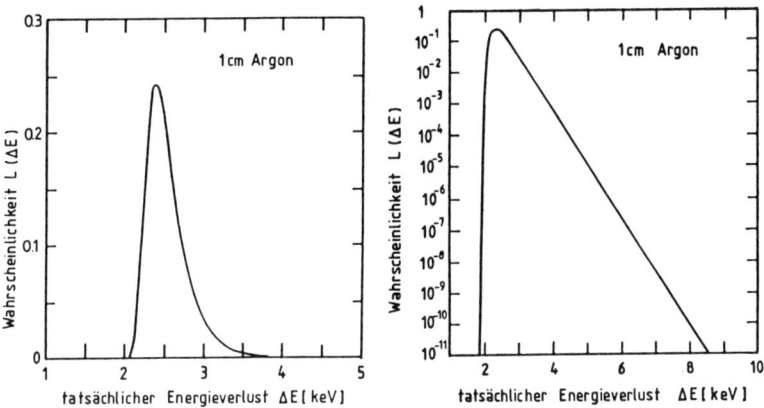

Abb. 1.3 Landauverteilung für den Energieverlust von 250 MeV Elektronen in 1 cm gasförmigem Argon in linearer und halblogarithmischer Darstellung.

Entsprechend ergibt sich der wahrscheinlichste Energieverlust für minimalionisierende Teilchen ($\beta\gamma = 4$) in 1 cm Argon zu $\Delta E^W = 1.2\,keV$, also deutlich kleiner als der mittlere Energieverlust (2.69 keV, vgl. Tab. 1.1) [99, 18, 19].

Für dickere Absorberschichten reduziert sich allerdings der Ausläufer der Landau-Verteilung zu hohen Energieverlusten hin. Für sehr dicke Absorber $\left(\frac{dE}{dx} \cdot x \gg 2m_e c^2 \beta^2 \gamma^2\right)$ kann die Energieverlustverteilung durch eine Gaußverteilung angenähert werden.

Der Energieverlust dE/dx in einer Verbindung aus verschiedenen Elementen i ergibt sich zu

$$\frac{dE}{dx} \approx \sum_i f_i \frac{dE}{dx}\big|_i \;, \tag{1.22}$$

wobei f_i der Gewichtsanteil des i-ten Elementes und $\frac{dE}{dx}\big|_i$ sein mittlerer Energieverlust (in $\frac{MeV}{g/cm^2}$) in diesem Element ist. Atomare Korrekturen zu dieser Beziehung wegen der Abhängigkeit der Ionisationskonstanten vom Molekülaufbau können in der Regel vernachlässigt werden.

Die Landau-Fluktuationen des Energieverlustes sind weitgehend auf seltene hohe Energieübertragungen auf Atomelektronen zurückzuführen. Die Elektronen können dabei soviel Energie aufnehmen, daß sie selbst wiederum ionisieren können. Solche Elektronen bezeichnet man als δ-Elektronen oder Knock-on (Anstoß)-Elektronen. Das Energiespektrum der Knock-on Elektronen ist gegeben durch [64, 22, 94]

$$\frac{dN}{dE_{kin}} = \xi \cdot \frac{F}{E_{kin}^2} \tag{1.23}$$

für $I \ll E_{kin} \le E_{kin}^{max}$.

F ist ein spinabhängiger Faktor von der Größenordnung 1, falls $E_{kin} \ll E_{kin}^{max}$. Natürlich bricht das Spektrum der Knock-on-Elektronen beim Erreichen der maximal übertragbaren Energie ab. Diese kinematische Limitierung ist auch in dem Faktor F enthalten [64, 22]. Die Spinabhängigkeit im Spektrum der Knock-on-Elektronen macht sich erst in der Nähe der maximal übertragbaren Energie bemerkbar [64, 22].

Die starken Fluktuationen des Energieverlustes in dünnen Absorberschichten werden in vielen Detektoren allerdings häufig unterdrückt. Detektoren messen nur die tatsächlich in ihrem empfindlichen Volumen deponierte Energie, die von dem Energieverlust des Teilchens zu unterscheiden ist. So kann die Energie, die auf Knock-on-Elektronen übertragen wird, zum Teil aus dem Detektor herausgetragen werden.

Es ist deshalb häufig von praktischem Interesse, nur den Teil der Energieverlustprozesse mit übertragenen Energien E kleiner als ein vorgegebener Schnittparameter E_{cut} zu betrachten. Dieser so betrachtete Energieverlust ist gegeben durch [7, 94]

$$-\frac{dE}{dx}\bigg|_{\leq E_{\text{cut}}} = \kappa \left[\ln\frac{2m_e c^2 \beta^2 \gamma^2 E_{\text{cut}}}{I^2} - \beta^2 - \delta\right] , \qquad (1.24)$$

wobei κ durch Gl. (1.13) definiert ist. Gleichung (1.24) entspricht im wesentlichen Gl. (1.12), ist aber damit nicht identisch. Verteilungen des eingeschränkten Energieverlustes zeigen keinen so ausgeprägten "Landau-Schwanz" wie die Energieverlustverteilungen nach Gl. (1.12) und (1.18). Durch den Dichteeffekt – ausgedrückt durch δ in Gl. (1.12) bzw. (1.24) – nähert sich der beschränkte Energieverlust bei hohen Energien einer Konstanten, dem Fermi-Plateau.

Eine Sonderrolle bei der Behandlung des Energieverlustes nehmen Elektronen als einfallende Teilchen ein. Einmal wird schon bei vergleichsweise kleinen Energien (*MeV*-Bereich) der Gesamtenergieverlust durch Bremsstrahlungsprozesse stark beeinflußt, andererseits bedarf auch der Ionisationsverlust wegen der Gleichheit der Massen der Stoßpartner einer besonderen Behandlung.

Da man in diesem Falle nicht mehr zwischen dem primären und sekundären Elektron nach der Kollision unterscheiden kann, muß die Energieübertragungswahrscheinlichkeit so interpretiert werden, daß das eine Elektron die Energie E_{kin} und das andere die Energie $E - m_e c^2 - E_{\text{kin}}$ erhält (E ist die Gesamtenergie des einfallenden Elektrons). Man berücksichtigt also alle möglichen Fälle, in dem man die übertragene Energie von 0 bis $\frac{1}{2}(E - m_e c^2)$ – und nicht bis $E - m_e c^2$ – variiert.

Den Effekt kann man am besten sehen, wenn man in Gl. (1.12) die maximal übertragbare Energie $E_{\text{kin}}^{\text{max}}$ gemäß Gl. (1.6) einführt und durch den entsprechenden Ausdruck für Elektronen ersetzt. Für relativistische Energien kann man dann $\frac{1}{2}(E - m_e c^2)$ durch $E/2 = \frac{1}{2}\gamma m_e c^2$ ersetzen. Mit $z = 1$ erhält man also näherungsweise für den Ionisationsverlust von Elektronen

$$-\frac{dE}{dx} = 4\pi N_A r_e^2 m_e c^2 \frac{Z}{A} \cdot \frac{1}{\beta^2}\left[\ln\left(\frac{\gamma m_e c^2}{2I}\right) - \beta^2 - \frac{\delta^*}{2}\right] , \qquad (1.25)$$

wobei δ^* für Elektronen etwas andere Werte annehmen kann als der entsprechende Parameter δ in Gl. (1.12). Eine genaue Rechnung unter besonderer Berücksichtigung der spezifischen Unterschiede zwischen einfallenden schweren Teilchen und Elektronen ergibt für Elektronen eine exaktere Formel für den Ionisationsverlust [3]

$$
-\frac{dE}{dx} = 4\pi N_A r_e^2 m_e c^2 \frac{Z}{A} \cdot \frac{1}{\beta^2} \left\{ \ln \frac{\gamma m_e c^2 \beta \sqrt{\gamma-1}}{\sqrt{2}I} \right.
$$
$$
\left. + \frac{1}{2}(1-\beta^2) - \frac{2\gamma-1}{2\gamma^2}\ln 2 + \frac{1}{16}\left(\frac{\gamma-1}{\gamma}\right)^2 \right\} . (1.26)
$$

Hierbei sind die Besonderheiten der Kinematik des Elektron-Elektron-Stoßprozesses und auch die Abschirmeffekte berücksichtigt.

Die Behandlung des Ionisationsverlustes von Positronen verläuft analog zu dem der Elektronen unter Berücksichtigung der Tatsache, daß es sich zwar um gleich schwere aber nicht identische Teilchen handelt.

Der Vollständigkeit halber sei auch der Ionisationsverlust von Positronen angegeben [375]:

$$
-\frac{dE}{dx} = 4\pi N_A r_e^2 m_e c^2 \frac{Z}{A}\frac{1}{\beta^2} \left\{ \ln \frac{\gamma m_e c^2 \beta \sqrt{\gamma-1}}{\sqrt{2}\cdot I} \right.
$$
$$
\left. - \frac{\beta^2}{24}\left(23 + \frac{14}{\gamma+1} + \frac{10}{(\gamma+1)^2} + \frac{4}{(\gamma+1)^3}\right) \right\} . (1.27)
$$

Für Positronen als Antiteilchen von Elektronen gibt es allerdings eine Besonderheit; wenn Positronen zur Ruhe kommen, zerstrahlen sie mit einem Elektron in der Regel in zwei Photonen, die antiparallel emittiert werden. Beide Photonen besitzen im Schwerpunktsystem eine Energie von je $511\,keV$, entsprechend der Ruhemasse der Elektronen. Der Wirkungsquerschnitt für Annihilation im Fluge ist gegeben durch [375]

$$
\sigma(Z,E) = \frac{Z\pi r_e^2}{\gamma+1}\left\{ \frac{\gamma^2+4\gamma+1}{\gamma^2-1}\ln(\gamma+\sqrt{\gamma^2-1}) - \frac{\gamma+3}{\sqrt{\gamma^2-1}} \right\} .
$$
$$
(1.28)
$$

Weitere Einzelheiten des Ionisationsverlustes von Elementarteilchen, insbesondere auch seine Spinabhängigkeit sind in den Büchern von Rossi und Budagov et al. ausführlich dargestellt [64, 99].

1.1.2 Ionisationsausbeute

Der mittlere Energieverlust durch Ionisation und Anregung läßt sich in eine Zahl von erzeugten Elektron-Ion-Paaren entlang der Bahn eines geladenen Teilchens umsetzen. Es ist hier zwischen der primären Ionisation, d.h. der Zahl der primär beim Teilchendurchgang erzeugten Elektron-Ion-Paare, und der Gesamtionisation zu unterscheiden. Einem Teil der primär erzeugten Elektronen kann soviel Energie übertragen werden, daß sie selbst wiederum ionisieren können (Knock-on-Elektronen). Diese Sekundärionisation zusammen mit der primären bildet die totale oder Gesamtionisation.

Die mittlere Energie zur Erzeugung eines Elektron-Ion-Paares (W-Wert) ist höher als die Ionisationsenergie des Gases, da beim Ionisationsvorgang auch innere Schalen beteiligt sein können und ein Teil der Energie durch Anregungsprozesse, die nicht zu freien Elektronen führen, verlorengeht. Der W-Wert eines Stoffes ist für relativistische Teilchen konstant und nimmt nur für geringe Teilchengeschwindigkeiten etwas zu.

Für Gase liegt der W-Wert um $30\,eV$. Er kann aber empfindlich von Verunreinigungen der Gase abhängen.

Die Tabelle 1.2 zeigt die W-Werte für einige Gase zusammen mit den Anzahlen primär (n_p) und insgesamt (n_T) gebildeter Elektron-Ion-Paare für minimal ionisierende Teilchen (vgl. Tab. 1.1) [94, 32, 104, 8].

Die Zahlenwerte für n_p sind z.T. etwas unsicher, weil es experimentell äußerst schwierig ist, zwischen der primären und sekundären Ionisation zu unterscheiden. Die gesamte Ionisation (n_T) läßt sich aus dem Energieverlust ΔE in einem Detektor gemäß

$$n_T = \frac{\Delta E}{W} \qquad (1.29)$$

berechnen, wenn sichergestellt ist, daß die übertragene Energie auch im Detektor deponiert wird.

Gas	Dichte $\varrho[g/cm^3]$	$I_0[eV]$	$W[eV]$	$n_p[cm^{-1}]$	$n_T[cm^{-1}]$
H_2	$8.99 \cdot 10^{-5}$	15.4	37	5.2	9.2
He	$1.78 \cdot 10^{-4}$	24.6	41	5.9	7.8
N_2	$1.25 \cdot 10^{-3}$	15.5	35	10	56
O_2	$1.43 \cdot 10^{-3}$	12.2	31	22	73
Ne	$9.00 \cdot 10^{-4}$	21.6	36	12	39
Ar	$1.78 \cdot 10^{-3}$	15.8	26	29	94
Kr	$3.74 \cdot 10^{-3}$	14.0	24	22	192
Xe	$5.89 \cdot 10^{-3}$	12.1	22	44	307
CO_2	$1.98 \cdot 10^{-3}$	13.7	33	34	91
CH_4	$7.17 \cdot 10^{-4}$	13.1	28	16	53
C_4H_{10}	$2.67 \cdot 10^{-3}$	10.8	23	46	195

Tabelle 1.2: Zusammenstellung einiger Eigenschaften von Gasen. An-
    gegeben sind der mittlere Energieverlust W pro erzeugtes Io-
    nenpaar, das mittlere effektive Ionisationspotential pro Hüllen-
    Elektron I_0, die Anzahl der primär (n_p) und insgesamt (n_T)
    gebildeten Elektron-Ion-Paare pro cm bei Normaldruck für mi-
    nimalionisierende Teilchen [94, 32, 104, 8].

In Halbleiterdetektoren werden durch geladene Teilchen Elektron-
Loch-Paare erzeugt. Zur Erzeugung eines Ladungsträgerpaares benötigt man im Mittel in Silizium $3.6\,eV$ und $2.85\,eV$ in Germanium.
Insgesamt werden also in Halbleitern viel mehr Ladungsträgerpaare
erzeugt als in Gasen. Deshalb sind die statistischen Fluktuationen
dieser Anzahlen bei vorgegebenem Energieverlust in Halbleitern auch
viel kleiner als in Gasen.

Die Erzeugung von Ladungsträgerpaaren bei vorgegebenem Energieverlust ist ein statistischer Prozeß. Naiverweise würde man erwarten, daß bei im Mittel N erzeugten Ladungsträgerpaaren gemäß
Poisson-Statistik die Schwankung $\sqrt{N}$ beträgt. Tatsächlich ist diese
Schwankung um einen materialabhängigen Faktor $\sqrt{F}$ kleiner, wie
Fano zuerst gezeigt hat. Bei näherem Hinsehen wird auch klar, wa-
rum die Schwankung der Ladungsträgerpaarerzeugung geringer sein
muß als aufgrund der Poisson-Statistik erwartet. Bei vorgegebenem
Energieverlust wird der statistische Charakter durch die Energieerhaltung eingeschränkt, und damit muß die Fluktuation kleiner als
$\sqrt{N}$ sein. Der Fano-Faktor soll im folgenden formal begründet werden [20, 21].

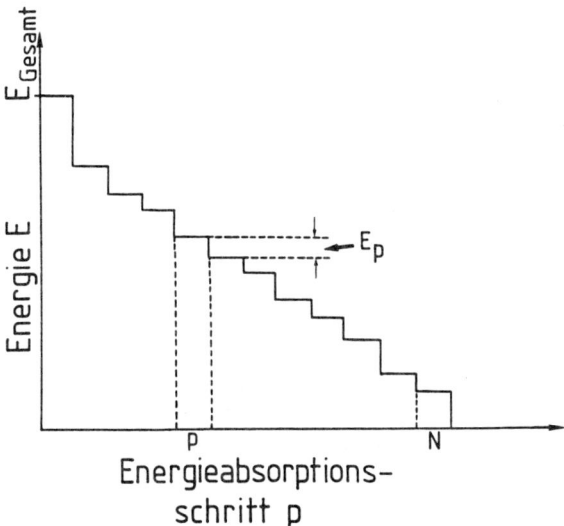

Abb. 1.4 Energieverlust in N diskreten Schritten mit Energieabgabe E_p im p-ten Schritt [20].

Sei $E = E_{\text{Gesamt}}$ die feste in einem Detektor deponierte Energie, z.B. durch ein Röntgenquant oder ein stoppendes α-Teilchen. Diese Energie wird in p Stufen an das Detektormedium abgegeben; und zwar bei jedem individuellen Wechselwirkungsprozeß in im allgemeinen ungleichen Portionen E_p. Pro Wechselwirkungsprozeß werden m_p-Elektron-Ion-Paare erzeugt. Nach N Stufen ist die gesamte Energie vollkommen absorbiert (vgl. Abb. 1.4). Es seien

$m_p^{(e)} = \frac{E_p}{W}$ die erwartete Anzahl von Ionisationsakten im Prozeß p

$\overline{n}^{(e)} = \frac{E}{W}$ die mittlere erwartete Zahl der insgesamt erzeugten Elektron-Ion-Paare

Die Größe, die letztlich den Energiefehler beschreibt, ist

$$\sigma^2 = (n - \overline{n})^2 \tag{1.30}$$

wobei $\overline{n}$ der Mittelwert über viele Experimente (bei fester Energieabgabe) ist

$$\sigma^2 = \frac{1}{L} \sum_{k=1}^{L} (n_k - \overline{n})^2 . \tag{1.31}$$

Es werden also L (Gedanken-)Experimente gemacht, wobei im Experiment der Nummer k insgesamt n_k Elektron-Ion Paare registriert werden. Im Experiment k wird die Energie in N_k-Schritten abgegeben, wobei im p-ten Intervall m_{pk} Elektron-Ion Paare produziert werden.

$$
\begin{aligned}
n_k - \overline{n} &= \sum_{p=1}^{N_k} m_{pk} - \frac{E}{W} \\
&= \sum_{p=1}^{N_k} m_{pk} - \frac{1}{W} \sum_{p=1}^{N_k} E_{pk}
\end{aligned}
\tag{1.32}
$$

Durch den zweiten Term in der Summe wird der statistische Prozeß der Ladungsträgerpaarerzeugung durch die Randbedingung der Energieerhaltung eingeschränkt. Deshalb muß man erwarten, daß die Streuung geringer ausfällt als bei uneingeschränkten zufälligen Ereignissen.

Die Energie E wird also in N_k diskreten Stufen in Teilbeträge E_{pk} aufgeteilt.

Führen wir

$$
\nu_{pk} = m_{pk} - \frac{E_{pk}}{W}
\tag{1.33}
$$

ein, so wird

$$
n_k - \overline{n} = \sum_{p=1}^{N_k} \nu_{pk} \, .
\tag{1.34}
$$

Für die Varianz bei L Experimenten folgt

$$
\sigma^2(n) = \frac{1}{L} \cdot \underbrace{\sum_{k=1}^{L}}_{L\text{-Experimente}} \underbrace{\left(\sum_{p=1}^{N_k} \nu_{pk} \right)^2}_{\text{pro Experiment}}
\tag{1.35}
$$

$$
\sigma^2(n) = \frac{1}{L} \left(\sum_{k=1}^{L} \sum_{p=1}^{N_k} \nu_{pk}^2 + \sum_{k=1}^{L} \sum_{i \neq j}^{N_k} \nu_{ik}\nu_{jk} \right) \, .
\tag{1.36}
$$

Betrachten wir zunächst den gemischten Term

$$
\frac{1}{L} \sum_{k=1}^{L} \sum_{i \neq j}^{N_k} \nu_{ik}\nu_{jk} = \frac{1}{L} \sum_{k=1}^{L} \sum_{i=1}^{N_k} \nu_{ik} \left(\sum_{j=1}^{N_k} \nu_{jk} - \nu_{ik} \right) \, .
\tag{1.37}
$$

Der letzte Ausdruck in der Klammer berücksichtigt die Unterdrückung des Terms $\nu_{ik}\nu_{jk}$ für $i = j$, der ja schon in der Summe der quadratischen Terme enthalten ist.

Für ein gegebenes Ereignis k kann der Mittelwert

$$\bar{\nu}_k = \frac{1}{N_k} \sum_{j=1}^{N_k} \nu_{jk} \qquad (1.38)$$

eingeführt werden. Damit wird

$$\frac{1}{L} \sum_{k=1}^{L} \sum_{i \neq j}^{N_k} \nu_{ik}\nu_{jk} = \frac{1}{L} \sum_{k=1}^{L} N_k \bar{\nu}_k (N_k \bar{\nu}_k - \bar{\nu}_k) . \qquad (1.39)$$

Hierbei wurde der letzte Term ν_{ik} näherungsweise durch den Mittelwert $\bar{\nu}_k$ ersetzt. Damit erhält man

$$\frac{1}{L} \sum_{k=1}^{L} \sum_{i \neq j}^{N_k} \nu_{ik}\nu_{jk} = \frac{1}{L} \sum_{k=1}^{L} N_k (N_k - 1) \bar{\nu}_k^2 = (\overline{N^2} - \overline{N})\bar{\nu}^2 , \qquad (1.40)$$

wenn man annimmt, daß N_k und $\bar{\nu}_k$ unkorreliert sind und $\bar{\nu}_k = \bar{\nu}$, falls N_k groß genug ist.

Der Mittelwert von ν verschwindet aber nach Gl. (1.33), also trägt der zweite Term der Gl. (1.36) nichts bei. Der verbleibende erste Term bringt dann

$$\begin{aligned} \sigma^2(n) &= \frac{1}{L} \sum_{k=1}^{L} \sum_{p=1}^{N_k} \nu_{pk}^2 = \frac{1}{L} \sum_{k=1}^{L} N_k \overline{\nu_k^2} = \overline{N\nu^2} \\ &= \overline{N} \cdot \overline{(m_p - E_p/W)^2}. \end{aligned} \qquad (1.41)$$

m_p ist hier die tatsächlich gemessene Zahl von Elektron-Ion-Paaren im Energieabsorptionsschritt p mit Energieabgabe E_p.

Es war $\overline{N} = \frac{\bar{n}}{\overline{m}_p}$, also

$$\sigma^2(n) = \frac{\overline{(m_p - E_p/W)^2}}{\overline{m}_p} \, \bar{n} . \qquad (1.42)$$

Die Varianz von n ist also

$$\sigma^2(n) = F \cdot \bar{n} \qquad (1.43)$$

2*

mit dem Fano-Faktor

$$F = \frac{\overline{(m_p - E_p/W)^2}}{\overline{m_p}} . \tag{1.44}$$

Die Energieauflösung wird also um den Faktor $\sqrt{F}$ gegenüber Poissonschen Fluktuationen verbessert.

Es ist noch einmal darauf hinzuweisen, daß man unterscheiden muß zwischen den z.T. sehr großen Fluktuationen des Energieverlustes (Landau-Fluktuationen) in dünnen Absorberschichten und den Schwankungen der erzeugten Elektron-Ion-Paare bei definiertem, festem Energieverlust. Der letztere Fall ist etwa für Teilchen realisiert, die ihre gesamte Energie im Detektor abgeben.

In Tabelle 1.3 sind die Fano-Faktoren für einige Substanzen angegeben [20].

Quelle	Energie	Absorber	F
Röntgenstrahlung	$5.9 \; keV$	$Ar + 10\% \, CH_4$	0.21
"	$2.6 \; keV$	"	0.31
α	$5.03 \; MeV$	"	0.18
α	$5.68 \; MeV$	$Ar + 0.8\% \, CH_4$	0.19
p	$1 \ldots 4.5 \; MeV$	Si	0.16

Tabelle 1.3: Fano-Faktoren [20]

Die Auflösungsverbesserungen sind also nicht ganz unbeträchtlich.

1.1.3 Vielfachstreuung

Wenn ein geladenes Teilchen ein Medium durchsetzt, wird es am Coulomb-Potential der Kerne und Elektronen gestreut. Es kommt dabei zu vielen Streuakten mit geringfügigen Ablenkungen (vgl. Abb. 8.4). Die Streuwinkelverteilung aufgrund der Coulomb-Streuung wird durch die Molière-Theorie [94, 9] beschrieben. Für kleine Ablenkwinkel ist diese Verteilung um den mittleren Streuwinkel $\Theta = 0$ normalverteilt. Größere Streuwinkel, bedingt durch Kerntreffer, sind allerdings häufiger als einer Gaußverteilung entspräche.

Die Standardabweichung der projizierten Streuwinkelverteilung ist [94]

$$\Theta_{\text{rms}}^{\text{proj.}} = \sqrt{\langle \Theta^2 \rangle} = \frac{13.6\ MeV}{\beta cp} z \sqrt{\frac{x}{X_0}}\ [1 + 0.038\ \ln(x/X_0)]\ , \quad (1.45)$$

wobei p (in MeV/c) den Impuls, βc die Geschwindigkeit und z die Ladung des gestreuten Teilchens darstellt. x/X_0 ist die Dicke des streuenden Mediums in Einheiten der Strahlungslänge (vgl. Abschnitt 1.1.4) [64, 10, 11]

$$X_0 = \frac{A}{4\alpha N_A Z^2 r_e^2\ \ln(183\ Z^{-1/3})}\ , \quad (1.46)$$

wobei Z und A die Ladungszahl, bzw. das Atomgewicht des Absorbers darstellen.

Gleichung (1.45) stellt eine Näherung dar. Für die meisten praktischen Anwendungen kann Gl. (1.45) für Teilchen mit $z = 1$ approximiert werden durch

$$\Theta_{\text{rms}}^{\text{proj.}} = \sqrt{\langle \Theta^2 \rangle} = \frac{13.6}{\beta cp} \sqrt{\frac{x}{X_0}}\ . \quad (1.47)$$

Gl. (1.45) bzw. (1.47) geben die Standardabweichung der projizierten Streuwinkelverteilung an. Die entsprechende Standardabweichung für räumliche Streuwinkel ist um einen Faktor $\sqrt{2}$ größer, so daß gilt:

$$\Theta_{\text{rms}}^{\text{Raum}} = \frac{19.2}{\beta cp} \sqrt{\frac{x}{X_0}} \quad (1.48)$$

1.1.4 Bremsstrahlung

Schnelle geladene Teilchen verlieren zusätzlich zu ihrem Ionisationsverlust Energie durch Wechselwirkungen mit dem Coulombfeld der Kerne der durchdrungenen Materie. Werden die Teilchen im Kern-Coulombfeld abgebremst, so wird ein Teil ihrer kinetischen Energie in Form von Photonen abgestrahlt (Bremsstrahlung).

Der Energieverlust durch Bremsstrahlung kann für hohe Energien durch [64]

$$-\frac{dE}{dx} = 4\alpha \cdot N_A \cdot \frac{Z^2}{A} \cdot z^2 \left(\frac{1}{4\pi\varepsilon_0} \cdot \frac{e^2}{mc^2} \right)^2 \cdot E \ln\frac{183}{Z^{1/3}} \qquad (1.49)$$

beschrieben werden. Dabei sind

Z, A – Ladungs- und Massenzahl des bremsenden Mediums,
z, m, E – Ladung, Masse und Energie des einfallenden Teilchens.

Für den Bremsstrahlungsverlust von Elektronen ergibt sich entsprechend

$$-\frac{dE}{dx} = 4\alpha N_A \cdot \frac{Z^2}{A} r_e^2 \cdot E \ln\frac{183}{Z^{1/3}} \qquad (1.50)$$

falls $E \gg m_e c^2/\alpha Z^{1/3}$.

Bemerkenswert ist, daß, im Unterschied zur Ionisation (Gl. (1.12)), der Bremsstrahlungsverlust proportional zur Energie und umgekehrt proportional zum Massenquadrat des einfallenden Teilchens ist.

Wegen der Kleinheit der Elektronenmasse spielt deshalb der Bremsstrahlungsverlust für Elektronen eine besondere Rolle. Für Elektronen ($z = 1$, $m = m_e$) kann Gl. (1.49), bzw. Gl. (1.50) auch geschrieben werden als

$$-\frac{dE}{dx} = \frac{E}{X_0} . \qquad (1.51)$$

Die Strahlungslänge X_0 wird durch Gl. (1.51) definiert. Eine Approximation für X_0 ist durch Gl. (1.46) gegeben.

Die Proportionalität

$$X_0^{-1} \sim Z^2 \qquad (1.52)$$

in Gl. (1.46) rührt von der Wechselwirkung des einfallenden Teilchens mit dem Coulombfeld des Targetkernes her.

Bremsstrahlung wird aber auch durch die Wechselwirkung des einfallenden Teilchens mit den Elektronen der Targetmaterie emittiert. Der Wirkungsquerschnitt für diesen Prozeß folgt im wesentlichen der Berechnung der Bremsstrahlung am Targetkern. Ein Unterschied besteht nur darin, daß bei atomaren Targetelektronen die Ladung immer gleich 1 ist, und man dadurch einen zusätzlichen Beitrag zum Wirkungsquerschnitt erhält, der proportional zur Zahl der Targetelektronen ist, also $\sim Z$. Um diesen Beitrag muß der Wirkungsquerschnitt erweitert werden [5]. Deshalb wird der Term Z^2 in Gl. (1.46) durch $Z^2 + Z = Z(Z + 1)$ ersetzt, was auf eine bessere Beschreibung der Strahlungslänge führt, gemäß

$$X_0 = \frac{A}{4\alpha N_A Z(Z + 1) r_e^2 \ln(183\, Z^{-1/3})} \; [g/cm^2]. \qquad (1.53)$$

Darüberhinaus muß berücksichtigt werden, daß die atomaren Elektronen das Kernfeld zum Teil abschirmen. Unter Einbeziehung dieser Abschirmeffekte kann die Strahlungslänge nach neueren Berechnungen [94] genauer durch

$$X_0 = \frac{716.4 \cdot A}{Z(Z + 1) \ln(287/\sqrt{Z})} \; [g/cm^2] \qquad (1.54)$$

dargestellt werden. Gegenüber der Näherung gemäß Gl. (1.46) ergeben sich immerhin Abweichungen im Prozentbereich.

Die Strahlungslänge wird üblicherweise für Elektronen als einfallende Teilchen definiert. Sie hängt dann allein von den Eigenschaften des Targets ab. Wegen der Proportionalität

$$X_0 \sim r_e^{-2} \qquad (1.55)$$

und der Beziehung

$$r_e = \frac{1}{4\pi\varepsilon_0} \cdot \frac{e^2}{m_e c^2} \qquad (1.56)$$

erhält man aber auch eine Abhängigkeit der Strahlungslänge von der Masse des einfallenden Teilchens

$$X_0 \sim m^2 \,. \qquad (1.57)$$

Die in der Literatur angegebenen "Strahlungslängen" gelten jedoch immer für Elektronen.

Die Integration von Gleichung (1.49) bzw. (1.51) führt auf

$$E = E_0 e^{-x/X_0} \; . \tag{1.58}$$

Durch diese Funktion wird die exponentielle Schwächung der *Energie* eines geladenen Teilchens durch Bremsstrahlungsverluste beschrieben. Hier zeigt sich ein markanter Unterschied zur exponentiellen Schwächung der *Intensität* eines Photonenstrahls beim Durchgang durch Materie (vgl. Kap. 1.2; Gl. (1.76)).

Die Strahlungslänge in einem Gemisch oder einer Verbindung kann durch

$$X_0 = \frac{1}{\sum_{i=1}^{N} f_i / X_0^i} \tag{1.59}$$

approximiert werden, wobei f_i die Gewichtsanteile der Komponenten mit der Strahlungslänge X_0^i sind.

Bremsstrahlungsverluste sind proportional zur Energie während Ionisationsverluste jenseits des Minimums der Ionisation proportional zum Logarithmus der Energie sind. Die Energie, bei der diese beiden Energieverlustmechanismen für Elektronen gleich sind, heißt kritische Energie E_c.

$$-\frac{dE}{dx}(E_c)\bigg|_{\text{Ionisation}} = -\frac{dE}{dx}(E_c)\bigg|_{\text{Bremsstrahlung}} \tag{1.60}$$

Im Prinzip kann man die kritische Energie aus den Gleichungen (1.12) und (1.49) mit Hilfe von Gl. (1.60) ausrechnen. Für Elektronen werden in der Literatur verschiedene Näherungen angegeben [5, 94]. Für schwere Elemente ($Z \geq 13$) beschreibt

$$E_c = \frac{550\,MeV}{Z} \tag{1.61}$$

die kritischen Energien recht gut [167].

Tabelle 1.4 zeigt die Strahlungslängen und kritischen Energien für einige Materialien [5, 94]. Die kritische Energie – genauso wie die Strahlungslänge – skaliert etwa mit dem Quadrat der Masse des einfallenden Teilchens. Für Myonen ($m_\mu = 106\,MeV/c^2$) in Eisen ergibt sich damit

$$E_c^\mu \approx E_c^e \cdot \left(\frac{m_\mu}{m_e}\right)^2 = 890\,GeV \; . \tag{1.62}$$

Material	Z	A	$X_0[g/cm^2]$	$X_0/\varrho\ [cm]$	$E_c[MeV]$
Wasserstoff	1	1.01	63	700000	350
Helium	2	4.00	94	530000	250
Lithium	3	6.94	83	156	180
Kohlenstoff	6	12.01	43	18.8	90
Stickstoff	7	14.01	38	30500	85
Sauerstoff	8	16.00	34	24000	75
Aluminium	13	26.98	24	8.9	40
Silizium	14	28.09	22	9.4	39
Eisen	26	55.85	13.9	1.76	20.7
Kupfer	29	63.55	12.9	1.43	18.8
Silber	47	109.9	9.3	0.89	11.9
Wolfram	74	183.9	6.8	0.35	8.0
Blei	82	207.2	6.4	0.56	7.40
Luft	7.3	14.4	37	30000	84
SiO_2	11.2	21.7	27	12	57
Wasser	7.5	14.2	36	36	83

Tabelle 1.4: Strahlungslängen und kritische Energien für einige Absorber [5, 94]. Die angegebenen Werte stimmen mit Gl. (1.54) innerhalb weniger Prozent überein. Nur der experimentelle Wert für Helium zeigt eine etwas größere Abweichung. Die Werte für die kritischen Energien der Elektronen streuen in der Literatur zum Teil recht beträchtlich. Die effektiven Werte für Z und A von Gemischen und Verbindungen erhält man für A durch $A_{\text{eff}} = \sum_{i=1}^{N} f_i A_i$, wobei f_i die Gewichtsanteile der Komponenten mit Atomgewicht A_i sind. Entsprechend verfährt man für die effektiven Kernladungszahlen unter Verwendung von Gl. (1.54) und (1.59). Unter Vernachlässigung der logarithmischen Z-Abhängigkeit in Gl. (1.54) erhält man Z_{eff} aus $Z_{\text{eff}} \cdot (Z_{\text{eff}} + 1) = \sum_{i=1}^{N} f_i Z_i (Z_i + 1)$, wobei f_i die Gewichtsanteile der Komponenten mit Kernladungszahlen Z_i sind. Für die praktische Berechnung der effektiven Strahlungslänge einer Verbindung bestimmt man zunächst die Strahlungslängen der einzelnen Komponenten und verfährt dann gemäß Gl. (1.59).

1.1.5 Direkte Paarerzeugung

Neben Bremsstrahlungsverlusten treten vor allem bei schweren Teilchen und bei hohen Energien weitere Energieverlustmechanismen hinzu. Im Coulombfeld der Kerne des Absorbers können Elektron-Positron-Paare über virtuelle Photonen erzeugt werden. Für Myonen ist dieser Energieverlustmechanismus sogar noch etwas bedeutsamer als der für Bremsstrahlungsverluste.

Der Energieverlust durch "Trident-Produktion" (also etwa μ + Kern $\rightarrow \mu + e^+ + e^-$ + Kern) ist ebenfalls proportional zur Energie und kann durch

$$-\left.\frac{dE}{dx}\right|_{\text{Paarerz.}} = b_{\text{Paar}}(Z, A, E) \cdot E \qquad (1.63)$$

parametrisiert werden; dabei variiert $b(Z, A, E)$ für hohe Energien nur schwach mit der Energie. Für 100 GeV Myonen in Eisen gilt etwa [22, 23, 326]

$$-\left.\frac{dE}{dx}\right|_{\text{Paarerz.}} = 3 \cdot 10^{-6} \cdot E \quad [\frac{MeV}{g/cm^2}] , \qquad (1.64)$$

d.h. $\quad -\left.\frac{dE}{dx}\right|_{\text{Paarerz.}} = 0.3 \, \frac{MeV}{g/cm^2}$.

Das Spektrum der auf die Elektronenpaare übertragenen Energien ist bei höheren Energieübertragungen steiler als das Bremsstrahlungsspektrum. Hohe fraktionelle Energieübertragungen werden also hauptsächlich durch Bremsstrahlungsprozesse verursacht.

1.1.6 Energieverlust durch photonukleare Wechselwirkungen

Geladene Teilchen können über virtuelle Austauschteilen (hier: Photonen) mit den Kernen des Absorbers in inelastische Wechselwirkung treten und dabei Energie verlieren (Kernwechselwirkungen). Ebenso wie im Falle der Bremsstrahlungs- und Paarerzeugungsverluste ist der Energieverlust durch photonukleare Wechselwirkungen der Teilchenenergie proportional

$$-\frac{dE}{dx}\bigg|_{\text{Photonukl.}} = b_{\text{Kern}}(Z, A, E) \cdot E \qquad (1.65)$$

Für 100 GeV Myonen in Eisen ist $b_K = 0.4 \cdot 10^{-6} \ g^{-1}cm^2$ [22]: d.h.

$$-\frac{dE}{dx}\bigg|_{\text{Photonukl.}} = 0.04 \ \frac{MeV}{g/cm^2} \qquad (1.66)$$

1.1.7 Gesamter Energieverlust

Im Unterschied zu Ionisationsverlusten ist der Energieverlust durch Bremsstrahlung, direkte Paarerzeugung und photonukleare Wechselwirkungen durch große Energieüberträge mit entsprechend großen Fluktuationen charakterisiert. Es ist deshalb etwas problematisch, hier auch von einem mittleren Energieverlust für diese Prozesse zu sprechen, da extrem große Schwankungen um diesen Mittelwert auftreten können [335, 336].

Trotzdem kann man den gesamten Energieverlust geladener Teilchen durch die besprochenen Prozesse darstellen gemäß

$$-\frac{dE}{dx}\bigg|_{\text{total}} = -\frac{dE}{dx}\bigg|_{\text{Ionisation}} -\frac{dE}{dx}\bigg|_{\text{Brems.}} -\frac{dE}{dx}\bigg|_{\text{Paarerz.}} -\frac{dE}{dx}\bigg|_{\text{Photonukl.}}$$

$$= a(Z, A, E) + b(Z, A, E) \cdot E , \qquad (1.67)$$

wobei $a(Z, A, E)$ den Ionisationsverlust gemäß Gl. (1.12) beschreibt und $b(Z, A, E)$ die Summe über Bremsstrahlungs-, Paarerzeugungs- und photonukleare Energieverluste darstellt. Die Parameter a und b sind für verschiedene Teilchen und Materialien in ihrer Energieabhängigkeit in der Literatur tabelliert.

In Abb. 1.5 sind die b-Parameter und in Abb. 1.6 die verschiedenen Energieverlustmechanismen für Myonen in Eisen dargestellt [23].

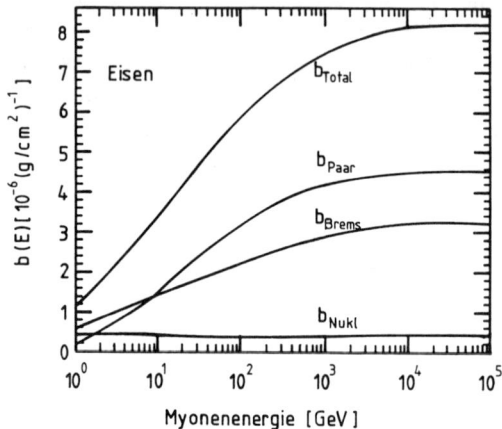

Abb 1.5 Variation der b-Parameter mit der Energie für Myonen in Eisen. Dargestellt sind die fraktionellen Energieverluste durch Paarerzeugung (b_{Paar}), Bremsstrahlung (b_{Brems}) und photonukleare Wechselwirkung (b_{Nukl}) sowie deren Summe (b_{total}) [23].

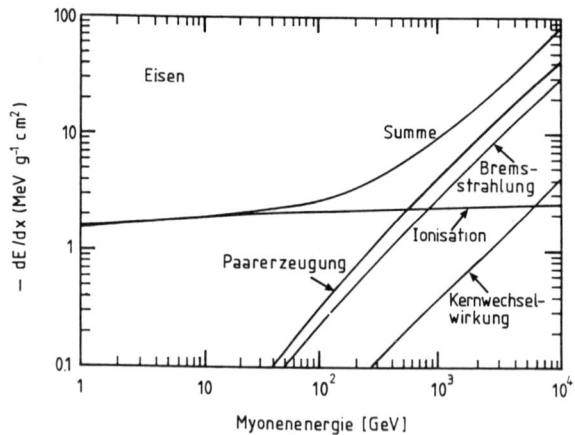

Abb. 1.6 Beiträge zum Energieverlust von Myonen in Eisen [23].

1.1.8 Energie-Reichweite-Beziehungen für geladene Teilchen

Wegen der unterschiedlichen Energieverlustmechanismen ist es fast unmöglich, eine geschlossene Darstellung für die Reichweite von geladenen Teilchen in Materie anzugeben. Die Definition einer Reichweite ist ohnehin wegen der z.T. starken Fluktuationen des Energieverlustes durch katastrophale Energieverlustprozesse, d.h. durch Wechselwirkungen mit hohen Energieüberträgen, und wegen der Vielfach-Coulombstreuung im Material problematisch. Im folgenden sollen deshalb einige empirische Formeln angegeben werden, die für bestimmte Teilchensorten in festgelegten Energiebereichen gelten. Allgemein erhält man die Reichweite aus

$$R = \int_E^0 \frac{dE}{dE/dx} \qquad (1.68)$$

Da aber der Energieverlust eine komplizierte Funktion der Energie ist, verwendet man zumeist Näherungen des Integrals. Für die Reichweite niederenergetischer Teilchen ist insbesondere auch der Unterschied zwischen der Gesamtenergie E und der kinetischen Energie E_{kin} zu beachten, denn nur letztere kann auf das Medium übertragen werden.

Für α-Teilchen mit Energien $2.5 \; MeV \leq E_{kin} \leq 20 \; MeV$ läßt sich die Reichweite in Luft ($15^0 \; C$, 760 Torr) durch

$$R_\alpha = 0.31 \; E_{kin}^{3/2} \; [cm] \qquad (1.69)$$

approximieren (E_{kin} in MeV, R_α in cm) [101]. Für grobe Abschätzungen der Reichweite von α-Teilchen in anderen Materialien kann man

$$R_\alpha = 3.2 \cdot 10^{-4} \frac{\sqrt{A}}{\varrho} \cdot R_{Luft} [cm] \qquad (1.70)$$

verwenden (ϱ in g/cm^3) [101]. Die Reichweite von α-Teilchen in Luft ist in Abb. 1.7 dargestellt.

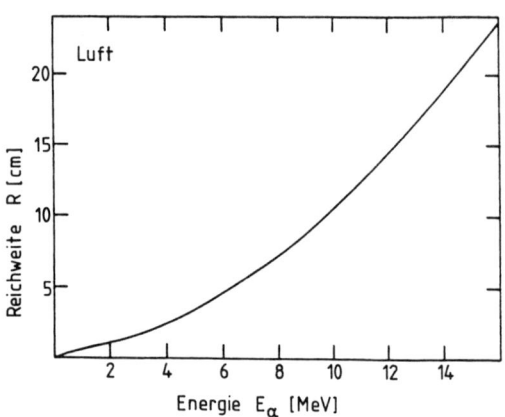

Abb. 1.7 Reichweite von α-Teilchen in der Luft [101].

Für Protonen mit Energien $0.6 \; MeV \leq E_{\text{kin}} \leq 20 \; MeV$ erhält man für Luft [101]

$$R_p = 100 \cdot \left(\frac{E_{\text{kin}}}{9.3} \right)^{1.8} \; [cm] \qquad (1.71)$$

(E_{kin} in MeV, R_p in cm).
Die Reichweite von niederenergetischen Elektronen ($0.5 \; MeV \leq E_e \leq 5 \; MeV$) in Aluminium wird durch [101]

$$R_e = 0.526 \; E_{\text{kin}} - 0.094 \; [g/cm^2] \qquad (1.72)$$

(E_{kin} in MeV, R_e in g/cm^2)
beschrieben. Abb. 1.8 zeigt das Absorptionsverhalten von Elektronen in Aluminium [24, 102]. Aufgetragen ist der Bruchteil der Elektronen (mit der Energie E_{kin} als Parameter), die eine bestimmte Absorberdicke durchsetzen.

Hieran erkennt man auch die Schwierigkeit, die Reichweite wegen der Fluktuationen klar zu definieren. Die Extrapolation des linearen Teils bis zum Schnittpunkt mit der Abszissenachse wird als praktische Reichweite festgelegt [102]. Die so definierte Reichweite von Elektronen ist für verschiedene Absorber in Abb. 1.9 dargestellt [102].

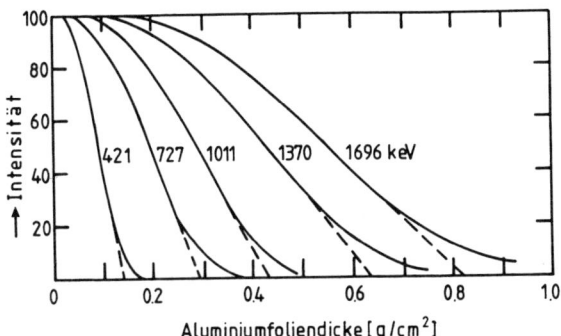

Abb. 1.8 Absorptionsverhalten von Elektronen in Aluminium [24, 102].

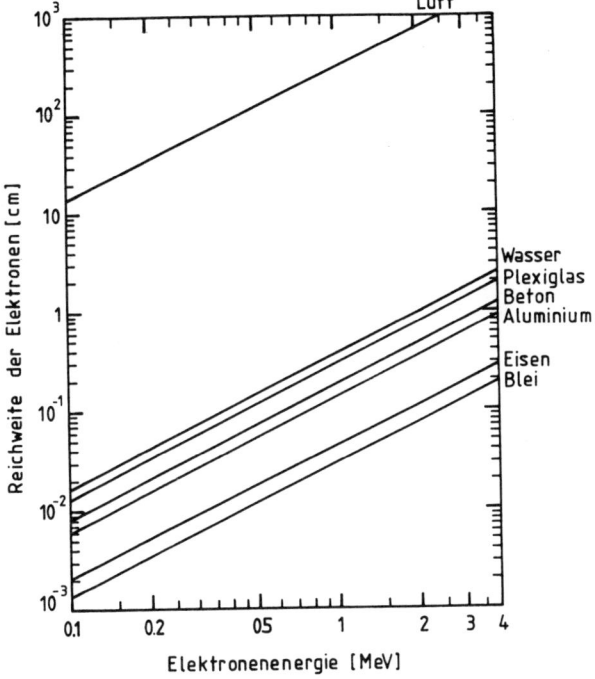

Abb. 1.9 Reichweite von Elektronen in verschiedenen Materialien [102].

Für höhere Energien ist die Reichweite von Elektronen, Myonen, Pionen, Protonen und α-Teilchen in Kernemulsionen (vgl. Kap. 4.16) der Abb. 1.10 [101, 25] zu entnehmen. Die Kurve für Elektronen ist ab 1 MeV gestrichelt, weil für höhere Energien Bremsstrahlungsverluste wesentlich werden. Wenn solche Verluste auftreten, läßt sich zwar formal nach Gl. (1.68) die Reichweite noch ausrechnen; aufgrund der Bremsstrahlungsverluste mit z.T. sehr großen Energieüberträgen sind die Reichweitenfluktuationen aber sehr viel größer als bei Energieverlusten durch Ionisation und Anregung, sodaß eine Reichweitenangabe unter diesen Umständen problematisch wird.

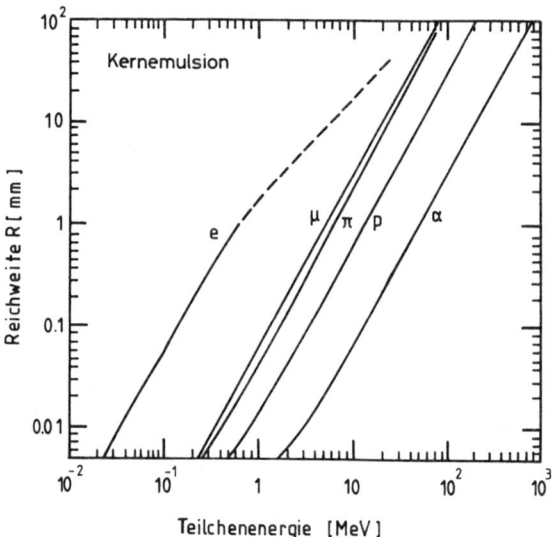

Abb. 1.10 Energie-Reichweite-Beziehung in Kernemulsionen für Elektronen, Myonen, Pionen, Protonen und α-Teilchen [101, 25]. Die Kurve für Elektronen ist ab 1 MeV gestrichelt, weil für höhere Energien durch das Auftreten von Bremsstrahlungsprozessen Probleme der Reichweitendefinition entstehen (vgl. Kap. 7.2).

Die Reichweite hochenergetischer Myonen kann durch Integration von Gl. (1.67) unter Vernachlässigung des logarithmischen Terms in Gl. (1.12) zu

$$R_\mu(E_\mu) = \frac{1}{b}\ln(1 + \frac{b}{a}E_\mu) \qquad (1.73)$$

erhalten werden.

Für 1 TeV Myonen in Eisen erhält man aus Gl. (1.73)

$$R_\mu(1\ TeV) = 265\ m \qquad (1.74)$$

Eine numerische Integration für die Reichweite von Myonen in Gestein (Standard-Fels mit $Z = 11$, $A = 22$) liefert für $E_\mu > 10\ GeV$ [26]

$$R_\mu(E_\mu) = \left[\frac{1}{b}\ln(1 + \frac{b}{a}E_\mu)\right]\left[0.96\frac{\ln E_\mu - 7.894}{\ln E_\mu - 8.074}\right] \qquad (1.75)$$

mit $a = 2.2\ \frac{MeV}{g/cm^2}$; $b = 4.4 \cdot 10^{-6}g^{-1}cm^2$ und E_μ in MeV. Dieser Zusammenhang ist in Abb. 1.11 dargestellt.

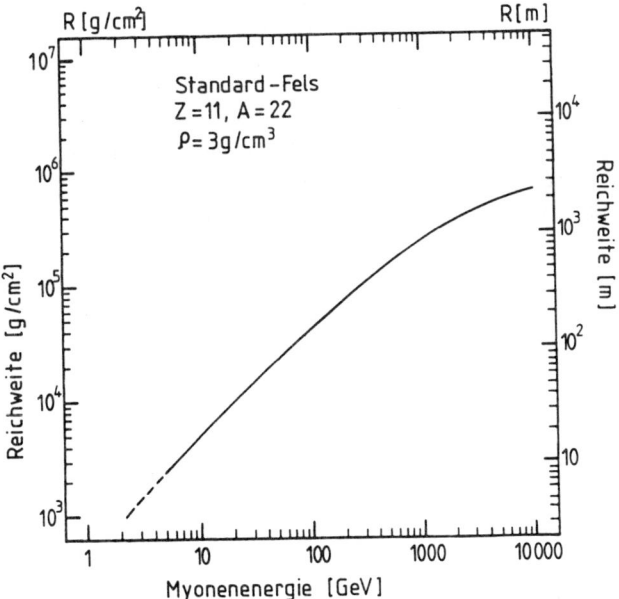

Abb. 1.11 Reichweite von Myonen in Fels [26].

1.2   Wechselwirkungen von Photonen

Um Photonen nachzuweisen, müssen diese zunächst in einem Wechselwirkungsprozeß im Detektor geladene Teilchen erzeugen, die dann im allgemeinen über ihre nachfolgende Ionisation ein Detektorsignal liefern. Die Wechselwirkungen von Photonen unterscheiden sich grundlegend von Ionisationsprozessen geladener Teilchen, da bei jedem Photonwechselwirkungsprozeß das Photon entweder vollständig absorbiert ist (Photoeffekt, Paarerzeugung) oder unter relativ großen Winkeln gestreut wird (Compton-Effekt).

Da die Absorption, bzw. Streuung, ein statistischer Prozeß ist, kann auch keine Reichweite für γ-Strahlung angegeben werden. Ein Photonenstrahl wird in Materie exponentiell geschwächt, gemäß

$$I = I_0 \, e^{-\mu x} \, . \tag{1.76}$$

Der Massenabsorptionskoeffizient μ enthält die Wirkungsquerschnitte für die Wechselwirkungsprozesse der Photonen

$$\mu = \frac{N_A}{A} \sum_i \sigma_i \, , \tag{1.77}$$

wobei σ_i der atomare Wirkungsquerschnitt für den Prozeß i, A die Massenzahl und N_A die Avogadro (= Loschmidt)-Zahl ist.

Der Massenabsorptionskoeffizient (nach Gl. (1.77) angegeben pro g/cm^2) hängt sehr stark von der Photonenenergie ab. Für kleine Energien ($100 \, keV \geq E_\gamma \geq$ Ionisationsenergie) dominiert der Photoeffekt

$$\gamma + \text{Atom} \rightarrow \text{Atom}^+ + e^- \, , \tag{1.78}$$

im mittleren Energiebereich ($E_\gamma \approx 1 \, MeV$) ist der Compton-Effekt, die Streuung an quasifreien atomaren Elektronen vorherrschend

$$\gamma + e^- \rightarrow \gamma + e^-, \tag{1.79}$$

und bei hohen Energien ($E_\gamma \gg 1 \, MeV$) ist der Wirkungsquerschnitt für Paarerzeugung am größten

$$\gamma + \text{Kern} \rightarrow e^+ + e^- + \text{Kern} \, . \tag{1.80}$$

Die Länge x in Gl. (1.76) ist eine Massenbelegung mit der Dimension g/cm^2. Wird die Länge in cm gemessen, so muß der Massenabsorptionskoeffizient μ mit der Dichte des Materials ϱ multipliziert werden.

1.2.1 Photoeffekt

Atomelektronen können die Energie eines Photons vollständig absorbieren, was freie Elektronen aus Impulserhaltungsgründen nicht können. Der dritte Partner ist in diesem Fall der Atomkern. Der Wirkungsquerschnitt für die Absorption eines Photons der Energie E_γ in der K-Schale ist wegen der Nähe des dritten Stoßpartners, des Atomkerns, der den Rückstoß übernimmt, besonders groß ($\sim$ 80 % des totalen Wirkungsquerschnitts). Der totale photoelektrische Wirkungsquerschnitt im nichtrelativistischen Bereich und nicht in unmittelbarer Nachbarschaft der Absorptionskanten ist nach der nichtrelativistischen Born-Approximation [141]

$$\sigma_{\text{Photo}}^{K} = \left(\frac{32}{\varepsilon^7}\right)^{1/2} \alpha^4 \cdot Z^5 \cdot \sigma_{\text{Th}}^{e} \qquad [cm^2/\text{Atom}] , \qquad (1.81)$$

wobei $\varepsilon = E_\gamma / m_e c^2$ die reduzierte Photonenenergie und $\sigma_{\text{Th}}^{e} = \frac{8}{3}\pi\, r_e^2 = 6.65 \cdot 10^{-25} cm^2$ der Thomson-Wirkungsquerschnitt für elastische Streuung von Photonen an Elektronen ist. In der Nähe der Absorptionskanten wird die Energieabhängigkeit des Wirkungsquerschnittes durch eine Funktion $f(E_\gamma, E_\gamma^{\text{kante}})$ modifiziert.

Für hohe Energien ($\varepsilon \gg 1$) ist die Energieabhängigkeit des Photowirkungsquerschnittes geringer

$$\sigma_{\text{Photo}}^{K} = 4\pi r_e^2 Z^5 \alpha^4 \cdot \frac{1}{\varepsilon} . \qquad (1.82)$$

Der Z^5-Term im Wirkungsquerschnitt des Photoeffektes deutet an, daß die Wechselwirkung nicht mit einem Atomelektron allein stattfindet. In den Näherungen der Gleichungen (1.81) und (1.82) ist die Z-Abhängigkeit durch Z^5 approximiert. Durch Z-abhängige Korrekturen wird σ_{Photo} eine komplizierte Funktion von Z. Im Energiebereich $0.1\ MeV \leq E_\gamma \leq 5\ MeV$ variiert der Exponent von Z zwischen 4 und 5.

Als Folge des Photoeffekts in einer inneren Schale (z.B. der K-Schale) treten folgende Sekundäreffekte auf: Beim Auffüllen der freien Stelle etwa in der K-Schale durch Elektronen aus höheren Schalen kann die freiwerdende Energie als charakteristische Röntgenstrahlung emittiert werden. Sie kann aber auch direkt auf Elektronen *desselben* Atoms übertragen werden. Ist diese Energie größer als die Bindungsenergie in der jeweiligen Schale, so kann ein weiteres Elektron den

Atomverband verlassen (Auger-Effekt, Auger-Elektron). Die Energie dieser Auger-Elektronen ist daher klein gegenüber der Energie der primären Photoelektronen.

Für den Fall der Photoionisation in der K-Schale (Bindungsenergie B_K) und des Auffüllens der entstandenen Lücke durch ein Elektron aus der L-Schale (Bindungsenergie B_L) kann die Anregungsenergie der Hülle ($B_K - B_L$) auf ein L-Elektron übertragen werden. Falls $B_K - B_L > B_L$ kann das L-Elektron den Atomverband mit der Energie $B_K - 2B_L$ als Auger-Elektron verlassen.

1.2.2   Compton-Effekt

Der Compton-Effekt beschreibt die elastische Streuung eines Photons an einem quasifreien atomaren Elektron. Bei der Behandlung dieses Prozesses wird die Bindungsenergie der Atomelektronen vernachlässigt. Der totale Wirkungsquerschnitt für Compton-Streuung pro Elektron ist nach Klein-Nishina [12]

$$\sigma_c^e = 2\pi r_e^2 \left[\left(\frac{1+\varepsilon}{\varepsilon^2} \right) \left\{ \frac{2(1+\varepsilon)}{1+2\varepsilon} - \frac{1}{\varepsilon}\ln(1+2\varepsilon) \right\} + \frac{1}{2\varepsilon}\ln(1+2\varepsilon) \right.$$

$$\left. - \frac{1+3\varepsilon}{(1+2\varepsilon)^2} \right] \, [cm^2/\text{Elektron}] \,. \tag{1.83}$$

Für die Compton-Streuung an Atomen erhöht sich der Wirkungsquerschnitt um den Faktor Z, weil in Atomen genau Z Elektronen als potentielle Streupartner zur Verfügung stehen; also $\sigma_c^{\text{atomar}} = Z \cdot \sigma_c^e$.

Bei hohen Energien kann die Energieabhängigkeit des Compton-Wirkungsquerschnittes durch

$$\sigma_c^e \sim \frac{\ln\varepsilon}{\varepsilon} \tag{1.84}$$

approximiert werden [13]. Das Verhältnis von gestreuter (E'_γ) zu einfallender Photonenenergie ist

$$\frac{E'_\gamma}{E_\gamma} = \frac{1}{1 + \varepsilon(1 - \cos\theta_\gamma)} \,, \tag{1.85}$$

wobei θ_γ der Streuwinkel des Photons im Laborsystem ist (vgl. Abb. 1.12).

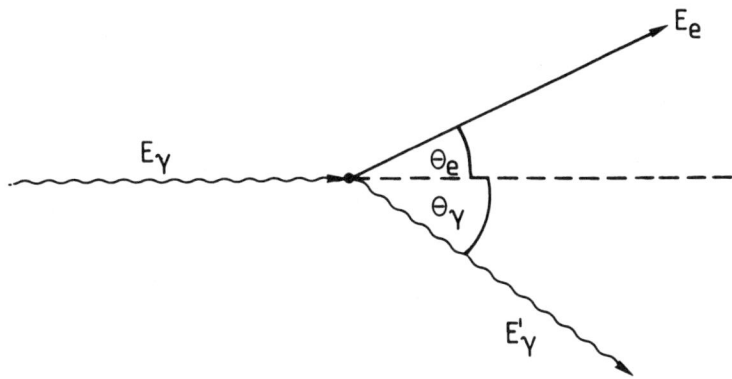

Abb. 1.12 Zur Kinematik des Compton-Effektes.

Für Rückwärtsstreuung ($\theta_\gamma = \pi$) ist der Energieübertrag auf das Elektron maximal

$$\frac{E'_\gamma}{E_\gamma} = \frac{1}{1+2\varepsilon} .$$ (1.86)

Den Streuwinkel des Elektrons in Bezug auf die Richtung des einfallenden Photons erhält man aus

$$\cot \theta_e = (1+\varepsilon)\tan\frac{\theta_\gamma}{2} .$$ (1.87)

Aus Gründen der Impulserhaltung kann θ_e nie größer als $\pi/2$ werden.

Beim Compton-Prozeß wird nur ein Teil der Photonenenergie auf das Elektron übertragen. Man definiert deshalb auch den Energiestreuquerschnitt

$$\sigma_{cs} = \frac{E'_\gamma}{E_\gamma} \cdot \sigma_c^e$$ (1.88)

und in der Folge den Energie-Absorptionsquerschnitt

$$\sigma_{ca} = \sigma_c^e - \sigma_{cs} .$$ (1.89)

Dieser ist für Absorptionsprozesse relevant. Er drückt die Wahrscheinlichkeit aus, mit der eine Energie $E_{\text{kin}} = E_\gamma - E'_\gamma$ auf das gestoßene Elektron übertragen wird.

Am Rande sei erwähnt, daß es zusätzlich zur normalen Compton-Streuung von Photonen an ruhenden Elektronen auch den inversen Compton-Prozeß gibt. Hier stößt ein energiereiches Elektron auf ein quasi "ruhendes", d.h. energiearmes Photon und überträgt einen Teil seiner kinetischen Energie auf das Photon, das damit zu hohen Frequenzen hin verschoben wird. Dieser inverse Compton-Prozeß spielt u.a. in der Astrophysik eine bedeutende Rolle.

Sternenlichtphotonen (eV-Bereich) können auf diese Weise durch Kollisionen mit energiereichen Elektronen in den Röntgen- (keV) oder Gamma- (MeV) Bereich befördert werden.

Natürlich findet Compton-Streuung nicht nur an Elektronen, sondern auch an anderen geladenen Teilchen statt. Für den Teilchennachweis in Detektoren ist jedoch die Compton-Streuung an atomaren Elektronen von besonderer Bedeutung.

1.2.3   Paarerzeugung

Bei der Paarerzeugung von Elektronenpaaren im Coulombfeld eines Kerns müssen zunächst die Ruhemasse zweier Elektronen und die Rückstoßenergie am Kern aufgebracht werden. Damit der Prozeß kinematisch möglich wird, muß das Photon also eine Schwellwertenergie überschreiten:

$$E_\gamma \geq 2m_e c^2 + 2\frac{m_e^2}{m_{\text{Kern}}}c^2 \qquad (1.90)$$

Da $m_{\text{Kern}} \gg m_e$, gilt praktisch

$$E_\gamma \geq 2m_e c^2 . \qquad (1.91)$$

Findet die Paarerzeugung allerdings im Coulombfeld eines Elektrons statt, so wird

$$E_\gamma \geq 4m_e c^2 . \qquad (1.92)$$

Die Paarerzeugung im Coulombfeld eines Elektrons ist aber gegenüber der Paarproduktion im Kernfeld stark unterdrückt.

Für den Fall, daß die Kernladung nicht durch die Atomelektronen abgeschirmt wird (Für kleine Energien muß das Photon dem Kern nahe kommen, um überhaupt eine Paarerzeugung wahrscheinlich werden zu lassen; d.h. aber, daß das Photon nur den "nackten" Kern "sieht".)

$$1 \ll \varepsilon < \frac{1}{\alpha Z^{1/3}} \qquad (1.93)$$

ergibt sich der Paarerzeugungsquerschnitt zu [64]

$$\sigma_{\text{Paar}} = 4\alpha r_e^2 Z^2 \left(\frac{7}{9}\ln 2\varepsilon - \frac{109}{54}\right) \quad [cm^2/\text{Atom}] , \qquad (1.94)$$

für vollständige Abschirmung der Kernladung dagegen $\left(\varepsilon \gg \frac{1}{\alpha Z^{1/3}}\right)$
[64]

$$\sigma_{\text{Paar}} = 4\alpha r_e^2 Z^2 \left(\frac{7}{9}\ln\frac{183}{Z^{1/3}} - \frac{1}{54}\right) \quad [cm^2/\text{Atom}] . \tag{1.95}$$

(Bei hohen Energien ist die Paarerzeugung auch noch bei größeren Abständen des Photons vom Kern (großer Stoßparameter) wahrscheinlich. In dem Falle muß aber die Abschirmung des Kernfeldes durch die Atomelektronen berücksichtigt werden.)

Für große Energien strebt also der Paarerzeugungs-Wirkungsquerschnitt einem energieunabhängigen Grenzwert, gegeben durch Gl. (1.95), zu.

Unter Vernachlässigung des kleinen Terms $\frac{1}{54}$ in der Klammer ist dieser asymptotische Wert gegeben durch

$$\begin{aligned}
\sigma_{\text{Paar}} &= \frac{7}{9} 4\alpha\, r_e^2 Z^2 \ln\frac{183}{Z^{1/3}} \\
&\approx \frac{7}{9} \cdot \frac{A}{N_A} \cdot \frac{1}{X_0}
\end{aligned} \tag{1.96}$$

(vgl. Gl. (1.46)).

Die Energieaufteilung auf die erzeugten Elektronen und Positronen ist bei kleinen bis mittleren Energien symmetrisch und wird bei großen Energien stark unsymmetrisch. Der differentielle Wirkungsquerschnitt für die Übertragung der Energie E_+ auf das Positron ist

$$\frac{d\sigma_{\text{Paar}}}{dE_+} = \frac{\alpha r_e^2}{E_\gamma - 2m_e c^2} \cdot Z^2 \cdot f(\varepsilon, Z) \quad [cm^2/MeV \cdot \text{Atom}] . \tag{1.97}$$

$f(\varepsilon, Z)$ ist eine dimensionslose, nicht-triviale Funktion von ε und Z. Die Z^2-Abhängigkeit des Wirkungsquerschnitts ist allerdings schon im Vorfaktor von $f(\varepsilon, Z)$ berücksichtigt. Deshalb hängt $f(\varepsilon, Z)$ nur noch schwach (logarithmisch) von der Kernladungszahl des Absorbers ab (vgl. Gl. (1.95)). $f(\varepsilon, Z)$ variiert mit Z nur im Bereich weniger Prozent [138]. Der Verlauf dieser Funktion für mittlere Z ist in Abb. 1.13 in seiner Abhängigkeit vom Energieaufteilungsparameter

$$x = \frac{E_+ - m_e c^2}{E_\gamma - 2m_e c^2} = \frac{E_+^{\text{kin}}}{E_{\text{Paar}}^{\text{kin}}} \tag{1.98}$$

für verschiedene $\varepsilon (\gg Z^{-1/3})$ dargestellt [138, 142, 396]. Für diese Abbildung ist neben der Paarerzeugung am Kern auch die Paarerzeugungswahrscheinlichkeit an den atomaren Elektronen ($\sim Z$) berücksichtigt, so daß die Z^2-Abhängigkeit des Paarerzeugungswirkungsquerschnittes (Gl. (1.97)) zu $Z(Z+1)$ analog zur Elektronenbremsstrahlung (vgl. Gl. (1.53)) modifiziert wird.

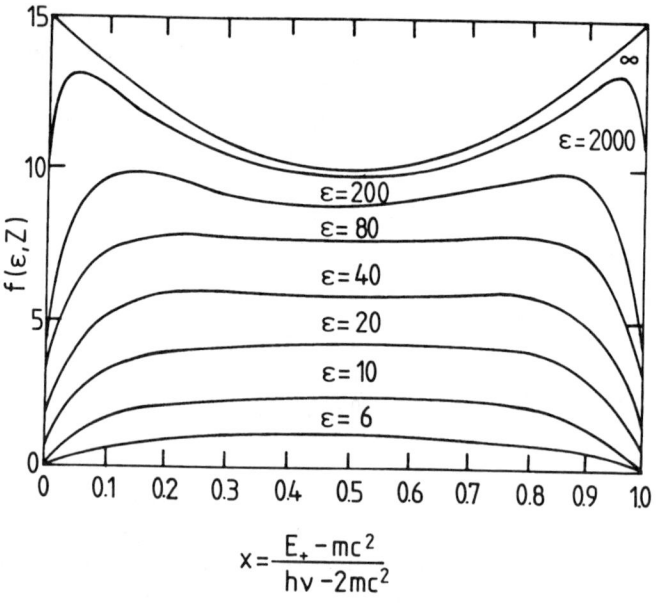

Abb. 1.13 Verlauf der Energieaufteilungsfunktion $f(\varepsilon, Z, x)$ mit $\varepsilon = E_\gamma / m_e c^2$ als Parameter. Der totale Paarerzeugungsquerschnitt ist durch die Fläche unter der jeweiligen Kurve in Einheiten von $Z(Z+1)\alpha r_e^2$ angegeben [138, 142, 396].

1.2.4 Totaler Photoabsorptionsquerschnitt

Der gesamte Massenabsorptionskoeffizient, der mit den Wirkungsquerschnitten gemäß Gl. (1.77) zusammenhängt, ist in Abb. 1.14 für die Absorber Wasser, Luft, Aluminium und Blei angegeben [101]. Da der Compton-Prozeß unter den Photonwechselwirkungen wegen der nur teilweisen Energieübertragung eine Sonderrolle spielt, wird unterschieden zwischen dem Massenabschwächungskoeffizienten und dem Massenabsorptionskoeffizienten.

Der Massenabschwächungskoeffizient μ_{cs} hängt mit dem Compton-Energiestreuquerschnitt σ_{cs} (s.Gl. (1.88)) gemäß Gl. (1.77) zusammen. Entsprechend errechnet sich der Massenabsorptionskoeffizient μ_{ca} aus dem Energieabsorptionsquerschnitt σ_{ca} (Gl. (1.89)/Gl. (1.77)). Für die verschiedenen Absorber wurden die Wirkungsquerschnitte bzw. Absorptionskoeffizienten noch mit der Kernladungszahl des Absorbers multipliziert, da der nach Klein-Nishina angegebene Compton-Wirkungsquerschnitt (Gl. (1.83)) pro Elektron gilt, hier aber die atomaren Wirkungsquerschnitte benötigt werden.

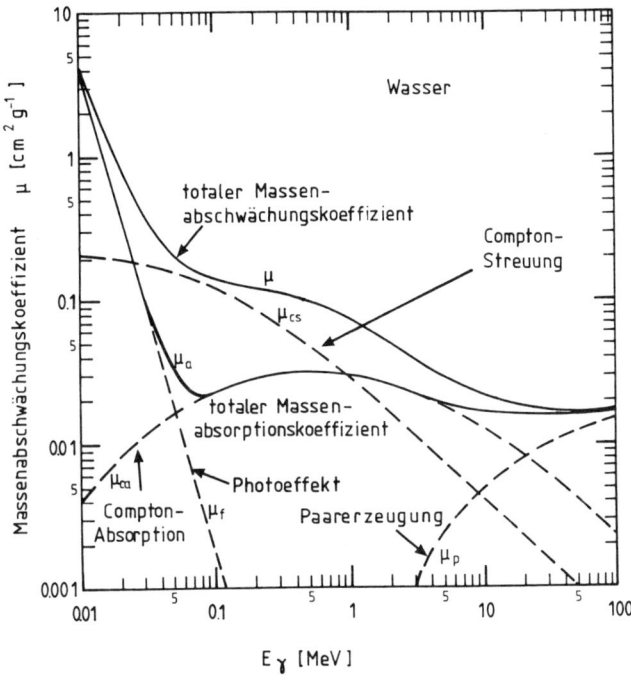

Abb. 1.14a) Energieabhängigkeit des Massenabschwächungskoeffizienten μ und Massenabsorptionskoeffizienten μ_a für Photonen in Wasser [101]. μ_f beschreibt den Photoeffekt, μ_{cs} die Compton-Streuung und μ_{ca} die Compton-Absorption. μ_a ist der gesamte Massenabsorptionskoeffizient ($\mu_a = \mu_f + \mu_p + \mu_{ca}$) und μ der gesamte Massenabschwächungskoeffizient ($\mu = \mu_f + \mu_p + \mu_{cs}$).

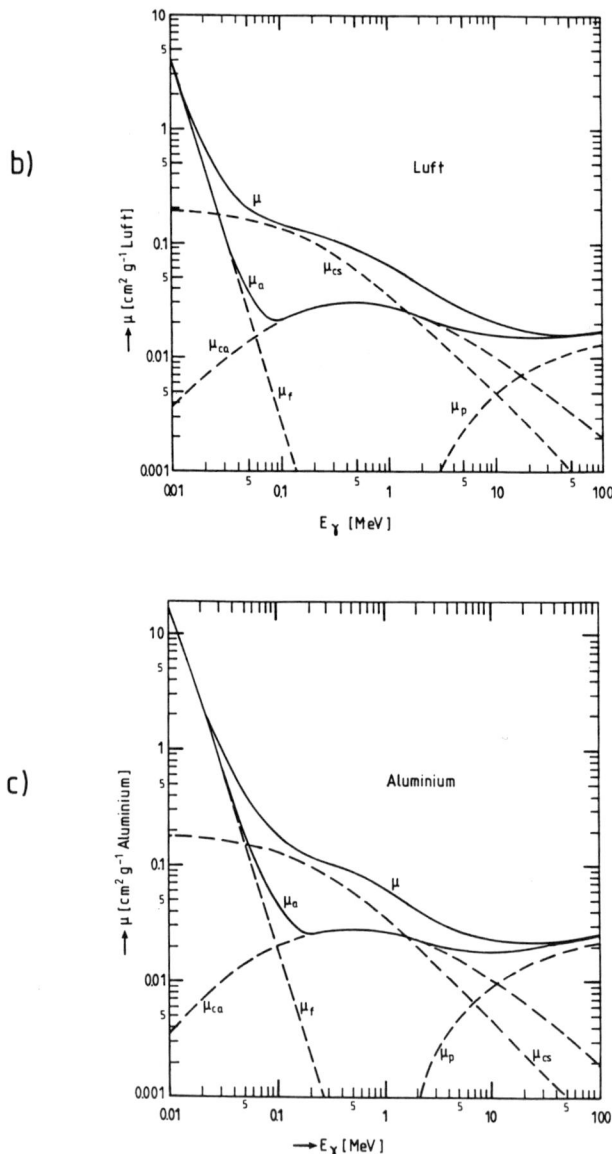

Abb. 1.14 b) c) Energieabhängigkeit des Massenabschwächungskoeffizienten μ und Massenabsorptionskoeffizienten μ_a
für Photonen in Luft b) und Aluminium c) [101].

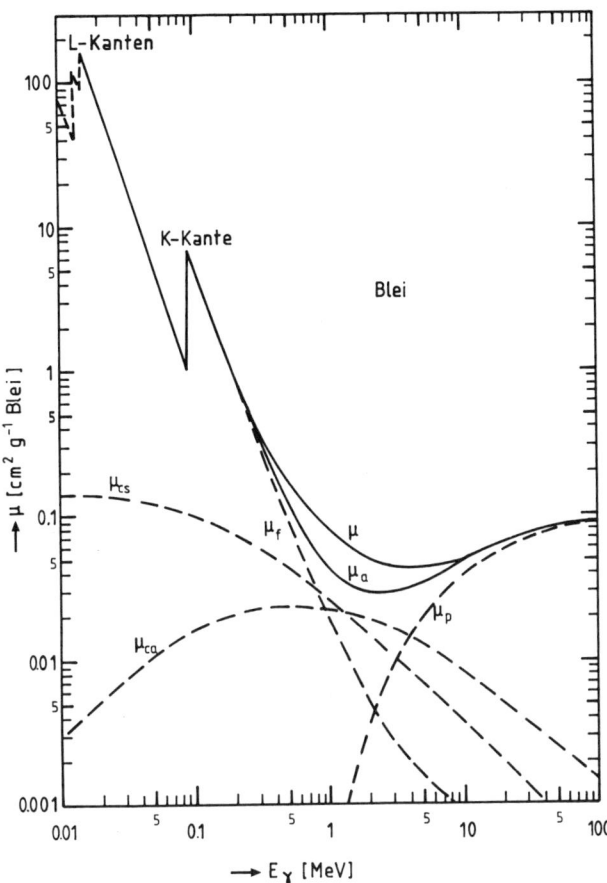

Abb. 1.14 d) Energieabhängigkeit des Massenabschwächungskoeffizienten μ und Massenabsorptionskoeffizienten μ_a für
Photonen in Blei [101].

Die Bereiche, in denen die einzelnen Photonwechselwirkungspro-
zesse dominieren, sind in Abb. 1.15 als Funktion der Photonenenergie
und der Kernladungszahl des Absorbers dargestellt [102, 138, 141].

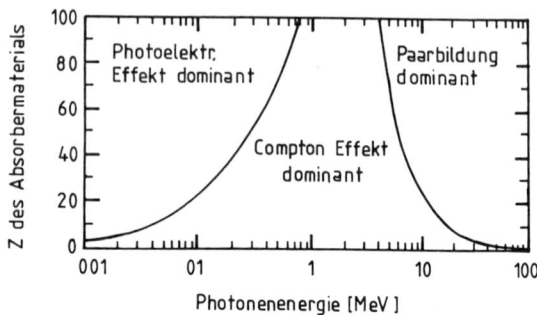

Abb. 1.15 Bereiche, in denen Photoeffekt, Compton-Effekt und Paarerzeugung dominieren als Funktion der Photonenenergie
und der Targetladung Z [138, 102, 141].

Weitere Wechselwirkungen von Photonen (photonukleare Wechselwirkungen, Photon-Photon Streuung , ...) haben zu kleine Wirkungsquerschnitte, als daß sie für den Nachweis von Photonen von
großer Bedeutung sind. Diese Prozesse sind allerdings in der Elementarteilchenphysik und Astrophysik von großem Interesse.

1.3   Starke Wechselwirkungen von Hadronen

Neben den elektromagnetischen Wechselwirkungen geladener Teilchen seien die starken Wechselwirkungen der Hadronen kurz skizziert.

Es handelt sich hier z.T. um inelastische Prozesse, bei denen in
der Kollision weitere stark wechselwirkende Teilchen erzeugt werden.
Der totale Wirkungsquerschnitt für Proton-Proton Streuung wird
für hohe Energien ($>$ einige GeV) etwa konstant 50 mb (1 mb =
$10^{-27}\,cm^2$). Der elastische Teil des Wirkungsquerschnitts zeigt eine
stärkere Energieabhängigkeit.

$$\sigma_{\text{total}} = \sigma_{\text{elastisch}} + \sigma_{\text{inelastisch}} \qquad (1.99)$$

Maßgeblich für die inelastischen Prozesse ist die mittlere Absorptionslänge λ_a, die die Absorption von Hadronen in Materie gemäß

$$N = N_0 e^{-x/\lambda_a} \qquad (1.100)$$

beschreibt.
λ_a errechnet sich aus dem inelastischen Teil des hadronischen Wirkungsquerschnitts zu

$$\lambda_a = \frac{A}{N_A \cdot \varrho \cdot \sigma_{\text{inel}}} \,. \qquad (1.101)$$

Falls A in g/Mol, N_A in Mol^{-1}, ϱ in g/cm^3 und der Wirkungsquerschnitt in cm^2 angegeben werden, erhält man λ_a in der Einheit cm. Die λ_a $[cm]$ entsprechende Massenbelegung wäre $\lambda_a \cdot \varrho$ $[g/cm^2]$. Die Kernwechselwirkungslänge λ_w bezieht sich auf den totalen Wirkungsquerschnitt σ_{total}

$$\lambda_w = \frac{A}{N_A \cdot \varrho \cdot \sigma_{\text{total}}} \,. \qquad (1.102)$$

Da $\sigma_{\text{total}} > \sigma_{\text{inel}}$, folgt $\lambda_w < \lambda_a$.

Die Absorptionslängen und Wechselwirkungslängen sind für einige Materialien in Tabelle 1.5 aufgeführt [94].

Material	Z	A	σ_{total} [barn]	σ_{inel} [barn]	$\lambda_w \cdot \varrho$ $[g/cm^2]$	$\lambda_a \cdot \varrho$ $[g/cm^2]$
Wasserstoff	1	1.01	0.0387	0.033	43.3	50.8
Helium	2	4.0	0.133	0.102	49.9	65.1
Beryllium	4	9.01	0.268	0.199	55.8	75.2
Kohlenstoff	6	12.01	0.331	0.231	60.2	86.3
Stickstoff	7	14.01	0.379	0.265	61.4	87.8
Sauerstoff	8	16.0	0.420	0.292	63.2	91.0
Aluminium	13	26.98	0.634	0.421	70.6	106.4
Silizium	14	28.09	0.660	0.440	70.6	106.0
Eisen	26	55.85	1.120	0.703	82.8	131.9
Kupfer	29	63.55	1.232	0.782	85.6	134.9
Wolfram	74	183.85	2.767	1.65	110.3	185
Blei	82	207.19	2.960	1.77	116.2	194
Uran	92	238.03	3.378	1.98	117.0	199

Tabelle 1.5: Totale und inelastische Wirkungsquerschnitte sowie daraus abgeleitete Wechselwirkungs- und Absorptionslängen für einige Materialien [94].

Zur Berechnung der Wechselwirkungs- und Absorptionslängen wurden die Wirkungsquerschnitte σ_{total} und σ_{inel} als energieunabhängig und unabhängig von der Teilchensorte (Protonen, Pionen, Kaonen, ...) angenommen.

Die Absorptions- und Wechselwirkungslängen beziehen sich deshalb auf einen angenommenen, energieunabhängigen Wirkungsquerschnitt für Hadronen.

Für Targetmaterialien mit $Z \geq 6$ sind die Wechselwirkungs- bzw. Absorptionslängen viel größer als die Strahlungslängen X_0.

Die Bezeichnungen für λ_a und λ_w sind in der Literatur nicht einheitlich. Durch die Gleichungen (1.101) und (1.102) werden diese charakteristischen Größen aber eindeutig definiert.

Aus den Wirkungsquerschnitten lassen sich auf einfache Art die Wahrscheinlichkeiten für eine Wechselwirkung errechnen. Wenn σ_N der nukleare Wirkungsquerschnitt ist (d.h. pro Nukleon), so errechnet sich die Wahrscheinlichkeit ϕ für eine Wechselwirkung pro g/cm^2 zu

$$\phi[g^{-1}cm^2] = \sigma_N \cdot N_A \qquad (1.103)$$

mit der Avogadro-Zahl N_A. Für den Fall, daß der atomare Wirkungsquerschnitt σ_A gegeben ist, folgt

$$\phi[g^{-1}cm^2] = \sigma_A \cdot \frac{N_A}{A} , \qquad (1.104)$$

wobei A die Massenzahl ist.

1.4 Drift und Diffusion in Gasen [2]

Elektronen und Ionen, die durch Ionisation entstanden sind, verlieren sehr schnell ihre Energie durch Vielfachstöße mit Atomen und Molekülen des Gases. Sie nehmen dann die thermische Energieverteilung, die der Gastemperatur entspricht, an.

Ihre mittlere Energie bei Raumtemperatur ist dann

$$\varepsilon = \frac{3}{2}kT = 40 \ meV , \qquad (1.105)$$

---

[2]Ausführliche Literatur zu diesem Thema findet sich in [32, 104, 52, 269].

wobei k die Boltzmann-Konstante und T die Temperatur in Kelvin ist. Sie folgen einer Maxwell-Boltzmann Verteilung der Energien

$$F(\varepsilon) = \text{const} \cdot \sqrt{\varepsilon} \cdot e^{-\varepsilon/kT} \; . \qquad (1.106)$$

Die lokal entstandene Ionisation diffundiert durch Vielfachstöße entsprechend einer Gauss-Verteilung

$$\frac{dN}{N} = \frac{1}{\sqrt{4\pi Dt}} \exp\left(-\frac{x^2}{4Dt}\right) dx \; , \qquad (1.107)$$

wobei $\frac{dN}{N}$ der Bruchteil der Ladung ist, der im Längenelement dx im Abstand x nach einer Zeit t gefunden wird. D ist der Diffusionskoeffizient. Für lineare bzw. Volumendiffusion gilt

$$\begin{aligned} \sigma_x &= \sqrt{2Dt} \\ \sigma_{\text{Vol}} &= \sqrt{3} \cdot \sigma_x = \sqrt{6D\,t} \; . \end{aligned} \qquad (1.108)$$

Die mittlere freie Weglänge bei der Diffusion ist

$$\lambda = \frac{1}{N\sigma(\varepsilon)} \; , \qquad (1.109)$$

wobei $\sigma(\varepsilon)$ der energieabhängige Stoßquerschnitt und $N = \frac{N_A}{A}\varrho$ die Anzahl der Moleküle pro Volumeneinheit ist. Für Edelgase ist $N = 2.69 \cdot 10^{19}$ Moleküle/cm^3 bei Normalbedingungen.

Bewegen sich die Ladungsträger in einem elektrischen Feld, so wird der statistisch ungeordneten Diffusionsbewegung eine geordnete Driftbewegung in Richtung (oder entgegen, je nach Ladungsvorzeichen) des Feldes überlagert. Man kann eine Driftgeschwindigkeit definieren gemäß

$$\vec{v}_{\text{Drift}} = \mu(E) \cdot \vec{E} \cdot \frac{p_0}{p} \qquad (1.110)$$

mit
$\mu(E)$ – energieabhängige Ladungsträgerbeweglichkeit
$\vec{E}$ – elektrische Feldstärke
p/p_0 – auf Normalbedingungen normierter Druck

Die statistisch ungeordnete transversale Diffusion wird dagegen vom elektrischen Feld nicht beeinflußt.

Die Drift freier Ladungsträger in einem elektrischen Feld setzt allerdings voraus, daß Elektronen und Ionen nicht rekombinieren und sich auch nicht an die Atome oder Moleküle des Mediums anlagern.

Tabelle 1.6 enthält Zahlenwerte über die mittlere freie Weglänge, Diffusionskonstante und die Mobilitäten von Ionen [104].

Gas	$\lambda_{ion}[cm]$	$D_{ion}[cm^2/s]$	$\mu_{ion}\left[\frac{cm/s}{V/cm}\right]$
H_2	$1.8 \cdot 10^{-5}$	0.34	13.0
He	$2.8 \cdot 10^{-5}$	0.26	10.2
Ar	$1.0 \cdot 10^{-5}$	0.04	1.7
O_2	$1.0 \cdot 10^{-5}$	0.06	2.2

Tabelle 1.6: Mittlere freie Weglänge λ_{ion}, Diffusionskonstante D_{ion} und Mobilitäten μ_{ion} bei Ionen in einigen Gasen unter Normalbedingungen [104].

Für Elektronen hängen die entsprechenden Größen z.T. sehr stark von der Energie der Elektronen und damit von der Feldstärke ab. Die Mobilitäten von Elektronen in Gasen liegen aber um ca. drei Größenordnungen höher als die der Ionen.

So ist in Abb. 1.16 die Standardabweichung eines ursprünglich lokalisierten Elektronenschwarms bei einer Drift von 1 cm aufgetragen [104]. Diese Breite $\sigma_x = \sqrt{2Dt}$ pro 1 cm Drift variiert deutlich mit der Feldstärke und zeigt sehr ausgeprägte Gasabhängigkeiten. Für ein Gasgemisch aus Argon (75 %) und Isobutan (25 %) werden Werte von $\sigma_x \approx 200 \ \mu m$ angenommen, die die Ortsauflösung einer Driftkammer begrenzen. Im Grunde muß noch zwischen einer longitudinalen Diffusion in Feldrichtung und einer transversalen Diffusion senkrecht zum elektrischen Feld unterschieden werden. Die Ortsauflösung von Driftkammern wird allerdings in erster Linie von der longitudinalen Diffusion begrenzt.

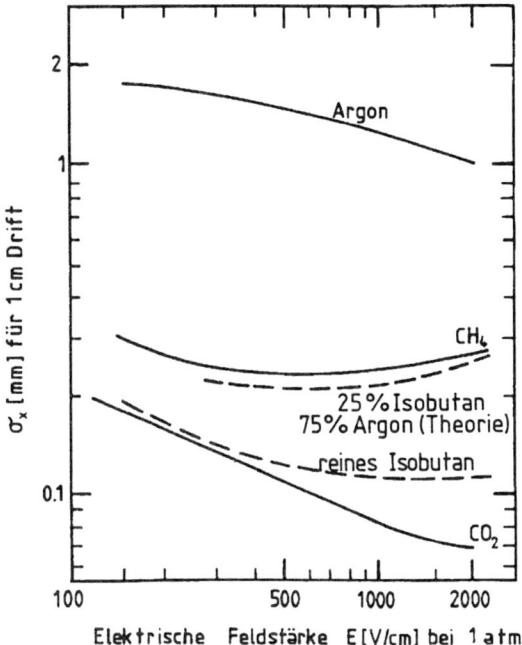

Abb. 1.16 Abhängigkeit der Standardabweichung eines ursprünglich lokalisierten Elektronenschwarms nach 1 *cm* Drift in verschiedenen Gasen [104].

In einer einfachen Theorie der Driftgeschwindigkeit [30] kann diese durch

$$\vec{v}_{\text{Drift}} = \frac{e}{m}\vec{E}\ \tau(\vec{E},\varepsilon) \qquad (1.111)$$

dargestellt werden, wobei $\vec{E}$ die Feldstärke und τ die Zeit zwischen zwei Stößen ist, die wiederum von $\vec{E}$ abhängt. Der Stoßquerschnitt, und damit auch τ, hängt auch stark von der Elektronenenergie ε ab und durchläuft ausgeprägte Maxima und Minima (Ramsauer-Effekt), die durch Beugungsphänomene verursacht werden, wenn die Elektronenwellenlänge $\lambda = h/p$ (h – Plancksches Wirkungsquantum, p – Elektronenimpuls) in die Größenordnung der Moleküldimensionen kommt. Natürlich sind Elektronenenergie und elektrische Feldstärke korreliert. Abb. 1.17 zeigt den Ramsauer-Wirkungsquerschnitt für Elektronen in Argon als Funktion der Elektronenenergie [27].

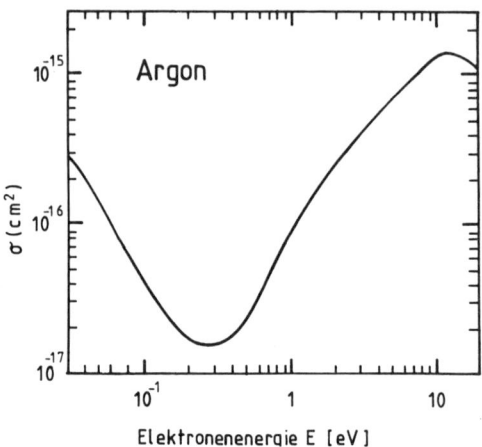

Abb. 1.17 Ramsauer-Wirkungsquerschnitt für Elektronen in Argon
als Funktion der Elektronenenergie [27].

Schon kleine Verunreinigungen in Gasen können die Driftgeschwindigkeiten drastisch ändern (Abb. 1.18, [104, 27]).

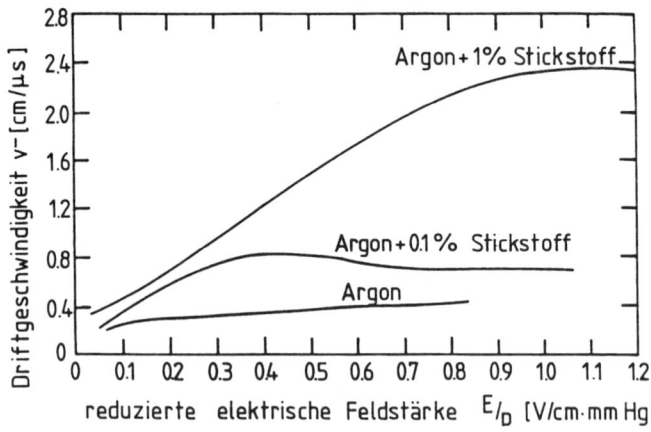

Abb 1.18 Driftgeschwindigkeiten von Elektronen in reinem Argon
und in Argon mit geringen Zusätzen von Stickstoff [104,
27].

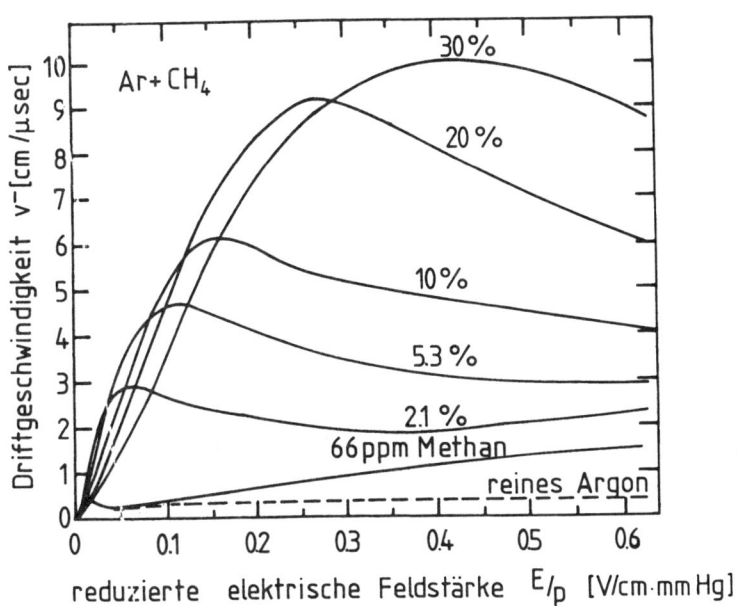

Abb. 1.19 Driftgeschwindigkeit für Elektronen in Argon-Methan-Gemischen [104, 28, 15].

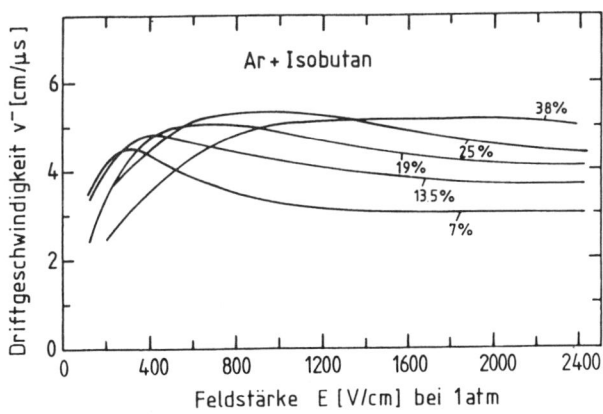

Abb. 1.20 Driftgeschwindigkeit für Elektronen in Argon-Isobutan-Gemischen [104, 29, 15].

Abb. 1.19 zeigt die Driftgeschwindigkeiten für Elektronen in Argon-Methan-Gemischen [28] und Abb. 1.20 die in Argon-Isobutan-Gemischen [29].

Als Richtwert werden für hohe Feldstärken in Argon-Isobutan-Gemischen typische Werte um

$$v_{\text{Drift}} = 5\, cm/\mu s \qquad (1.112)$$

erhalten. Die Feldstärkenabhängigkeit der Driftgeschwindigkeit ist für verschiedene Gase jedoch sehr unterschiedlich [14, 15, 393]. Unter vergleichbaren Bedingungen sind die Ionen in einem Gas um etwa drei Größenordnungen langsamer als Elektronen.

Die Anwesenheit von magnetischen Feldern verändert das Drift-verhalten der Elektronen in Gasen z.T. beträchtlich. Zusätzlich zu dem elektrischen Feld wirkt jetzt die Lorentzkraft auf die bewegten Ladungsträger und zwingt sie zwischen zwei Stößen auf kreis- oder spiralförmige Trajektorien.

Die Bewegungsgleichung der freien Ladungsträger lautet

$$m\ddot{\vec{x}} = q\vec{E} + q \cdot \vec{v} \times \vec{B} + m\vec{A}(t)\,, \qquad (1.113)$$

wobei $m\vec{A}(t)$ eine zeitlich veränderliche stochastische Kraft ist, die ihren Ursprung in Stößen mit Gasmolekülen hat. Nimmt man an, daß $m \cdot \vec{A}(t)$ im Zeitmittel durch eine geschwindigkeitsproportionale Reibungskraft $-m\vec{v}/\tau$ dargestellt werden kann, wobei τ die mittlere Zeit zwischen zwei Stößen ist, so erhält man aus Gl. (1.113) [32]

$$\vec{v}_{\text{Drift}} = \frac{\mu}{1 + \omega^2\tau^2}\left(\vec{E} + \frac{\vec{E} \times \vec{B}}{B}\omega\tau + \frac{(\vec{E} \cdot \vec{B}) \cdot \vec{B}}{B^2}\omega^2\tau^2\right)\,, \quad (1.114)$$

wenn man annimmt, daß sich für ein konstantes elektrisches Feld eine Drift mit konstanter Geschwindigkeit einstellt, also $\dot{\vec{v}}_{\text{Drift}} = 0$.

In Gl. (1.114) sind

$\mu = e \cdot \tau/m$ die Beweglichkeit der Ladungsträger und
$\omega = e \cdot B/m$ die Zyklotronfrequenz (aus $mr\omega^2 = evB$).

In Anwesenheit elektrischer und magnetischer Felder setzt sich die Driftgeschwindigkeit aus Komponenten in Richtung von $\vec{E}$, von $\vec{B}$ und senkrecht zu $\vec{E}$ und $\vec{B}$ zusammen [394].

Falls $\vec{E} \perp \vec{B}$ folgt aus Gl. (1.114)

$$|\vec{v}_{\text{Drift}}| = \frac{\mu E}{\sqrt{1 + \omega^2 \tau^2}} . \qquad (1.115)$$

Für den Winkel zwischen der Driftgeschwindigkeit $\vec{v}_{Drift}$ und $\vec{E}$ (Lorentzwinkel) erhält man ebenfalls aus Gl. (1.114) unter der Annahme von $\vec{E} \perp \vec{B}$

$$\tan \alpha = \omega \tau ; \qquad (1.116)$$

verwendet man τ aus Gl. (1.111), so ergibt sich

$$\tan \alpha = v_{\text{Drift}} \cdot \frac{B}{E} . \qquad (1.117)$$

Dieses Ergebnis erwartet man auch, wenn man die auftretende Lorentzkraft $e\,\vec{v} \times \vec{B}$ (mit $\vec{v} \perp \vec{B}$) ins Verhältnis zur elektrischen Kraft $e\vec{E}$ setzt.

Für $E = 500\ V/cm$ und eine Driftgeschwindigkeit allein im elektrischen Feld von $v_{\text{Drift}} = 3.5\ cm/\mu s$ erhält man für die Driftgeschwindigkeit im kombinierten elektrischen und magnetischen Feld ($\vec{E} \perp \vec{B}$) aus Gl. (1.115) für $B = 1.5$ Tesla aus diesen einfachen Überlegungen

$$v(E = 500\ V/cm, B = 1.5\ T) = 2.4\ cm/\mu s$$

und für den Lorentzwinkel gemäß Gl. (1.117)

$$\alpha = 46^0 ,$$

was in etwa dem experimentellen Befund und den Ergebnissen einer exakteren Rechnung entspricht (Abb. 1.21) [104, 29].

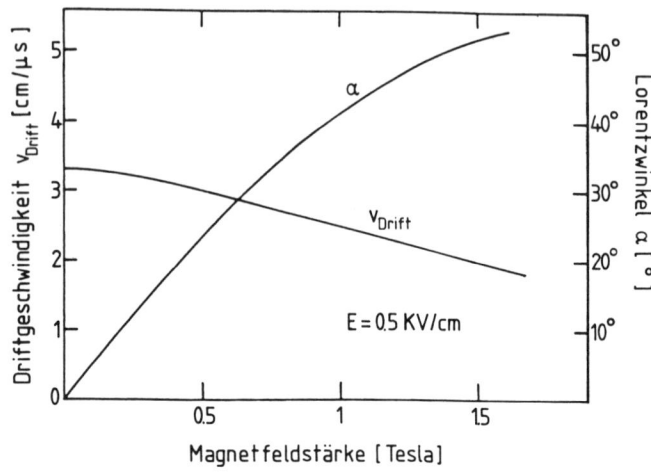

Abb. 1.21 Abhängigkeit der Elektronendriftgeschwindigkeit und des Lorentzwinkels vom Magnetfeld bei kleinen elektrischen Feldstärken (500 V/cm) in einem Gasgemisch aus Argon (67.2 %), Isobutan (30.3 %) und Methylal (2.5 %) [104, 29].

Kleine Beimischungen elektronegativer Gase (z.B. Sauerstoff) verändern das Driftverhalten durch Elektroneneinfang beträchtlich. Für einen 1 % Sauerstoffanteil in Argon bei einem Driftfeld von 1 kV/cm ist die mittlere freie Weglänge der Elektronen für Anlagerung von der Größenordnung 5 cm. Durch geringe Beimischungen elektronegativer Gase wird also das Ladungssignal reduziert und für stark elektronegative Gase (wie etwa Chlor) eventuell ein Betrieb unmöglich gemacht.

Kapitel 2

Charakteristische Größen von Detektoren

Ein Qualitätsmerkmal eines Detektors ist sein Auflösungsvermögen für die zu messende Größe (Energie, Zeit, Ort, ...). Sei eine Meßgröße mit wahrem Wert z_0 gegeben (z.B. die monoenergetische γ-Strahlung der Energie E_0). Die vom Detektor registrierten Meßwerte bilden eine Verteilungsfunktion $D(z)$; dann ist der Erwartungswert für diese Meßgröße

$$< z > = \int z \cdot D(z)dz \bigg/ \int D(z)dz \ , \qquad (2.1)$$

wobei das Integral im Nenner der Normierung der Verteilungsfunktion dient.

Die Varianz der Meßgröße ist

$$\sigma_z^2 = \int (z - < z >)^2 D(z)dz \bigg/ \int D(z)dz \ . \qquad (2.2)$$

Die Integrale erstrecken sich über den gesamten möglichen Wertebereich der Verteilungsfunktion.

Am Beispiel einer Rechteckverteilung soll dies verdeutlicht werden. In einer Vieldrahtproportionalkammer (s. Kap. 4.6) mit Drahtabstand δz soll der Durchgangsort von Teilchen bestimmt werden. An den Drähten erfolgt keine Driftzeitmessung . Wie genau kann diese Messung erfolgen? Es möge genau ein bestimmter Draht angesprochen haben. Die Verteilungsfunktion $D(z)$ ist konstant $= 1$ von $-\delta z/2$ bis $+\delta z/2$ um diesen Draht herum und außerhalb dieses Intervalls gleich 0 (s. Abb. 2.1).

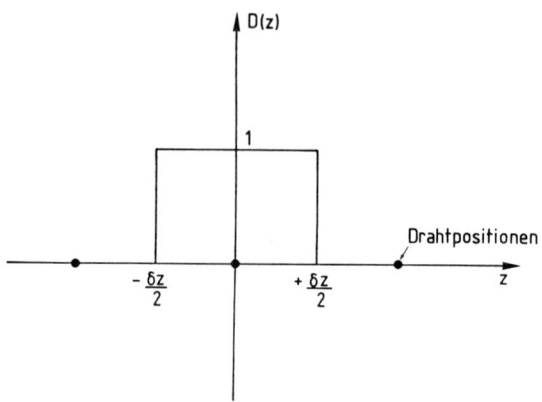

Abb. 2.1 Zur Bestimmung der Standardabweichung einer Rechteckverteilung.

Der Erwartungswert für z ergibt sich evidenterweise zu Null
($\widehat{=}$ Position des angesprochenen Drahtes):

$$< z >= \int_{-\delta z/2}^{+\delta z/2} z \cdot 1 \, dz \Bigg/ \int_{-\delta z/2}^{+\delta z/2} dz = \frac{z^2}{2}\Bigg|_{-\delta z/2}^{+\delta z/2} \Bigg/ z \Bigg|_{-\delta z/2}^{+\delta z/2} = 0$$

(2.3)

entsprechend erhält man für die Varianz

$$\sigma_z^2 = \int_{-\delta z/2}^{+\delta z/2} (z-0)^2 \cdot 1 \, dz \Bigg/ \delta z = \frac{1}{\delta z} \int_{-\delta z/2}^{+\delta z/2} z^2 dz$$

$$= \frac{1}{\delta z}\frac{z^3}{3}\Bigg|_{-\delta z/2}^{+\delta z/2} = \frac{1}{3\delta z}\left(\frac{\delta z^3}{8} + \frac{\delta z^3}{8}\right) = \frac{\delta z^2}{12}$$

(2.4)

also

$$\sigma_z = \frac{\delta z}{\sqrt{12}}$$

(2.5)

δz und σ_z sind dimensionsbehaftete Werte. Die relativen Größen $\delta z/z$
bzw. σ_z/z sind dimensionslos.

In vielen Fällen sind die Meßwerte normalverteilt entsprechend einer Verteilungsfunktion (Abb. 2.2)

$$D(z) = \frac{1}{\sigma_z\sqrt{2\pi}}e^{-(z-z_0)^2/2\sigma_z^2}. \tag{2.6}$$

Die nach Gl. (2.2) errechnete Varianz für diese Gaußverteilung sagt aus, daß zwischen $z_0 - \sigma_z$ und $z_0 + \sigma_z$ genau 68.33 % der Meßwerte liegen. Innerhalb von $2\sigma_z$ liegen 95.45 % und innerhalb von $3\sigma_z$ 99.73 % der Meßwerte.

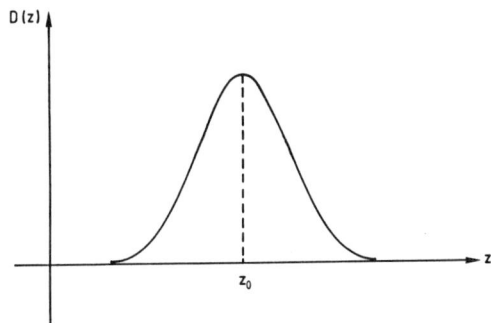

Abb. 2.2 Normalverteilung (Gaußverteilung um den Mittelwert z_0).

Es ist häufig üblich, für die Meßgröße ein Konfidenz-Intervall anzugeben mit einer dazugehörigen Wahrscheinlichkeit, daß der wahre Wert innerhalb dieses Intervalls liegt. Dazu stellen wir die normierte Verteilungsfunktion in ihrer Abhängigkeit von $z- < z >$ dar (Abb. 2.3). Für eine normierte Wahrscheinlichkeitsverteilung mit Erwartungswert $< z >$ und Standardabweichung σ_z ist

$$1 - \alpha = \int_{<z>-\delta}^{<z>+\delta} D(z)dz \tag{2.7}$$

die Wahrscheinlichkeit, daß der wahre Wert z_0 im Intervall $\pm\delta$ um den gemessenen Wert $< z >$ liegt; oder anders: $100 \cdot (1 - \alpha)$ % der Meßwerte liegen innerhalb von $\pm\delta$.

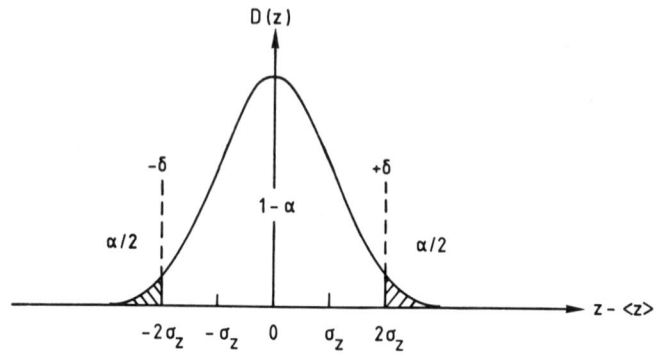

Abb. 2.3 Illustration von Konfidenz-Niveaus.

Die Wahl von $\delta = \sigma_z$ für eine Gaußverteilung führt zu einem Konfidenz-Intervall, das man den Standard-Fehler nennt, und dessen Wahrscheinlichkeit $1 - \alpha = 0.6833$ (entsprechend 68.33 %) beträgt.

Andererseits kann man ein Konfidenz-Niveau vorgeben und daraus die zugehörige Intervallbreite berechnen. Für ein Konfidenz-Niveau von $1 - \alpha \hat{=} 95\%$ ergibt sich eine Intervallbreite von $\delta = \pm 1.96\,\sigma_z$; oder für $1 - \alpha \hat{=} 99.9\%$ erhält man $\delta = \pm 3.29\,\sigma_z$ [94].

Ein häufiges Maß für eine Auflösung ist die leicht zu ermittelnde Halbwertsbreite; das ist die volle Breite bei halber Höhe (*fwhm = full width at half maximum*). Für Normalverteilungen gilt

$$\Delta z(fwhm) = 2\sqrt{2\ln 2}\,\sigma_z = 2.355\,\sigma_z\,. \qquad (2.8)$$

Die Gaußverteilung ist eine kontinuierliche Verteilungsfunktion. Bei der Registrierung von Teilchen in Detektoren zählt man jedoch häufig Ereignisse, die dann meist poissonverteilt sind. Die Poisson-Verteilung ist eine unsymmetrische (negative Zählwerte können nicht auftreten), diskrete Verteilung.

Bei einem Mittelwert von μ sind die einzelnen Meßergebnisse n verteilt gemäß

$$f(n,\mu) = \frac{\mu^n e^{-\mu}}{n!}\,, \quad n = 0, 1, 2, \ldots \qquad (2.9)$$

Der Erwartungswert für diese Verteilung ist gleich dem Mittelwert μ mit einer Varianz $\sigma^2 = \mu$.

Seien drei gemessene Ereignisse ein Mittelwert für viele Experimente. Dann ist die Wahrscheinlichkeit, in einem einzelnen Experiment z.B. kein Ereignis zu registrieren, $f(0,3) = e^{-3} = 0.05$; oder anders: wenn man in einem individuellen Experiment kein Ereignis der untersuchten Sorte findet, dann ist der wahre Wert kleiner oder gleich dem Mittelwert 3 mit einem Konfidenz-Niveau von 95 %. Für große Werte von n geht die Poisson- in die Gaußverteilung über.

Bei der Bestimmung etwa der Ansprechwahrscheinlichkeit eines Detektors handelt es sich um ein Zufallsexperiment mit nur zwei möglichen Ausgängen: entweder der Detektor hat angesprochen (Wahrscheinlichkeit p) oder nicht (Wahrscheinlichkeit $1 - p = q$). Die Wahrscheinlichkeit, daß der Detektor bei n Versuchen genau r mal anspricht, ist gegeben durch die Binomial-Verteilung (Bernoulli-Verteilung)

$$f(n,r,p) = \binom{n}{r} p^r q^{n-r} = \frac{n!}{r!(n-r)!} p^r q^{n-r} . \qquad (2.10)$$

Der Erwartungswert dieser Verteilung ist $< r >= n \cdot p$ und die Varianz $\sigma^2 = n\,p\,q$.

Ist etwa das Ansprechvermögen eines Detektors bei 100 Teilchendurchgängen zu $p = 95\,\%$ ermittelt worden (95 Teilchen wurden registriert, 5 nicht), so muß man bei der Bestimmung des Fehlers darauf achten, daß das Ansprechvermögen innerhalb des Fehlers nie $> 100\,\%$ werden kann. Ein poissonscher Fehler ($\pm\sqrt{95}$) des Ansprechvermögens ist also hier falsch. In diesem Beispiel ist die Standardabweichung (σ des Erwartungswertes $< r >$)

$$\sigma = \sqrt{n \cdot p \cdot q} = \sqrt{100 \cdot 0.95 \cdot 0.05} = 2.18 \qquad (2.11)$$

also

$$p = (95 \pm 2.18)\%$$

Die beschriebenen Verfahren zur statistischen Behandlung von Meßergebnissen umfassen nur die wichtigsten Verteilungen. Bei kleinen Ereigniszahlen führen poissonartige Fehler zu ungenauen Grenzen. Hat man z.B. von einer bestimmten Sorte ein Ereignis in einem vorgegebenen Zeitintervall gefunden, kann der Wert, den man nach der Poisson-Verteilung erhält, nämlich $n \pm \sqrt{n}$, also hier 1 ± 1, nicht korrekt sein. Denn wenn man ein echtes Ereignis gemessen hat, kann der Meßwert, auch nicht innerhalb des Fehler, mit 0 verträglich sein.

Die Statistik der kleinen Zahlen muß deshalb modifiziert werden. In der folgenden Tabelle sind die $\pm 1\sigma$ Grenzen für die angegebenen Ereigniszahlen dargestellt. Zum Vergleich ist der normale Fehler (Wurzel aus der Zählrate) ebenfalls gezeigt.

untere Grenze		Ereigniszahl	obere Grenze	
Wurzel-fehler	Statistik kl. Zahlen		Statistik kl. Zahlen	Wurzel-fehler
0	0	0	1.84	0
0	0.17	1	3.3	2
0.59	0.71	2	4.64	3.41
1.27	1.37	3	5.92	4.73
6.84	6.89	10	14.26	13.16
42.93	42.95	50	58.11	57.07

Tabelle 2.1: Statistik kleiner Zahlen. Angegeben sind neben den $\pm 1\sigma$ Grenzen der Regenerstatistik [95] auch die $\pm 1\sigma$ Wurzelfehler der Poissonstatistik.

Betrachtet man die Zählstatistik mit geringen Ereigniszahlen in Anwesenheit von Untergrundprozessen, die man eigentlich gar nicht miterfassen möchte, wird die Angabe von Fehlern oder Konfidenz-Niveaus noch zusätzlich komplizierter. Die entsprechenden Formeln für solche Prozesse sind in der Literatur angegeben [96, 97, 98, 94, 332].

Ein generelles Wort der Vorsicht ist allerdings bei der statistischen Behandlung von Meßergebnissen angebracht. Die Nomenklatur der in der Literatur angegebenen statistischen Kenngrößen ist nicht immer einheitlich.

Bei der Bestimmung von Auflösungen oder Meßfehlern ist man häufig an relativen Größen interessiert, also $\delta z / < z >$ oder $\sigma_z / < z >$; dabei ist zu beachten, daß der Mittelwert einer Meßreihe $< z >$ nicht unbedingt gleich dem wahren Wert z_0 sein muß. Um den Zusammenhang zwischen dem Meßwert $< z >$ und dem wahren

Wert z_0 zu erhalten, müssen die Detektoren geeicht werden. Nicht
alle Detektoren sind linear; d.h.

$$< z >= c \cdot z_0 + d \qquad (2.12)$$

mit c, d-Konstanten gilt nicht immer. Nichtlinearitäten wie

$$< z >= c(z_0)z_0 + d$$

sind aber besonders unangenehm und erfordern eine genaue Kenntnis
der Eichkurve. In vielen Fällen sind die Eichparameter auch noch
zeitabhängig.

Im folgenden sollen einige charakteristische Größen von Detektoren diskutiert werden.

Energieauflösungen, Ortsauflösungen und Zeitauflösungen werden, wie oben diskutiert, berechnet. Neben der Zeitauflösung gibt es
aber noch eine Reihe von weiteren charakteristischen Zeiten:

Die *Totzeit* τ_D ist diejenige Zeit, die nach Registrierung eines Teilchens verstreichen muß, bis der Detektor wieder für weitere einfallende Teilchen empfindlich ist. Nach Verstreichen der Totzeit, in der
also überhaupt keine weiteren Teilchen registriert werden können,
schließt sich eine Phase an, in der zwar schon wieder Teilchen
gemessen werden können, aber der Detektor noch nicht mit voller
Amplitude darauf anspricht. Nach Ablauf einer weiteren Zeit also,
der *Erholzeit* τ_R, kann der Detektor wieder ein normales Signal liefern.

Am Beispiel eines Geiger-Müller-Zählrohrs (s. Kap. 4.3) soll dies
verdeutlicht werden (Abb. 2.4). Nach einem ersten Teilchendurchgang
ist das Zählrohr für die Zeit τ_D vollständig unempfindlich gegen weitere Teilchen. Allmählich baut sich das Feld im Zählrohr wieder auf,
so daß für Zeiten $t > \tau_D$ wieder ein Signal — wenn auch noch nicht
in Originalgröße — erhalten werden kann. Nach Ablauf der weiteren
Zeit τ_R hat sich das Zählrohr erholt, so daß nun wieder die Ausgangsbedingungen hergestellt sind.

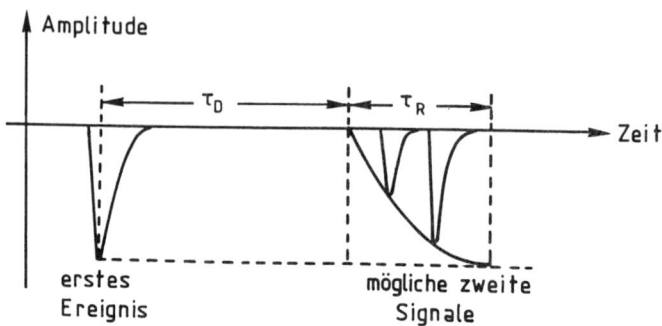

Abb. 2.4 Erläuterung der Tot- und Erholzeit eines Geiger-Müller-Zählrohrs.

Die *empfindliche Zeit* τ_S ist für gepulste Detektoren von Bedeutung. Es ist die Zeit, in der Teilchen registriert werden können, unabhängig davon, ob sie mit dem auslösenden Ereignis korreliert sind oder nicht. Wenn z.B. ein Detektor in einem Beschleuniger-Experiment durch eine Strahlwechselwirkung getriggert (d.h. empfindlich gemacht) wird, wird in der Regel ein Zeitfenster definierter Länge (τ_S) geöffnet, in dem das Ereignis registriert wird. Geht dann zufällig innerhalb dieser Zeit τ_S ein Höhenstrahlmyon durch den Detektor, so wird es ebenfalls registriert, da der Detektor, nachdem er einmal sensitiviert wurde, zwischen interessanten und zufälligen Teilchen nicht mehr unterscheiden kann.

Die *Auslesezeit* τ_A ist die Zeit, die zum Einlesen des Ereignisses z.B. in einen elektronischen Speicher benötigt wird. Für andere als elektronische Registrierung (z.B. Film) kann die Auslesezeit beträchtlich lang werden. Mit der Auslesezeit ist die *Wiederholzeit* τ_W verknüpft, die den minimalen Zeitabstand beschreibt, der zwischen zwei aufeinanderfolgenden Ereignissen verstreichen muß, damit sie getrennt registriert werden können. Die Länge der Wiederholzeit wird durch das langsamste Element der Kette Detektor, Auslese, Registrierung bestimmt.

Die *Gedächtniszeit* τ_M beschreibt die maximal zulässige Zeitverzögerung zwischen Teilchendurchgang und Triggersignal, die noch zu einer 50 %igen Ansprechwahrscheinlichkeit führt.

Die zuerst erwähnte Zeitauflösung σ_τ beschreibt den minimalen Zeitabstand, in dem zwei Ereignisse noch getrennt registriert werden können. Sie ist der Wiederholzeit sehr ähnlich, nur daß die Zeitauflösung sich im allgemeinen auf eine Komponente des Nachweissystems (z.B. nur den Detektor) bezieht, während die Wiederholzeit alle Komponenten einschließt. So kann die Zeitauflösung eines Detektors sehr klein sein, aber die ganze Schnelligkeit kann durch eine lange Auslesezeit wieder verschenkt werden.

Der Begriff Zeitauflösung wird jedoch auch für die Genauigkeit verwendet, mit der man den Teilchenankunftszeitpunkt in einem Detektor feststellen kann. Die so verstandene Zeitauflösung für Einzelteilchendurchgänge ist durch die Schwankung in der Anstiegszeit des Detektorsignals gegeben.

Eine wichtige Größe eines jeden Detektors ist das Ansprechvermögen; d.h. die Wahrscheinlichkeit, daß ein Teilchen, das durch den Detektor hindurchgeht, auch von ihm "gesehen" wird. Dieses Ansprechvermögen ε kann je nach Detektortyp stark variieren. So werden γ-Quanten in Zählrohren mit Wahrscheinlichkeiten von einigen Prozent nachgewiesen; aber geladene Teilchen in Szintillatoren oder Zählrohren mit 100 %. Neutrinos werden nur mit extrem geringen Wahrscheinlichkeiten registriert ($\sim 10^{-18}$ für MeV-Neutrinos in einem massiven Detektor).

Das Ansprechvermögen eines Detektors kann in einer einfachen Anordnung gemessen werden (Abb. 2.5). Der zu untersuchende Detektor mit dem unbekannten Ansprechvermögen (= Nachweiswahrscheinlichkeit) ε wird zwischen zwei Triggerzähler mit den Ansprechwahrscheinlichkeiten ε_1 bzw. ε_2 gelegt; und zwar so, daß Teilchen, die die Triggerbedingung erfüllen (Zweifachkoinzidenz), auch durch das empfindliche Volumen des Detektors gehen.

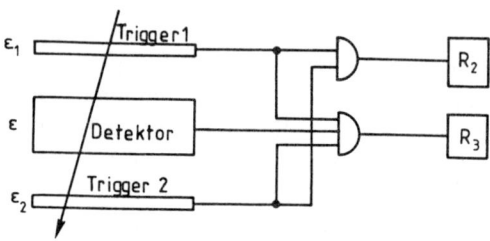

Abb.2.5 Zur Definition des Detektoransprechvermögens.

Die Zweifachkoinzidenzrate ist $R_2 = \varepsilon_1 \cdot \varepsilon_2 \cdot N$, wenn N die Zahl der Teilchendurchgänge ist. Mit der Dreifachkoinzidenzrate $R_3 = \varepsilon_1 \cdot \varepsilon_2 \cdot \varepsilon \cdot N$ ergibt sich das gesuchte Ansprechvermögen ε als Verhältnis

$$\varepsilon = \frac{R_3}{R_2} = \frac{\varepsilon_1 \varepsilon_2 \cdot \varepsilon \cdot N}{\varepsilon_1 \varepsilon_2 \cdot N} . \qquad (2.13)$$

Bei der Fehlerrechnung für ε muß man bedenken, daß R_2 und R_3 korreliert sind und es sich hier um ein Bernoulli-Experiment handelt. Damit ergibt sich der absolute Fehler der Dreifachkoinzidenzrate zu (vgl. 2.11)

$$\sigma_{R_3} = \sqrt{R_2 \cdot \varepsilon (1 - \varepsilon)} \qquad (2.14)$$

und der relative Fehler der Dreifachkoinzidenzrate, bezogen auf die Anzahl der Trigger R_2, als

$$\frac{\sigma_{R_3}}{R_2} = \sqrt{\frac{\varepsilon(1 - \varepsilon)}{R_2}} . \qquad (2.15)$$

Falls das Ansprechvermögen gering ist ($R_3 \ll R_2$; $\varepsilon \ll 1$), reduziert sich (2.14) auf

$$\sigma_{R_3} = \sqrt{R_3} . \qquad (2.16)$$

Für den Fall eines hohen Ansprechvermögens ($R_3 \approx R_2$; $1 - \varepsilon \ll 1$; d.h. $\varepsilon \approx 1$) kann der Fehler durch

$$\sigma_{R_3} = \sqrt{R_2 - R_3} \qquad (2.17)$$

approximiert werden. In diesen Fällen können also poissonartige Fehler als Näherung dienen.

Das Ansprechvermögen eines Detektors hängt in der Regel noch vom Teilchendurchgangsort (Homogenität, Uniformität) und vom Einfallswinkel (Isotropie) ab.

In vielen Detektoranwendungen ist es erforderlich, gleichzeitig viele Teilchen zu registrieren. Deshalb ist auch der Begriff der Vielfach-Ansprechwahrscheinlichkeit wichtig. Das Vielfach-Ansprechvermögen kann als die Wahrscheinlichkeit definiert werden, bei N gleichzeitigen Teilchendurchgängen genau N Teilchen zu registrieren. Für normale Funkenkammern (vgl. Kap. 4.15) fällt die so definierte Vielfach-Ansprechwahrscheinlichkeit sehr schnell mit wachsendem N, während sie für Szintillationszähler kaum von N abhängen sollte. Das Vielfach-Ansprechvermögen bei Driftkammern (vgl. Kap. 4.7) kann auch durch die Art der Auslese ("single hit" = Einzelspur- oder "multiple hit" = Mehrfachspurauslese) festgelegt sein.

Kapitel 3

Einheiten der Strahlungsmessung

Viele Messungen mit Detektoren und auch viele Tests von Detektoren werden mit radioaktiven Präparaten durchgeführt. Deshalb sind grundlegende Kenntnisse der Einheiten der Strahlungsmessung aber auch der biologischen Wirkung der radioaktiven Strahlung nützlich [102].

Sind von einem radioaktiven Stoff ursprünglich N_0 Kerne vorhanden, so reduziert sich diese Zahl im Laufe der Zeit t durch Zerfall gemäß

$$N = N_0 e^{-t/\tau}\,, \tag{3.1}$$

wobei τ die Lebensdauer des radioaktiven Strahlers ist. Die Lebensdauer ist von der Halbwertszeit $T_{1/2}$ zu unterscheiden, die sich aus (3.1) ergibt gemäß

$$N(t = T_{1/2}) = \frac{N_0}{2} = N_0 e^{-T_{1/2}/\tau} \tag{3.2}$$

$$T_{1/2} = \tau \cdot \ln 2\,. \tag{3.3}$$

Die Zerfallskonstante des Radionuklids ist

$$\lambda = \frac{1}{\tau} = \frac{\ln 2}{T_{1/2}}\,. \tag{3.4}$$

Die Aktivität eines Präparates gibt die Anzahl der Zerfälle pro Sekunde an

$$A = -\frac{dN}{dt} = \frac{1}{\tau}N = \lambda N\,. \tag{3.5}$$

Die Einheit der Aktivität ist das Becquerel (Bq). $1\,Bq$ bedeutet: 1 Zerfall pro Sekunde (In Klammern sei vermerkt, daß die physikalische Größe mit der Dimension s^{-1} eigentlich schon einen Namen hat: Hertz! Allerdings wird Hz für periodische Vorgänge und Bq für statistisch verteilte Ereignisse verwendet.). Die Einheit Bq löst die alte Einheit, das Curie (Ci), ab. Ein Curie war historisch die Aktivität von 1 Gramm Radium

$$1\,Ci = 3.7 \cdot 10^{10}\,Bq \qquad (3.6)$$

oder

$$1\,Bq = 27 \cdot 10^{-12}\,Ci = 27\,pCi\,. \qquad (3.7)$$

$1\,Bq$ ist eine sehr kleine Einheit der Aktivität.

Die Aktivität in Bq macht noch keinerlei Aussagen über mögliche biologische Schädigungen. Letztere steht im Zusammenhang mit der pro Masse deponierten Energie eines Strahlers.

Die Energiedosis D (absorbierte Energie pro Masseneinheit)

$$D = \frac{dW}{\varrho dV} \qquad (3.8)$$

(dW – absorbierte Energie; ϱ – Dichte; dV – Volumeneinheit) wird in Gray ($1\,Gy = 1\,J/kg$) gemessen. Mit der alten cgs-Einheit rad (**r**öntgen **a**bsorbed **d**ose, $1\,rad = 100\,erg/g$) hängt Gray gemäß

$$1\,Gy = 100\,rad \qquad (3.9)$$

zusammen.

Gray und rad beschreiben eine rein physikalische Energieabsorption, die biologische Effekte noch nicht berücksichtigt. Da α-, β-, γ- und Neutronenstrahler bei gleicher Energieabsorption unterschiedliche biologische Wirkungen hervorrufen können, wird eine **R**elative **B**iologische **W**irksamkeit(RBW) definiert: Der Faktor, mit dem die Energiedosis D bei einer beliebigen Strahlenart zu multiplizieren ist, um die Energiedosis D_γ zu erhalten, bei der man mit Röntgenstrahlen die gleiche biologische Wirkung erzielt, heißt Relative Biologische Wirksamkeit.

$$D_\gamma = RBW \cdot D \qquad (3.10)$$

Die mit dem RBW-Faktor multiplizierte Energiedosis heißt Äquivalentdosis H und wird in einer anderen Einheit — obwohl der RBW-Faktor dimensionslos ist — gemessen. Die Einheit der Äquivalentdosis ist 1 Sievert (Sv).

$$H[Sv] = RBW \cdot D[Gy] \qquad (3.11)$$

Die alte cgs-Einheit $(H[rem] = RBW \cdot D[rad], rem =$ röntgen equivalent **man**) hängt mit dem Sievert gemäß

$$1\,Sv = 100\,rem \qquad (3.12)$$

zusammen.

Einige RBW-Faktoren sind in der Tab. 3.1 zusammengestellt.

Strahlenart	RBW-Faktor
α	20
β	1
γ	1
Röntgenstrahlen	1
schnelle Neutronen	10
thermische Neutronen	3
Protonen	10
schwere Rückstoßkerne	20

Tabelle 3.1: RBW-Faktoren einiger Strahlenarten

Neben diesen Einheiten findet noch eine Meßgröße für die Menge der erzeugten Ladung Verwendung, das Röntgen (R). Ein Röntgen ist diejenige Strahlungsdosis an Röntgen- oder γ-Strahlung, die in $1\,cm^3$ Luft (bei Normalbedingungen) je eine elektrostatische Ladungseinheit (esu) an Elektronen und Ionen freisetzt.

Die Ladung eines Elektrons ist $1.6 \cdot 10^{-19}\,C$ oder $4.8 \cdot 10^{-10}\,esu$. (Das esu ist eine cgs-Einheit mit $1\,esu = \frac{1}{3 \cdot 10^9} C$.) Bei einer erzeugten elektrostatischen Ladungseinheit werden also

$$N = \frac{1}{4.8 \cdot 10^{-10}} = 2.08 \cdot 10^9 \qquad (3.13)$$

Elektronen pro cm^3 Luft erzeugt.

Rechnet man das Röntgen in eine Ionendosis in C/kg um, so erhält man

$$1\,R = \frac{N \cdot q_e[C]}{m_{\text{Luft}}(1\,cm^3)[kg]} = \frac{1\,esu}{m_{\text{Luft}}(1\,cm^3)[kg]}, \qquad (3.14)$$

mit q_e – Elektronenladung in Coulomb, $m_{\text{Luft}}(1\,cm^3)$ – Masse von $1\,cm^3$ Luft, zu

$$1\,R = 2.59 \cdot 10^{-4}\,C/\,\text{kgLuft} .\qquad (3.15)$$

Für eine Umrechnung in eine Energiedosis muß man berücksichtigen, daß zur Erzeugung eines Elektron-Ion-Paares in Luft $W = 34\,eV$ benötigt werden.

$$
\begin{aligned}
1\,R &= N \cdot \frac{W}{m_{\text{Luft}}} \qquad (3.16)\\
&= 0.88\,rad
\end{aligned}
$$

Um ein Gefühl für diese Einheiten zu entwickeln, ist es sinnvoll, sich eine natürliche Skala an Strahlenbelastungen aus der Umwelt vor Augen zu führen:

Die menschliche Körperradioaktivität beträgt $\approx 7500\,Bq$, hauptsächlich bedingt durch das Kohlenstoffisotop ^{14}C und das Kaliumisotop ^{40}K. Die mittleren Belastungen (auf Meereshöhe) durch kosmische Strahlung ($\sim 0.3\,mSv/a$), durch terrestrische Strahlung ($\sim 0.5\,mSv/a$) und durch Inkorporation von Radionukliden (Inhalation $\sim 1.1\,mSv/a$, Ingestion $\sim 0.3\,mSv/a$) sind alle etwa von der gleichen Größenordnung, ebenso wie die zivilisatorisch bedingte Strahlenbelastung ($\sim 0.8\,mSv/a$), die hauptsächlich durch Röntgen- und nuklearmedizinische Diagnostik und Therapie zustandekommt. Die gesamte jährliche pro-Kopf-Belastung ist also etwa $3\,mSv/a$.

Die natürliche Strahlungsbelastung ist selbstverständlich ortsabhängig mit einer typischen Schwankungsbreite entsprechend einem Faktor zwei. Die zivilisationsbedingte Strahlenbelastung weist demgegenüber eine viel größere Streuung auf. Hier kommt der Mittelwert durch relativ hohe Belastungen weniger Personen zustande.

Die maximal zulässige Ganzkörperdosis für Personen, die im Kontrollbereich arbeiten, beträgt $50\,mSv/a(= 5\,rem/a)$. Die letale Ganzkörperdosis (50% Sterblichkeit in 30 Tagen ohne ärztliche Behandlung) für den Menschen ist $4\,Sv(= 400\,rem)$.

Im folgenden sind einige α-, β- und γ-Strahler zusammengestellt, die sich beim Detektortest als besonders nützlich erwiesen haben [94]. (Für Betastrahler werden die Maximalenergien der kontinuierlichen Energiespektren angegeben; K bedeutet Elektroneneinfang aus der K-Schale.)

Radio-nuklid	Zerfallsart/ Häufigkeit	$T_{1/2}$	Strahlenenergie	
			β, α	γ
$^{22}_{11}Na$	β^+ (89 %) K (11 %)	2.6 a	β_1^+ 1.83 MeV (0.05 %) β_2^+ 0.54 MeV (90 %)	1.28 MeV
$^{55}_{26}Fe$	K	2.7 a		Mn Röntgen-strahlung 5.89 keV (24 %) 6.49 keV (2.9 %)
$^{57}_{27}Co$	K	267 d		14 keV (10 %) 122 keV (86 %) 136 keV (11 %)
$^{60}_{27}Co$	β^-	5.27 a	β^- 0.316 MeV (100 %)	1.173 MeV (100 %) 1.333 MeV (100 %)
$^{90}_{38}Sr$ $\rightarrow ^{90}_{39}Y$	β^- β^-	28.5 a 64.8 h	β^- 0.546 MeV (100 %) β^- 2.283 MeV (100 %)	
$^{106}_{44}Ru$ $\rightarrow ^{106}_{45}Rh$	β^- β^-	1.0 a 30 s	β^- 0.039 MeV (100 %) β_1^- 3.54 MeV (79 %) β_2^- 2.41 MeV (10 %) β_3^- 3.05 MeV (8 %)	0.512 MeV (21 %) 0.62 MeV (11 %)
$^{109}_{48}Cd$	K	1.27 a	monoenergetische Konversionselektronen 63 keV (41 %) 84 keV (45 %)	88 keV (3.6 %) Ag Röntgen-strahlung
$^{137}_{55}Cs$	β^-	30 a	β_1^- 0.514 MeV (94 %) β_2^- 1.176 MeV (6 %)	0.662 MeV (85 %)
$^{207}_{83}Bi$	K	32.2 a	monoenergetische Konversionselektronen 0.482 MeV (2 %) 0.554 MeV (1 %) 0.976 MeV (7 %) 1.048 MeV (2 %)	0.570 MeV (98 %) 1.063 MeV (75 %) 1.770 MeV (7 %)
$^{241}_{95}Am$	α	433 a	α 5.443 MeV (13 %) α 5.486 MeV (85 %)	60 keV (36 %) Np Röntgen-strahlung

Tabelle 3.2: Für Detektortests nützliche radioaktive Quellen mit ihren charakteristischen Eigenschaften [94, 311, 312, 313].

Für Tests von Gasdetektoren eignet sich besonders gut die ^{55}Fe-Quelle, bei der nach Elektroneneinfang die charakteristische Röntgenstrahlung des Mangans von $5.89\,keV$ emittiert wird. Will man Gasdetektoren mit einem Trigger versehen, so ist man an Elektronen möglichst hoher Energie ($\hat{=}$ Reichweite) interessiert. ^{90}Y als Folgeisotop beim ^{90}Sr-Zerfall hat immerhin eine Maximalenergie von $2.28\,MeV$ ($\approx 4\,mm$ Aluminium). Ein Sr/Y-Präparat hat den angenehmen Vorteil, daß es fast keine γ-Strahlen, die schwer abzuschirmen wären, emittiert. Zu noch höheren Elektronenenergien gelangt man mit ^{106}Rh, als Folgeprodukt von ^{106}Ru. Die Elektronen mit der Maximalenergie von $3.54\,MeV$ haben in Aluminium eine Reichweite von $\sim 6.5\,mm$. Der K-Strahler ^{207}Bi emittiert monoenergetische Konversionselektronen und eignet sich deshalb gut zur Energieeichung und zum Studium der Energieauflösung von Detektoren.

Konversionelektronen entstehen, wenn der Kern nach einem Elektroneneinfang aus der K-Schale ($p + e^- \rightarrow n + \nu_e$) in einem angeregten Zustand ist, und diese diskrete Anregungsenergie direkt auf ein Hüllenelektron überträgt.

Benötigt man höhere Energien oder durchdringendere Strahlung, so kann man sich natürlich der Teststrahlen an Beschleunigern oder aber der Myonen der kosmischen Strahlung bedienen.

Der Fluß kosmischer Myonen durch eine horizontale Fläche beträgt auf Meereshöhe etwa $1/(cm^2 min)$. Der Myonenfluß pro Raumwinkel aus vertikalen Richtungen durch eine horizontale Fläche ist $8 \cdot 10^{-3}\,cm^{-2}\,s^{-1}\,sr^{-1}$.

Die Winkelverteilung der Myonen folgt etwa einem $cos^2\theta$-Gesetz, wenn θ der gegen die Vertikale gemessene Zenitwinkel ist. Myonen stellen etwa $80\,\%$ der geladenen Teilchen auf Meereshöhe dar.

Kapitel 4

Detektoren zur Orts- und Ionisationsmessung

Es ist nicht immer durchführbar, einem bestimmten Detektortyp ein eindeutiges Meßziel zuzuweisen. Man kann zwar mit einem segmentierten Kalorimeter z.T. genaue Ortsmessungen durchführen, jedoch ist die Energiemessung das primäre Ziel eines solchen Detektors. Bei Halbleiterzählern ist diese Einteilung schon schwieriger. Lithiumgedriftete Germanium- oder Silizium-Zähler dienen fast ausschließlich der Energiemessung im MeV-Bereich. Silizium-Streifenzähler sind dagegen den Ortsdetektoren zuzurechnen [331].

Unter der Überschrift der Detektoren für Orts- und Ionisationsmessung sollen hauptsächlich Gasdetektoren("Kammern") behandelt werden, die häufig gleichzeitig der Ionisations- und Ortsbestimmung dienen [99], wobei die Gasdetektoren mit nur einer Anode vorwiegend die Ionisation, diejenigen mit vielen Anodendrähten [384] neben der Ionisation auch den Ort vermessen.[1]

4.1 Ionisationskammern

Eine Ionisationskammer ist ein Gasdetektor, der den Ionisationsverlust eines geladenen Teilchens oder den Energieverlust eines Photons nachweist, indem er die erzeugten Ladungsträgerpaare im elektrischen Feld trennt und als Signalpulse von der Anode oder Kathode

---

[1]Die Gliederung der Detektoren nach Meßzielen ist sehr konsequent von K. Kleinknecht [32] eingeführt worden.

abnimmt. Wenn die Teilchen in der Ionisationskammer vollständig abgebremst werden, mißt die Ionisationskammer deren Energie.

Eine Ionisationskammer besteht aus einem System planarer Elektroden zwischen denen durch eine angelegte Spannung ein homogenes elektrisches Feld aufgebaut wird. Das Elektrodenpaar befindet sich in einem gasdichten Gehäuse, das mit einer Gasmischung gefüllt ist, die eine Elektronen- und Ionendrift erlaubt; d.h. keine oder nur geringe Anteile elektronegativer Gase enthält.

Im Prinzip darf das "Zählgas" auch flüssig oder gar fest (Festkörperionisationskammer) sein; die prinzipiellen Eigenschaften werden davon nicht verändert.

Ein geladenes Teilchen möge parallel zu den Elektroden im Abstand x_0 von der Anode in die Kammer fallen. Es erzeugt je nach Teilchensorte und Energie entlang seiner Bahn eine für das Gas charakteristische Ionisation. Die Spannung U_0 ist bei Ionisationskammern so gewählt, daß keine Gasverstärkung stattfindet (siehe Abb. 4.1).

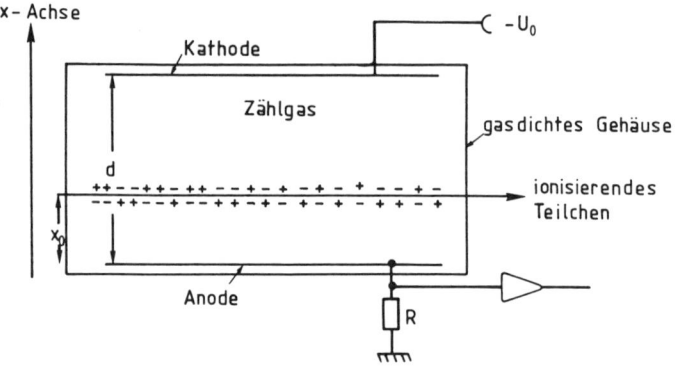

Abb. 4.1 Prinzip einer planaren Ionisationskammer.

Die elektrische Feldstärke in der Kammer ist konstant

$$|\vec{E}| = E_x = U_0/d \,. \tag{4.1}$$

Im folgenden soll vorausgesetzt werden, daß die erzeugte Ladung im elektrischen Feld vollständig eingesammelt wird und keine Sekundärionisationsprozesse auftreten.

Die Ladungsträger influenzieren auf den Kondensatorplatten eine Ladung. Diese fließt über den Arbeitswiderstand R ab und erzeugt einen kleinen Spannungsimpuls, der mit Hilfe eines Vorverstärkers weiterverarbeitet wird (In der Praxis kann man ebensogut das Signal mit einem stromempfindlichen Verstärker messen und aus dem Stromintegral die registrierte Ladung bestimmen.).

Es seien N Ladungsträgerpaare entlang der Teilchenspur bei x_0 gebildet. Der ursprünglich auf die Spannung U_0 aufgeladene Kondensator (Detektorkapazität C) wird durch den Ladungstransport zum Teil entladen. Die anfangs gespeicherte Energie $\frac{1}{2}CU_0^2$ wird auf $\frac{1}{2}CU^2$ reduziert gemäß [32, 101, 48]

$$\frac{1}{2}CU^2 = \frac{1}{2}CU_0^2 - N\int_{x_0}^{x} qE_x dx \qquad (4.2)$$

$$\frac{1}{2}CU^2 - \frac{1}{2}CU_0^2 = \frac{1}{2}C(U+U_0)(U-U_0) = -N \cdot q \cdot E_x \cdot (x-x_0). \quad (4.3)$$

Da die Spannungsänderung nur sehr gering ist, setzen wir

$$U + U_0 = 2U_0$$

und

$$U - U_0 = \Delta U \,.$$

Mit $E_x = U_0/d$ folgt dann aus Gl. (4.3)

$$\Delta U = -\frac{N \cdot q}{C \cdot d}(x - x_0) \,. \qquad (4.4)$$

Die Signalamplitude ΔU setzt sich aus den Beiträgen der sich schnell bewegenden Elektronen und den langsam abdriftenden Ionen zusammen. Wenn v^+ und v^- die konstanten Driftgeschwindigkeiten der Ionen und Elektronen sind, wird

$$
\begin{aligned}
\Delta U^+ &= -\frac{Nq}{Cd}v^+\Delta t^+ \\
\Delta U^- &= -\frac{N(-e)}{Cd}v^-\Delta t^-
\end{aligned}
\qquad (4.5)
$$

wenn Δt^+ bzw. Δt^- die entsprechenden Driftzeiten sind. Wegen $v^- \gg v^+$ steigt der Spannungsimpuls zunächst linear bis

$$\Delta U_1 = \frac{Ne}{Cd} \cdot (-x_0) \qquad (4.6)$$

an (die Elektronen driften zur Anode, die bei $x = 0$ liegt), um dann langsamer um den Betrag, der von der Ionenbewegung kommt, weiter anzuwachsen

$$\Delta U_2 = -\frac{Nq}{Cd}(d - x_0) \,. \tag{4.7}$$

Der Gesamtimpuls ist also

$$\Delta U = \Delta U_1 + \Delta U_2 = -\frac{Ne}{Cd}x_0 - \frac{Nq}{Cd}(d - x_0) \,; \tag{4.8}$$

da $q = +e$ folgt

$$\Delta U = -\frac{N \cdot e}{C} \,. \tag{4.9}$$

Dieses Ergebnis ist auch nach der Kondensator-Gleichung $\Delta Q = -N \cdot e = C \cdot \Delta U$ zu erwarten; d.h. unabhängig von der Bauform der Ionisationskammer vermindert sich die Ladung Q auf dem Kondensator um die eingesammelte primäre Ionisation ΔQ, und dies führt zu einem Spannungsimpuls $\Delta U = \frac{\Delta Q}{C}$.

Diese Betrachtungen gelten nur, falls der Ladewiderstand unendlich groß ist, oder genauer

$$RC \gg \Delta t^-, \Delta t^+ \,. \tag{4.10}$$

In der Praxis ist zwar häufig RC groß gegen Δt^-, aber kleiner als Δt^+. In diesem Fall erhält man [48]

$$\Delta U = -\frac{Ne}{Cd}x_0 - \frac{Ne}{d}v^+ R(1 - e^{-\Delta t^+/RC}) \,, \tag{4.11}$$

was sich für $RC \gg \Delta t^+ = \frac{d-x_0}{v^+}$ auf (Gl. 4.9) reduziert.

Für elektrische Feldstärken von $500\,V/cm$ und typische Driftgeschwindigkeiten von $v^- = 5\,cm/\mu s$ erhält man bei $10\,cm$ Driftstrecke Sammelzeiten für Elektronen von $2\,\mu s$ und für Ionen von etwa $2\,ms$. Der Spannungsimpuls für $t > 2\,ms$ ist dann unabhängig von x_0, falls $RC \gg 2\,ms$.

Für viele Anwendungen ist dies viel zu lang. Beschränkt man sich jedoch durch Differenzieren auf das Elektronensignal, so wird einerseits die Signalamplitude kleiner, und das Signal hängt auch noch vom Entstehungsort der Ionisation ab (vgl. (Gl. 4.6)). Diesen Nachteil kann man aber durch Anbringung eines Gitters zwischen Anode und Kathode überwinden ("Frisch-Gitter"). Fällt das geladene Teilchen in das größere Volumen zwischen Gitter und Kathode ein, so driften die Ladungsträger zunächst in diesem Raum, der gegenüber der Anode abgeschirmt ist. Erst in dem Augenblick, in dem die Elektronen das Gitter durchsetzen, steigt das Signal an R an. Die Ionenbewegung erzeugt durch die abschirmende Wirkung des Gitters kein Signal an R. Man mißt also nur das Elektronensignal, das bei dieser Anordnung unabhängig vom Entstehungsort der Ionisation ist, solange sie nur zwischen Gitter und Kathode erfolgte.

Abb. 4.2 zeigt das Impulshöhendiagramm eines $^{234}U/^{238}U$ Nuklidgemisches, aufgenommen mit einer Gitterionisationskammer [48]. ^{234}U emittiert α-Teilchen mit Energien von $4.77\,MeV$ (72%) und $4.72\,MeV$ (28%), während ^{238}U hauptsächlich α-Teilchen der Energie $4.19\,MeV$ aussendet. Zwar können die eng benachbarten α-Energien des ^{234}U-Isotops nicht getrennt werden, jedoch kann man klar zwischen den beiden Uranisotopen unterscheiden. Ionisationskammern eignen sich also zur Spektroskopie von Teilchen höherer Ladung, da dort die deponierten Energien i.a. größer als bei einfach geladenen minimalionisierenden Teilchen sind.

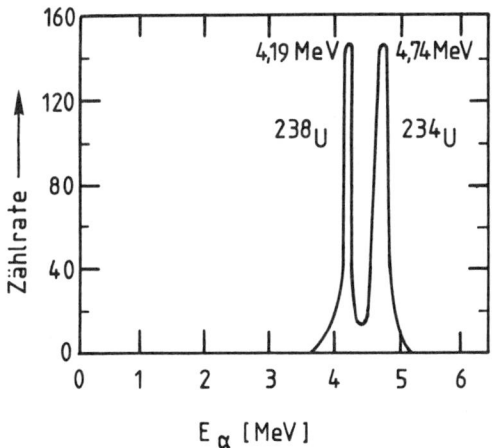

Abb. 4.2 Impulshöhendiagramm von α-Teilchen eines $^{234}U/^{238}U$ Nuklidgemisches, aufgenommen mit einer Gitterionisationskammer [48].

Neben planaren Ionisationskammern werden auch zylindrische Io-

nisationskammern verwendet. Wegen der zylindrischen Anordnung ist
das elektrische Feld in diesem Falle nicht mehr homogen. Man erhält
den Potentialverlauf aus der Poisson-Gleichung

$$\Delta V = 0 \,. \tag{4.12}$$

In Zylinder-Koordinaten, die dem Problem angepaßt sind, lautet der
Laplace-Operator

$$\frac{1}{r}\frac{\partial}{\partial r}\left(r\frac{\partial V}{\partial r}\right) + \frac{\partial^2 V}{\partial z^2} + \frac{1}{r^2}\frac{\partial^2 V}{\partial \varphi^2} = 0 \,; \tag{4.13}$$

z ist die Koordinate entlang des Anodendrahtes und φ der Azimutwinkel. Sehen wir von Randeffekten am Ende des Zähldrahtes einmal
ab, so verbleibt von Gl. (4.13) wegen der azimutalen Symmetrie

$$\frac{1}{r}\frac{\partial}{\partial r}\left(r\frac{\partial V}{\partial r}\right) = 0 \,. \tag{4.14}$$

Die Integration dieser Gleichung unter Berücksichtigung der Rand-
bedingungen $V = 0$ für $r = r_a$ und $V = U_0$ für $r = r_i$ (s. Abb. 4.3)
führt auf

$$V = \frac{U_0 \ln r/r_a}{\ln r_i/r_a} \,. \tag{4.15}$$

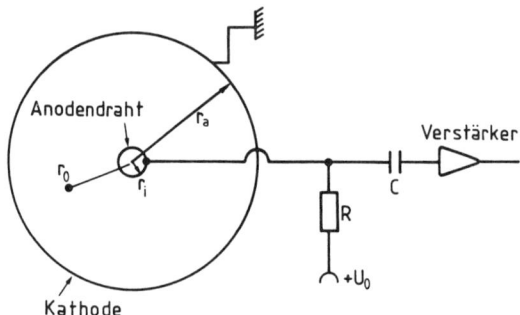

Abb. 4.3 Prinzip einer zylinderförmigen Ionisationskammer.

Mit $\vec{E}(r) = -\mathrm{grad}V$ ergibt sich daraus die Feldstärke in der zylindrischen Ionisationskammer zu

$$|\vec{E}(r)| = \frac{U_0}{r \ln r_a/r_i} \,, \tag{4.16}$$

also ein Feld, das mit $1/r$ zum Zähldraht hin ansteigt. Die feld-abhängige Driftgeschwindigkeit kann jetzt nicht mehr als konstant angenommen werden. Die Driftzeit der Elektronen erhält man mit

$$\Delta t^- = \int_{r_0}^{r_i} \frac{dr}{v^-(r)} , \qquad (4.17)$$

falls die Ionisation lokal an der Stelle r_0 entstanden ist (etwa durch Photoabsorption eines Röntgenquants). Die Driftgeschwindig-keit kann durch die Mobilität μ ausgedrückt werden ($\vec{v}^- = \mu^- \cdot \vec{E}$) und man erhält in der Näherung, daß μ nicht von der Feldstärke abhängt [32] ($\vec{v} \| (-\vec{E})$),

$$
\begin{aligned}
\Delta t^- &= -\int_{r_0}^{r_i} \frac{dr}{\mu^- E} = -\int_{r_0}^{r_i} \frac{dr}{\mu^- \cdot U_0} r \ln r_a/r_i \\
&= \frac{\ln r_a/r_i}{2\mu^- U_0}(r_0^2 - r_i^2) .
\end{aligned}
\qquad (4.18)
$$

In der Praxis ist aber die Mobilität μ feldstärkeabhängig, so daß die Driftgeschwindigkeit keine lineare Funktion der Feldstärke ist. Deshalb stellt Gl. (4.18) nur eine grobe Approximation dar. Die zu-gehörige Spannungsamplitude erhält man analog zu Gl. (4.2) aus

$$\frac{1}{2}CU^2 = \frac{1}{2}CU_0^2 - N \int_{r_0}^{r_i} q \cdot \frac{U_0}{r \ln r_a/r_i} dr \qquad (4.19)$$

zu

$$\Delta U^- = -\frac{Ne}{C \ln r_a/r_i} \ln r_0/r_i \qquad (4.20)$$

mit $q = -e$ für driftende Elektronen und C als Detektorkapazität. Man sieht, daß die Signalamplitude nur noch logarithmisch vom Ent-stehungsort der Ionisation abhängt.

Für die positiven Ionen folgt ganz analog

$$\Delta U^+ = -\frac{Ne}{C} \frac{\ln r_a/r_0}{\ln r_a/r_i} . \qquad (4.21)$$

Das Verhältnis der Amplituden, die von den Ionen, bzw. den Elek-tronen herrühren, ergibt sich zu

$$\frac{\Delta U^+}{\Delta U^-} = \frac{\ln r_a/r_0}{\ln r_0/r_i} . \qquad (4.22)$$

Nehmen wir an, daß die Ionisation bei $r_a/2$ entsteht, so wird

$$\frac{\Delta U^+}{\Delta U^-} = \frac{\ln 2}{\ln r_a/(2r_i)} . \tag{4.23}$$

Wegen $r_a \gg r_i$ wird dann

$$\Delta U^+ < \Delta U^- ;$$

d.h. für alle praktischen Fälle (gleichmäßige Ausleuchtung der Kammer vorausgesetzt) kommt der Hauptanteil des Signals in der zylindrischen Ionisationskammer von der Bewegung der Elektronen her. So wird für typische Werte von $r_a = 1\,cm$ und $r_i = 15\,\mu m$ $\Delta U^+/\Delta U^- = 0.12$.

Im Strahlenschutzbereich verwendet man häufig Ionisationskammern nicht im Impulsbetrieb, sondern im Strombetrieb zur Überwachung der Personendosis. Diese Ionisationsdosimeter bestehen meist aus einem zylindrischen Luftkondensator. Der Kondensator wird auf eine Spannung U_0 aufgeladen. Die im Kondensatorfeld bei Strahlenwirkung entstehenden Ladungsträger wandern zu den Elektroden und geben dort ihre Ladung ab. Dadurch wird der Kondensator zum Teil entladen. Der Spannungsrückgang ist ein Maß für die absorbierte Dosis. Die direkt ablesbaren Taschendosimeter (Abb. 4.4) sind mit einem Elektrometer ausgerüstet. Der Entladezustand kann mit einer eingebauten Optik abgelesen werden [102, 103].

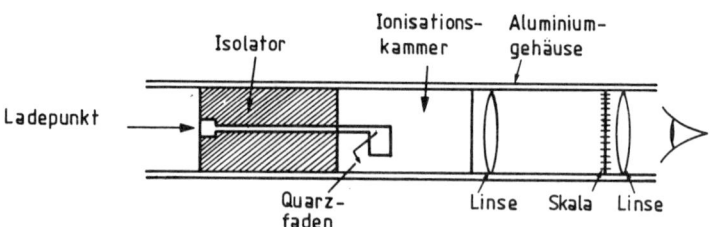

Abb. 4.4 Aufbau eines Ionisations-Taschendosimeters.

4.2 Proportionalzähler

In der Ionisationskammer findet keine Gasverstärkung statt; d.h. es gibt keine Ladungsträgervermehrung. Die von einfallenden Teilchen erzeugte Ionisation wird lediglich durch das anliegende elektrische Feld eingesammelt. Wählt man aber bei zylindrischen Kammern sehr kleine Zähldrahtdurchmesser oder steigert die elektrische Feldstärke durch eine höhere Betriebsspannung, so kommen — wegen der $1/r$-Abhängigkeit des elektrischen Feldes — die driftenden Elektronen in Zähldrahtnähe in Bereiche großer Feldstärke. Wenn die Elektronen zwischen zwei Stößen, also auf ihrer freien Weglänge, genügend Energie aus dem Feld aufnehmen können, um ihrerseits ionisieren zu können, kommt es zur Gasverstärkung. Der Energiegewinn zwischen zwei Stößen ist

$$\Delta E_{\text{kin}} = -e \int_{r_1}^{r_2} \vec{E}(r) \cdot d\vec{r}$$

$$= \frac{eU_0}{\ln r_a/r_i} \int_{r_1}^{r_2} \frac{dr}{r} = \frac{eU_0}{\ln r_a/r_i} \cdot \ln r_2/r_1 \, . \qquad (4.24)$$

Falls ΔE_{kin} größer als die Ionisationsenergie des Gases ist, kommt es zum Aufbau einer Lawine. Die erzeugten sekundären Elektronen laufen in Bereiche immer größer werdender Feldstärke hinein und vervielfachen sich lawinenartig. Der Spannungsimpuls wird um den "Gasverstärkungsfaktor" A vergrößert; es gilt (vgl. Gl. (4.9)):

$$\Delta U = -\frac{eN}{C} \cdot A \, . \qquad (4.25)$$

Durch den in Gasgemischen auftretenden Penning-Effekt [54] kann bei fester Feldstärke die Zahl der primär erzeugten Ladungsträger gesteigert werden. Der Penning-Effekt tritt auf, wenn der metastabile Anregungszustand einer Gaskomponente (z.B. Neon, $U^{\text{anr}} = 16.53\,eV$) energetisch höher liegt als die Ionisationsenergie der anderen Gaskomponente (z.B Argon, $U^{\text{ion}} = 15.76\,eV$). Deshalb können angeregte Neon-Atome in Kollisionen mit Argon-Atomen diese ionisieren:

$$Ne^* + Ar \rightarrow Ar^+ + e^- + Ne \, . \qquad (4.26)$$

Wirkungsquerschnitte für solche Reaktionen liegen in der Größenordnung einiger $10^{-16}\,cm^2$.

Der Penning-Effekt tritt immer in Mischungen aus einem Edelgas und molekularen Dämpfen auf. Das liegt daran, daß die Ionisationspotentiale von Molekülen kleiner als die Anregungsniveaus der Edelgase sind. Allerdings muß man bei komplizierten Molekülen auch den gegenläufigen Effekt berücksichtigen, daß durch Anregung von Rotations- und Schwingungsniveaus Energie zur Erzeugung von Ladungsträgerpaaren verloren gehen kann.

Der Proportionalbereich eines Zählrohrs ist dadurch gekennzeichnet, daß der Gasverstärkungsfaktor A konstant ist, und damit also das gemessene Signal proportional zur erzeugten Ionisation ist. Gasverstärkungsfaktoren bis 10^6 sind im Proportionalbetrieb möglich. Typische Gasverstärkungen liegen eher im Bereich von 10^4 bis 10^5.

Die Zahl der Elektron-Ion-Paare, die ein Elektron pro Längeneinheit beim Lawinenaufbau erzeugt, heißt erster Townsend-Koeffizient α. Falls σ_{ion} der Stoßionisationsquerschnitt ist, so wird

$$\alpha = \sigma_{\text{ion}} \cdot \frac{N_A}{V_{Mol}} , \tag{4.27}$$

wenn N_A die Avogadrozahl und V_{Mol} das Molvolumen ($= 22.4\,l/Mol$) für ideale Gase ist. Geht man von N_0 primär erzeugten Elektronen aus, so gilt für die Anzahl der Teilchen $N(x)$ am Orte x

$$\begin{aligned} dN(x) &= \alpha N(x)dx \\ N(x) &= N_0 e^{\alpha x} . \end{aligned} \tag{4.28}$$

Der erste Townsend-Koeffizient α hängt aber von der Feldstärke $\vec{E}$ und damit vom Ort x im Zählrohr ab. Also gilt allgemeiner:

$$N(x) = N_0 \cdot e^{\int \alpha(x)dx} , \tag{4.29}$$

wobei der Gasverstärkungsfaktor gegeben ist durch

$$A = \exp\left\{ \int_{r_k}^{r_i} \alpha(x)dx \right\} . \tag{4.30}$$

Die untere Integrationsgrenze ist durch den Abstand r_k vom Zentrum des Zählrohrs festgelegt, wo das elektrische Feld die kritische Größe E_k übersteigt, von der ab Ladungsträgervervielfachung beginnt. Die obere Integrationsgrenze ist der Anodenradius r_i. Der Stoßionisationswirkungsquerschnitt σ_{ion}, bzw. die freie Weglänge $\lambda = 1/\alpha$ bestimmt den ersten Townsend-Koeffizienten. Die Wirkungsquerschnitte für Stoßionisation und Photoionisation in einigen Edelgasen sind in den Abb. 4.5 und 4.6 dargestellt [54].

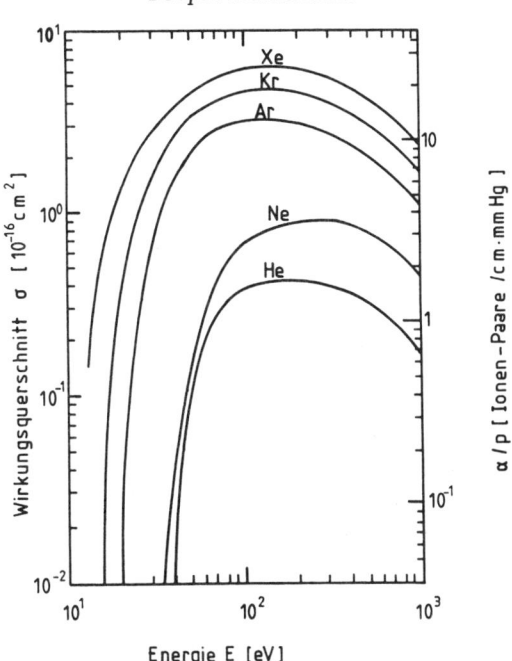

Abb. 4.5 Energieabhängigkeit des Wirkungsquerschnittes für Stoßionisation [54].

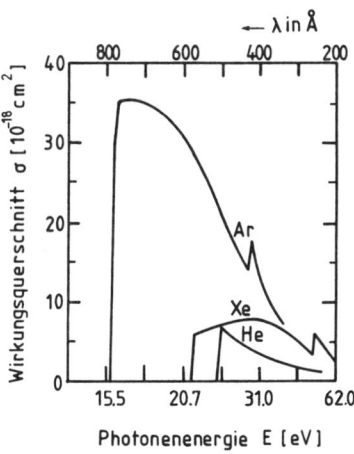

Abb. 4.6 Energieabhängigkeit des Wirkungsquerschnittes für Photoionisation [54].

Den ersten Townsend-Koeffizienten für Edelgase kann man aus Abb. 4.7 [104] entnehmen. Derjenige für einige typische Dampfzusätze ist in Abb. 4.8 dargestellt [104].

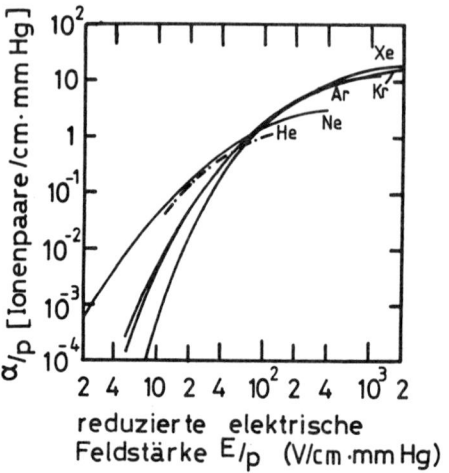

Abb. 4.7 Erster Townsend-Koeffizient für einige Edelgase [104].

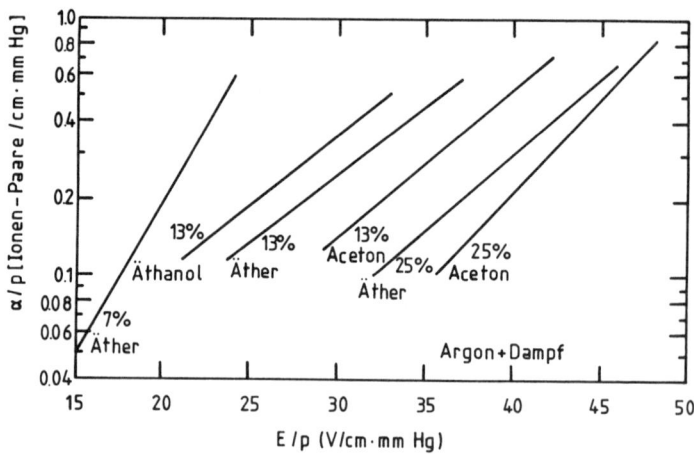

Abb. 4.8 Erster Townsend-Koeffizient für einige Zähldampfzusätze[104].

Wenn U_s die Schwellenspannung für den Beginn des Proportionalbereiches ist, erhält man den Gasverstärkungsfaktor, ausgedrückt durch die Detektorparameter, zu [104]

$$A = \exp\left\{2\sqrt{\frac{kLCU_0 r_i}{2\pi\varepsilon_0}}\left[\sqrt{\frac{U_0}{U_s}} - 1\right]\right\} \; ; \qquad (4.31)$$

dabei sind

U_0 – die angelegte Spannung

$C = \dfrac{2\pi\varepsilon_0}{\ln r_a/r_i}$ – die Kapazität pro Einheitslänge des Zählrohrs

L – Anzahl der Atome/Moleküle pro Einheitsvolumen ($\frac{N_A}{V_{Mol}} = 2.69 \cdot 10^{19}/cm^3$) bei Normaldruck und Temperatur und k eine gasabhängige Konstante der Größenordnung $10^{-17}\,cm^2/$Volt, die sich aus

$$\alpha = \frac{k \cdot L \cdot E_e}{e} \qquad (4.32)$$

ergibt, wenn E_e die mittlere Elektronenenergie zwischen zwei Stößen in eV ist [104].

Für den Fall, daß $U_0 \gg U_s$, vereinfacht sich Gl. (4.31) zu

$$A = \text{const} \cdot e^{U_0/U_{ref}} \, , \qquad (4.33)$$

wobei U_{ref} eine Referenzspannung ist.

Die Gasverstärkung steigt dann exponentiell mit der angelegten Spannung an. Die explizite Berechnung der Gasverstärkung ist im Detail schwierig. Sie ist allerdings der Messung relativ leicht zugänglich. Sei etwa N_0 die Zahl der primär erzeugten Ladungsträger in einem Proportionalzählrohr, die z.B. durch Absorption eines Röntgenquants der Energie E_γ entstanden sind ($N_0 = E_\gamma/W$, wobei W die mittlere Energie zur Erzeugung eines Elektron-Ion-Paares ist). Die Integration des Stromsignals am Ausgang des Proportionalzählrohrs liefert die gasverstärkte Ladung

$$Q = \int i(t)dt \, , \qquad (4.34)$$

die wiederum durch $Q = e \cdot N_0 \cdot A$ gegeben ist. Aus dem Stromintegral und der bekannten Primärionisation N_0 kann also leicht die Gasverstärkung A ermittelt werden. Wird das Stromintegral erst nach einem Vorverstärker ausgewertet, so muß natürlich der elektronische Verstärkungsfaktor berücksichtigt werden.

Für sehr hohe Feldstärken können die beschleunigten Elektronen auch Elektronen aus tieferen Schalen herauslösen. Die so angeregten Gasatome werden dann in der Folge Photonen emittieren. Die bisherigen Überlegungen galten aber nur, solange die beim Lawinenaufbau erzeugten Photonen keine Rolle spielen. Diese Photonen rufen aber durch Photoeffekt im Gas oder an der Zählrohrwand weitere Elektronen hervor und beeinflussen damit den Lawinenaufbau. Neben gasverstärkten primären Elektronen müssen also auch die Photoprozesse mitberücksichtigt werden. Um den Gasverstärkungsfaktor unter Einschluß der Photonen zu behandeln, machen wir uns die verschiedenen Generationen der erzeugten Ladungsträger klar:

In der ersten Generation werden N_0 primäre Elektronen durch das ionisierende Teilchen erzeugt, die durch den Faktor A gasverstärkt werden. Bezeichnet γ die Wahrscheinlichkeit, daß je Elektron in der Lawine ein Photoelektron erzeugt wird, so entstehen über Photoprozesse zusätzlich $\gamma(N_0 A)$ Photoelektronen; diese werden aber auch gasverstärkt, so daß in der zweiten Generation $(\gamma N_0 A) \cdot A = \gamma N_0 A^2$ gasverstärkte Photoelektronen am Zähldraht ankommen, die aber selbst wiederum im Gasverstärkungsprozeß $(\gamma N_0 A^2)\gamma$ weitere Photoelektronen hervorgerufen haben, die wiederum selbst gasverstärkt werden. Die Gasverstärkung A_γ unter Einschluß der Photonen erhält man damit aus

$$N_0 A_\gamma = N_0 A + N_0 A^2 \gamma + N_0 A^3 \gamma^2 + \cdots$$

$$= N_0 A \cdot \sum_{k=0}^{\infty} (A\gamma)^k = \frac{N_0 A}{1 - \gamma A} \qquad (4.35)$$

zu

$$A_\gamma = \frac{A}{1 - \gamma A} . \qquad (4.36)$$

Der für die Gasverstärkung unter Berücksichtigung der Photonen entscheidende Faktor γ wird auch der zweite Townsend-Koeffizient genannt.

Sobald die Zahl der erzeugten Ladungen so groß wird, daß das äußere, angelegte Feld beeinflußt wird, kommt es zu Sättigungseffekten. Für $\gamma A \to 1$ wird der Spannungsimpuls unabhängig von der Primärionisation. Die Grenze ist bei ca. $A = 10^8$ gegeben.

Der Prozeß der Lawinenbildung spielt sich in unmittelbarer Nähe des Anodendrahtes ab (Abb. 4.9, s.a. Abb. 4.27). Die freien Weglängen der Elektronen sind von der Größenordnung einiger μm, so daß der gesamte Lawinenaufbau gemäß Gl. (4.28) nur etwa $20\,\mu m$ in Anspruch nimmt. Damit ist also der effektive Entstehungsort der Ladung (Startort des Lawinenprozesses)

$$r_0 = r_i + k \cdot \lambda \,, \tag{4.37}$$

wobei k die Zahl der freien Weglängen, die für den Lawinenaufbau erforderlich sind, beschreibt.

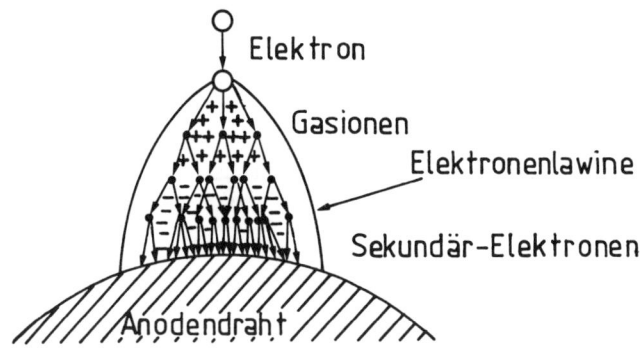

Abb. 4.9 Illustration der Lawinenbildung an einem Anodendraht in einem Proportionalzählrohr. Durch die laterale Diffusion entwickelt sich eine tropfenartige Lawine.

Das Verhältnis der Signalamplituden, die von der Bewegung der positiven Ionen bzw. Elektronen herrühren, wird damit (vgl. Gl. (4.22) und [32]) zu

$$\frac{\Delta U^+}{\Delta U^-} = \frac{-\frac{Ne}{C}\frac{\ln r_a/r_0}{\ln r_a/r_i}}{-\frac{Ne}{C}\frac{\ln r_0/r_i}{\ln r_a/r_i}} = \frac{\ln r_a/r_0}{\ln r_0/r_i} = R \,. \tag{4.38}$$

Der Gasverstärkungsfaktor fällt im Amplitudenverhältnis heraus, weil jeweils Elektronen und Ionen in gleicher Anzahl gebildet werden.

Falls $k \cdot \lambda \ll r_i$ kann dieses Verhältnis approximiert werden zu

$$R = \frac{\ln r_a - \ln(r_i + k \cdot \lambda)}{\ln[(r_i + k \cdot \lambda)/r_i]} \approx \frac{\ln r_a/r_i}{k\lambda/r_i} \,. \tag{4.39}$$

Mit typischen Werten von $r_a = 1\,cm$, $r_i = 30\,\mu m$ und $k\lambda = 20\,\mu m$ für Argon bei Normaldruck wird $R \approx 10$; d.h. beim Proportionalzähler stammt das Signal auf dem Anodendraht überwiegend von den sich langsam vom Draht wegbewegenden positiven Ionen und nicht von den schnell auf den Draht zudriftenden Elektronen!

Die Signalanstiegszeit der Elektronenkomponente kann nach Gl. (4.18) berechnet werden. Für Elektronenbeweglichkeiten im Bereich $\mu^- = 100$ bis $1000\,cm^2/Vs$, einer Arbeitsspannung von einigen $100\,V$ und den oben angegebenen Detektordimensionen liegt sie im Nanosekundenbereich. Für die positiven Ionen dagegen im 10 Millisekundenbereich. Durch Differenzieren mit einem RC-Glied (Abb. 4.10) kann man sich darauf beschränken, das Elektronensignal zu messen.

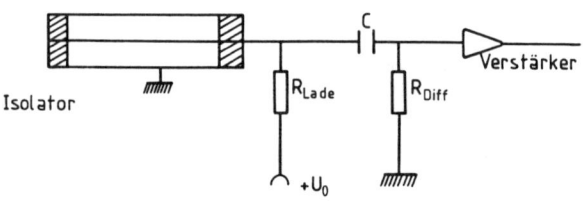

Abb. 4.10 Auslese eines Proportional-Zählrohres.

Falls $R_{\text{diff}} \cdot C \sim 1\,ns$ gewählt wird, kann man sogar die zeitliche Struktur der Ionisation im Proportionalzählrohr auflösen (Abb. 4.11).

Raether hat als erster Elektronenlawinen in Proportionalkammern photographiert (Abb. 4.12, [104, 105, 106]).

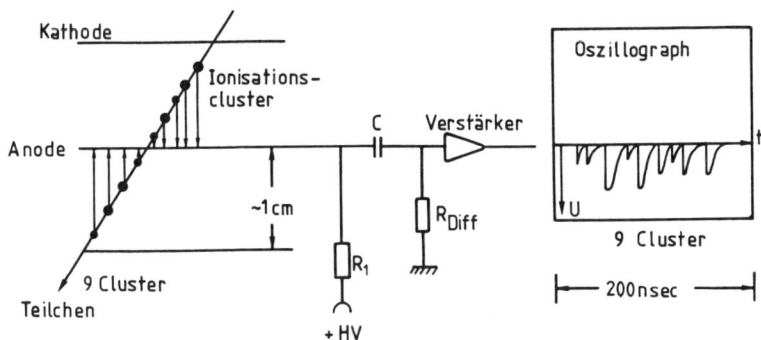

Abb. 4.11 Illustration der zeitlichen Struktur eines Proportionalrohr-signales.

Abb. 4.12 Reproduktion einer Elektronenlawine [104, 105, 106]. Die photographische Aufnahme zeigt die Lawinenform. Sie wurde in einer Nebelkammer (s. Kap. 4.12) durch Tröpfchen, die sich an den positiven Ionen entwickeln, sichtbar gemacht.

Proportionalzählrohre eignen sich z.B. zur Spektroskopie von Röntgenstrahlen. Abb. 4.13 zeigt das Spektrum des 59.53 keV-Röntgenquants, das in der Folge des α-Zerfalls $^{241}_{95}Am \rightarrow ^{237}_{93}Np$ emittiert wird, gemessen in einem Xenon-Proportionalzählrohr. Das Spektrum zeigt ebenfalls charakteristische Röntgenlinien des Zählgases und des Detektormaterials [107].

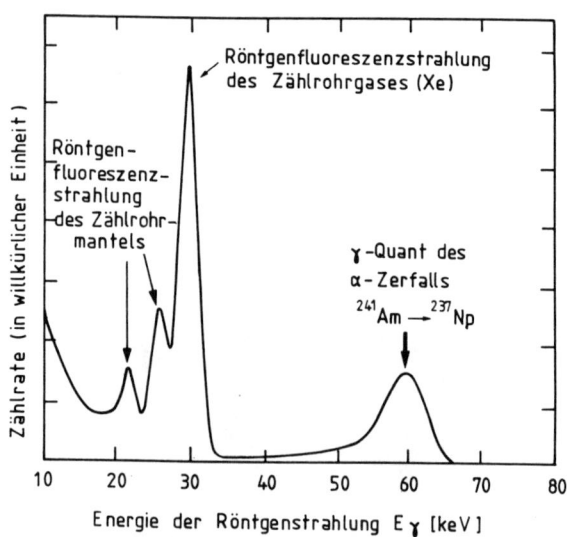

Abb. 4.13 Amplitudenspektrum eines 59.53 keV-Röntgenquants aus dem α-Zerfall des ^{241}Am, gemessen in einem Xenon-Proportionalzählrohr [107].

Die Energieauflösung von Proportionalzählern ist durch die Fluktuation in der Erzeugung der Ladungsträger und deren Vervielfachung begrenzt. Die Lawinenbildung erfolgt lokalisiert am Ort der Ionisation in Zähldrahtnähe. Sie breitet sich *nicht* lateral entlang des Anodendrahtes aus.

4.3 Auslösezähler (Geiger-Müller-Zähler)

Mit der Erhöhung der Feldstärke in einem Proportionalzählrohr werden immer mehr Photonen beim Lawinenaufbau gebildet, so daß die Wahrscheinlichkeit, durch Photonen auch an anderen, weiter entfernten Stellen des Zählrohrs über Photoeffekt neue Elektronen freizusetzen, ansteigt. Diese Elektronen initiieren neue Lawinen, wodurch sich die Entladung entlang des Zähldrahtes ausbreitet [378, 395] (Abb. 4.14).

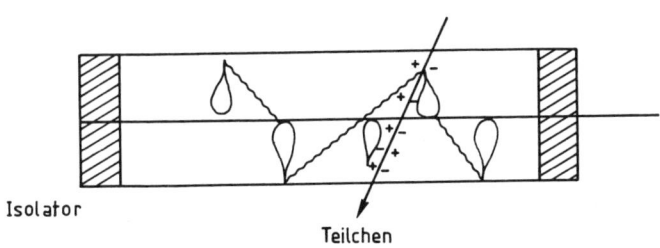

Isolator

Teilchen

Abb. 4.14 Zur Illustration der transversalen Lawinenausbreitung in einem Geiger-Müller-Zählrohr.

Die Wahrscheinlichkeit der Photoelektronbildung γ pro Elektron in der ursprünglichen Lawine wird so groß, daß die Gesamtzahl der Ladungsträger durch die verschiedenen von Photonen ausgelösten Sekundär- und Tertiärlawinen gemäß Gl. (4.35) stark ansteigt, und die Proportionalität zwischen dem Signal und der Primärionisation verlorengeht. Dieser Bereich, in dem die freigesetzte Ladungsmenge nicht mehr von der Primärionisation abhängt, ist der Auslösebereich oder Geiger-Müller-Bereich. Das Signal hängt nur noch von der angelegten Spannung ab. Die Signalamplitude entspricht bei dieser Betriebsart einem Ladungsimpuls von 10^8 bis 10^{10} Elektronen pro primär erzeugtem Elektron.

Nach einem Teilchendurchgang hat sich nun entlang des gesamten Zähldrahtes ein Ionenschlauch gebildet, der im Vergleich zu den Elektronen, die schnell über den Anodendraht abfließen, praktisch stationär ist. Die positiven Ionen wandern mit geringen Geschwindigkeiten zur Kathode. Dort angelangt, lösen sie mit einer gewissen Wahrscheinlichkeit beim Aufprall neue Elektronen aus, und die Entladung beginnt erneut.

Man muß also dafür sorgen, daß die Entladung gelöscht wird. Das läßt sich dadurch erreichen, daß man den Ladewiderstand R so groß wählt, daß die momentane Anodenspannung $U_0 - IR$ kleiner als der untere Grenzwert für den Auslösebereich wird (Löschung durch Widerstand).

Zusammen mit der Gesamtkapazität C muß die Zeitkonstante RC so groß gewählt werden, daß die Spannungsabsenkung solange anhält, bis alle positiven Ionen an der Kathode angelangt sind. Dabei ergeben sich Zeiten in der Größenordnung von $10\,ms$, die das zeitliche Auflösungsvermögen des Zählrohrs stark beeinträchtigen.

Man kann auch die anliegende Spannung nach einem Teilchendurchgang für die Zeit der Ionenwanderung elektronisch unter den Schwellwert für den Auslösebereich absenken. Allerdings entstehen dadurch auch lange Totzeiten. Diese lassen sich verkürzen, wenn man die Polarität der Elektroden für ein kurzes Zeitintervall vertauscht, und damit die Ionen, die ja alle in Anodendrahtnähe gebildet wurden, über den nun kurzfristig negativen Zähldraht über eine kurze Strecke abgesaugt werden.

Am stärksten durchgesetzt hat sich aber die Methode der Selbstlöschung in Geiger-Müller-Zählrohren: In selbstlöschenden Zählrohren mischt man dem Zählgas (meist ein Edelgas) ein Löschgas hinzu. Als Löschgase eignen sich Kohlenwasserstoffe, wie Methan (CH_4), Äthan (C_2H_6), Isobutan (iC_4H_{10}), Alkohole wie Äthylalkohol (C_2H_5OH) oder Methylal ($CH_2(OCH_3)_2$), oder Halogene, wie Äthylbromid. Diese Zusätze absorbieren Photonen im Ultravioletten (Wellenlänge $100 - 200\,nm$) und reduzieren deren Reichweite damit auf einige Drahtradien ($\approx 100\,\mu m$). Die transversale Ausbreitung der Entladung erfolgt wegen der kurzen Reichweite der Photonen entlang und nur in der Nähe des Anodendrahtes. Die Photonen haben keine Chance, Elektronen aus der Kathode herauszuschlagen, denn sie werden vorher absorbiert.

Nachdem sich entlang des Anodendrahtes ein Schlauch positiver Ionen ausgebildet hat, ist das äußere Feld durch die Raumladung der Ionen so weit reduziert, daß die Lawinenentwicklung abbricht. Die zur Kathode wandernden positiven Ionen stoßen auf ihrem Weg mit

Löschgasmolekülen zusammen und werden dabei neutralisiert

$$Ar^+ + CH_4 \rightarrow Ar + CH_4^+ \, . \qquad (4.40)$$

Die Molekülionen haben jedoch nicht genügend Energie, um Elektronen aus der Kathode herauszuschlagen. Die Entladung bricht also "von selbst" ab. Der Ladewiderstand kann jetzt also kleiner gewählt werden, mit dem Erfolg, daß Zeitkonstanten von $1\,\mu s$ möglich werden.

Im Auslösebereich breitet sich im Gegensatz zum Proportionalbereich die Entladung entlang des ganzen Drahtes aus. Es ist also nicht möglich, zwei geladene Teilchen gleichzeitig in einem Zählrohr nachzuweisen. Das gelingt nur, wenn man die Ausbreitung der Entladung unterbrechen kann. Das läßt sich durch Kunststofffäden bewerkstelligen, die senkrecht zum Anodendraht gespannt sind oder kleine Kunststoffkügelchen auf dem Anodendraht. An diesen Stellen wird das elektrische Feld so stark modifiziert, daß die Lawinenausbreitung dort abbricht. Dieser räumlich eingeschränkte Geigerbereich ("limited Geiger mode") läßt also über eine so unterteilte Anode die gleichzeitige Registrierung von mehreren Teilchen auf einem Zähldraht zu, hat aber den Nachteil, daß die Bereiche in der unmittelbaren Nähe der Kunststofffäden ineffizient zur Teilchenregistrierung sind. Die ineffiziente Zone hat dabei eine typische Länge von $5\,mm$. Die Auslese von Mehrfachteilchendurchgängen im eingeschränkten Geigerbereich erfolgt über segmentierte Kathoden.

4.4 Streamer-Rohre

In Auslösezählern sind die Anteile von Zählgas zu Löschgas typischerweise 90:10. Die Anodendrähte haben Durchmesser um $30\,\mu m$ und die Zähldrahtspannung liegt um $1\,kV$. Steigert man den Löschgasanteil noch stärker, so kann man die laterale Ausbreitung der Entladung vollständig unterdrücken. Man erhält dann wie im Proportionalzählrohr wieder eine lokalisierte Entladung mit dem Vorteil von großen Signalen (Gasverstärkung $\geq 10^{10}$), die ohne weitere Vorverstärker verarbeitet werden können. Solche Streamer-Rohre (Iarocci-Tubes, auch entwickelt von D. Kheizins) [108, 109, 110] werden mit "dicken" Anodendrähten zwischen $50\,\mu m$ und $100\,\mu m$ betrieben. Als Gasmischungen kommen $\leq 60\%$ Argon und $\geq 40\%$ Isobutan in Frage. Auch mit reinem Isobutan betriebene Streamer-Rohre haben sich bewährt

[111]. Dabei erfolgt der Übergang vom Proportionalbereich in den Streamerbereich unter Umgehung der Geiger-Entladungen. Abb. 4.15 zeigt bei relativ niedrigen Spannungen von $3.2\,kV$ (Anodendrahtdurchmesser $100\,\mu m$; Gasfüllung Argon/Isobutan 60:40) die Amplitudenverteilung kleiner Proportionalsignale ausgelöst von Elektronen einer ^{90}Sr-Quelle [113]. Bei höheren Spannungen ($3.4\,kV$) treten zum erstenmal neben Proportionalsignalen gleichzeitig Streamersignale deutlich höherer Amplitude auf. Für noch höhere Spannungen stirbt der Proportionalbereich vollständig aus, so daß ab $4\,kV$ nur noch Streamersignale beobachtet werden. Die im Streamer registrierte Ladung ist dabei unabhängig von der Primärionisation.

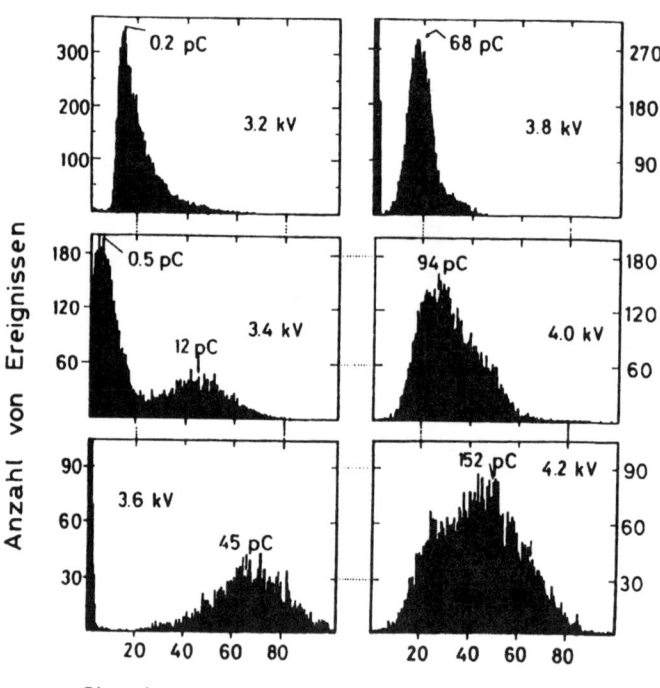

Abb. 4.15 Amplitudenspektren von Ladungssignalen in einem Streamer-Rohr. Mit dem Anwachsen der Anodendrahtspannung erkennt man den Übergang vom Proportional- zum Streamer-Mode [113].

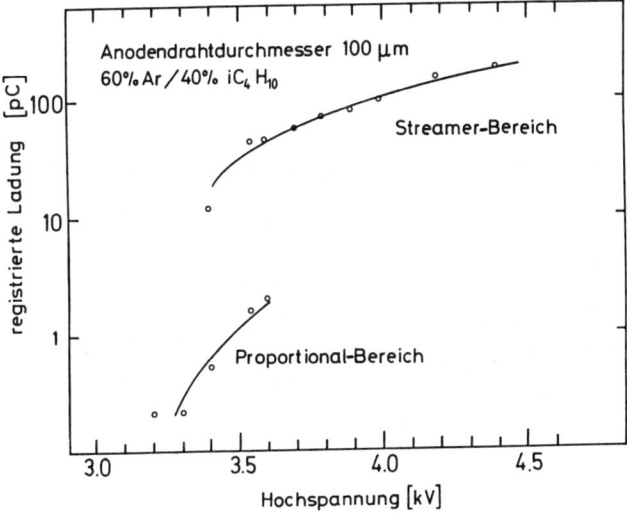

Abb. 4.16 Registrierte Lawinenladung als Funktion der Hochspannung. Deutlich erkennbar ist der diskontinuierliche
Übergang vom Proportional- zum Streamer-Mode bei Ko-
existenz dieser beiden Entladungsmechanismen in einem
schmalen Überlappbereich um 3.5 kV [113].

Den diskontinuierlichen Übergang vom Proportional- zum
Streamer-Mode erkennt man auch deutlich aus Abb. 4.16. Der
Streamer-Mode entwickelt sich aus dem Proportional-Mode über die
Vielzahl der produzierten Photonen, die in der unmittelbaren Nähe
der ursprünglichen Lawine über Photoeffekt wieder absorbiert und
Ausgangspunkt neuer sekundärer und tertiärer Lawinen werden, die
mit der ursprünglichen verschmelzen.

In der Literatur wird berichtet, daß bei noch höheren Spannungen noch ein weiterer ("zweiter") Streamer-Mode auftreten könnte,
der wiederum einen diskontinuierlichen Übergang vom ersten zum
zweiten Streamer-Mode darstellen würde [110]. Es ist allerdings auch
möglich, daß es sich hier lediglich um Vielfachstreamerentladungen
handelt [113].

Abb. 4.17 zeigt an Hand photographischer Aufnahmen [112]
die charakteristischen Unterschiede der Entladungen in einem Proportionalzählrohr (a), einem Geiger-Müller-Zählrohr (b) und einem

selbstlöschenden Streamer-Rohr. Die Pfeile deuten jeweils den Verlauf des Anodendrahtes an.

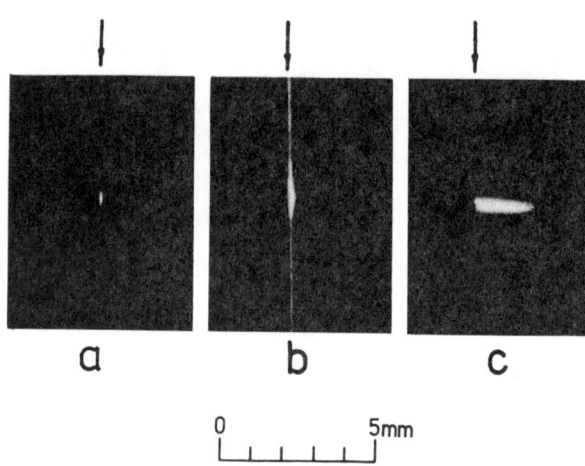

Abb. 4.17 Gasentladungen in einem a) Proportionalzählrohr, b) Geiger-Müller-Zählrohr und c) in einem selbstlöschenden Streamer-Rohr. Die Pfeile deuten den Verlauf des Anodendrahtes an [112].

Wie wir gesehen haben, müssen Streamer-Rohre bei hohen Spannungen ($\sim 5\,kV$) betrieben werden, zeichnen sich aber durch ein sehr langes Plateau des Ansprechvermögens aus ($\sim 1\,kV$), das einen sicheren, stabilen Arbeitspunkt ermöglicht. Abb. 4.18 zeigt das Ansprechvermögen eines mit reinem Isobutan gefüllten Streamer-Rohres, das mit Elektronen aus einer ^{90}Sr-Quelle bestrahlt wurde [113]. Dabei ist der Einsatzpunkt des Ansprechvermögens von der Schwelle des nachgeschalteten Diskriminators abhängig. Das obere Plateauende wird i.a. durch Nachentladungen und Rauschen bestimmt; auch dieser Bereich kann stark von der Ausleseelektronik beeinflußt werden, da durch Rauschen und Nachentladungen zusätzlich elektronisch bedingte Totzeiten verursacht werden.

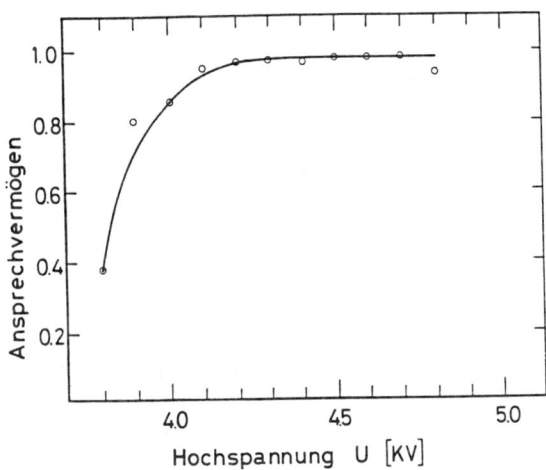

Abb. 4.18 Ansprechvermögen eines mit reinem Isobutan gefüllten Streamer-Rohres [113].

Bei den "dicken" Anodendrähten entwickelt sich die Lawine meist aus einem primären Elektron und die Entladung bleibt sogar auf die Seite der Ankunftsrichtung des Elektrons begrenzt. Die Signale können direkt am Anodendraht abgegriffen werden. Zusätzlich oder alternativ kann man die auf den Kathoden induzierten Signale verwenden. Durch Segmentierung der Kathoden kann eine Ortsbestimmung entlang des Zähldrahtes vorgenommen werden.

Die Ortsbestimmung entlang des Anodendrahtes kann auch durch eine als Verzögerungsleitung ausgebildete Kathode erfolgen [113, 344]. Abb. 4.19 zeigt eine mäanderartige Kathodenstruktur mit der die Ortskoordinate entlang des Anodendrahtes bestimmt werden kann. Das Ergebnis einer solchen Messung zeigt Abb. 4.20, wo ein Streamer-Rohr mit einer ^{55}Fe-Quelle in definierten Abständen bestrahlt wurde. In diesem Fall wurde eine Ortsauflösung entlang des Drahtes von $2\,mm$ erreicht [113].

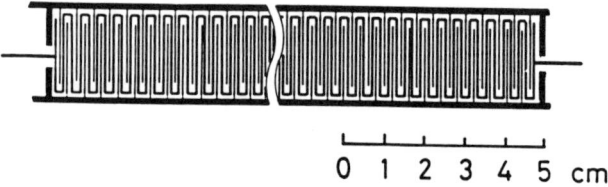

Abb. 4.19 Mäanderartige Kathodenstruktur als Verzögerungsleitung
zur Auslese der Koordinate entlang des Anodendrahtes in
einem Streamer-Rohr [113].

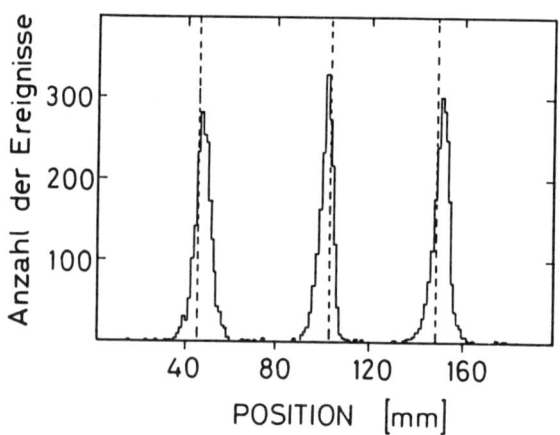

Abb. 4.20 Zählratenverteilung von $5.9\,keV$-Photonen bei verschiedenen Einschußpunkten entlang eines Anodendrahtes in einem Streamer-Rohr [113].

Durch die einfache Betriebsweise und die Möglichkeit der Vielfachteilchenregistrierung auf einem Anodendraht eignen sich die
Streamer-Rohre als Sampling-Elemente in Kalorimetern. Pro Teilchendurchgang wird ein festes Ladungssignal Q_0 registriert. Mißt man
in einem Streamer-Rohr eine Ladung Q, so errechnet sich die Zahl der
Teilchendurchgänge zu $N = Q/Q_0$.

Die Wahl der Hochspannung, bzw. die des Zählgases oder Anodendrahtes bestimmt also den Entladungs- und damit Betriebsmodus von zylindrischen Zählern. In Abb. 4.21 sind diese verschiedenen Arbeitsbereiche zusammenfassend dargestellt (nach [104]).

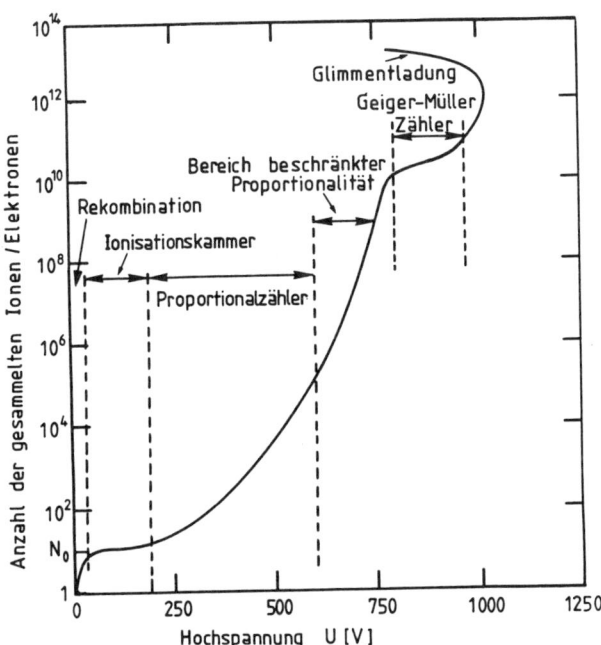

Abb. 4.21 Kennzeichnung der Arbeitsbereiche von zylindrischen Gasdetektoren (nach [104]).

Wie schon erwähnt, ist neben der Gasverstärkung in Zählrohren das Ansprechvermögen eine wichtige Kenngröße. Die Abb. 4.18 zeigte das Ansprechvermögen für geladene Teilchen in einem Streamer-Rohr als Funktion der Hochspannung. Die Länge des Plateaus und sein möglichst geringer Anstieg mit der Hochspannung sind ein Maß für die Qualität des Zählers [113]. Für hohe Spannungen kann paradoxerweise das Ansprechvermögen auch Werte ≥ 1 annehmen, da bei diesen hohen Feldstärken Nachentladungen auftreten können, die dann gelegentlich zwei Signale pro einfallendem Teilchen liefern.

Die Funktion eines Zählrohrs kann auch gut über die Messung der Zählrate bei konstantem Teilchenfluß als Funktion der Hochspannung kontrolliert werden. Den Arbeitspunkt wählt man am besten noch im, jedoch am Ende des Zählratenplateaus (Abb. 4.22, [113]), bevor die Rate durch Nachentladungen drastisch ansteigt.

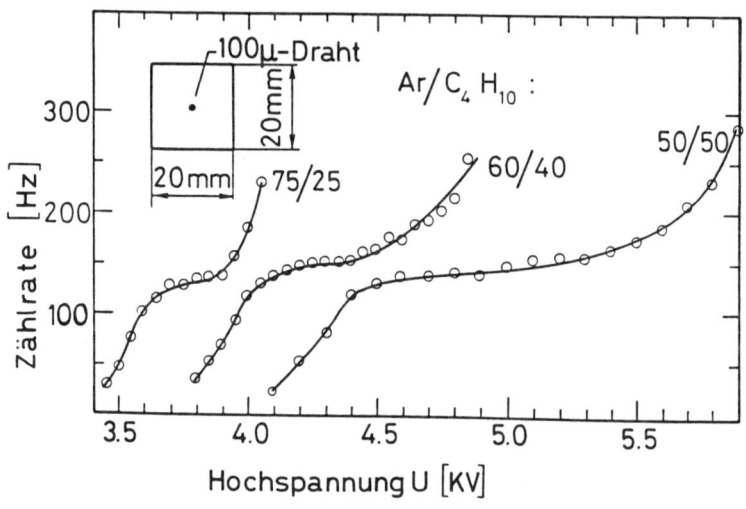

Abb. 4.22 Abhängigkeit der Zählrate von der Hochspannung in einem Streamer-Rohr [113].

4.5 Teilchenregistrierung in Flüssigkeiten

Flüssigkeitsionisationskammern haben gegenüber gasgefüllten Detektoren den Vorteil einer um einen Faktor $\sim 10^3$ größeren Dichte, die eine 1000-fach größere Energieabsorption bedeutet. Die mittlere Energie zur Erzeugung eines Elektron-Ion-Paares in Flüssig-Argon (LAr) ist $24\,eV$, diejenige in Flüssig-Xenon (LXe) nur $16\,eV$. Damit sind Ionisationskammern gute Kandidaten für Sampling-Detektoren in Kalorimetern. Von technischem Nachteil ist allerdings, daß die Edelgase erst bei tiefen Temperaturen flüssig werden. Typische Betriebstemperturen sind $85\,$Kelvin für LAr; $117\,K$ für LKr und $163\,K$ für LXe.

Flüssige Gase sind homogen und besitzen damit gute Zähleigenschaften. Probleme kann es allerdings mit elektronegativen Verunreinigungen geben, die wegen der hohen Dichte der Zählflüssigkeit auf einem niedrigen Niveau gehalten werden müssen. Um die freie Weglänge λ der Elektronen gegen Einfang groß im Vergleich zum Elektrodenabstand zu halten, müssen elektronegative Gase wie O_2 auf eine Konzentration von $\sim 1\,ppm$ ($\hat{=}10^{-6}$) gedrückt werden. Die Driftgeschwindigkeit in reinen flüssigen Edelgasen bei Feldstärken um $10\,kV/cm$, wie sie für LAr-Zähler typisch sind, liegt bei $0.4\,cm/\mu s$. Durch Hinzugabe geringer Anteile von Kohlenwasserstoffen (z.B. $0.5\%\ CH_4$) kann die Driftgeschwindigkeit jedoch deutlich gesteigert werden. Das liegt darin begründet, daß die Beimischung von molekularen Gasen die mittlere Elektronenenergie verändert. Geringe Änderungen der Elektronenenergie können aber schon die Drifteigenschaften dramatisch beeinflussen, da der Elektronenstreuquerschnitt, insbesondere in der Nähe des Ramsauer-Minimums, stark energieabhängig, ist.

Die Ionenbeweglichkeit in Flüssigkeiten ist sehr klein. Der Signalanstieg der durch die Ionenbewegung influenzierten Ladung ist so langsam, daß er elektronisch kaum verwendbar ist.

Im Gegensatz zu Gas-Ionisationskammern werden Flüssig-Edelgas-Kammern meist so eingesetzt, daß die nachzuweisenden geladenen Teilchen die Kammer mehr oder weniger senkrecht durchsetzen (s. Abb. 4.23).

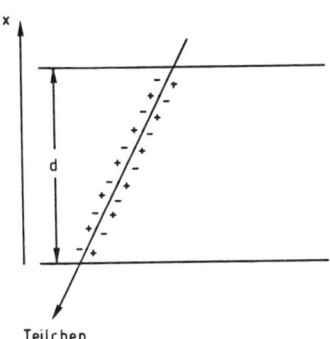

Abb. 4.23 Zur Illustration der Ladungssammlung in einem Flüssig-Argon-Detektor.

Nehmen wir an, daß die von einem Teilchen, das die Kammer durchsetzt, erzeugte Gesamtladung $-Ne$ gleichmäßig entlang seiner Spur verteilt ist. Dann ist die Ladungsdichte $\varrho = -Ne/d$. Nehmen wir weiterhin an, daß die erzeugte Ladung mit konstanter Driftgeschwindigkeit v^- linear abgesaugt wird. Die Ladungsdichte bleibt während des gesamten Vorgangs der Elektronensammlung konstant, die im Driftraum befindliche Ladung nimmt jedoch ständig ab, gemäß

$$q(t) = \varrho \cdot (d - v^- \cdot t). \tag{4.41}$$

Für $t \geq d/v^-$ sind alle Ladungen eingesammelt und $q(t)$ wird 0. Durch die Elektronenbewegung wird auf den Kondensatorplatten eine Ladung influenziert, die die aufgrund der angelegten Spannung U gespeicherte Energie des Kondensators reduziert [32]. Es gilt

$$d\left(\frac{1}{2}CU^2\right) = d\left(\frac{1}{2}\frac{Q^2}{C}\right) = q(t) \cdot \vec{E} \cdot \vec{dx}. \tag{4.42}$$

Mit Gl. (4.41) wird daraus:

$$\frac{QdQ}{C} = |\vec{E}| \cdot \left(-\frac{N \cdot e}{d}(d - v^- t)\right) \cdot v^- dt. \tag{4.43}$$

Wegen

$$Q = C \cdot U = C \cdot |\vec{E}| \cdot d \tag{4.44}$$

wird

$$\begin{aligned} dQ &= -\frac{C \cdot |\vec{E}|}{Q} \cdot N \cdot e \left(1 - \frac{v^-}{d}t\right) v^- dt \\ &= -N \cdot e \left(1 - \frac{v^-}{d}t\right) \frac{v^-}{d} dt. \end{aligned} \tag{4.45}$$

Da d/v^- die gesamte Driftzeit t_D ist, ergibt sich aus Gl. (4.45)

$$dQ = -Ne\left(1 - \frac{t}{t_D}\right) \cdot \frac{dt}{t_D}. \tag{4.46}$$

Integration von Gl. (4.46) liefert

$$\begin{aligned} Q(t) - Q_0 &= -\frac{Ne}{t_D}\left(t - \frac{t^2}{2t_D}\right) \\ &= -N \cdot e \left(\frac{t}{t_D} - \frac{1}{2}\left(\frac{t}{t_D}\right)^2\right). \end{aligned} \tag{4.47}$$

Für $t = t_D$ ist die gesamte Ladung eingesammelt. Damit wird

$$Q(t_D) - Q_0 = -\frac{1}{2}N \cdot e \, . \qquad (4.48)$$

Den technischen Nachteil der für Flüssig-Edelgas-Ionisationskammern notwendigen Kryogenik kann man durch Verwendung "warmer" Flüssigkeiten umgehen. Die Anforderungen an solche "warmen" Flüssigkeiten, die sich schon bei Raumtemperatur verflüssigen, sind hoch. Sie müssen gute Drifteigenschaften besitzen und extrem frei von elektronegativen Verunreinigungen sein. Eine Voraussetzung für ein günstiges Driftverhalten ist, daß die Moleküle der Substanz eine hohe Symmetrie (z.B. eine sphärische) aufweisen. Als "warme" Flüssigkeiten eignen sich benzinähnliche Stoffe wir Tetramethylsilan (TMS) oder Tetramethylpentan (TMP) [114, 115, 116, 117]. Es ist auch erfolgreich versucht worden, für Verwendung der Flüssigkeitszähler in Kalorimetern höhere Flüssigkeitsdichten zu erzielen, indem das Silizium im TMS-Molekül etwa durch Blei oder Zinn ersetzt wurde. Die Brennbarkeit und Toxizität solcher Kammerfüllungen läßt sich praktisch handhaben, indem man die Flüssigkeiten in vakuumdichten Behältern versiegelt. Diese "warmen" Flüssigkeiten zeigen eine sehr gute Strahlenresistenz. Durch ihren hohen Gehalt an Wasserstoff liefern sie auch gleiche Signalamplituden für Elektronen und Hadronen (vgl. Kap. 7.3).

Es ist auch versucht worden — in Analogie zu den zylindrischen Ionisationskammern — durch Erhöhung der Arbeitsspannung eine "Gasverstärkung" in Flüssigkeiten zu erreichen. Das scheint in kleinen Prototypen gelungen zu sein, ist jedoch in größerem Ausmaß noch nicht reproduzierbar durchgeführt worden [270, 271, 272].

Abschließend sei angemerkt, daß sich festes Argon durchaus auch als Zählmedium für Ionisationskammern eignet [118].

4.6 Vieldrahtproportionalkammer

Eine Vieldrahtproportionalkammer [391] ist praktisch eine ebene Lage von Proportionalzählrohren ohne trennende Zwischenwände (s. Abb. 4.24). Die Form des elektrischen Feldes wird gegenüber der rein zylindrischen Anordnung im Proportionalzählrohr etwas modifiziert (s. Abb. 4.25 und 4.26) [104, 119, 120, 337].

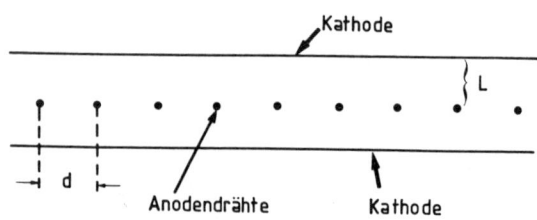

Abb. 4.24 Prinzipieller Aufbau einer Vieldrahtproportionalkammer.

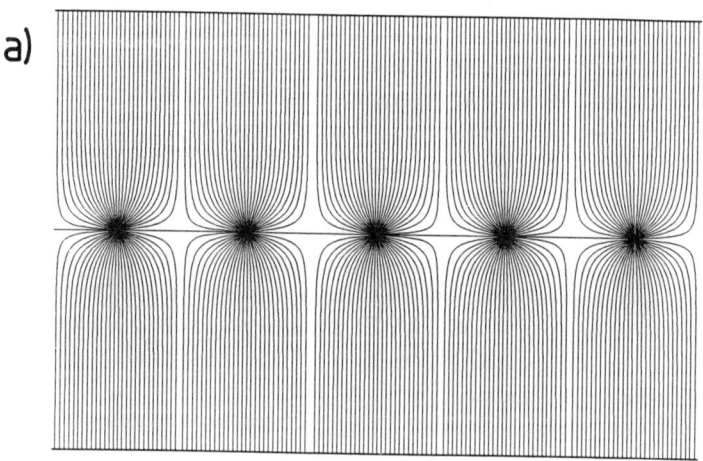

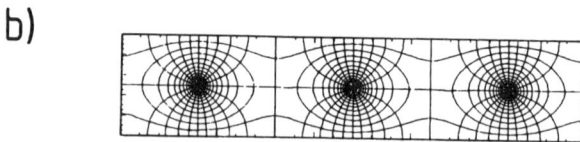

Abb. 4.25 a) Feldlinien in einer Fünf-Draht-Proportionalkammer
[337]. b) Feld- und Äquipotentiallinien in einer Drei-Draht-
Proportionalkammer [120].

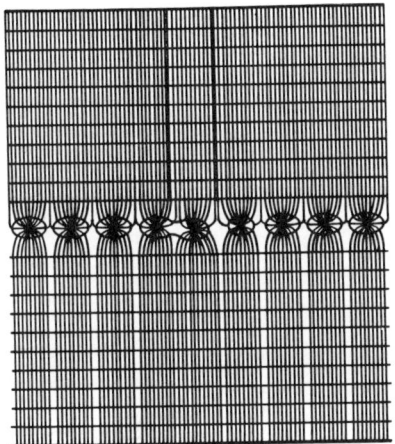

Abb. 4.26 Feld- und Äquipotentiallinien in einer Vieldraht-Propor-
tional-Kammer. Der Effekt einer geringfügigen Fehlposi-
tionierung eines Anodendrahtes auf die Feldqualität ist
deutlich erkennbar [104, 119].

Die Lawinenbildung läuft genauso wie beim Proportionalzählrohr
ab. Weil die Hauptladungsmenge jeweils in der Nähe eines Anodendrahtes erzeugt wird, stammt das Signal überwiegend von den abdriftenden positiven Ionen (vgl. Gl. (4.39)). Wird das Anodensignal
mit einem Oszillographen hoher Zeitauflösung oder mit einem schnellen Analog-Digital-Wandler (Flash-ADC) ausgelesen, kann man auch
die Ionisationsstruktur der Teilchenspur in der Vieldrahtproportionalkammer erkennen (vgl. Abb. 4.11).

Im einzelnen kann die zeitliche Entwicklung der Teilchenregistrierung folgendermaßen beschrieben werden (s. Abb. 4.27 [104, 121]):
Ein primäres Elektron bewegt sich zur Anode (a); das Elektron wird
im starken elektrischen Feld in Drahtnähe so stark beschleunigt, daß
es zwischen zwei Stößen genügend Energie aufnehmen kann, um selbst
zu ionisieren; d.h. die Lawinenbildung setzt ein (b). Elektronen und
positive Ionen entstehen pro Ionisationsprozeß an derselben Stelle.
Wenn diese Ladungsträger aber einmal erzeugt worden sind, driften
die Elektronen- und Ionenwolken auseinander (c). Die Elektronen-
wolke driftet zum Draht hin, breitet sich aufgrund der Diffusion der

Ladungsträger etwas aus und bildet entsprechend der Ankunftsrichtung des primären Elektrons eine unsymmetrische Dichteverteilung um den Draht herum. Diese Asymmetrie ist bei Streamer-Rohren noch viel ausgeprägter, da dort bei dickeren Anodendrähten und auch wegen der starken Photoabsorption die Lawinenbildung auf die Ankunftseite des Elektrons vollständig beschränkt bleibt (vergleiche auch Abb. 4.9) (d). Die Ionenwolke entfernt sich radial und driftet zur Kathode (e).

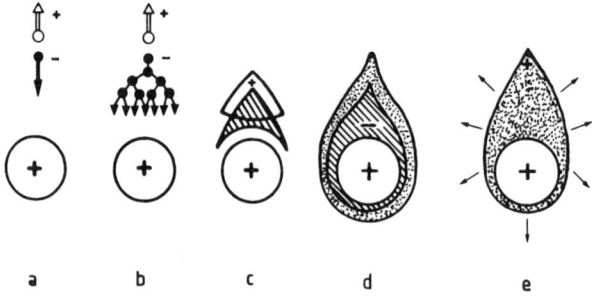

Abb. 4.27 Zeitliche und räumliche Entwicklung einer Elektronenlawine [104, 121].

Als Anodendrähte werden meist vergoldete Wolframdrähte mit Durchmessern von $10\,\mu m$ bis $30\,\mu m$ verwendet. Ein typischer Anodendrahtabstand beträgt $2\,mm$. Der Abstand Anodendraht-Kathode ist von der Größenordnung $10\,mm$. Die einzelnen Anodendrähte wirken wie unabhängige Detektoren. Die Kathoden können als Metallfolie oder als Lage von gespannten Drähte ausgeführt werden.

Als Zählgase eignen sich alle Gase bzw. Gasmischungen, die auch für Proportionalzählrohre in Frage kamen; also Edelgase wir Ar, Xe mit Beimischungen von CO_2, CH_4, Isobutan und anderen Kohlenwasserstoffen [338]. Gasverstärkungen von typisch 10^5 werden in Vieldrahtproportionalkammern erreicht.

Die meisten Kammern nutzen nicht die Möglichkeit aus, die analoge Information der Drähte zu verarbeiten. Es werden einfach Schwellen für die ankommenden Signale gesetzt. In diesem Betriebsmodus wird die Vieldrahtproportionalkammer also lediglich als Ortsdetektor eingesetzt. Bei einem Zähldrahtabstand von $d = 2\,mm$ ist die Standardabweichung der Ortsauflösung gegeben durch (vgl. Gl. (2.5))

$$\sigma(x) = \frac{d}{\sqrt{12}} = 577\,\mu m \,. \qquad (4.49)$$

Ein Problem, insbesondere bei langen Anodendrähten, kann durch die elektrostatische Abstoßung der Anodendrähte auftreten. Die Drähte sind nur stabil gegen Schwingungen, wenn die mechanische Drahtspannung T größer als ein Wert T_0 ist, der sich aus der Beziehung

$$V \leq \frac{d}{lC}\sqrt{4\pi\varepsilon_0 T_0} \qquad (4.50)$$

errechnen läßt, wobei V die Anodenspannung, d der Drahtabstand, l die Drahtlänge und C die Kapazität pro Einheitslänge des Detektors ist [94, 122]. ε_0 ist die absolute Dielektrizitätskonstante ($\varepsilon_0 = 8.854 \cdot 10^{-12}\,F/m$).

Für einen Zylinderkondensator (Zentralleiter r_i, Außenleiter r_a) ist die Kapazität pro Einheitslänge

$$C = \frac{4\pi\varepsilon_0}{2\ln r_a/r_i} \,. \qquad (4.51)$$

In einer Vieldrahtproportionalkammer kann die entsprechende Kapazität durch

$$C = \frac{4\pi\varepsilon_0}{2\left\{\frac{\pi L}{d} - \ln\frac{2\pi r_i}{d}\right\}} \qquad (4.52)$$

approximiert werden, wenn der Abstand Anode-Kathode $L \gg d \gg r_i$ [52]. Die notwendige Drahtspannung für stabile Drähte ergibt sich damit aus Gl. (4.50) zu

$$T_0 \;\geq\; \left(\frac{V \cdot l \cdot C}{d}\right)^2 \cdot \frac{1}{4\pi\varepsilon_0} \qquad (4.53)$$

$$\geq\; \left(\frac{V \cdot l}{d}\right)^2 \cdot 4\pi\varepsilon_0 \left[\frac{1}{2\left\{\frac{\pi L}{d} - \ln 2\pi r_i/d\right\}}\right]^2 \,. \qquad (4.54)$$

Für eine Drahtlänge $l = 1\,m$, eine Anodenspannung $V = 5\,kV$ bei einem Abstand Anode - Kathode von $L = 10\,mm$, einem Anodendrahtabstand $d = 2\,mm$ und Anodendrahtdurchmesser $2r_i = 30\,\mu m$ erhält man nach Gl. (4.53)/Gl. (4.54) eine mechanische Mindestdrahtspannung von 0.49 N, entsprechend einer Spannung des Drahtes mit einer Masse von etwa 50 g.

Längere Drähte müssen stärker gespannt werden, oder, wenn sie keine größeren mechanischen Spannungen aushalten, in gewissen Abständen fixiert werden, was allerdings zu lokal ineffizienten Zonen führt.

Für einen sicheren Betrieb von Vieldrahtproportionalkammern ist auch wichtig, daß die Drähte nicht aufgrund ihrer eigenen Masse zu weit durchhängen; denn dadurch würde der Abstand Anode-Kathode verändert und damit die Homogenität der Feldqualität vermindert.

Ein horizontal ausgerichteter Draht der Länge l, der mit der mechanischen Spannung T gespannt wurde, hängt unter seiner eigenen Schwerkraft um [123]

$$f = \frac{\pi r_i^2}{8} \cdot \varrho g \frac{l^2}{T} = \frac{mlg}{8T} \qquad (4.55)$$

durch (m, l, ϱ, r_i – Masse, Länge, Dichte und Radius des freihängenden Drahtes, g – Schwerebeschleunigung und T – Drahtspannung (in N)).

Für unser obiges Beispiel würde also ein goldbeschichteter Wolframdraht ($r_i = 15\,\mu m$; $\varrho_W = 19.3\,g/cm^3$) in der Mitte um

$$f = 34\,\mu m$$

durchhängen, was bei einem Anoden-Kathodenabstand von $10\,mm$ akzeptabel wäre.

Verwendet man anstelle der klassischen Vieldrahtproportionalkammern mit Anodendrähten Strohhalm-Kammern (s. Kap. 4.8.1) so errechnet sich der Durchhang der Rohre infolge Gravitation für dünne Rohre, die an beiden Seiten fixiert sind gemäß [124, 125, 37]

$$y = \frac{l^4 \cdot \varrho}{192 \cdot E \cdot R^2}\,, \qquad (4.56)$$

wenn E der Elastizitätsmodul und R der Radius des Rohres sind.

Für $40\,cm$ lange aluminisierte Mylar-Halme ($\varrho = 1.4\,g/cm^3$, $E = 3.4\,GPa \;\hat{=}\; 3.46 \cdot 10^7\,g/cm^2$) von $7\,mm$ Durchmesser erhält man einen Durchhang von $44\,\mu m$.

Ist man mit der relativ schlechten Ortsauflösung der Vieldrahtproportionalkammer von $\sim 600\,\mu m$ nicht zufrieden, die ja nur eine Koordinate quer zu den Drähten angibt, aber nicht entlang des Drahtes, dann kann man mit Hilfe einer Segmentierung der Kathode, und der Messung der darauf induzierten Signale, eine Verbesserung erzielen. Die Kathode kann etwa durch parallele Streifen, rechteckige Kathodenplättchen ("pads", "Mosaik-Zähler") oder durch eine Lage von Drähten ausgebildet werden (Abb. 4.28).

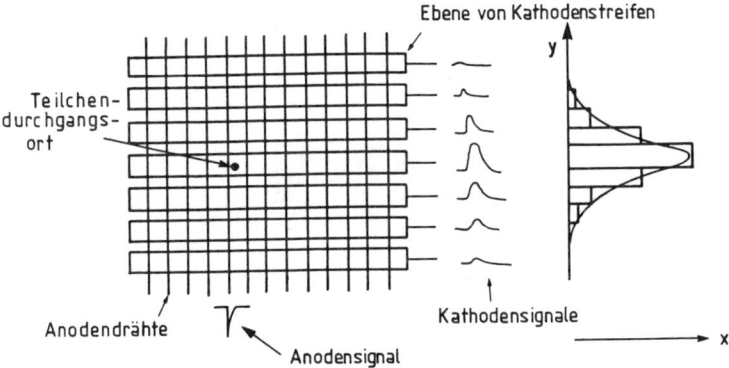

Abb. 4.28 Illustration der Kathodenauslese in einer Vieldrahtproportionalkammer.

Neben dem Anodensignal mißt man nun auf den darunterliegenden Kathodenstreifen induzierte Signale. Die Koordinate entlang des Drahtes gibt der Ladungsschwerpunkt an, der aus den Signalen an den Kathodenstreifen berechnet wird. Je nach Ausführung der Kathode kann man entlang des Drahtes mit diesem Verfahren Auflösungen von $\approx 50 \, \mu m$ erreichen. Bei Mehrfachspuren muß auch die zweite Kathode segmentiert werden, um Ambiguitäten auszuschließen.

In der Abb. 4.29 ist ein Zweiteilchendurchgang durch eine Vieldrahtproportionalkammer dargestellt. Mit nur einer segmentierten Kathode und den Informationen von den Anodendrähten könnte man vier Teilchendurchgangspunkte rekonstruieren, davon sind allerdings zwei "Geisterkoordinaten". Diese lassen sich mit den Signalen einer zweiten segmentierten Kathodenebene ausräumen.

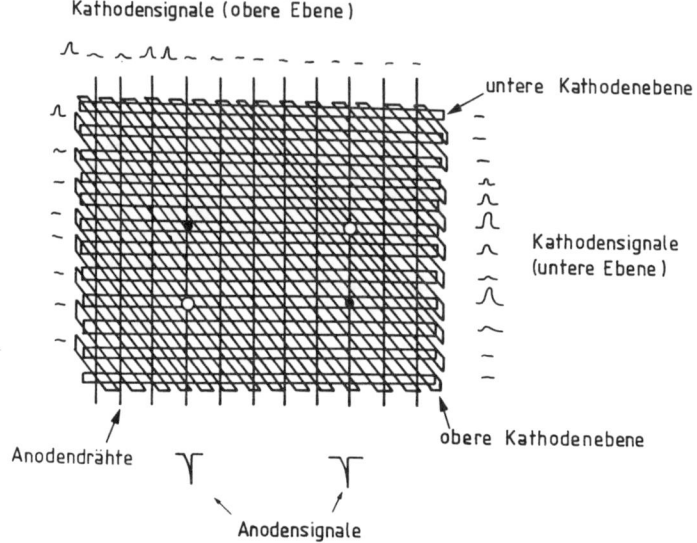

Kathodensignale (obere Ebene)

untere Kathodenebene

Kathodensignale (untere Ebene)

obere Kathodenebene

Anodendrähte

Anodensignale

Abb. 4.29 Illustration der ambiguitätsfreien Zweiteilchenregistrierung in einer Vieldrahtproportionalkammer.

Es würde die Konstruktion von Vieldrahtproportionalkammern vereinfachen sowie ihre Stabilität und Flexibilität erhöhen, wenn es gelänge, anstatt Anodendrähte im Zählvolumen zu spannen, sie auf dielektrischen Unterlagen in Form von Streifen oder durchkontaktierten Punkten zu realisieren. Durch Anodenstreifen auf Dielektrika wird die Feldqualität der Proportionalkammer beeinflußt, weil sich positive Ionen am Dielektrikum anlagern. Trotzdem ist es gelungen, brauchbare Detektoren mit Anodenstrukturen auf isolierenden Oberflächen erfolgreich zu betreiben [126, 127, 128, 129, 273].[2] In der Regel werden Kammern dieser Bauart mit relativ kleinen mechanischen Abmessungen konstruiert.

Solche Mikrostreifen-Gasdetektoren sind miniaturisierte Vieldrahtproportionalkammern, bei denen die Dimensionen gegenüber

---

[2]Am Rande sei vermerkt, daß die Anlagerung von positiven Ionen auf Dielektrika gelegentlich aber sogar ausgenutzt werden kann, um die Feldqualität bei gewissen Kammertypen zu verbessern oder gar erst die gewünschte zu erreichen (s. "elektrodenlose Driftkammern", Kap. 4.7).

den konventionellen Kammern um einen Faktor von etwa zehn reduziert sind (Abb. 4.30). Das ist dadurch möglich geworden, daß die Elektrodenstrukturen mit Hilfe von Elektronenlithographie entsprechend verkleinert werden können. Die Drähte werden durch Streifen ersetzt, die auf einem dünnen Substrat aufgedampft sind. Zwischen den Anodenstreifen angebrachte Kathodenstreifen sorgen für eine Verbesserung der Feldqualität. Mit Hilfe einer Segmentierung der sonst flächigen Kathoden durch Streifen oder Pixel [333] läßt sich auch eine zweidimensionale Auslese bewerkstelligen. Anstelle der Verwendung von Keramiksubstraten ist es auch gelungen, die Elektrodenstrukturen auf dünnen Plastikfolien aufzubringen. Auf diese Weise lassen sich sogar leichte, biegsame Detektoren bauen, die eine hohe Ortsauflösung zeigen. Mögliche Nachteile liegen in der elektrostatischen Aufladung der nichtleitenden Plastikstrukturen, die wegen der modifizierten elektrischen Felder zu zeitabhängigen Verstärkungseigenschaften führen können [276, 277, 278, 279, 322].

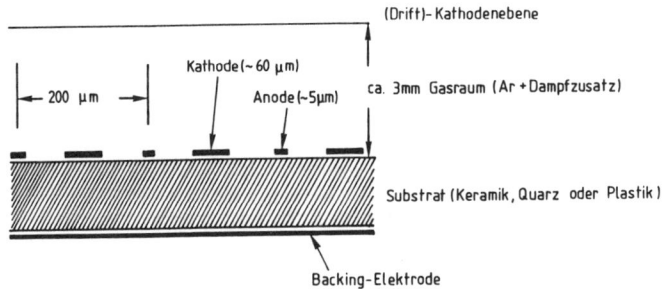

Abb. 4.30 Prinzipieller Aufbau eines Mikrostreifen-Gasdetektors.

Die offensichtlichen Vorteile dieser Mikrostreifen-Detektoren — neben der guten Ortsauflösung — sind geringe Totzeiten (die in der Lawine erzeugten Ionen driften den kurzen Weg zur unmittelbar benachbarten Kathode), reduzierte Strahlenschäden (wegen der kleineren, empfindlichen Fläche pro Ausleseelement) und die Möglichkeit der Verarbeitung hoher Raten. Deshalb sind Mikrostreifen-Gaskammern gute Kandidaten für Spurendetektoren an Hochratenbeschleunigern wie LHC (Large Hadron Collider) und SSC (Superconducting Super Collider).

Mikrostreifenkammern können ebenfalls im Driftmode betrieben werden (s. Kap. 4.7).

4.7 Ebene Driftkammern

Zwischen dem Zeitpunkt des Teilchendurchgangs und der Ankunft der Ladungswolke am Anodendraht vergeht eine Zeit Δt, die vom Durchgangsort des Teilchens abhängt (Abb. 4.31). Falls v^- die konstante Driftgeschwindigkeit der Elektronen ist, gilt

$$x = v^- \cdot \Delta t \qquad (4.57)$$

oder, falls sich die Driftgeschwindigkeit entlang des Driftwegs ändert

$$x = \int v^-(t)dt \,. \qquad (4.58)$$

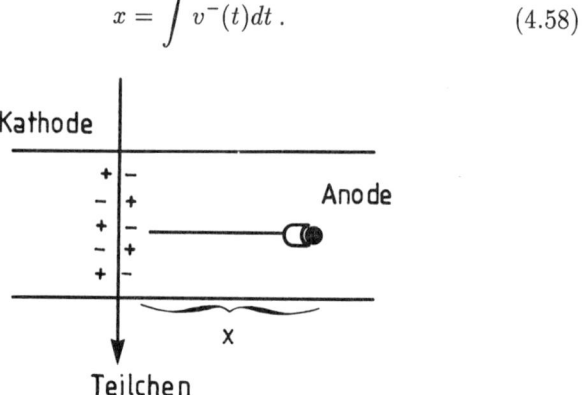

Abb. 4.31 Arbeitsprinzip einer Driftkammer.

Die Messung dieser Driftzeit erlaubt es, die Zahl der Anodendrähte in einer Driftkammer im Vergleich zu einer Vieldrahtproportionalkammer drastisch zu reduzieren oder bei kleinen Anodenabständen die Ortsauflösung deutlich zu verbessern. In der Regel läßt sich sogar beides gleichzeitig erreichen [280]. Geht man von einer Driftgeschwindigkeit von $v^- = 5\,cm/\mu s$ und einer Zeitauflösung von $\sigma_t = 1\,ns$ aus, so lassen sich Ortsauflösungen von $\sigma_x = v^- \sigma_t = 50\,\mu m$ erreichen. Die Ortsauflösung hat aber nicht nur Beiträge von der Zeitauflösung der Elektronik, sondern auch von der Diffusion der driftenden Elektronen und den Fluktuationen der Primärionisationsstatistik. Letztere wirken sich besonders in Drahtnähe aus (Abb. 4.32 [104]). Bei einem senkrechten Teilchendurchgang durch die Kammer werden die Elektron-Ion-Paare statistisch entlang der Spur des Teilchens erzeugt. Im allgemeinen entsteht nicht unbedingt ein Elektron-Ion-Paar auf der Verbindungslinie Anode-Potentialdraht. Räumliche Fluktuationen der Ladungsträgererzeugung bewirken aber große Driftwegunterschiede bei Teilchendurchgängen in Anodendrahtnähe, während sie für entfernte Teilchendurchgänge nur geringe Driftwegunterschiede hervorrufen (vgl. Abb. 4.33).

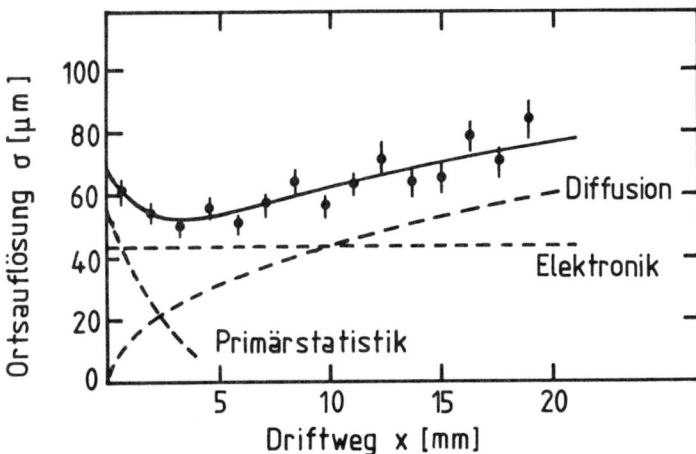

Abb. 4.32 Ortsauflösung in einer Driftkammer als Funktion des Driftweges [104].

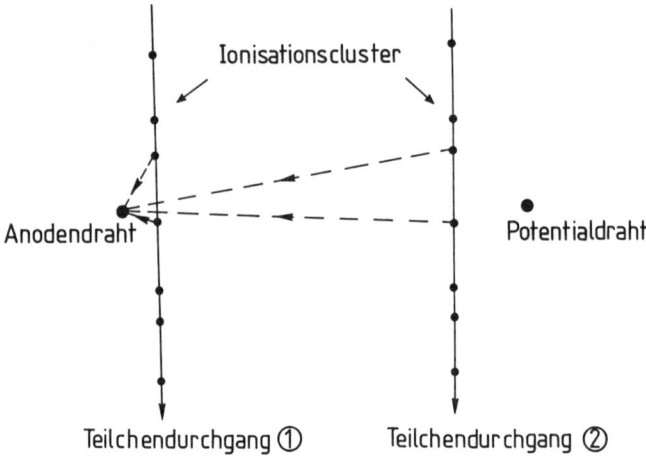

Abb. 4.33 Illustration unterschiedlicher Driftwege bei "nahen" und "entfernten" Teilchendurchgängen, zur Erklärung der Abhängigkeit der Ortsauflösung von der Primärionenstatistik.

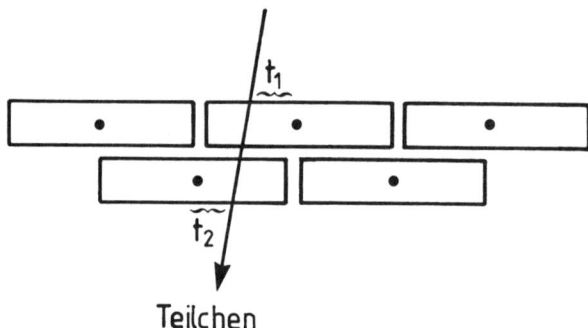

Abb. 4.34 Auflösung der Rechts-Links-Ambiguität in einer Driftkammer.

Die Zeitmessung kann natürlich keine Entscheidung darüber erbringen, auf welcher Seite des Anodendrahtes der Teilchendurchgang erfolgte. Eine Doppellage von Driftzellen, wobei die Lagen gegeneinander um eine halbe Zellbreite versetzt sind, kann aber diese Rechts-Links-Ambiguität auflösen (Abb. 4.34).

In Vieldrahtproportionalkammern gibt es Bereiche geringer Feldstärke zwischen den Anodendrähten (s. Abb. 4.25 und 4.26). Die Feldqualität läßt sich durch Einführung von Potentialdrähten auf negati-
vem Potential zwischen jeweils zwei Anodendrähten deutlich verbessern (Abb. 4.35).

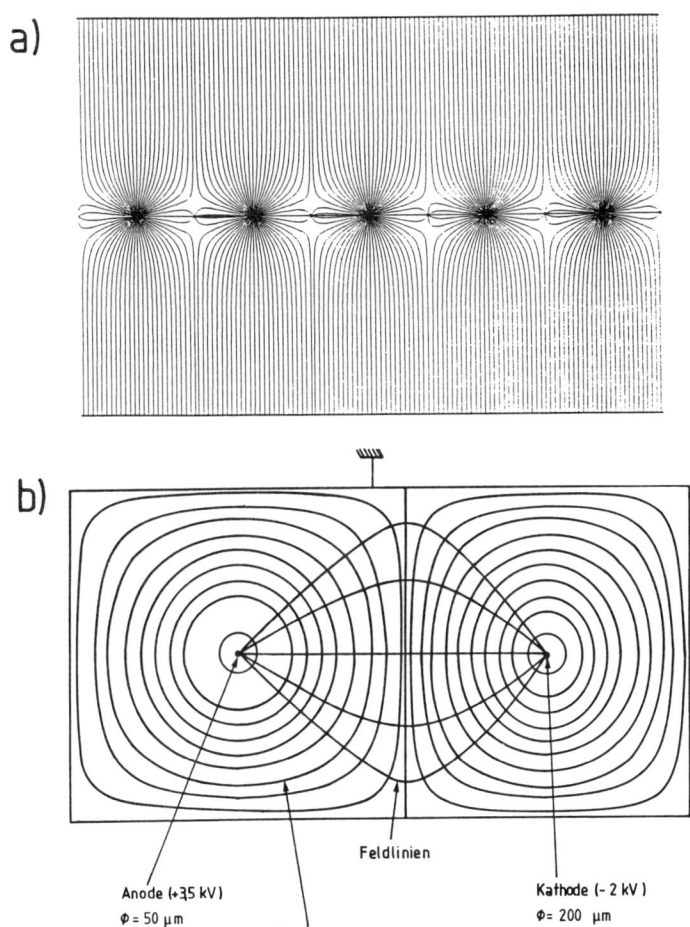

Abb. 4.35 a) Feldlinienverlauf in einer Vieldrahtdriftkammer [337].
b) Äquipotential- und Feldlinien in einer Vieldrahtdrift-
kammerzelle [104].

Bei längeren Drifträumen wird das Potential zwischen Anoden-drahtposition und dem negativen Potential an den Kammerenden mit Hilfe von Kathodenstreifen und einer Widerstandskette linear heruntergeteilt, um einen konstanten Feldgradienten zu erhalten (Abb. 4.36).

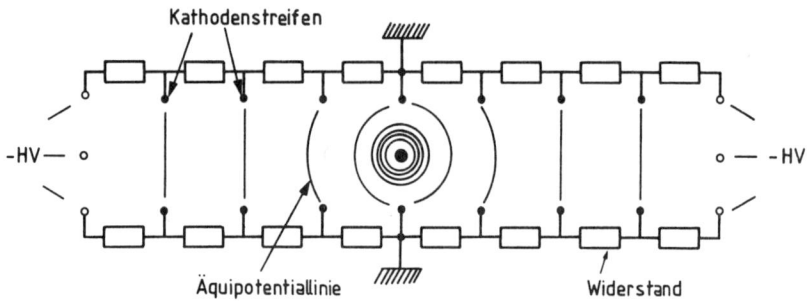

Abb. 4.36 Illustration der Feldformung in einer großflächigen Drift-kammer.

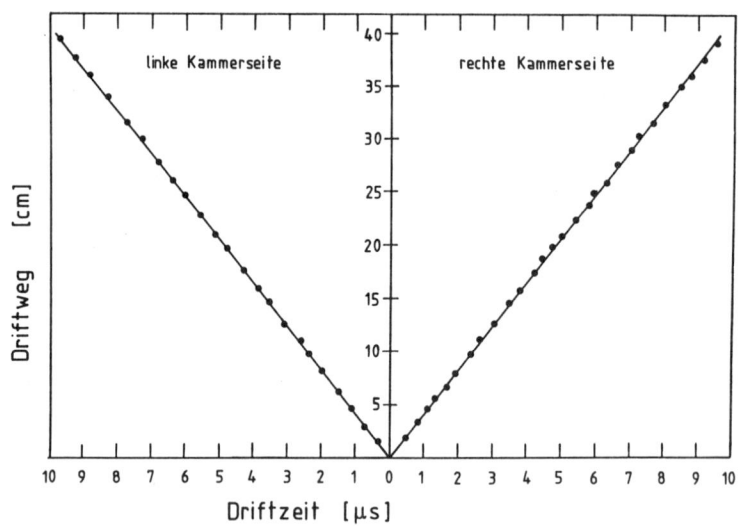

Abb. 4.37 Driftzeit-Driftwegbeziehung in einer großen Driftkammer ($80 \times 80\,cm^2$) mit nur einem Anodendraht [130].

Die erreichbare Ortsauflösung ist bei großflächigen Kammern meist durch mechanische Toleranzen begrenzt. Bei großen Kammern werden typische Werte von 200 μm erhalten. In kleinen Kammern (10 ×10 cm^2) wurden Ortsauflösungen bis zu 20 μm erreicht. Im letzteren Fall sind meist die zeitliche Auflösung der Elektronik und die Diffusion der Elektronen auf ihrem Weg zur Anode die begrenzenden Faktoren. Die Bestimmung der Koordinate entlang der Drähte kann wieder mit Hilfe von Kathodenpads erfolgen.

Die Beziehung zwischen der Driftzeit t und der Driftstrecke in einer großflächigen (80 × 80 cm^2) Driftkammer mit nur einem Anodendraht ist in Abb. 4.37 dargestellt [130]. Die Kammer wurde mit einem Gasgemisch von 93% Argon und 7% Isobutan betrieben.

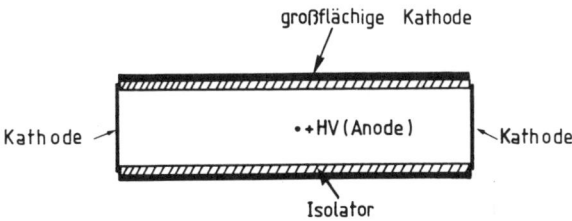

Abb. 4.38 Aufbau einer elektrodenlosen Driftkammer.

Die Feldformung in großflächigen Driftkammern läßt sich auch durch positive Ionenanlagerungen an isolierenden Kammerwänden erreichen ("elektrodenlose Driftkammern"). Bei diesen Kammern befindet sich zwischen der großflächigen Kathode und dem Driftraum eine isolierende Folie (Abb. 4.38). Kurz nach dem Einschalten der positiven Hochspannung am Anodendraht eignet sich die Feldqualität noch nicht für vernünftige Elektronendrift mit guter Ortauflösung (Abb. 4.39a). Die von durchgehenden Teilchen erzeugte Ionisation driftet nun aber entlang der Feldlinien zu den Elektroden. Dabei werden die Elektronen vom Anodendraht abgesaugt, die positiven Ionen bleiben allerdings auf der Innenseite des Isolators vor der Kathode hängen und verdrängen damit die Feldlinien aus diesem Bereich. Nach einer Weile ("Aufladezeit") enden keine Feldlinien mehr auf den Deckeln der Kammer, und es hat sich eine ideale Driftfeldkonfiguration gebildet (Abb. 4.39b [131, 132]). Sind die Kammerwände nicht vollständig isolierend, d.h. ist ihr Durchgangswiderstand endlich, so

enden doch einige Feldlinien auf den Kammerdeckeln (Abb. 4.39c).
Es bildet sich zwar keine ideale Feldform aus; es kann aber auch nicht
zu Überladungen kommen, da die Kammerwände durch eine gewisse
Leitfähigkeit für einen Abtransport der Oberflächenladungen sorgen.

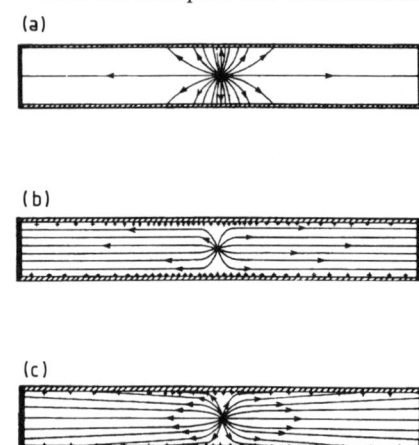

Abb. 4.39 Feldformung in einer elektrodenlosen Driftkammer durch
Ionenanlagerung [131, 132].

Anfängliche Schwierigkeiten mit langen Aufladezeiten ($\sim 1\,h$) und
Probleme der Überladung der Isolatoren bei hohen Raten konnten
durch die Wahl geeigneter Dielektrika als Kathodenbelag überwunden
werden [282]. Nach diesem Prinzip lassen sich Kammern recht verschiedener Geometrie (rechteckige Kammern, zylindrische Kammern,
Driftschläuche, ...) mit langen Driftwegen ($> 1\,m$) konstruieren
[133, 134, 135, 281].

Das Prinzip der Elektronendrift kann in vielfacher Weise in Driftkammern verwendet werden. So lassen sich durch Einführung eines
Gitters etwa der eigentliche Driftraum vom Gasverstärkungsraum
trennen. Bei Wahl geeigneter Gase und Spannungen kann die Driftgeschwindigkeit im Driftraum sehr niedrig eingestellt werden, so daß
ohne zu großen Aufwand die Ionisationsstruktur der Spur eines geladenen Teilchens elektronisch aufgelöst werden kann (Prinzip einer Zeit-Expansionskammer) [316, 317]. Durch Verwendung sehr geringer Anodendrahtabstände lassen sich auch große Zählraten pro
Flächeneinheit verarbeiten, da dann die Rate pro Draht immer noch
in vernünftigen Grenzen liegt.

In der Induktionsdriftkammer [314, 315] lassen sich hohe Ortsauflösungen ebenfalls durch Anoden- und Potentialdrähte mit geringem gegenseitigem Abstand erreichen. Die Entwicklung einer Elektronenlawine an der Anode induziert auf benachbarten Pick-up-
Elektroden Ladungssignale, die zugleich erlauben, den Einfallswinkel
des Teilchens zu bestimmen und die Rechts-Links-Ambiguität aufzulösen. Wegen des geringen Zähldrahtabstandes ist die Induktionsdriftkammer ebenfalls ein guter Kandidat für Hochratenexperimente,
z.b. für die Untersuchung von Elektron-Proton-Wechselwirkungen
in einem Speicherring bei hohen Wiederholfrequenzen (z.B. in
HERA, der Hadron-Elektron-Ring-Anlage am Deutschen Elektronen-
Synchrotron DESY). Es können Teilchenflüsse von bis zu 10^6 Teilchen
pro mm^2 und s verarbeitet werden.

Die Ausnutzung der Driftzeit kann auch dazu dienen, Entschei-
dungen darüber zu treffen, ob ein Ereignis in einem Detektor potentiell interessant ist oder nicht. Dies kann etwa in der mehrstufigen
Lawinenkammer ("Multi-step avalanche chamber") verwirklicht werden. Abb. 4.40 zeigt den prinzipiellen Aufbau [136]: Die Kammer
besteht zunächst aus zwei Vieldrahtproportionalkammern (MWPC 1
und 2), deren Gasverstärkung relativ niedrig eingestellt ist ($\sim 10^3$).
Alle geladenen Teilchen, die die Kammer durchdringen, erzeugen in
beiden Proportionalkammern solch kleine Signale. Elektronen aus der
Lawine in MWPC 1 können mit einer gewissen Wahrscheinlichkeit in
die zwischen den beiden Kammern liegende Driftregion übertragen
werden. Je nach Breite des Driftraums benötigen diese Elektronen
einige hundert Nanosekunden, bis sie an der zweiten Vieldrahtproportionalkammer ankommen. Am Ende des Driftraums befindet sich
ein Drahtgitter, das nur dann durch einen Spannungsimpuls geöffnet
wird, wenn eine externe Logik ein interessantes Ereignis signalisiert
hat. In dem Falle werden die driftenden Elektronen wiederum um den
Gasverstärkungsfaktor 10^3 verstärkt, sodaß sich in der MWPC 2 eine
Gesamtverstärkung von $10^6 \cdot \varepsilon$ ergibt, wobei ε die mittlere Transferwahrscheinlichkeit eines Elektrons der Kammer 1 in den Driftraum
darstellt. Falls ε hinreichend groß ist (z.B. > 0.1), wird das in Kammer 2 ausgelöste Signal ausreichen, um die konventionelle Ausleseelektronik der Kammer 2 zum Ansprechen zu bringen. Solche "Gas-
verzögerungen" werden heutzutage aber überwiegend durch rein elektronische Verzögerungschaltungen ersetzt.

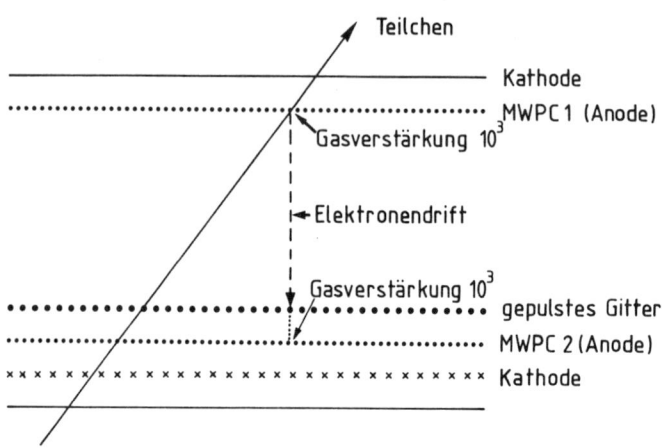

Abb. 4.40 Arbeitsprinzip einer mehrstufigen Lawinenkammer [136].

4.8   Zylindrische Drahtkammern

Für Speicherring-Experimente mit solenoidalem Magnetfeld wurden zylindrische Detektoren entwickelt, die der Geometrie und der Anforderung einer möglichst großen Raumwinkelüberdeckung gerecht werden. In den Anfängen kamen zu diesem Zweck zylindrische Vielspalt-Funkenkammern [54] (vgl. Kap. 4.15) und Vieldrahtproportionalkammern zum Einsatz, jedoch haben sich in letzter Zeit fast ausschließlich Driftkammern für die Vermessung von Teilchenspuren und die Bestimmung ihrer spezifischen Ionisation durchgesetzt.

Man unterscheidet zwischen rein zylindrischen Driftkammern, deren Drahtlagen Zylinderoberflächen bilden, Jet-Kammern, bei denen die Drifträume im Azimut segmentiert sind und Zeit-Projektionskammern, die im eigentlichen Nachweisvolumen materiefrei sind (außer dem Zählgas) und bei denen die Informationen auf kreisförmigen Endplatten gesammelt werden.

Die zylindrischen Driftkammern in einem longitudinalen Magnetfeld erlauben die Bestimmung der Impulse von geladenen Teilchen.

Der Transversalimpuls p (in GeV/c) von geladenen Teilchen errechnet sich aus dem axialen Magnetfeld (in Tesla) und dem Krümmungsradius der Spur ϱ (in Metern) zu (vgl. Kap. 4.11)

$$p = 0.3\,B \cdot \varrho\,. \tag{4.59}$$

4.8.1 Zylinder-Proportionalkammern und Zylinder-Driftkammern

Abb. 4.41 zeigt das Prinzip einer rein zylindrischen Driftkammer. Alle Drähte sind axial (in z-Richtung, der Richtung des Magnetfeldes) gespannt. Es wechseln sich Lagen von Anodendrähten und Potentialdrähten ab. Zwischen zwei Anodendrähten sind jeweils auch Potentialdrähte gespannt. In diesem einfachen Fall bilden die einzelnen Driftzellen Trapeze, wobei die Berandung durch 8 Potentialdrähte dargestellt wird. Die Darstellung in Abb. 4.41 zeigt eine Projektion in die r, φ-Ebene, wobei r der Abstand vom Zentrum und φ der Azimutwinkel bedeutet. Neben der skizzierten trapezoidalen Driftzelle werden jedoch auch vielfach andere Driftzellengeometrien verwendet [32].

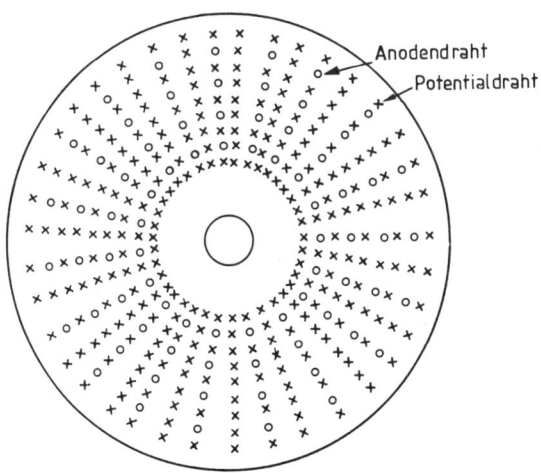

Abb. 4.41 Prinzipieller Aufbau einer zylindrischen Driftkammer. Die Abbildung zeigt einen Schnitt durch die Kammer senkrecht zu den Drähten.

Bei offenen Trapezzellen wird jeweils jeder zweite Potentialdraht auf den Potentialdrahtebenen eingespart (Abb. 4.42).

Die Feldqualität wird durch geschlossene Zellen (Abb. 4.43) auf Kosten der Tatsache verbessert, daß sehr viele Drähte gespannt werden müssen. Ein Kompromiß zwischen den genannten Driftzellenkonfigurationen ist eine hexagonale Struktur der Zellen (Abb. 4.44). In allen diesen Anordnungen sind die Potentialdrähte dicker ($\phi \approx 100\,\mu m$) als die Anodendrähte ($\phi \approx 30\,\mu m$).

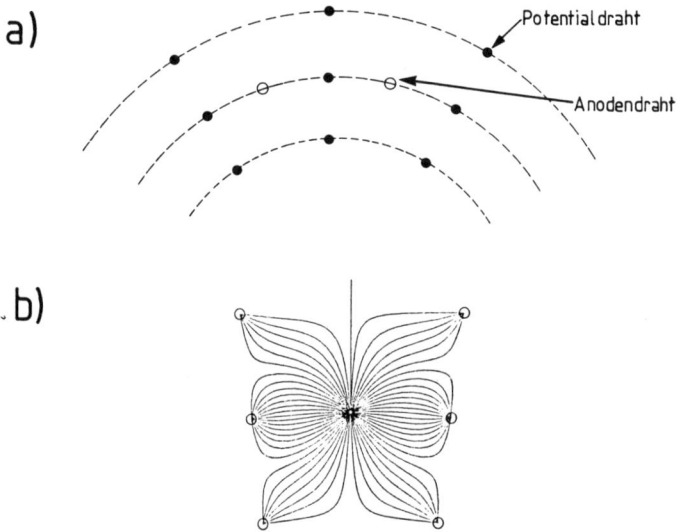

Abb. 4.42 a) Illustration einer offenen Driftzellengeometrie.
      b) Feldlinienverlauf in einer offenen Driftzelle [337].

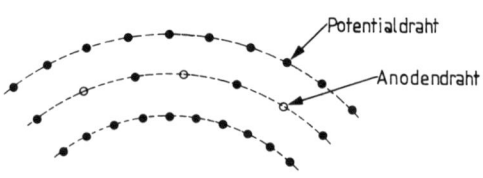

Abb. 4.43a) Illustration einer geschlossenen Driftzellengeometrie.

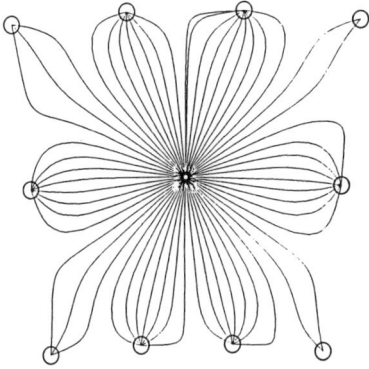

Abb. 4.43b) Feldlinienverlauf in einer geschlossenen Driftzelle [337].

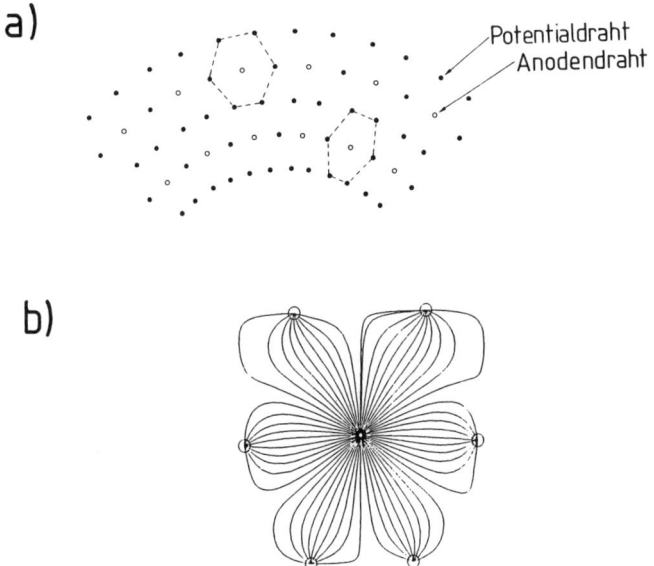

Abb. 4.44 a) Hexagonale Driftzellengeometrie. b) Feldlinienverlauf in einer hexagonalen Driftzelle [337].

Die Drähte werden zwischen zwei Endplatten gespannt, die die gesamte Drahtspannung aufnehmen müssen. Bei großen zylindrischen Drahtkammern mit mehreren tausend Anoden- und Potentialdrähten kann diese Spannung einige Tonnen betragen.

Die bisher beschriebenen Konfigurationen lassen noch keine Bestimmung der Koordinate entlang des Drahtes zu. Da die Kathodendrähte in z bei dieser Anordnung nicht segmentiert werden können, greift man zu anderen Verfahren. Eine Möglichkeit besteht darin, die Entladungsströme I_1 und I_2 an beiden Enden eines jeden Anodendrahtes zu messen. Das Verhältnis $I_2/(I_1 + I_2)$ gibt die Position der Lawine und damit des Teilchendurchgangs an (Stromteilungsmethode). Genauso gut kann man die Signallaufzeiten auf den Anodendrähten messen. Die Stromteilungsmethode liefert Genauigkeiten um 1% der Drahtlänge. Mit schneller Elektronik läßt sich diese Präzision auch mit Hilfe der Signallaufzeiten erreichen.

Eine dritte Möglichkeit besteht darin, einige Anodenebenen nicht exakt parallel zur Zylinderachse, sondern um einen kleinen Winkel geneigt, zu spannen ("Stereodrähte"). Die senkrecht zu den Anodendrähten gemessene Ortsauflösung $\sigma_{r,\varphi}$ übersetzt sich dann in eine Auflösung σ_z entlang des Drahtes gemäß

$$\sigma_z = \frac{\sigma_{r,\varphi}}{\sin\gamma}, \qquad (4.60)$$

wenn γ der "Stereowinkel" ist (s. Abb. 4.45). Für typische r,φ-Auflösungen von $200\,\mu m$ erreicht man daher z-Auflösungen in der Größenordnung $\sigma_z = 3\,mm$, falls $\gamma \approx 4^0$; und zwar in diesem Falle unabhängig von der Drahtlänge. Allerdings hängt der erreichbare Stereowinkel - durch die Konstruktion bedingt - von der Drahtlänge ab. Zylindrische Driftkammern mit Stereodrähten sind auch als Hyperboloidkammern bekannt, weil die schräg gespannten Drähte gegenüber der axialen Richtung hyperbolisch durchzuhängen scheinen.

In jedem Fall muß man bei allen diesen Kammertypen den Lorentzwinkel beachten, weil das Driftfeld senkrecht zum Magnetfeld orientiert ist.

Abb. 4.46 zeigt die Drifttrajektorien von Elektronen in einer offenen Rechteck-Driftzelle ohne und mit Magnetfeld [33, 34].

Abb. 4.47 zeigt die r,φ-Projektionen von in einer zylindrischen Vieldrahtproportionalkammer rekonstruierten Teilchenspuren (PLUTO) aus Elektron-Positron-Wechselwirkungen[35]. Die Abb. 4.47a zeigt dabei deutlich eine Zwei-Jet-Struktur, die auf den Prozeß $e^+e^- \rightarrow q\bar{q}$ (Erzeugung eines Quark-Antiquark-Paares) zurückzuführen ist. Teil b stellt ein vom ästhetischen Gesichtspunkt besonders interessantes Ereignis einer Elektron-Positron-Annihilation dar. Die Spurrekonstruktion wurde in diesem Falle noch allein aus den angesprochenen Anodendrähten und Kathodenstreifen ohne Verwendung von Driftzeitinformationen durchgeführt (s. Kap. 4.6). Die dadurch erzielte Ortsauflösung ist natürlich nicht so hoch wie sie sich mit Driftkammern erreichen läßt.

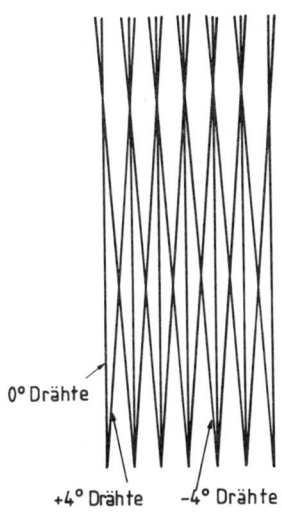

Abb. 4.45 Illustration der Bestimmung der Koordinate entlang der Anodendrähte durch Verwendung von Stereodrähten.

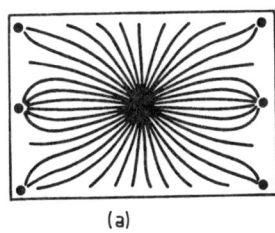 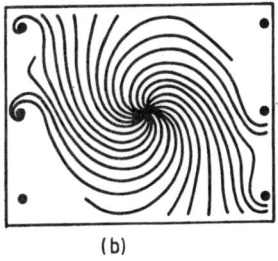

(a)   (b)

Abb. 4.46 Drifttrajektorien von Elektronen in einer offenen Rechteckdriftzelle a) ohne und b) mit Magnetfeld [33, 34].

a)

b)

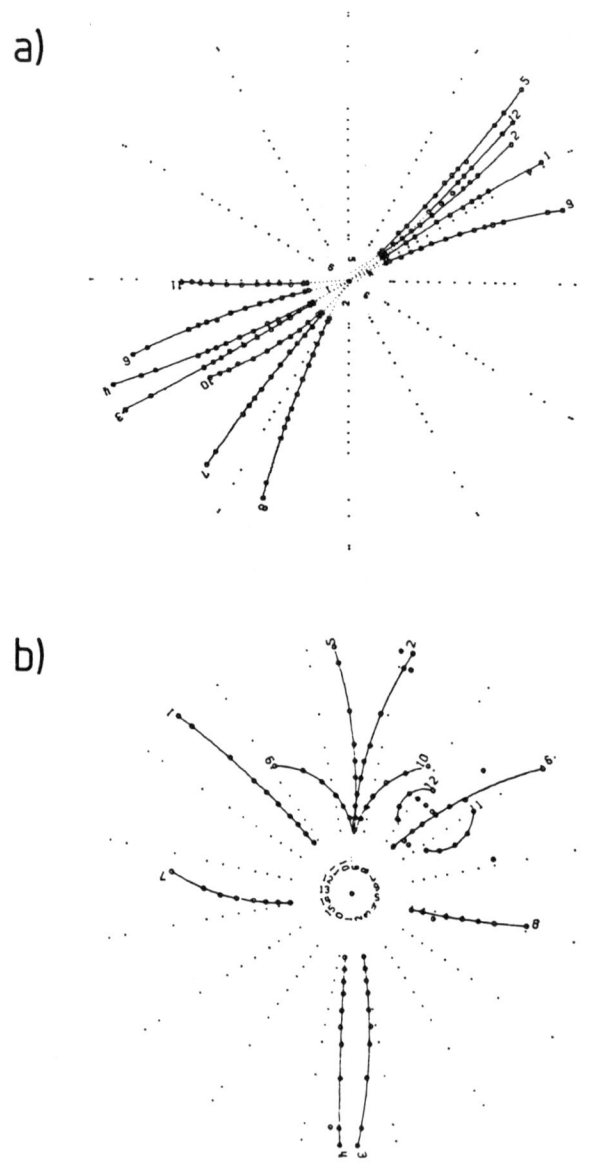

Abb. 4.47 a) und b) Vielspurereignisse von Elektron-Positron-Wechselwirkungen im PLUTO-Zentraldetektor [35].

Zylindrische Vieldrahtproportionalkammern können auch durch
Lagen von einzelnen sogenannten "Strohhalm-Kammern" (Abb. 4.48)
realisiert werden [36, 37, 345]. Solche Straw-Tube-Kammern werden
häufig als Vertexdetektoren eingesetzt. Durch das Design dieser Kammern wird das Risiko gebrochener Drähte minimalisiert. In konventionellen zylindrischen Kammern könnte ein einziger gerissener Draht
große Bereiche des Detektors arbeitsunfähig machen; in Straw-Tube-
Kammeranordnungen ist immer nur der defekte Draht betroffen.

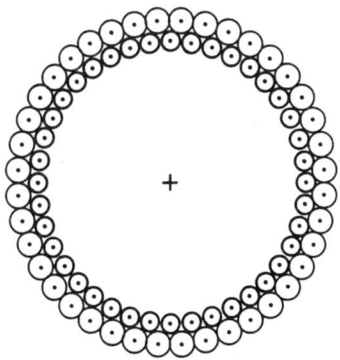

Abb. 4.48 Zylindrische Anordnung von dünnwandigen Straw-Tube-
        Kammern [36, 37].

Die Strohhalm-Kammern werden aus dünnwandigen aluminisier-
ten Mylarfolien hergestellt. Sie haben Durchmesser zwischen 5 und
10 mm und werden häufig bei Überdruck betrieben. Mit diesen Detektoren werden Ortsauflösungen von 30 μm erreicht.

Durch ihre geringe Baugröße sind Strohhalm-Kammern ein
möglicher Kandidat für Hochratenexperimente [353].

Sehr kompakte Anordnungen mit hoher Ortsauflösung lassen sich
auch mit Vieldraht-Driftmodulen erzielen (Abb. 4.49) [38]. In dem ge-
zeigten Beispiel sind 70 Driftzellen in einer hexagonalen Struktur von
nur 30 mm Durchmesser untergebracht. Abb. 4.50 zeigt die Struktur
der elektrischen Feld- und Äquipotentiallinien für eine einzelne Driftzelle [38]. Abb. 4.51 zeigt einen Einteilchendurchgang durch einen
solchen Vieldraht-Driftmodul [38].

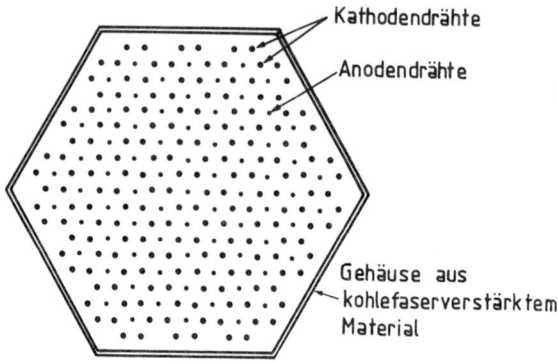

Abb. 4.49 Prinzipieller Aufbau eines Vieldrahtdriftmoduls. In einer hexagonalen Struktur wird jeder Anodendraht von sechs Potentialdrähten umgeben. In einem Gehäuse aus kohleverstärktem Fasermaterial von nur $30\,mm$ Durchmesser sind 70 Driftzellen untergebracht [38].

Abb. 4.50 Berechnete elektrische Feldstärke und Äquipotentiallinien einer individuellen hexagonalen Driftzelle des Vieldrahtdriftmoduls [38].

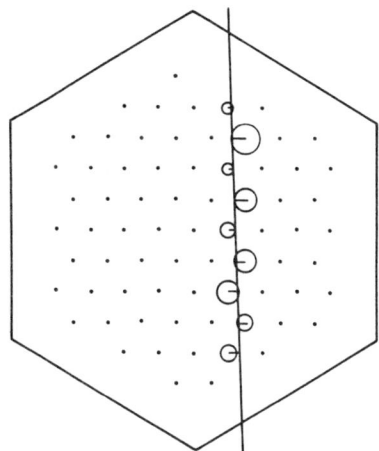

Abb. 4.51 Beispiel eines Einteilchenereignisses in einem Vieldraht-
driftmodul. Die Kreise deuten die gemessenen Driftzeiten
der angesprochenen Anodendrähte an. Die Teilchenspur
ist die Tangente an alle Driftkreise [38].

4.8.2 Jet-Driftkammern

Zylinderdriftkammern haben in der Regel 10 bis 15 Lagen von
Anodendrähten. Will man mit Hilfe der Energieverlustmessung auf
den Zähldrähten eine Teilchenidentifizierung durchführen, um z.B.
geladene Pionen von Kaonen zu unterscheiden, so reicht diese Anzahl
im allgemeinen nicht aus.

Die Teilchendiskriminierung setzt eine genaue Messung des Impulses

$$p = mv = \gamma m_0 \beta c \qquad (4.61)$$

voraus. Die Energieverlustmessung, wenn sie nur hinreichend genau
ist, mißt gemäß der Bethe-Bloch-Beziehung ($-\frac{dE}{dx} \sim \frac{1}{\beta^2}$, falls $\beta\gamma \ll 4$
und $\frac{dE}{dx} \sim \ln(a\gamma)$ falls $\beta\gamma \gg 4$; a ist dabei ein Parameter, der
von der Teilchensorte und dem Absorbermaterial abhängt) im we-
sentlichen die Geschwindigkeit β und erlaubt damit mit Hilfe von
Gleichung (4.61) bei bekanntem Impuls eine Massenzuordnung . In
der Jet-Driftkammer strebt man eine genaue Messung des Energieverlustes durch Ionisation an, indem man die spezifische Ionisation

auf möglichst vielen Anodendrähten erfaßt. Der Zentraldetektor des JADE-Experiments [39, 40] an PETRA hat den Energieverlust geladener Teilchen auf 48 Drähten gemessen, die parallel zum Magnetfeld gespannt sind. Das zylindrische Volumen der Driftkammer ist in 24 radiale Segmente unterteilt. Die Abb. 4.52 zeigt die prinzipielle Anordnung eines dieser Segmente, die ihrerseits wiederum in vier Driftbereiche à 16 Anodendrähte unterteilt sind (aus Gründen der Übersichtlichkeit sind in Ring 1 und 2 nur fünf und in Ring 3 nur sechs Zähldrähte dargestellt).

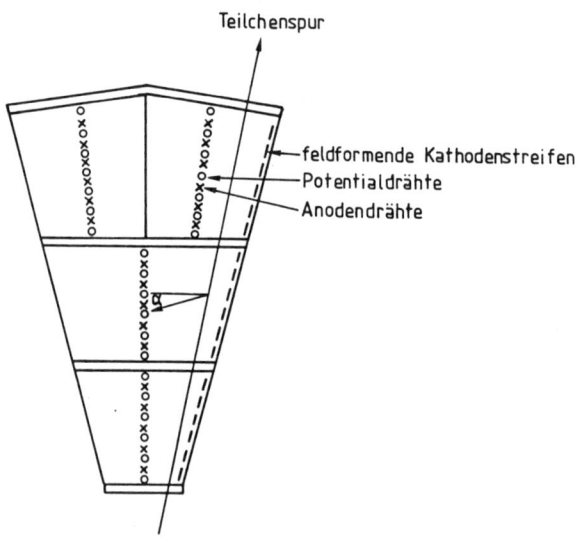

Abb. 4.52 Segment einer Jet-Driftkammer (nach [32, 39, 40]). Die feldformenden Kathodenstreifen sind nur auf einer Seite des Segments angedeutet.

Die Feldformung erfolgt durch Potentialstreifen an den Begrenzungen der Sektoren. Das elektrische Feld steht senkrecht auf den Zähldrahtebenen und ebenfalls senkrecht zum Magnetfeld. Deshalb erfolgt die Elektronendrift unter dem Lorentzwinkel, der sich aus den Stärken des elektrischen und magnetischen Feldes und der Driftgeschwindigkeit ergibt. Für das solenoidale B-Feld (vgl. Abb. 8.10) von $0.45\,Tesla$ in JADE erhält man einen Lorentzwinkel von $\alpha = 18.5°$. Um auch die einzelne Energieverlustmessung möglichst genau zu erhalten, wird die Kammer bei einem Druck von vier Atmosphären betrieben. Damit wird auch gleichzeitig der Einfluß der Primärionenstatistik auf die Ortsauflösung unterdrückt. Der Druck darf allerdings nicht zu hoch gewählt werden, weil sonst der logarithmische Anstieg des Energieverlustes, auf dem die Teilchenseparation im wesentlichen beruht, durch den einsetzenden Dichteeffekt zu stark reduziert wird.

Die Bestimmung der Koordinate entlang des Drahtes erfolgt hier nach der Stromteilungsmethode.

Die r, φ-Projektion der Trajektorien der Wechselwirkungsprodukte einer Elektron-Positron-Wechselwirkung in der JADE-Jet-Driftkammer zeigt Abb. 4.53 [39, 40]. Man erkennt klar die jeweils 48 Koordinaten entlang der vom Wechselwirkungspunkt ausgehenden Teilchenspuren. Die Rechts-Links-Ambiguität in dieser Kammer wird dadurch aufgelöst, daß die Anodendrähte nicht genau in einer Ebene liegen, sondern gegeneinander einen alternierenden Versatz haben (vgl. auch Abb. 4.54). Eine noch größere Jet-Driftkammer ist im OPAL-Detektor am großen Elektron-Positron-Speicherring LEP eingebaut [334].

Die Struktur der neuen Mark II-Jet-Kammer (Abb. 4.54) ist der JADE-Kammer sehr ähnlich [41, 42]. Die in der Kammer freigesetzte Ionisation wird auf den Anodendrähten gesammelt. Potentialdrähte zwischen den Anoden und Lagen von feldformenden Drähten erzeugen ein gutes Driftfeld. Die Feldqualität an den Enden der Driftzellen wird durch zusätzliche Potentialdrähte verbessert. Die berechneten Drifttrajektorien in dieser Jet-Kammer in der Gegenwart eines Magnetfeldes zeigt Abb. 4.55 [41, 42].

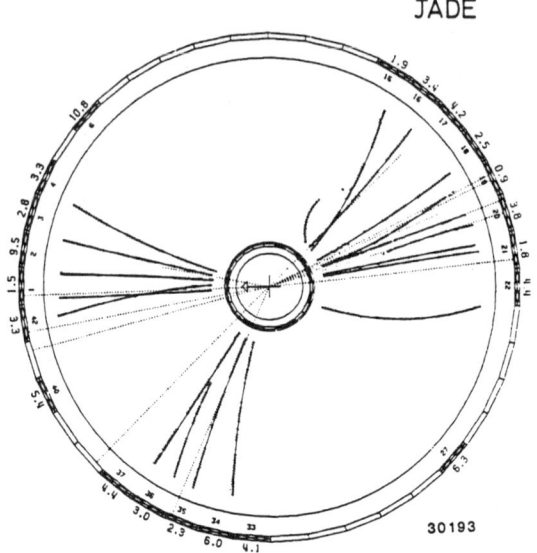

Abb. 4.53 r, φ-Projektion   der   Wechselwirkungsprodukte   einer Elektron-Positron-Kollision im JADE-Zentraldetektor [39, 40, 349]. Die gekrümmten Spuren entsprechen geladenen Teilchen und die punktierten neutralen Teilchen, die vom Magnetfeld nicht beeinflußt werden.

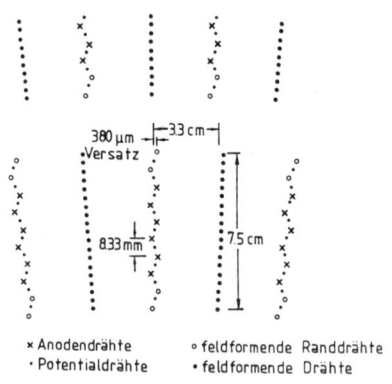

Abb. 4.54 Driftzellengeometrie der neuen MARK II-Jet-Driftkammer [41, 42].

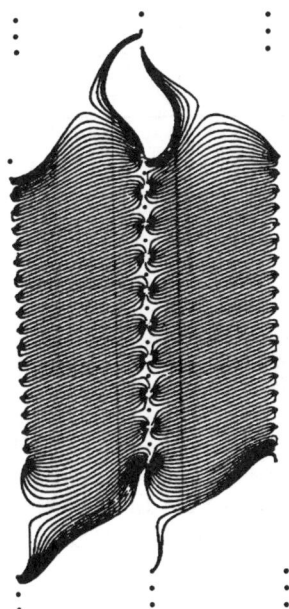

Abb. 4.55 Berechnete Drifttrajektorien in einer Jet-Kammer-Drift-
zelle in Gegenwart eines Magnetfeldes[41, 42].

4.8.3 Zeit-Projektions-Kammer (TPC – Time Projection Chamber)

Das Non-plus-ultra der Spurenvermessung in zylindrischen Detektoren (auch für andere Geometrien geeignet) wird zur Zeit mit Zeit-
Projektions-Kammern realisiert [43]. Dieser Detektor enthält außer
dem Zählgas selbst keine weiteren Bauelemente und repräsentiert
damit das Optimum hinsichtlich der Minimalisierung von Vielfachstreuung und Photonenkonversionen [339]. Eine Seitenansicht vom
prinzipiellen Aufbau einer Zeit-Projektions-Kammer zeigt Abb. 4.56.

Die Kammer ist durch eine mittige Zentralelektrode in zwei
Hälften geteilt. Als Zählgas wird gewöhnlich eine Mischung aus Argon
und Methan (90:10) verwendet.

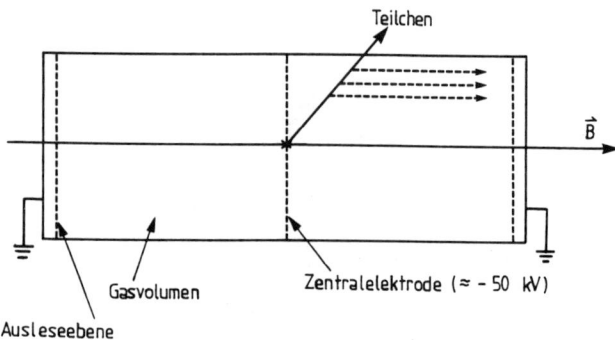

Abb. 4.56 Arbeitsprinzip einer Zeit-Projektions-Kammer (Time Projection Chamber, TPC) [43].

Die von geladenen Teilchen erzeugte Ionisation driftet im elektrischen $\vec{E}$-Feld, das in dieser Kammer parallel zum magnetischen Feld orientiert ist, in Richtung auf die Endplatten der Kammer, die als Vieldrahtproportionaldetektoren ausgebildet sind. Das magnetische Feld unterdrückt weitgehend die Diffusion senkrecht zum Feld. Das wird dadurch erreicht, daß auf die driftenden Elektronen magnetische Rückstellkräfte wirken, was dazu führt, daß die Elektronen um ihre Sollbahn spiralen. Für typische Werte elektrischer und magnetischer Feldstärken ergeben sich dabei Larmor-Radien unterhalb von $1\,\mu m$. Aus der Ankunftszeit der Primärelektronen an den Endplatten erhält man die z-Koordinate entlang der Zylinderachse. Eine Endplatte ist prinzipiell in Abb. 4.57 skizziert.

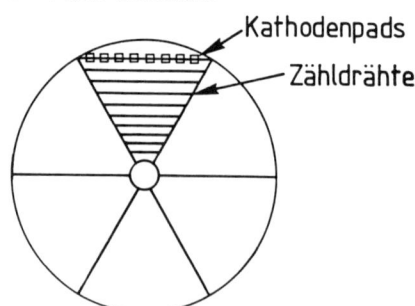

Abb. 4.57 Prinzip der Kathoden- (Pad-) Auslese in einer Endkappen-Vieldrahtkammer. Nur in einem Sektor sind die Zähldrähte und einige Kathodenpads angedeutet.

Die Gasverstärkung der Primärionisation erfolgt an Anoden-drähten, die in azimutaler Richtung gespannt sind. Die radiale Koordinate r kann im Prinzip aus der angesprochenen Drahtnummer (bei kurzen Drähten) erhalten werden. In der Praxis verwendet man jedoch dazu die Position der angesprochenen Kathodenplättchen ("Pads"), denn die Kathoden der Endplatten-Proportional-Kammersegmente sind in der Regel als Pads ausgebildet. Sie liefern zusätzlich die Koordinate entlang des Zähldrahtes und damit den Azimutwinkel φ. Damit hat man für jedes primäre Elektron, das im Ionisationsprozeß entstanden ist, die Koordinaten r, φ und z (aus der Driftzeit), also einen Raumpunkt. Die analogen Signale an den Anodendrähten liefern Informationen über den spezifischen Energieverlust und können damit zur Teilchenidentifizierung verwendet werden. Die Stärke des magnetischen Feldes liegt meist um 1.5 Tesla, die des elektrischen Feldes bei $20\,kV/m$. Weil bei dieser Konstruktion elektrisches und magnetisches Feld parallel sind, ist der Lorentzwinkel Null und die Elektronen driften parallel zu $\vec{E}$ und $\vec{B}$ (es tritt kein "$\vec{E} \times \vec{B}$-Effekt" auf).

Ein Problem stellen allerdings die positiven Ionen dar, die zahlenmäßig überwiegend an den Endplatten im Gasverstärkungsprozeß erzeugt werden und nun lange Wege zur Zentralelektrode hindriften. Durch ihre starken Raumladungen verschlechtern sie die Feldqualität. Abhilfe kann man dadurch schaffen, daß eine zusätzliche Gitterebene ("Gate") zwischen dem Driftvolumen und der Endkappen-Proportionalkammer angebracht wird (s. Abb. 4.58).

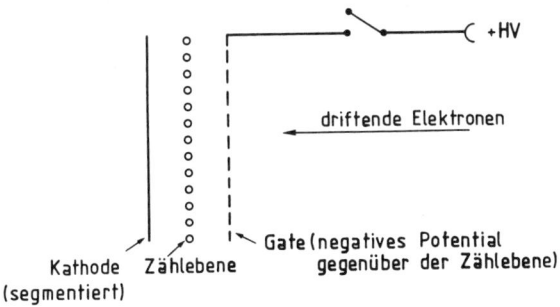

Abb. 4.58 Gate-Prinzip in einer Zeit-Projektions-Kammer.

Das Gate ist normalerweise geschlossen. Es wird nur kurzzeitig geöffnet, wenn durch ein externes Auslösesignal ein interessantes Ereignis signalisiert wird. Im geschlossenen Zustand verhindert es ebenso ein Zurückdriften der positiven Ionen in den Driftraum. Dadurch bleibt die Feldqualität im eigentlichen Detektorvolumen unbeeinflußt [32]. Das Gate erfüllt also einen doppelten Zweck: Einerseits können Elektronen aus dem Driftraum daran gehindert werden, in den Gasverstärkungsbereich der Endkappen-Proportionalkammer zu gelangen, andererseits werden bei gasverstärkten, interessanten Ereignissen die positiven Ionen davon abgehalten, in das eigentliche Detektorvolumen zurückzudriften. Abb. 4.59 zeigt die Realisierung des Gate-Prinzips an der ALEPH-TPC [44].

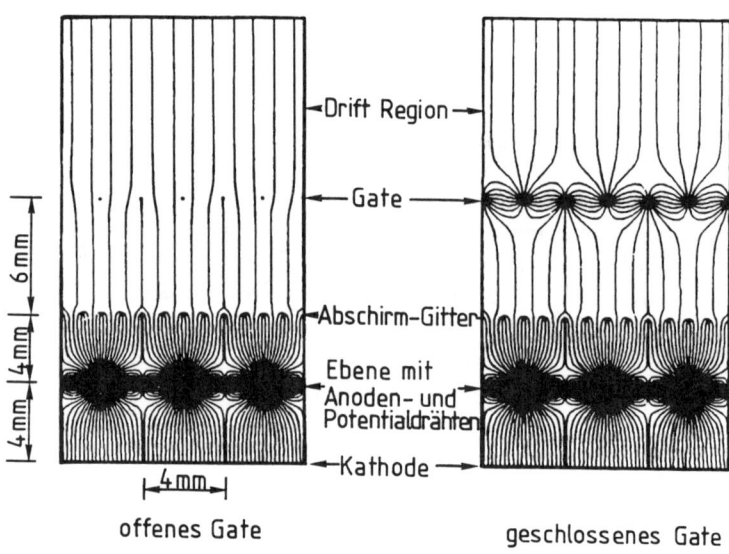

Abb. 4.59 Die Wirkungsweise des Gates in der ALEPH-TPC [44]. Bei offenem Gate können die Ionisationselektronen ungehindert in den Gasverstärkungsraum eindringen. Das geschlossene Gate hindert die durch Gasverstärkung erzeugten Ionen an der Rückdrift in den Driftraum. Ebenso können bei geschlossenem Gate Elektronen aus dem Driftraum den Gasverstärkungsbereich nicht erreichen.

Zeit-Projektions-Kammern können sehr groß gebaut werden
(Durchmesser $\geq 3\,m$, Länge $\geq 5\,m$) und enthalten an den Endplatten viele analoge Auslesekanäle (Anzahl der Anodendrähte ≈ 5000
und Kathodenplättchen ≈ 50000). Pro Spur können einige hundert
Meßpunkte erhalten werden, die eine gute Bahnradiusbestimmung
ermöglichen und auch eine sichere Energieverlustmessung und damit
Teilchenidentifizierung erlauben. Die Zeit-Projektions-Kammer kann
allerdings keine hohen Teilchenraten verarbeiten, da allein die Driftzeit der Elektronen im Detektorvolumen $40\,\mu s$ (bei $2\,m$ Driftweg)
beträgt und die Auslese der analogen Informationen ebenfalls einige
μs in Anspruch nimmt.

An Ortsauflösungen erreicht man bei großen Zeit-Projektions-
Kammern Werte von $\sigma_z = 1\,mm$ und $\sigma_{r,\varphi} = 160\,\mu m$. Insbeson-
dere die Auflösung der z-Koordinate setzt eine genaue Kenntnis der
Driftgeschwindigkeit voraus. Diese kann jedoch durch die von UV-
Lasern erzeugten Ionisationsspuren im Detektorvolumen geeicht und
überwacht werden.

Die Abb. 4.60 zeigt die r,φ-Projektion einer Elektron-Positron
Annihilation in der ALEPH-Zeit-Projektions-Kammer [44, 45].

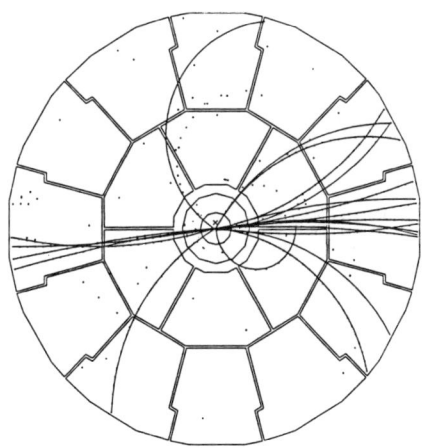

Abb. 4.60 r, φ-Projektion einer Elektron-Positron-Annihilation in
der ALEPH-Zeit-Projektions-Kammer [44, 45].

Zeit-Projektions-Kammern lassen sich auch mit flüssigen Edelgasen als Detektormedium betreiben.

Solche Flüssig-Argon-Zeit-Projektions-Kammern sind ein elektronischer Ersatz für Blasenkammern mit der Möglichkeit der dreidimensionalen Ereignisrekonstruktion. Sie bieten zugleich einen kalorimetrischen Detektor (s. Kap 7), sind permanent sensitiv und können
sich durch das im flüssigen Edelgas erzeugte Szintillationslicht (vgl.
Kap. 5.2) selbst triggern [293, 294, 295, 385, 386]. Die elektronische
"Bildauflösung" liegt in der Größenordnung von $100\,\mu m$. Der Betrieb
von großen Flüssig-Argon-Zeit-Projektions-Kammern erfordert allerdings ultrareines Argon (Verunreinigungen $< 0.1\,ppb$ ($1\,ppb \cong 10^{-9}$)
und extrem rauscharme Vorverstärker, da keine Gasverstärkung im
Zählmedium erfolgt.

Auch mit Flüssig-Xenon sind selbsttriggernde Zeit-Projektions-
Kammern erfolgreich betrieben worden [300, 358].

4.9   Abbildungskammer

Ein Detektor, der der TPC vom Prinzip her sehr verwandt ist, ist die
Abbildungskammer ("Imaging Chamber"). Ihre geometrische Form
muß nicht zylindersymmetrisch sein. Wegen der Ähnlichkeit zur TPC
wird die Abbildungskammer jedoch den Zylinderkammern zugeordnet. Im übrigen müssen Zeit-Projektions-Kammern auch nicht unbedingt Zylinderform haben. Die Geometrie von Vieldrahtdriftkammern
muß dem jeweiligen Anwendungszweck angepaßt sein.

Die Abbildungskammer besteht ebenso wie eine Zeit-Projektions-
Kammer aus einem großen Detektorvolumen aus Gas in einem homogenen elektrischen Feld. Ereignisse werden in diesem empfindlichen Volumen registriert und die Ionisationsinformation wird — wie
bei der TPC — zu einer Endfläche der Kammer gedriftet. In dieser
Endfläche, die durch eine ebene Vieldrahtproportionalkammer oder
einen anderen planaren Kammertyp mit parallelen Elektroden realisiert werden kann, wird die Driftinformation ausgewertet. Allerdings,
im Gegensatz zur TPC, ist man hier nicht in erster Linie an einer elektronischen Messung der Spurkoordinaten interessiert, sondern
an einer Gasverstärkung mit starker Photonenerzeugung beim Lawinenaufbau, so daß man ein optisches Bild der Spur erhalten kann.
Die Photonenemission der sich ausbildenden Elektronenlawinen wird

dann, ähnlich wie in einer Streamer-Kammer (vgl. Kap. 4.13), in Projektion photographiert. Abb. 4.61 zeigt den prinzipiellen Aufbau einer solchen Abbildungskammer.

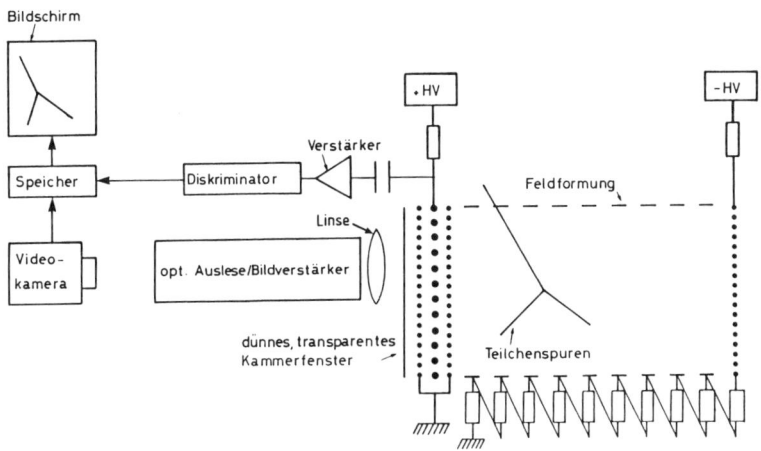

Abb. 4.61 Schematischer Aufbau einer Abbildungskammer. Im empfindlichen Volumen erzeugte Ionisationsspuren driften auf den Endkappendetektor. Ein optisches Auslesesystem liefert projizierte Spuren [41, 46].

Zwar werden Photonen normalerweise in großer Zahl beim Lawinenaufbau erzeugt, jedoch meist bei sehr kurzen Wellenlängen, wo die Absorptionslänge sehr kurz ist: Das Kammergas ist für diese kurzwelligen Photonen kaum transparent. Es kommt bei der Abbildungskammer also darauf an, eine Gasmischung zu finden, in der beim Lawinenaufbau hinreichend viele Photonen im sichtbaren Wellenlängenbereich emittiert werden. Eine mögliche Gasmischung besteht aus Argon-Methan-TEA, die ein Emissionsmaximum um $300\,nm$ zeigt (TEA $= (C_2H_5)_3N$) [46, 41].

Große Lichtausbeuten erhält man, wenn der Endkappendetektor im Streamermode betrieben wird; jedoch wird in diesem Fall die Proportionalität zwischen dem Energieverlust der nachzuweisenden Teilchen im empfindlichen Volumen und der nachgewiesenen Licht- bzw. Ladungsmenge zerstört. Bei Gasverstärkungen, die diese Proportionalität erhalten, muß das optische Auslesesystem einen entsprechend größeren Verstärkungsfaktor aufweisen. Im letzteren Fall kann der Energieverlust dadurch gemessen werden, daß das Ladungssignal an den Kammerdrähten über Analog-Digital-Wandler ausgelesen wird. Ist man neben dem Ladungsprofil der Spuren auch an den räumlichen Koordinaten der Spuren interessiert, so müssen die Signale — wie in der TPC — zusätzlich über Zeit-Digital-Wandler ausgelesen werden, wobei noch ein externes Trigger-Signal, etwa von Szintillationszählern, benötigt wird.

4.10 Alterungseffekte in Drahtkammern

Die Lawinenbildung in Vieldrahtproportional- und Driftkammern muß als Mikroplasmaentladung aufgefaßt werden. In dem Plasma der Elektronenlawine werden die Kammergase, Dampfzusätze und eventuell vorhandene Gasverunreinigungen zum Teil zersetzt. Es kommt zur Bildung von chemisch recht aggressiven Radikalen (Molekülfragmenten). Diese freien Radikale können sich zu langen Molekülketten verbinden: es kommt zur Polymerisation. Die Polymere lagern sich auf den Elektroden der Drahtkammern ab und reduzieren damit die Gasverstärkung bei fester Spannung: die Kammern altern. Ab einer bestimmten Menge des Ladungsauftrages an der Anode werden die Kammereigenschaften so schlecht, daß der Detektor für genaue Messungen (z.B. Energieverlustmessungen zur Teilchenidentifizierung) unbrauchbar wird.

Welche Prozesse sind nun für das vorzeitige Altern von Drahtkammern von Bedeutung und welche Schritte kann man unternehmen, um die Lebensdauer einer Kammer zu erhöhen?

Die Prozesse der Alterung sind sehr komplex. Verschiedene Experimente zu dieser Fragestellung sind nur bedingt vergleichbar, weil die Alterungsphänomene von sehr vielen Parametern abhängen und jedes Experiment über andere Parametersätze verfügt. Trotzdem lassen sich einige klare Schlußfolgerungen ziehen, auch wenn ein detailliertes Verständnis der Alterungsprozesse noch aussteht [47, 80, 81, 397].

Im folgenden soll versucht werden, die Abhängigkeit der Kammeralterung von den wichtigsten Detektorparametern darzustellen [47].

Eine Vieldrahtproportional- oder Driftkammer wird typischerweise mit einer Gasmischung aus Edelgasen und einem oder mehreren Dampfzusätzen betrieben. Hinzu kommen Verunreinigungen, die bereits im Kammergas vorhanden sind oder durch Ausgasen von Baukomponenten in das Detektorvolumen gelangen. Die Elektronenlawinen, die sich in einer solchen Gasumgebung in der unmittelbaren Nähe des Anodendrahtes ausbilden, erzeugen eine Vielzahl von Molekülen. Die Energie, die zum Aufbrechen einer kovalenten Molekülbindung erforderlich ist, liegt um einen Faktor von typisch drei unter der Ionisierungsenergie. Wenn ein Elektron oder Photon der Elektronenlawine eine Gasmolekülbindung aufbricht, entstehen Radikale, die meist ein großes Dipolmoment besitzen. Wegen der hohen Feldstärke in Drahtnähe werden diese Radikale von den Anoden angezogen und bilden im Laufe der Zeit einen im allgemeinen nichtleitenden Anodenbelag, der dazu führen kann, daß die Drähte rauschen. Leitfähige Anodenbeläge vergrößern den Anodendurchmesser und reduzieren damit die Gasverstärkung. Wegen der relativ großen chemischen Aktivität der Radikale können auf diese Weise recht unterschiedliche Verbindungen auf der Anode entstehen. Die Polymerisationsrate wird proportional zur Radikaldichte sein, die wiederum proportional zur Elektronendichte in der Lawine sein wird. Polymerisationseffekte werden also mit zunehmendem Ladungsauftrag an der Anode anwachsen. Es ist jedoch nicht allein die Anode betroffen. Im Verlauf der Polymerbildung entstehen auch geladene (z.B. positive) Polymere, die langsam zur Kathode wandern. Dies wird bestätigt durch die "Drahtschatten"-Muster, die sich auf ebenen Kathoden durch Ablagerungen bilden [47].

Typische Ablagerungen bestehen aus Kohlenstoff, dünnen Oxydschichten oder Silikaten. Dünne Metalloxydschichten sind sehr photosensitiv. Bilden sie sich auf den Kathoden aus, so können selbst niederenergetische Photonen über Photoeffekt Elektronen aus der Kathode herauslösen, die über nachfolgende Lawinenbildung den Ladungsauftrag auf der Anode vergrößern und die Alterung beschleunigen. Die Ablagerungen können auch schon bei der Herstellung der Kammern durch Fingerabdrücke entstanden sein. Ebenso können die verwendeten Gase, selbst bei hoher Reinheit, herstellungsbedingt mit kleinsten Öltröpfchen oder Siliziumstaub (SiO_2) verunreinigt sein. Solche Verunreinigungen auf dem Niveau von einigen *ppm* können schon signifikante Alterungserscheinungen auslösen.

Hat sich erst einmal eine Ablagerung auf den Elektroden gebildet, so können sich durch Sekundärelektronenemission aus dem Elektrodenbelag hohe elektrische Felder zwischen der Ablagerungsschicht und der Elektrode aufbauen ("Malter-Effekt" [372]). Diese können in der Folge eine beträchtliche Feldelektronenemission aus den Elektroden bewirken und so die Lebensdauer der Kammer verkürzen.

Welches sind nun die empfindlichsten Parameter, die eine Alterung bewirken oder beschleunigen und welche Vorsichtsmaßnahmen muß man beim Kammerbau beachten? Außerdem stellt sich die Frage, ob durch geeignete Maßnahmen einmal gealterte Drähte wieder gereinigt ("verjüngt") werden können.

Generell kann man davon ausgehen, daß reine Gase frei von jeglichen Verunreinigungen Alterungseffekte herausschieben. Die verwendeten Gase sollten möglichst resistent gegen Polymerisation sein. Ultrareine Gase zu verwenden, hat jedoch nur dann Sinn, wenn sichergestellt wird, daß keine Verunreinigungen durch Ausgasen der Kammermaterialien oder Gaszuleitungen in das Detektorvolumen eingebracht werden.

Neben den unerwünschten Verunreinigungen gibt es aber eine Reihe von Gaszusätzen, die Alterungsphänomene günstig beeinflussen. Es kommt also darauf an, schädliche Verunreinigungen, die zur Polymerisation neigen, zu vermeiden und günstige, lebensverlängernde Zusätze dem Kammergas zuzumischen.

Als günstige Gaszusätze haben sich atomarer Sauerstoff und organische Verbindungen mit Sauerstoff enthaltenden Gruppen (wie $-COOH$, $-CO-$, $-OCO-$, $-OH$, $-O-$) erwiesen. Atomarer Sauerstoff bildet in Reaktionen mit Kohlenwasserstoffen die Endprodukte CO, CO_2, H_2O und H_2, also stabile, leicht flüchtige Moleküle, die sich mit einem Gasdurchfluß aus dem Kammervolumen ohne Schwierigkeiten entfernen lassen. Sauerstoffhaltige Verbindungen neigen nur wenig zur Polymerbildung, allerdings kann Sauerstoff mit Siliziumverunreinigungen verschiedene Silikate bilden. Günstige Zusätze sind H_2O, Alkohole (Methanol: CH_3OH; Äthanol: C_2H_5OH; Isopropanol: $(CH_3)_2CHOH$), Äther (Dimethyläther: $(CH_3)_2O$) und Methylal $(CH_2(OCH_3)_2)$. Diese Verbindungen haben große Wirkungsquerschnitte für die Absorption von ultraviolettem Licht und unterdrücken somit die laterale Lawinenausbreitung. Falls diese sauerstoffhaltigen Moleküle etwa durch Elektronenstoß aufgebrochen werden, bewirkt die Elektronegativität des Sauerstoffs häufig eine Reparatur des Bruchs. Wasser hat den zusätzlichen Vorteil, daß es die Leitfähigkeit schon vorhandener Ablagerungen verbessert und damit die Lebensdauer der Kammern erhöht.

Zusätze von Wasserstoff scheinen ebenfalls günstig zu sein, da sie einmal erzeugte Radikale (etwa CH_2) in ihre ursprüngliche Form zurückführen (CH_4).

Schädliche Verunreinigungen, die generell das Altern von Kammern ungünstig beeinflussen, sind Kohlenstoff, kohlenstoffhaltige Polymere, Siliziumverbindungen, Halogene und schwefelhaltige Verbindungen. Häufig sind bereits die Gasflaschen durch Halogene verunreinigt. Kohlenstoffhaltige Polymere kommen in Ölen vor, die als Spuren bereits im kommerziellen Gas vorliegen können oder durch Gasdurchflußsysteme, die Öl enthalten ("Öl-Bubbler"), in das Kammergas eingebracht werden. Viele Gummidichtungen, Schläuche ("Silikonschläuche"), Fette ("Silikonfette" zu Dichtungszwecken) enthalten das schädliche Silizium. PVC-Schläuche enthalten Chlor und verschlechtern damit die Gasqualität.

Im einzelnen lassen sich die ungünstigen Effekte dieser Verunreinigungen folgendermaßen verstehen [47, 80]: Halogenbindungen ($C-Cl$; $C-Br$) sind schwächer als Kohlenwasserstoffbindungen. Deshalb werden halogenisierte Kohlenwasserstoffe wie CF_2Cl_2, CH_3Cl, C_2H_3Cl, ... leichter in Radikale zerlegt als etwa Methan (CH_4). Schon geringe Zusätze von Kohlenwasserstoffverbindungen, die Chlor, Brom oder Fluor enthalten, können die Polymerisierungsrate von Kohlenwasserstoffen wie CH_4, C_2H_2, C_2H_6, etc. deutlich verstärken.

Silizium – als auf der Erde am häufigsten vorkommendes Element – kommt in vielen Stoffen, die zum Kammerbau Verwendung finden, vor (G–10 (glasfaserverstärktes Epoxydharz), verschiedene Öle, Molekularsiebe). Es ist häufig schon in Gasflaschen in Form von Silan (SiH_4) oder Tetrafluorsilan (SiF_4) enthalten. Silizium kann mit Kohlenwasserstoffen, Siliziumkarbid und mit Sauerstoff Silikate bilden, die aufgrund ihrer hohen Masse kaum flüchtig sind, und sich deshalb nur schwer aus dem Kammergas entfernen lassen, sondern bevorzugt auf den Elektroden ablagern.

Neben der Vermeidung von schädlichen Verunreinigungen im Kammergas oder durch sorgfältige Auswahl von Komponenten für den Kammerbau und das Gassystem lassen sich auch einige konstruktive Maßnahmen ergreifen, die Alterungseffekte unterdrücken.

Größere Kathodenoberflächen haben generell kleinere elektrische

Felder an ihrer Oberfläche als Lagen von Kathodendrähten. Deshalb neigen kontinuierliche Kathoden weniger zur Ablagerung als Kathodendrähte. Der Effekt von Ablagerungen an dünnen Anodendrähten ist offensichtlich größer als der an dickeren Anoden. Auch die Auswahl des Elektrodenmaterials nimmt entscheidenden Einfluß auf die Lebensdauer. Vergoldete Wolframdrähte sind gegenüber Verunreinigungen sehr resistent, während Widerstandsdrähte ($Ni/Cr/Al/Cu$-Legierungen) mit den Verunreinigungen oder deren Derivaten häufig reagieren, was zu drastischen Alterungseffekten führen kann.

Bestimmte Verunreinigungen lassen sich durch Zusätze etwa von Wasserdampf oder Azeton zum Teil wieder auflösen. Makroskopische Verunreinigungen auf Drähten lassen sich durch absichtlich herbeigeführte Überschläge "abbrennen". Funkenbildungen können allerdings zur Bildung von Kohlenstoffasern beitragen ("Whiskers"), die die Lebensdauer von Kammern deutlich beschränken.

Drahtkammern, die mit einer Mischung aus einem Edelgas und einem Kohlenwasserstoff (z.B. Ar/CH_4) betrieben werden, zeigen ab Ladungsdepositionen von 0.05 Coulomb pro cm Anodendraht deutliche Alterungseffekte. Ersetzen der Kohlenwasserstoffe durch CO_2 erhöht die Lebensdauer der Kammer um einen Faktor zehn ($\sim 0.5\,C/cm$). Ganz offensichtlich ist eine geringere Gasverstärkung günstig zur Vermeidung von Alterungseffekten.

Abb. 4.62 zeigt einige Beispiele von Ablagerungen auf Anodendrähten [80]. Es sind hier sowohl mehr oder weniger gleichmäßige Anodenbeläge zu erkennen, die den Oberflächenwiderstand der Anode reduzieren; aber es werden auch haarartige Polymerisationsstrukturen sichtbar, die die Feldqualität in Anodendrahtnähe entscheidend verschlechtern und sogar zur Funkenbildung führen können.

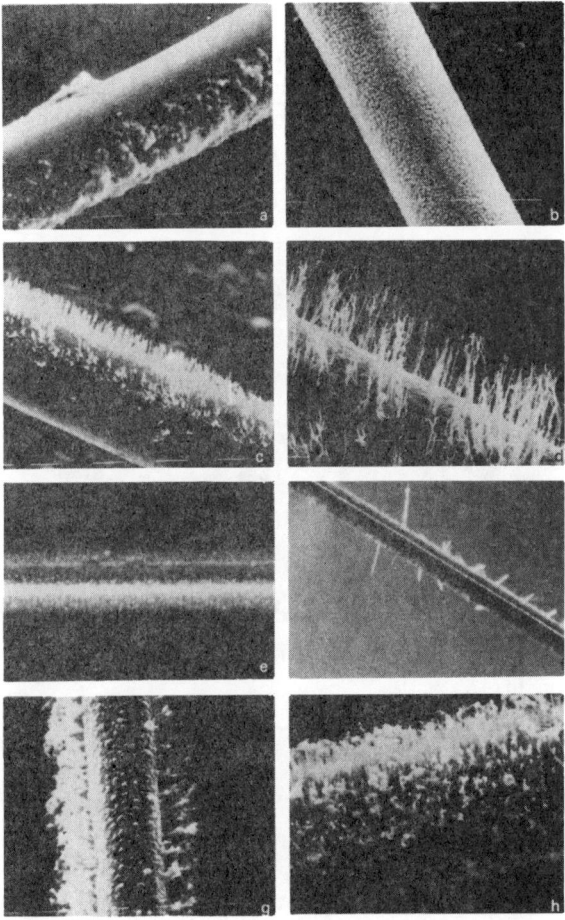

Abb. 4.62 Beispiele von Ablagerungen auf Anodendrähten [80].

Abb. 4.63a zeigt Ablagerungen auf einem 30 μm dicken Anodendraht in 880-facher Vergrößerung und Abb. 4.63b granulare Strukturen auf einem 100 μm-Kathodendraht einer Driftkammer in 400-facher Vergrößerung. Auf der Anode wurde massenspektroskopisch hauptsächlich Silizium als Verunreinigung nachgewiesen und auf der Kathode zusätzlich noch Chlor und Kupfer [374].

Abb. 4.63a Silizium-Ablagerungen auf einem Anodendraht (30 μm) [374].

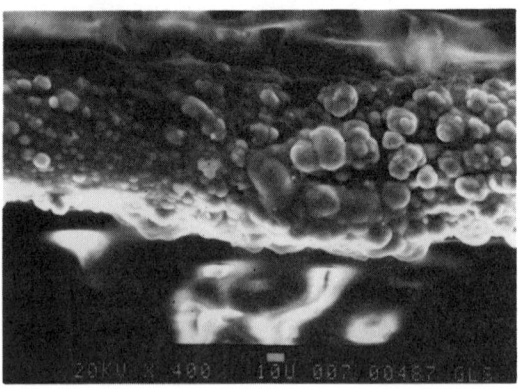

Abb. 4.63b Beläge aus Silizium, Chlor und Kupfer auf einem Kathodendraht (100 μm) [374].

4.11   Blasenkammer

Die Blasenkammer gehört genauso wie die Nebelkammer zu den visuellen Detektoren und erfordert also eine optische Registrierung der Ereignisse. Damit ist eine mühsame Auswertung der Blasenkammerbilder verbunden, die die mögliche Statistik von Meßreihen einschränkt. Die Blasenkammer gestattet jedoch, Ereignisse hoher Komplexität mit großer räumlicher Auflösung darzustellen. Sie ist deshalb zum Studium seltener Ereignisse gut geeignet (z.B. Neutrinowechselwirkungen), wird in letzter Zeit aber immer mehr von rein elektronischen Detektoren verdrängt.

In einer Blasenkammer wird ein Flüssiggas (H_2, D_2, Ne, C_3H_8, $Freon$, ...) in einem Druckbehälter nahe dem Siedepunkt gehalten. Vor dem Durchgang von Teilchen wird das Kammervolumen mit Hilfe eines Kolbens schnell vergrößert. Damit wird der Druck soweit erniedrigt, daß die Siedetemperatur überschritten wird. Fällt im Zustand der Überhitzung ein geladenes Teilchen in die Kammer ein, so setzt Blasenbildung entlang der Teilchenspur ein. Die Tatsache, daß der Zustand der Überhitzung *vor* dem Teilchendurchgang erreicht werden muß, zeigt, daß die Blasenkammer nicht durch die Teilchendurchgänge selbst getriggert werden kann. Sie kann aber am Beschleuniger eingesetzt werden, wo man den Ankunftszeitpunkt der Teilchen im Detektor kennt und deshalb die Kammer rechtzeitig expandieren kann ("Synchronisation").

Die von den Teilchen erzeugten positiven Ionen bilden dabei Keime für die Blasenbildung. Die Lebensdauer dieser Keime ist mit $10^{-11}s$ bis $10^{-10}s$ zu kurz, um die Expansion der Kammer durch die Teilchendurchgänge selbst zu sensitivieren. Im Zustand der Überhitzung wachsen die Blasen, bis eine Vergrößerung durch Beendigung der Expansionsphase gestoppt wird. In diesem Moment werden die Blasen mit Elektronenblitzen hell erleuchtet und photographiert. Abb. 4.64 zeigt den prinzipiellen Aufbau einer Blasenkammer [48]. Die Gefäßwände müssen innen sehr glatt sein, damit die Flüssigkeit nur dort "kocht", wo auch Bläschen gebildet werden sollen, nämlich entlang der Teilchenspuren und nicht an den Kammerwänden.

Je nach Kammergröße erreicht man mit Blasenkammern Zykluszeiten von bis zu $100\,ms$.

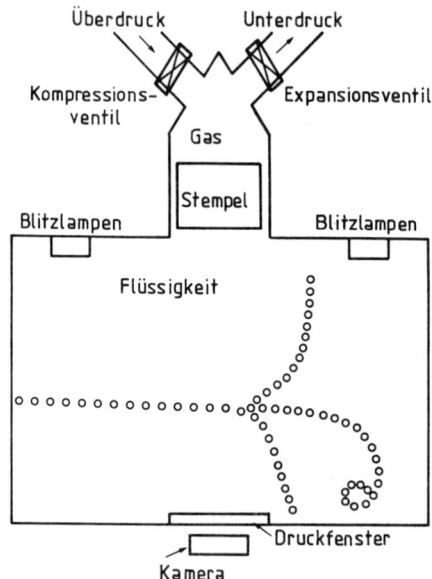

Abb. 4.64 Prinzipieller Aufbau einer Blasenkammer [48].

Der Blasenkammerdruck vor der Expansion beträgt mehrere Atmosphären. Um die Gase in den flüssigen Zustand zu versetzen,
müssen diese im allgemeinen stark gekühlt werden. Wegen der
großen Mengen gespeicherter Gase wird das Arbeiten an Wasserstoff-
Blasenkammern wegen der möglichen Knallgasbildung beim Entweichen von Gasen potentiell gefährlich. Auch der Betrieb mit organischen Flüssigkeiten, die für den Betrieb erhitzt werden müssen, stellt
wegen ihrer Feuergefährlichkeit ein Risiko dar.
Blasenkammern werden meist in einem hohen Magnetfeld betrieben
(einige Tesla). Impulse von geladenen Teilchen ergeben sich aus einer
Kräftebilanz von Lorentz- und Zentrifugalkraft

$$q|\vec{v} \times \vec{B}| = \frac{mv^2}{\varrho} \qquad (4.62)$$

zu

$$|\vec{p}| = q \cdot \varrho \cdot |\vec{B}| , \qquad (4.63)$$

falls $\vec{B} \perp \vec{p}$. Außerdem ist die Blasendichte entlang der Spur dem Energieverlust dE/dx durch Ionisation proportional. Für $p/m_0c = \beta\gamma \ll 4$ ist (vgl. (1.12))

$$\frac{dE}{dx} \sim \frac{1}{\beta^2}. \tag{4.64}$$

Bei bekanntem Impuls p und bekannter Geschwindigkeit β kann dann das Teilchen identifiziert werden:

$$m_0 = \frac{p}{\gamma\beta c} = \frac{\sqrt{1-\beta^2}}{\beta c} \, p. \tag{4.65}$$

Abb. 4.65 zeigt die Spur eines Elektrons in einer kleinen Blasenkammer in einem transvseralen Magnetfeld [66]. Durch den fortschreitenden Energieverlust des Elektrons in der Blasenkammerflüssigkeit wird die Elektronenspur immer stärker gekrümmt und spiralt nach innen. Die Zunahme des Energieverlustes zum Spurende hin ist ebenfalls erkennbar.

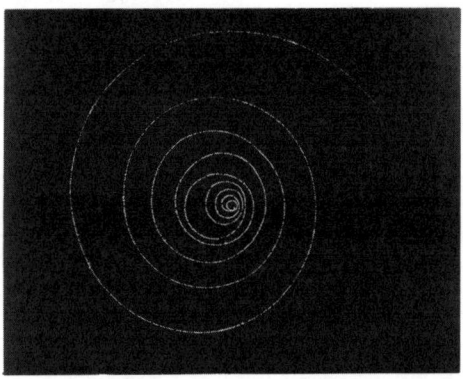

Abb. 4.65 Spiralende Spur eines Elektrons in einer Blasenkammer [66].

Die Wahl einer bestimmten Blasenkammerflüssigkeit wird durch die physikalische Fragestellung diktiert. Blasenkammern sind zugleich Wechselwirkungstarget und Detektor.

Für Untersuchungen der Photoproduktion an Protonen wählt man natürlich am besten eine reine Wasserstoffüllung. Ergebnisse über Photoproduktion an Neutronen erhält man aus ^2D-Füllungen,

weil es keine reine Neutronenflüssigkeit (außer vielleicht in Neutro-
nensternen) gibt. Den γ, n-Wirkungsquerschnitt bestimmt man dann
gemäß

$$\sigma(\gamma, n) = \sigma(\gamma, d) - \sigma(\gamma, p) \ . \qquad (4.66)$$

Will man etwa die Erzeugung neutraler Pionen untersuchen, so
benötigt man eine Flüssigkeit mit kleiner Strahlungslänge X_0, weil
das π^0 in zwei Photonen zerfällt, die durch Schauerbildung nachgewiesen werden müssen. In diesem Falle eignen sich Xenon oder Freon
als Kammergas.

Die Tabelle 4.1 enthält einige wichtige Füllgase für Blasenkammern mit ihren charakteristischen Parametern [32, 48].

Flüssiggas	T [$^\circ K$]	Dampfdruck [bar]	Dichte g/cm^3	X_0 [cm]	Absorptions- länge λ_a [cm]
^4He	3.2	0.4	0.14	1027	437
^1H	26	4	0.06	1000	887
^2D	30	4.5	0.14	900	403
^{20}Ne	36	7.7	1.02	27	89
C_3H_8	333	21	0.43	110	176
CF_3Br (Freon)	303	18	1.5	11	73

Tabelle 4.1: Charakteristische Eigenschaften von Blasenkammer-
Flüssigkeiten [32, 48].

Für das Studium von Kernwechselwirkungen sollte die Absorptionslänge λ_a möglichst klein sein. Hier wählt man also auch am besten
schwere Flüssigkeiten wie Freon.

Die Blasenkammer ist ein hervorragendes Gerät, wenn es darum
geht, komplizierte und seltene Ereignisse zu analysieren. So konnte
das Ω^- nach ersten Hinweisen aus Experimenten der kosmischen
Strahlung in einem Blasenkammer-Experiment eindeutig nachgewiesen werden.

Die Abb. 4.66 [49, 50] zeigt die Produktion und den Zerfall eines
Ω^- in einem K^--Strahl gemäß folgender Reaktion:

$$K^- + p \;\rightarrow\; \Omega^- + K^+ + K^0 \qquad\qquad (4.67)$$
$$\hookrightarrow \Xi^0 + \pi^-$$
$$\hookrightarrow \pi^0 + \Lambda^0$$
$$\hookrightarrow \pi^- + p$$
$$\hookrightarrow \gamma + \gamma$$
$$\hookrightarrow e^+ e^-$$
$$\hookrightarrow e^+ e^-$$

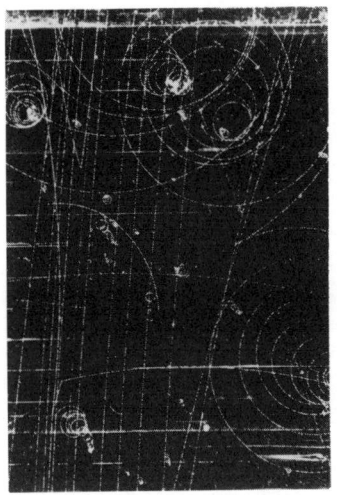
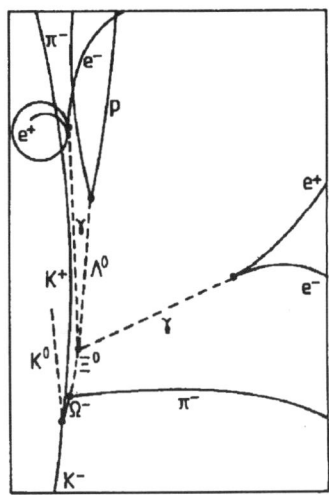

Abb. 4.66 Ω^--Produktion in einer Blasenkammer. Im rechten Teil der Abbildung ist die Produktion und der Zerfall des Ω^- schematisch dargestellt [49, 50].

Der besseren Erkennbarkeit wegen ist der Blasenkammeraufnahme eine schematische Skizzierung der Reaktionskette beigefügt.

In jüngerer Zeit geht die Verwendung der Blasenkammer allerdings stark zurück. Die Gründe dafür liegen in einigen gravierenden Nachteilen; und zwar:

- Blasenkammern sind nicht triggerbar.

- Sie lassen sich nicht in Speicherring-Experimenten einsetzen, weil es schwierig ist, eine 4π-Geometrie mit diesem Detektortyp zu erreichen, und weil die erforderlichen "dicken" Eintrittsfenster eine gute Impulsauflösung wegen der Vielfachstreuung unmöglich machen.

- Für hohe Energien enthält die Blasenkammer nicht genügend Masse, um die erzeugten Teilchen zu stoppen. Damit ist eine Elektronen- und Hadronenkalorimetrie – abgesehen von der schwierigen und langwierigen Auswertung solcher Kaskaden – wegen des Entweichens von Schauerpartikeln aus dem Detektor kaum möglich.

- Die Identifizierung von Myonen oberhalb von einigen GeV ist in der Blasenkammer unmöglich, da sie sich von geladenen Pionen im spezifischen Energieverlust nur unmerklich unterscheiden. Durch zusätzliche Detektoren (externe Myonenzähler) kann man aber eine π/μ-Trennung erreichen.

- Der Hebelarm des Magnetfeldes für eine genaue Impulsmessung bei hohen Impulsen reicht nicht mehr aus.

- Experimente mit hoher Statistik sind wegen des mühseligen, zeitaufwendigen Auswerteverfahrens praktisch nicht durchführbar.

Blasenkammern werden aber nach wie vor in Experimenten mit externen Strahlen ("fixed target") eingesetzt. Kleine Blasenkammern dienen dort wegen ihrer guten Ortsauflösung von einigen μm als Vertex-Detektoren.

Abb. 4.67 zeigt die Erzeugung und den Zerfall charmanter Mesonen in einer extrem kleinen Blasenkammer (BIBC = Berne Infinitesimal Bubble Chamber) mit Abmessungen von $6.5\,cm$ im Durchmesser und $3.5\,cm$ Tiefe. Diese Kammer ist mit einer schweren Flüssigkeit gefüllt.

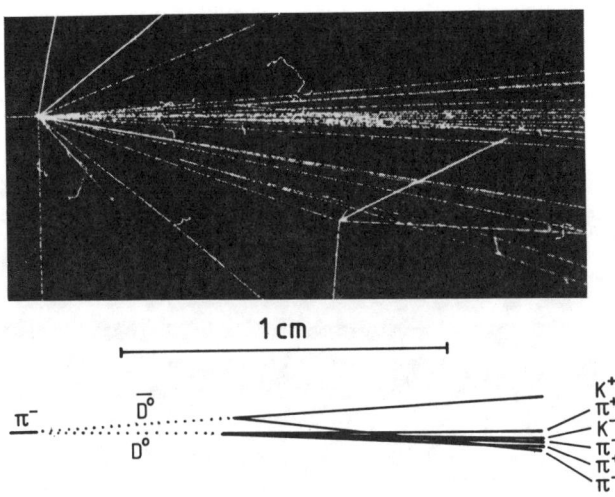

Abb. 4.67 Erzeugung und Zerfall von charmanten Mesonen ($D^0\bar{D}^0$-Produktion) in einer hochauflösenden Blasenkammer [85].

Die Sekundärvertizes, die die D^0 und $\bar{D}^0$-Zerfälle zeigen, sind in der photographischen Aufnahme nicht sehr gut zu erkennen. Mit Hilfe der schematischen Darstellung der Zerfälle in der unteren Hälfte der Abbildung gelingt es jedoch, diese Vertizes auch im Photo zu identifizieren. Solche Kammern eignen sich also zur Messung von Lebensdauern kurzlebiger Teilchen [85]. Durch Verwendung schwerer Blasenkammerflüssigkeiten (z.B. Freon) kann man auch Hinweise darauf erhalten, wie das Erzeugungs- und Wechselwirkungsverhalten charmanter Mesonen mit der Targetmasse variiert. Die häufig an Wasserstoff-Blasenkammern durchgeführten Messungen würden auf diese Weise ergänzt werden.

Um in der Lage zu sein, kurze Lebensdauern in Blasenkammern zu messen, darf die Bläschengröße nicht zu groß werden. Man muß das zu untersuchende Ereignis also zu einem Zeitpunkt photographieren, wenn die Bläschengröße noch sehr klein ist, um damit eine gute Orts- und in der Folge Zeitauflösung zu erreichen. Auf jeden Fall muß die Bläschengröße klein gegenüber der Zerfallslänge sein.

Abb. 4.68 zeigt "neue" und alte Spuren in der infinitesimalen BIBC, wobei die neuen Spuren Blasendurchmesser von typisch 30 μm Durchmesser haben, die alten Spuren von vorherigen Ereignissen aber schon zu beträchtlicher Größe im Expansionszyklus angewachsen sind [86].

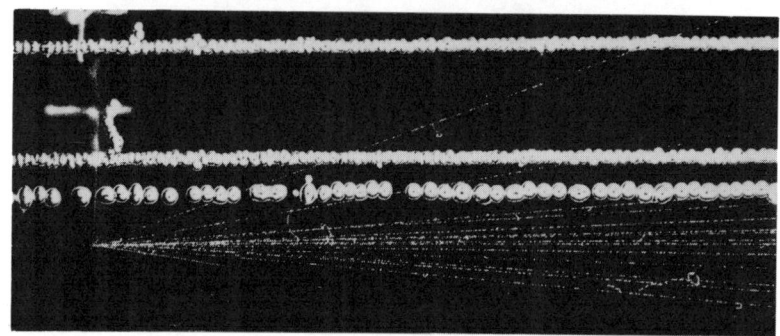

Abb. 4.68 "Alte" und "neue" Spuren in einer hochauflösenden Blasenkammer [86].

Durch die Technik der holographischen Registrierung kann eine dreidimensionale Ereignisrekonstruktion erfolgen [84]. Mit diesen hochauflösenden Blasenkammern können etwa die Lebensdauern kurzlebiger Teilchen präzise bestimmt werden. Bei einer Ortsauflösung von $\sigma_x = 6\,\mu m$ werden Zeitmeßfehler von

$$\sigma_\tau = \frac{\sigma_x}{c} = 2 \cdot 10^{-14} s \qquad (4.68)$$

erreicht.

4.12 Nebelkammer

Die Nebelkammer("Wilson-Kammer") ist einer der ältesten Orts- und Ionisationsdetektoren [377]. Mit einer Nebelkammer in einem starken Magnetfeld (2.5 Tesla) entdeckte Anderson 1931 das Positron in der kosmischen Strahlung und sechs Jahre später zusammen mit Neddermeyer das Myon, ebenfalls in der Höhenstrahlung.

In einem Gefäß befindet sich ein Gas-Dampf-Gemisch (z.B. Luft-Wasserdampf, Argon-Alkohol) beim Sättigungsdampfdruck. Geht ein geladenes Teilchen durch die Nebelkammer, so erzeugt es eine Ionisationsspur. Die Lebensdauer der positiven Ionen im Kammergas ist relativ lang ($\sim ms$). Deshalb kann nach erfolgtem Teilchendurchgang ein Auslösesignal z.B. von Szintillationszählern abgeleitet werden, das eine schnelle Expansion der Kammer in die Wege leitet. Durch die adiabatische Expansion wird die Temperatur des Gasgemisches erniedrigt und der Dampf kommt dadurch in den Zustand der Übersättigung. Er kondensiert sich an den Kondensationskeimen, die durch die positiven Ionen dargestellt werden. Teilchenspuren werden so durch Tröpfchenspuren gekennzeichnet. Die Tröpfchenspur wird beleuchtet und photographiert. Ein kompletter Expansionszyklus einer Nebelkammer ist in Abb. 4.69 dargestellt [48].

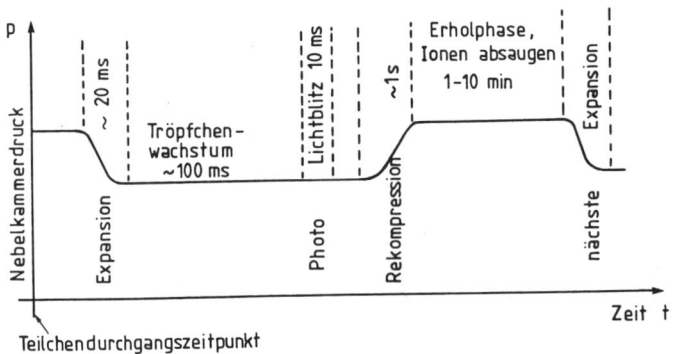

Abb. 4.69 Expansionszyklus in einer Nebelkammer [48].

Charakteristische Zeiten, die die Länge eines Zyklus bestimmen, sind die Lebensdauer der durch Ionisation erzeugten Kondensationskerne ($\sim 10\,ms$), die Zeit, die die Tröpfchen benötigen, um zu einer photographierbaren Größe heranzuwachsen ($\sim 100\,ms$), und die Zeit, die nach der Registrierung des Ereignisses verstreichen muß, bis die Kammer wieder meßbereit ist. Letztere kann sehr lang sein, da die langsamen Ionen aus dem Kammervolumen abgesaugt werden müssen und die Nebelkammer durch Rekompression in den Ausgangszustand zurückversetzt werden muß.

Insgesamt treten Zykluszeiten von ein bis zehn Minuten auf, wodurch der Anwendungsbereich dieses Kammertyps auf seltene Ereignisse im Bereich der kosmischen Strahlung praktisch eingeschränkt ist.

Abb. 4.70 zeigt zwei Elektronenschauer, ausgelöst von Höhenstrahl-Myonen in einer Vielplattennebelkammer [51, 400].

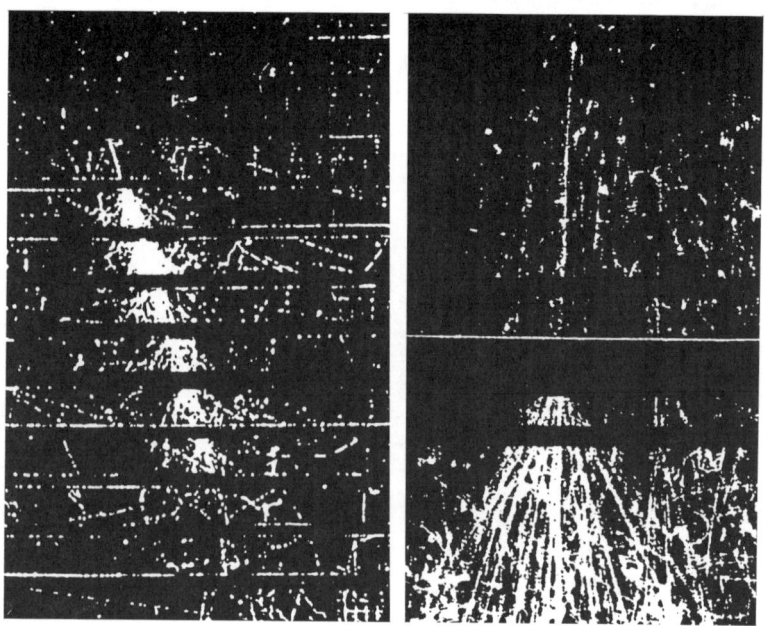

Abb. 4.70 Zwei elektromagnetische Kaskaden in einer Vielplattennebelkammer [51, 400].

Eine Vielplattennebelkammer stellt praktisch ein Sampling-Kalorimeter (vgl. Kap. 7) mit optischer Auslese dar. Der Einbau von Bleiplatten in eine Nebelkammer, die in diesem Falle in einem Luftschauerexperiment betrieben wurde (vgl. Kap. 9.8), dient dazu, über das unterschiedliche Wechselwirkungsverhalten von Elementarteilchen eine Elektron-Hadron-Myon-Trennung zu erreichen.

Im Gegensatz zur Expansionsnebelkammer ist eine Diffusionsnebelkammer permanent sensitiv. In Abb. 4.71 ist der Aufbau einer

Diffusionsnebelkammer skizziert [48]. Die Kammer ist – wie die Expansionsnebelkammer – mit einem Gas-Dampf-Gemisch gefüllt. Ein konstanter Temperaturgradient sorgt für ein permanent vorhandenes Gebiet mit übersättigtem Dampf. Geladene Teilchen, die in dieses Gebiet fallen, werden automatisch ohne weitere Auslösebedingung registriert. Es lassen sich Zonenbreiten im übersättigten Zustand von 5 bis 10 *cm* erreichen. Ein Säuberungsfeld sorgt für die Entfernung der positiven Ionen.

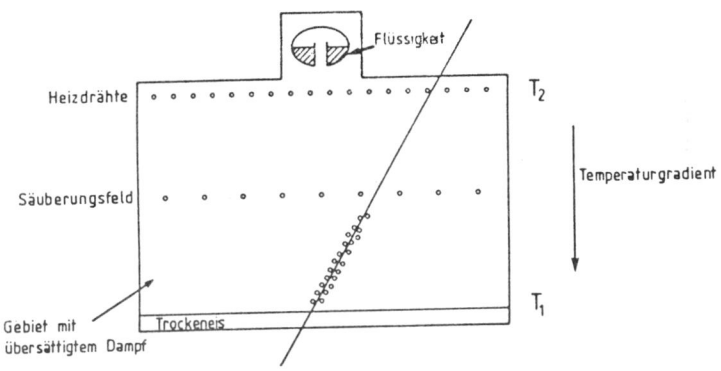

Abb. 4.71 Prinzipieller Aufbau einer Diffusionsnebelkammer [48].

Dem Vorteil der dauernden Sensitivität stehen kleine empfindliche Volumina gegenüber. Da die Kammer nicht triggerbar ist, werden alle Ereignisse, also auch uninteressante Untergrundereignisse mitregistriert.

Wegen der langen Zykluszeit bei triggerbaren Nebelkammern und dem Nachteil der photographischen Registrierung wird dieser Detektortyp heutzutage fast gar nicht mehr eingesetzt.

4.13 Streamer-Kammer

Im Gegensatz zu Streamer-*Rohren*, die eine bestimmte Betriebsart spezieller zylindrischer Zählrohre darstellen, sind Streamer-*Kammern*

großvolumige Detektoren, in denen die Ereignisse in der Regel photographisch registriert werden. In Streamer-Kammern ist der Raum
zwischen zwei ebenen Elektroden mit einem Zählgas gefüllt. Nach
Durchgang eines geladenen Teilchens wird kurzzeitig ein Hochspannungsimpuls großer Amplitude, kurzer Anstiegszeit und begrenzter
Dauer an die Elektroden gelegt. Abb. 4.72 skizziert den prinzipiellen
Aufbau eines solchen Detektors.

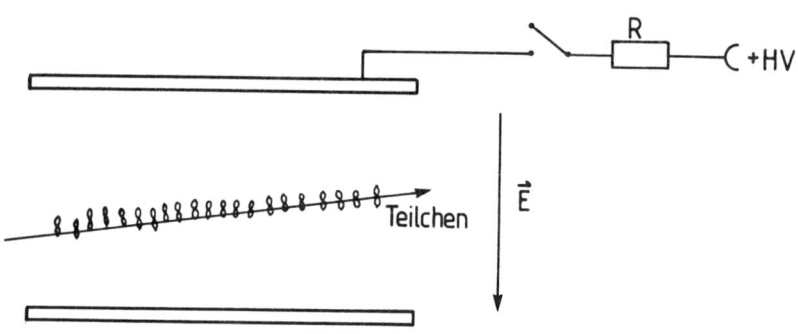

Abb. 4.72 Prinzipieller Aufbau einer Streamer-Kammer.

Im häufigsten Betriebsmode fallen Teilchen etwa senkrecht zum
elektrischen Feld in die Kammer ein. Von jedem einzelnen Ionisati-
onszentrum starten Lawinen in dem homogenen, sehr starken elektrischen Feld in Richtung auf die Elektroden. Da kein zeitlich konstantes
Feld anliegt (Amplitude des Hochspannungsimpulses $\sim 500\,kV$, Anstiegszeit und Abfallzeit $\sim 1\,ns$, Impulsdauer: einige ns) wird der
Lawinenaufbau nach Abfall des kurzen Hochspannungsimpulses un-
terbrochen. Es kommt zu einer großen Gasverstärkung ($\sim 10^8$) wie
in Streamer-Rohren, jedoch können sich die Streamer nur über einen kleinen Raumbereich ausdehnen. Im Laufe des Lawinenaufbaus
werden natürlich auch viele Gasatome zur Lichtemission angeregt:
es bilden sich leuchtende Streamer aus. In der Regel werden diese
Streamer nicht von der Seite, wie in der Abb. 4.72 gezeigt, sondern
durch eine Elektrode, die etwa als transparentes Drahtgitter ausgebildet ist, photographiert. In dieser Projektion erscheinen die länglichen
Streamer als leuchtende Punkte, die die Bahn des geladenen Teilchens
beschreiben (Abb. 4.73).

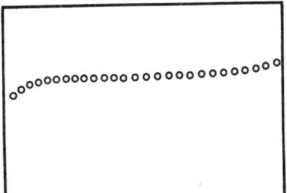

Abb. 4.73 Prinzip der Streamerphotographie.

Die Kunst des Streamer-Kammerbetriebs liegt in der Erzeugung eines Hochspannungsimpulses mit den geforderten Eigenschaften. Die Anstiegszeit muß sehr kurz sein (ns), damit der ansteigende Impuls die Ionisationselektronen nicht bei einer Feldstärke vor dem Erreichen der zur Gasverstärkung kritischen Feldstärke zu sehr versetzt. Eine langsame Anstiegsflanke hätte den Effekt eines Säuberungsfeldes, die zu einer Verschiebung der Bahn führen würde. Die Streamerentwicklung erfolgt bei großen Feldstärken ($\sim 30\,kV/cm$), muß aber nach kurzer Zeit abgebrochen werden, damit die Streamer nicht zu groß werden oder gar die Elektroden erreichen. Zu große Streamer bedeuten eine schlechte Ortsauflösung. Als Hochspannungsimpulserzeuger werden in der Regel Marx-Generatoren verwendet, die über eine wellenwiderstandsmäßig an die Streamer-Kammer angepaßte Schaltung (Blumlein-Schaltung, Funkenstrecken) kurze Signale hoher Amplitude liefern [52, 318]. In Marx-Generatoren (Stoßfunkengeneratoren) wird eine Bank von n parallelgeschalteten Kondensatoren über eine Widerstandskette auf eine Spannung U_0 aufgeladen. Durch das Zünden von Funkenstrecken werden die Kondensatoren in Reihe geschaltet, so daß an der nun seriellen Kondensatorkette die Spannung nU_0 abgenommen werden kann. Die Blumlein-Schaltung dient dazu, das Signal des Hochspannungsgenerators auf die Streamer-Kammer so zu übertragen, daß keine Verluste, z.B. in Form von Reflektionen, auftreten.

Für schnelle Zykluszeiten stellen die vielen erzeugten Elektronen beim Streameraufbau ein Problem dar. Es würde zu lange dauern, sie durch ein Säuberungsfeld aus dem Kammervolumen herauszudriften. Man gibt deshalb dem Zählgas elektronegative Zusätze zu, die

die Elektronen anlagern. Als Löschgase haben sich SF_6 oder SO_2 bewährt. Damit lassen sich Zykluszeiten von einigen $100\,ms$ erreichen. Die erzeugten positiven Ionen stellen kein Problem dar, da sie wegen ihrer geringen Beweglichkeit niemals Ausgangspunkt von Streamerentladungen sein können.

Die Streamer-Kammer liefert hervorragende Bilder. Es lassen sich auch Targets in die Kammer einbauen, um den Wechselwirkungsvertex im Detektorvolumen zu haben. Abb. 4.74 zeigt die Wechselwirkung eines ^{32}S-Ions mit einem stationären Goldtarget bei einer Strahlenergie von $200\,GeV$ pro Nukleon bzw. $6400\,GeV$ pro Schwefelkern. Die Angabe der Energie pro Kern ist dann sinnvoll, wenn man Beschleuniger-Experimente mit Untersuchungen aus der kosmischen Strahlung vergleichen will, in denen die Energie kalorimetrisch bestimmt wurde [53].

Abb. 4.75 zeigt eine Stereoaufnahme einer Proton-Antiproton-Wechselwirkung in der $7.5\,m$ langen Streamer-Kammer des UA5-Experiments bei einer Schwerpunktsenergie vom $\sqrt{s} = 900\,GeV$ [87].

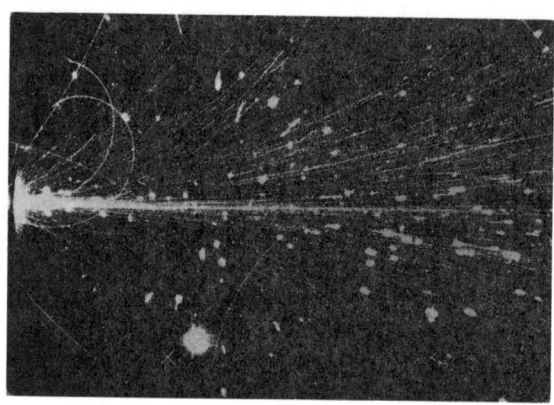

Abb. 4.74 Streamer-Kammeraufnahme einer Schwerionenwechselwirkung (^{32}S) mit einem stationären Goldtarget bei einer Strahlenenergie von $6400\,GeV$ [53, 401].

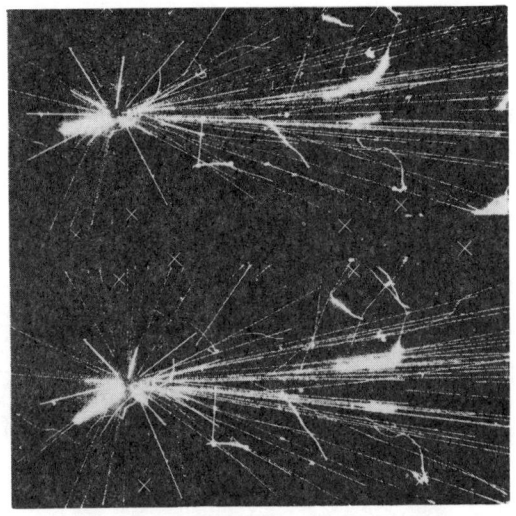

Abb. 4.75 Stereoaufnahme (zwei Halbbilder) einer Proton-Antiproton-Wechselwirkung bei einer Schwerpunktsenergie von $900\,GeV$ (UA5-Experiment) [87, 351].

Die Ortsauflösung in einer Streamer-Kammer wird wesentlich durch die Diffusion der primär erzeugten Ladungsträger begrenzt. Durch einen Trick [88] kann man die Diffusion der Elektronen während der Zeitverzögerung zwischen Teilchendurchgang und Hochspannungssignal weitgehend unterdrücken: Man mischt dem Streamer-Kammergas eine gewisse Menge Sauerstoff bei. Da Sauerstoff stark elektronegativ ist, werden Sauerstoffmoleküle — je nach Konzentration — die Elektronen unter Bildung von O_4^- anlagern. Einfangszeiten zur Anlagerung von $20\,ns$ können ohne weiteres erreicht werden. Gemäß Gl. (1.108) ist die Diffusionsspurbreite der Wurzel aus der Einfangszeit proportional. Die Ionisationsspur ist nun in Form schwer beweglicher O_4^--Ionen gespeichert. Innerhalb einer Triggerverzögerung von etwa $3\,\mu s$ entfernen sie sich um weniger als $1\,\mu m$ vom ursprünglichen Ionisationsort. Um die latente Spur nun sichtbar zu machen, werden die Elektronen über Photoeffekt durch Einstrahlung von UV-Laserlicht von den O_4^- Molekülen wieder getrennt. Die Zeitverzögerung zwischen dem Laserimpuls und dem Hochspannungsimpuls muß nun klein gegenüber der Wiederanlagerungszeit sein ($< 20\,ns$), damit die Elektronen zu Streamern anwachsen können.

Abb. 4.76 zeigt diese Diffusionsunterdrückung am Beispiel einer Elektronenspur in einer Streamer-Kammer. Die obere Spur ist nicht diffusionsunterdrückt. Innerhalb der Triggerverzögerung $(1.2\,\mu s)$ haben sich die Ionisationselektronen z.T. erheblich von ihrem ursprünglichen Erzeugungsort entfernt. Die untere Spur wurde mit einem Sauerstoffzusatz von einem Partialdruck von $275\,mbar$ diffusionsunterdrückt.

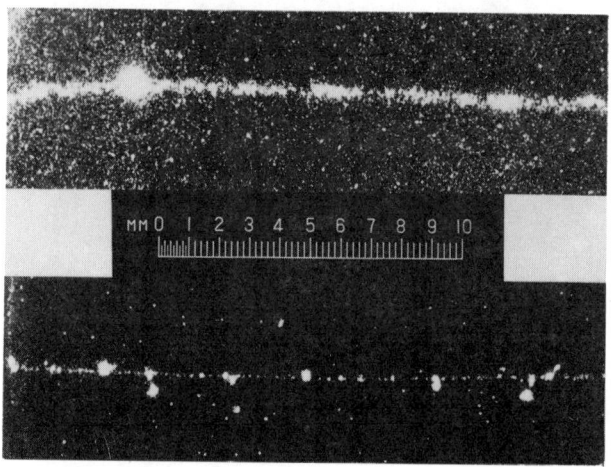

Abb. 4.76 Beispiel der Diffusionsunterdrückung einer Elektronenspur in einer Streamer-Kammer. Die obere Spur ist nicht diffusionsunterdrückt. Sie wurde in einer Neon-Helium-Mischung bei 33 Atmosphären aufgenommen. Die untere Spur wurde mit einem Sauerstoffzusatz $(\approx 275\,mbar)$ diffusionsunterdrückt [88].

In einer anderen Betriebsart der Streamer-Kammer werden Teilchen innerhalb von $\pm30°$ zum elektrischen Feld in den Detektor eingeschossen. Genau wie vorher beschrieben, entwickeln sich kurze Streamer, die sich jetzt aber aneinanderketten und einen Plasmakanal entlang der Teilchenspur liefern. Da der Hochspannungsimpuls sehr kurz ist, bildet sich kein Funke zwischen den Elektroden aus; es wird also nur ein geringer Strom von den Elektroden gezogen [54, 48, 52].

In Streamer-Kammern erreicht man Ortsauflösungen von etwa $30\,\mu m$. Sie eignen sich zur Registrierung komplexer Ereignisse, haben allerdings den Nachteil einer aufwendigen Auswertung.

4.14 Neon-Flash-Kammern

Die Neon-Flash-Kammer ist ebenfalls eine Entladungskammer. Es werden mit Neon oder Neon/Helium gefüllte Glasröhrchen, Glaskügelchen ("Conversi-Kügelchen") oder aus Polypropylen extrudierte Plastik-Rohre mit rechteckigem Querschnitt zwischen zwei Metallelektroden gebracht (s. Abb. 4.77).

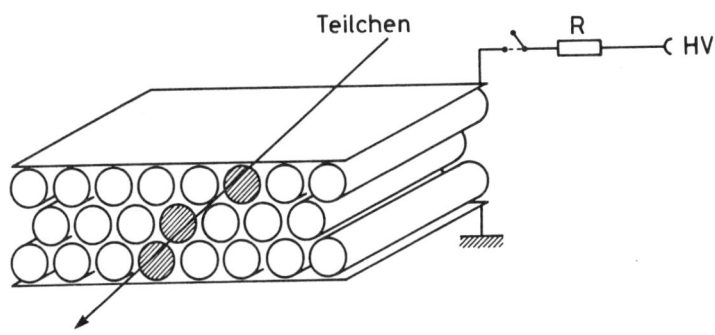

Abb. 4.77 Prinzip einer Neon-Flash-Kammer.

Nach dem Teilchendurchgang durch den Detektor wird ein Hochspannungsimpuls an die Elektroden gelegt, der in den Röhrchen, die von Teilchen durchquert wurden, eine Gasentladung auslöst. Die Gasentladung breitet sich entlang des gesamten Rohres aus und bringt das ganze Rohr zum Leuchten. Typische Rohrlängen sind $2\,m$ bei Durchmessern von 5 bis $10\,mm$. Die Glimmentladung kann durch Nachpulsen mit der Hochspannung intensiviert und photographiert werden. Es läßt sich aber auch eine rein elektronische Registrierung mit Hilfe von Aufnahme-Elektroden an den Stirnseiten der Neon-Rohre bewerkstelligen ("Ayre-Thompson-Technik"; s. Abb. 4.78 [55]). Diese Pick-up-Elektroden liefern große Signale, die ohne Vorverstärker direkt weiterverarbeitet werden können.

Je nach Röhrchendurchmesser können Ortsauflösungen von einigen mm erreicht werden. Die Gedächtniszeit dieses Detektors liegt im Bereich um $20\,\mu s$; die Totzeit ist mit $30 - 1000\,ms$ recht lang. Aus Gründen der Geometrie, bedingt durch die Zwischenwände, ist das Ansprechvermögen einer Detektorlage auf $\sim 80\,\%$ begrenzt. Man benötigt allerdings gekreuzte Lagen, um Raumpunkte zu erhalten.

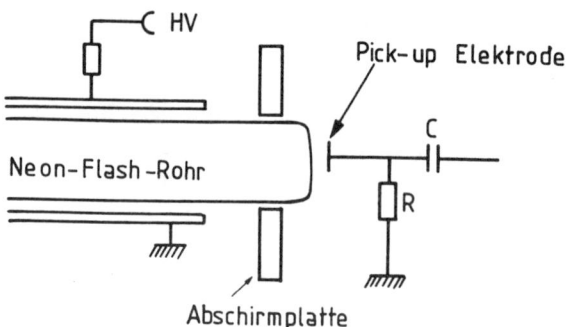

Abb. 4.78 Elektronische Auslese von Neon-Flash-Rohren [55].

Wegen der relativ langen Totzeit dieses Detektors wird er vorzugsweise in Experimenten der kosmischen Strahlung, bei der Suche nach dem Nukleon-Zerfall oder in Neutrino-Experimenten eingesetzt. Abb. 4.79 zeigt einen Schauer paralleler kosmischer Myonen in einer Neon-Flash-Kammer [82, 83].

Abb. 4.79 Schauer paralleler Myonen in einer Flash-Tube-Kammer [82, 83].

Eine Variante der Neon-Röhrchen bilden die Conversi-Kügelchen [56, 57]. Es sind dies sphärische Neon-Röhrchen von ca. 1 *cm* Durchmesser. Abb. 4.80 zeigt die Aufnahme eines ausgedehnten Luftschauers (vgl. Kap. 9.8), der eine horizontale Lage von Conversi-Kügelchen durchdringt [58]. Die Neon-Kügelchen sind in einer Matrix zwischen zwei Elektroden, von denen eine als transparentes Gitter ausgebildet ist, angeordnet. Beim Durchgang eines Schauers durch die Anordnung wird ein Hochspannungssignal an die Kammer angelegt und bringt die Kügelchen, die von Schauerteilchen getroffen wurden, zum Leuchten.

Abb. 4.80 Aufnahme eines ausgedehnten Luftschauers in einer großen Matrix von Conversi-Kügelchen [58]. Der Schauer fällt senkrecht zur Detektorebene ein. Jedes aufleuchtende Conversi-Kügelchen repäsentiert einen Teilchendurchgang.

4.15   Funkenkammern

Vor der Entwicklung der Vieldrahtproportionalkammer und der Driftkammer war die Funkenkammer der am häufigsten eingesetzte triggerbare Ortsdetektor ([379] - [383]).

In einer Funkenkammer befindet sich eine Reihe von ebenen parallelen Platten in einem gasgefüllten Volumen. Als Zählgas kommt etwa
eine Mischung aus Helium und Neon in Frage. Jede zweite Platte
wird durch ein Triggersignal auf Hochspannung bzw. Masse gelegt
(Abb. 4.81). Die Gasverstärkung wird so gewählt, daß sich an den
Stellen des Teilchendurchgangs ein Funkendurchschlag ausbildet. Das
wird bei Gasverstärkungen von 10^8 bis 10^9 erreicht. Der Entladungskanal folgt im wesentlichen dem Feld. Bis zu kleinen Winkeln von
maximal 30° kann der leitende Plasmaschlauch jedoch dem Teilchen
folgen [54].

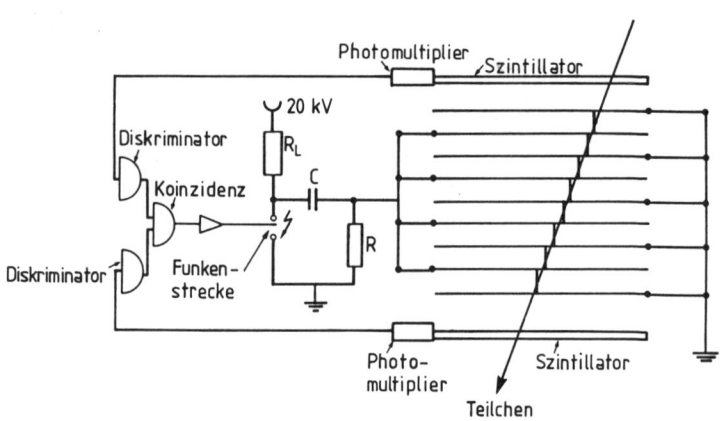

Abb. 4.81 Prinzipieller Aufbau einer Vielplattenfunkenkammer.

Zwischen zwei Entladungen werden die erzeugten Ionen mit Hilfe
eines Säuberungsfeldes abgesaugt. Falls die Zeitverzögerung zwischen Teilchendurchgang und Hochspannungssignal kleiner als die
Gedächtniszeit von etwa 1 μs ist, beträgt das Ansprechvermögen
der Funkenkammer 100 %. Ein anliegendes Reinigungsfeld entfernt
natürlich auch die Primärionisation aus dem Detektorvolumen. Aus
diesem Grunde muß die Zeitverzögerung zwischen Teilchendurchgang
und Hochspannungssignal möglichst kurz gewählt werden, um vol-
les Ansprechvermögen zu erreichen. Ebenso muß die Anstiegszeit

des Hochspannungssignales kurz sein, da sonst die Anstiegsflanke als Säuberungsfeld wirkt, bevor die kritische Feldstärke zur Funkenbildung erreicht ist.

Abb. 4.82 zeigt die Spur eines Höhenstrahlmyons in einer Vielplattenfunkenkammer [48, 304]. In Abb. 4.83 ist ein stoppendes Teilchen in einer Vielplattenfunkenkammer gezeigt, bei dem man deutlich die Ionisationszunahme gegen Ende der Reichweite an der steigenden Funkenhelligkeit (hier über die Funkenbreite) erkennt [59].

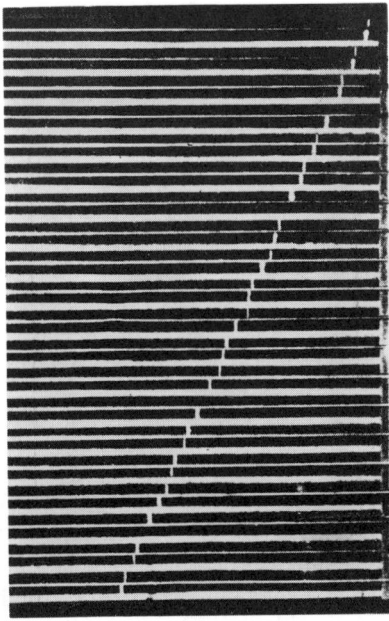

Abb. 4.82 Spur eines Höhenstrahlmyons in einer Vielplattenfunkenkammer [304].

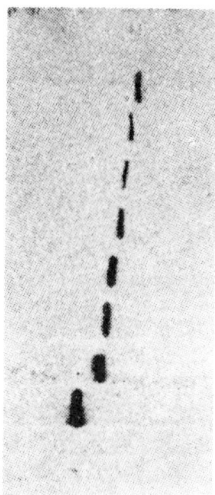

Abb. 4.83 Stoppendes Teilchen in einer Vielplattenfunkenkammer [59].

Wenn mehrere geladene Teilchen die Kammer gleichzeitig durchsetzen, nimmt die Wahrscheinlichkeit der Registrierung aller Teilchen als Funken mit zunehmender Teilchenzahl drastisch ab. Das liegt daran, daß der erste Funke den Ladekondensator bereits schon zu einem großen Teil entlädt, so daß zur Bildung weiterer Funken immer weniger Spannung bzw. Energie zur Verfügung steht. Dieses Problem läßt sich durch Begrenzung des Stromes, den ein Funke zieht, lösen. In der strombegrenzten Funkenkammer ("Current-limited spark chamber") wird vor den metallischen Elektroden jeweils eine Glasplatte montiert, die einen stromstarken, kräftigen Funkendurchbruch verhindert. In solchen Glasfunkenkammern läßt sich ein hohes Vielfachansprechvermögen erreichen. Abb. 4.84 zeigt die Aufnahme eines Elektronenschauers in einer solchen strombegrenzten Funkenkammer [60, 61, 62]. Man erkennt hier auch deutlich, daß die Funken den Spuren der Schauerteilchen bis zu einem gewissen Winkel ($\lesssim 30°$) folgen. Ein Ausschnitt aus der Kaskade mit vier Teilchenspuren zeigt deutlich das gute Mehrspuransprechvermögen (Abb. 4.85). Die Plasmaentladungen ("Funken") in einer Glasfunkenkammer unterscheiden sich von Streamerentladungen dadurch, daß sie — im Gegensatz zu den i.a. sehr kurzen Streamern — die beiden Elektroden verbinden. Die scheinbaren "Fußpunkte" der Entladungen (vgl. Abb. 4.85) kommen durch Reflektion und Streuung des Lichtes an den Glasplatten zustande.

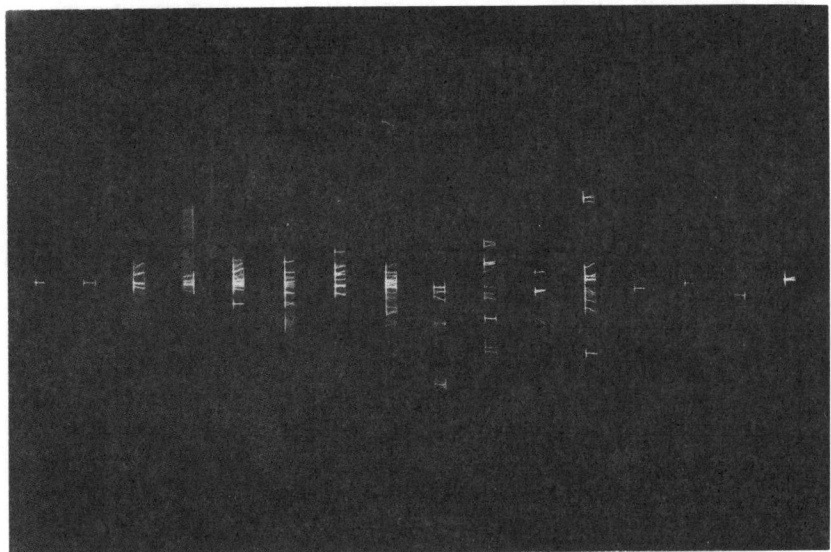

Abb. 4.84 Aufnahme eines Elektronenschauers in einer Vielplatten-glasfunkenkammer [60, 61, 62].

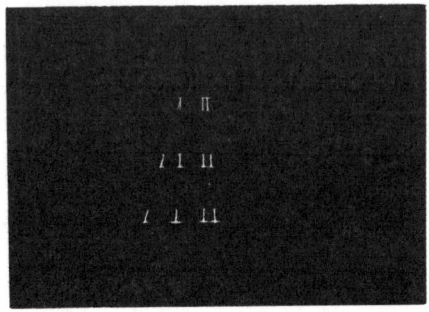

Abb. 4.85 Vierspurereignis in einem Stapel aus drei Glasfunkenkam-mern [62].

Neben der photographischen Registrierung in Funkenkammern, die zum Erhalt räumlicher Bilder stereoskopisch erfolgen muß, kommen auch andere, elektronische Registrierungen in Frage.

Bildet man die Elektroden durch Lagen von Drähten aus, so kann die Ortskoordinate etwa wie in einer Vieldrahtproportionalkammer durch Feststellung des entladenen Drahtes erfolgen. Da man zur Erreichung einer hohen Ortsauflösung viele Drähte benötigt, kann man die Ortsbestimmung vereinfachen mit Hilfe einer magnetostriktiven Auslese. Das Prinzip dieser Auslese ist in Abb. 4.86 dargestellt:

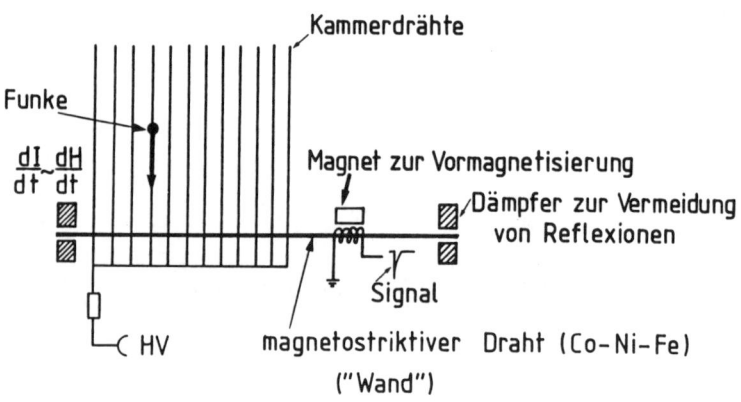

Abb. 4.86 Prinzip der magnetostriktiven Auslese einer Drahtfunkenkammer [54].

Die Funkenentladung stellt einen zeitlich veränderlichen Strom dI/dt dar. Das Stromsignal läuft entlang eines Kammerdrahtes und erreicht eine senkrecht zu den Kammerdrähten orientierte magnetostriktive Verzögerungsleitung, die über eine Isolation auf den Kammerdrähten aufliegt, zu ihnen aber keinen ohmschen Kontakt hat. Das Stromsignal erzeugt über sein zeitlich veränderliches magnetisches Feld dH/dt in der magnetostriktiven Verzögerungsleitung eine Magnetostriktion, also eine lokale Längenänderung $d\ell/dx$, die sich zeitlich und räumlich mit ihrer charakteristischen Schallgeschwindigkeit ausbreitet. In einer Aufnahmespule (Pick-up) wird das mechanische Magnetostriktionssignal in ein Magnetsignal dH/dt

zurückverwandelt, was zu einem Spannungssignal

$$U = -\frac{d\phi}{dt} = -\mu_0 \cdot \frac{d}{dt} \int \vec{H} \cdot d\vec{A} \qquad (4.69)$$

führt (ϕ ist der magnetische Fluß und μ_0 die absolute Permeabilitätskonstante). Aus der Laufzeit des Schallsignals auf der magnetostriktiven Verzögerungsleitung, das sich mit einer Ausbreitungsgeschwindigkeit von $\sim 5\,km/s$ fortpflanzt, kann die Nummer bzw. die Ortskoordinate des entladenen Drahtes ermittelt werden. Dabei ergeben sich Ortsauflösungen von ca. $200\,\mu m$ [54]. Die Schallgeschwindigkeit des Signals hängt vom Elastizitätsmodul E und der Dichte ϱ des für die magnetostriktive Verzögerungsleitung verwendeten Materials gemäß

$$v = \sqrt{E/\varrho} \qquad (4.70)$$

ab. Für typische Legierungen (z.B. $Fe - Ni$ oder $Cu - Fe$) nimmt E Werte um $2 \cdot 10^5\,N/mm^2$ an.

Ein Reinigungsfeld, das zur Entfernung der positiven Ionen aus dem Detektorvolumen erforderlich ist, bedingt eine Totzeit der Kammer von einigen Millisekunden.

Die magnetostriktiven Verzögerungsleitungen werden meist aus Kobalt-Nickel-Eisen-Legierungen hergestellt. Wegen ihrer empfindlichen und kritischen Positionierung bezüglich der Kammerdrähte werden die magnetostriktiven Verzögerungsleitungen auch "Wands" (= Wünschelruten) genannt.

Ein etwas älteres Verfahren benutzt eine Ferritkernauslese, um den entladenen Draht zu lokalisieren. Jeder Kammerdraht wird hierbei durch einen kleinen Ferritkern gezogen (Abb. 4.87) [54]. Der Ferritkern befindet sich in einem definierten Zustand. Ein entladener Funkenkammerdraht bringt den Ferritkern zum Kippen. Der Zustand der Ferritkerne wird von einem Auslesedraht erfaßt. Nach der Auslese des Ereignisses werden die gekippten Ferritkerne durch einen Rückstelldraht wieder in den Ausgangszustand versetzt.

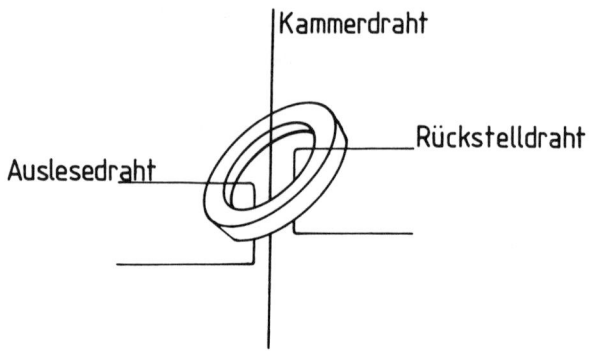

Abb. 4.87 Prinzip der Ferritkern-Auslese einer Drahtfunkenkammer [54].

4.16   Kernemulsionen

In Kernemulsionen können Spuren geladener Teilchen photographisch sichtbar gemacht werden. Kernemulsionen bestehen aus feinkörnigen Silberhalogenid-Kristallen ($AgBr$ und $AgCl$), die in ein Gelatine-Substrat eingebettet sind. Ein geladenes Teilchen erzeugt in einer Emulsion ein latentes Bild (Abb. 4.88). Bedingt durch die in Ionisationprozessen erzeugten freien Ladungsträger werden in der Emulsion einige wenige Halogenidmoleküle zu metallischem Silber reduziert.

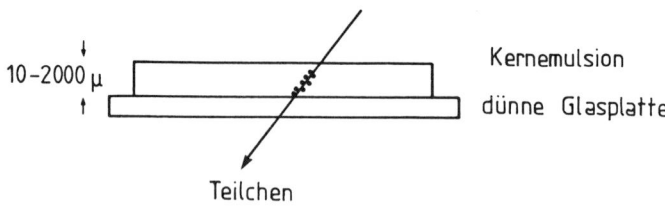

Abb. 4.88 Meßprinzip einer Kernemulsion.

In dem darauffolgenden Entwicklungsprozeß werden die Silberhalogenidkristalle chemisch reduziert; dabei werden bevorzugt die schon gestörten, teilweise reduzierten Kristalle ("Keime") in elementares Silber umgewandelt. Mit dem üblichen Fixierprozeß wird verbleibendes Siberhalogenid gelöst und entfernt. Daher bleibt das in Silberpartikel gewandelte Ladungsbild stabil erhalten.

Die Auswertung der Emulsion erfolgt im Mikroskop, kann aber auch über eine CCD-Kamera (CCD = Charged Coupled Device; Halbleiter-Bildsensor) mit nachfolgender Bilderkennung weitgehend automatisch erfolgen [63].

Die Empfindlichkeit der Kernemulsion muß so hoch sein, daß der Energieverlust minimalionisierender Teilchen ausreicht, um einzelne Silberhalogenid-Kristalle längs der Bahn des Teilchens sichtbar zu machen. Gewöhnliche Photoemulsionen haben diese Eigenschaft nicht. Weiterhin sollen die Silberkörner, die die Spur bilden, und damit auch die Silberhalogenidkristalle, möglichst klein sein, um eine hohe Ortsgenauigkeit zu ermöglichen [48, 101]. Die Forderungen nach hoher Empfindlichkeit und kleiner Korngröße widersprechen sich und erfordern daher einen Kompromiß. In den meisten Kernemulsionen haben die Silberkörner eine Korngröße von 0.1 bis 0.2 μm. Sie sind damit viel kleiner als in kommerziellen Filmen ($25-1000\mu m$). Der Anteil des Silberhalogenids (meist $AgBr$) am Gesamtgewicht der Emulsion beträgt ca. 80 %.

Wegen der hohen Dichte der Emulsion ($\varrho = 3.8\,g/cm^3$) und der damit verbundenen kurzen Strahlungslänge ($X_0 = 2.9\,cm$), sind Stapel von Kernemulsionen gut zum Nachweis elektromagnetischer Kaskaden geeignet. Hadronenkaskaden können sich wegen der viel größeren Absorptionslänge ($\lambda = 35\,cm$) kaum entwickeln.

Das Ansprechvermögen von Kernemulsionen für einzelne oder auch viele gleichzeitig durch die Kernemulsion gehende Teilchen ist 100 %. Die Emulsionen sind permanent sensitiv, deshalb aber auch nicht triggerbar. Sie wurden und werden viel in Experimenten der kosmischen Strahlung eingesetzt [305], eignen sich aber auch in Beschleuniger-Experimenten als Vertexdetektoren mit hoher Ortsauflösung ($\sigma_x \approx 2\mu m$) zur Untersuchung der Zerfälle kurzlebiger Teilchen.

Abb. 4.89 [64] zeigt eine frühe Aufnahme der Wechselwirkung eines neutralen Teilchens der kosmischen Strahlung, das in einer Kernemulsion einen "Stern" von sekundären Teilchen erzeugt. Aus der Schwärzung kann auf die spezifische Ionisation geschlossen werden. Für energiearme Teilchen kann auch aus der beobachteten Vielfachstreuung eine Aussage über den Impuls und damit über die Identität der Teilchen gemacht werden (vgl. Gl. (1.47)).

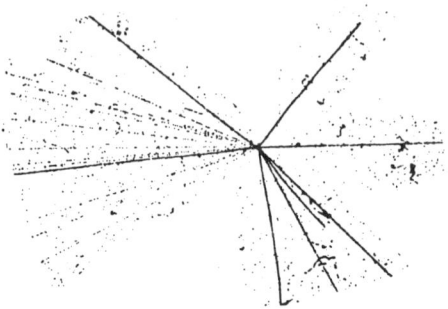

Abb. 4.89 Ein neutrales Teilchen der kosmischen Strahlung erzeugt einen "Stern" mit acht stark und elf schwach ionisierenden Teilchen [64].

Abb. 4.90 zeigt α-Teilchen, die von einem Korn aus Radium-Salz ausgehen, das auf einer Kernemulsion lag. Der Bereich der zentralen Schwärzung ist etwa 100 μm im Durchmesser [66].

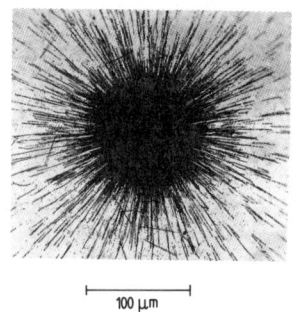

100 μm

Abb. 4.90 Spuren von α-Teilchen in einer Kernemulsion, die von einem Radium-Salzkorn ausgehen [66].

In Abb. 4.91 ist die Wechselwirkung eines $6.4\,TeV$ ($= 6400\,GeV$) Schwefelions mit einem Kern einer photographischen Emulsion dargestellt. Man erkennt neben schwach ionisierenden Teilchen die starken Ionisationsspuren von Spaltfragmenten [65]. Die Vielzahl der erzeugten Projektil- und Targetfragmente wird ebenfalls sehr deutlich sichtbar aus der Wechselwirkung eines 228.5 GeV-Urankerns in einer Kernemulsion (Abb. 4.92) [306].

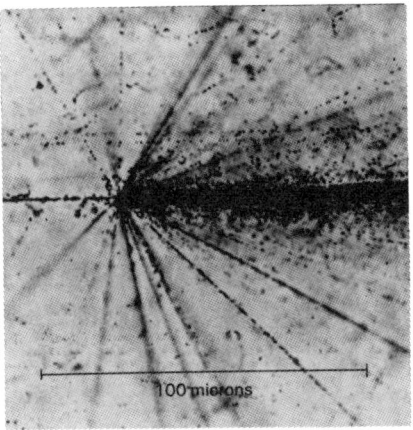

Abb. 4.91 Wechselwirkung eines 6.4-TeV-Schwefelions mit einem Kern in einer photographischen Emulsion [65].

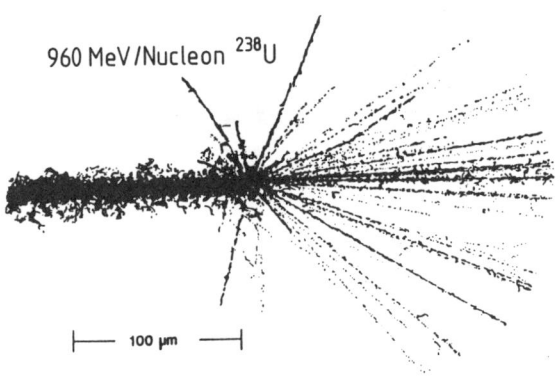

960 MeV/Nucleon ^{238}U

100 μm

Abb. 4.92 Wechselwirkung eines Urankerns der Energie 228.5 GeV in einer Kernemulsion [306].

Abb. 4.93 zeigt die Wechselwirkung eines Kohlenstoffkerns der kosmischen Strahlung mit einem Proton in einer Kernemulsion [66]. Der Kohlenstoffkern fragmentiert in drei α-Teilchen, die in Vorwärtsrichtung davonfliegen. Das Targetproton erhält einen Transversalimpuls und fliegt nach links.

Abb. 4.93 Ein Kohlenstoffkern der kosmischen Strahlung kollidiert mit einem Proton in einer Kernemulsion. Der Kohlenstoffkern desintegriert dabei in drei α-Teilchen. Das Proton erhält einen Rückstoß und bewegt sich nach links [66].

Schließlich sind in Abb. 4.94 die Spuren von Kernen verschiedener Kernladung in einer Emulsion dargestellt [66]. Die Ionisationsdichte wächst mit dem Quadrat der Kernladung der Projektile.

Werden Kernemulsionen an Beschleunigern als Vertex-Detektoren eingesetzt, so kann durch Rückextrapolation von Spuren aus anderen Detektoren des Experiments (z.B. Driftkammern) eine Zuordnung zwischen Vertizes in der Emulsion und Spuren im restlichen Experiment hergestellt werden. Durch Kenntnis dieser Korrelation muß auch nicht die gesamte Kernemulsion ausgewertet werden, sondern nur der von den übrigen Detektoren ermittelte Vertexbereich. Abb. 4.95 zeigt den prinzipiellen Aufbau eines solchen Experiments.

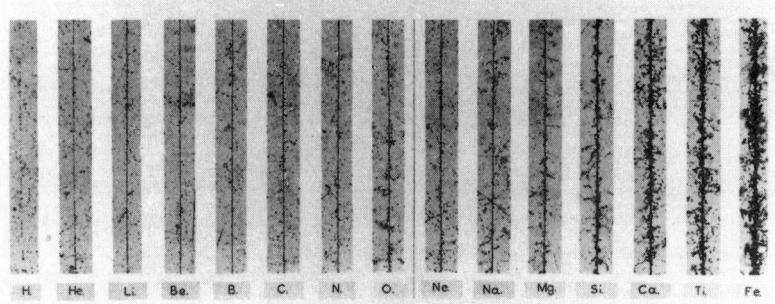

Abb. 4.94 Spuren von Kernen in Kernemulsionen. Die Ionisationsdichte der Spuren wächst im Quadrat mit der Kernladung [66]. Die "Ausfaserung" der Spuren wird durch δ-Elektronen verursacht.

Allerdings muß man bei solchen hybriden Anordnungen bedenken, daß die elektronisch getrennt registrierten Ereignisse in den Driftkammern mit den in der Emulsion summarisch festgehaltenen Spuren richtig assoziiert werden müssen.

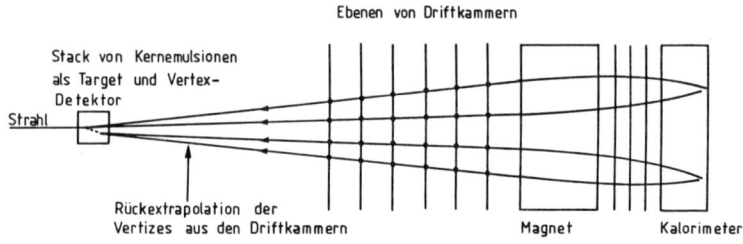

Abb. 4.95 Stack von Kernemulsionen als Vertexdetektor in einem Beschleunigerexperiment. Primär- und möglicherweise vorhandene Sekundärvertizes werden durch rückwärtige Extrapolation der Spuren aus den Driftkammern angenähert. Die präzise Bestimmung dieser Vertizes erfolgt durch Auswertung der Kernemulsion.

4.17   Silberhalogenidkristalle

Kernemulsionen haben den Nachteil, daß die zur Verfügung stehenden Detektorvolumina in der Regel sehr klein sind. Seit es gelungen ist, großflächige $AgCl$-Einkristalle zu züchten, steht mit diesen Festkörpern ein weiterer passiver Detektor zur Verfügung. Geladene Teilchen erzeugen im $AgCl$-Kristall entlang ihrer Spur Ag^+-Ionen und Elektronen. Die Beweglichkeit der Ag^+-Ionen im Gitter ist gering. Sie besetzen in der Regel Zwischengitterplätze und stellen damit eine Gitterstörung dar. Freie Elektronen aus dem Leitungsband reduzieren die Ag^+-Ionen zu metallischem Silber. Die auf Zwischengitterplätzen sitzenden Ag-Atome lagern weitere Ag^+-Ionen an: Es kommt zur Ausbildung von Silber-Clustern. Um die Silber-Cluster zu stabilisieren, muß während des Teilchendurchgangs oder kurz danach der Kristall mit Licht bestrahlt werden, das freie Elektronen erzeugt, die zur Reduktion der Ag^+-Ionen benötigt werden (Konservierung der Teilchenspuren). In der Praxis wird hier häufig Licht im Bereich um $600\,nm$ verwendet [67]. Falls diese Bestrahlung während der Datennahme unterbleibt, würden die Spuren verblassen. Im Prinzip kann die Bestrahlung durch einen Triggerimpuls ausgelöst werden, der darüber entscheidet, ob man die Teilchenspur konservieren möchte oder nicht. Insofern läßt sich der $AgCl$-Kristall — im Gegensatz zu Kernemulsionen oder Plastikdetektoren (s. Kap. 4.21) — bis zu einem gewissen Grade triggern.

Eine geringe Cadmiumchlorid-Beimischung zum $AgCl$-Kristall dient dazu, eine im unbestrahlten Zustand schon immer vorhandene Zwischengitter-Silberkonzentration zu senken. Dadurch wird die Silberkeimbildung an materialbedingten Gitterstörungen und damit der Untergrund bei der Spurauswertung reduziert.

Um die Ag-Cluster zu mikroskopisch sichtbarer Spurgröße anwachsen zu lassen, wird bei der Entwicklung des $AgCl$-Kristalls kurzwelliges Licht eingestrahlt, das weitere freie Elektronen im Leitungsband bereitstellt, welche die an die schon vorhandenen Cluster herandiffundierenden Ag^+-Ionen reduzieren.

Die so durch den Vorgang der "Dekoration" erzeugte Spur von Silber-Clustern ist stabil und kann unter dem Mikroskop ausgewertet werden.

Silberchlorid-Detektoren zeigen — genau wie Plastikdetektoren — einen gewissen Schwellwert-Effekt. Der Energieverlust relativistischer Protonen ist zu gering um im Kristall entwickelbare Spuren zu erzeugen. Ein $AgCl$-Detektor ist aber gut geeignet, Spuren schwerer Kerne ($Z \geq 3$) zu registrieren.

Die mühsame Auswertung der Kernspuren unter dem Mikroskop kann durch automatische Analyseverfahren, ähnlich denen, die bei Kernemulsionen und Plastikdetektoren Verwendung finden, erfolgen [68, 69, 70]. Die in $AgCl$-Kristallen erreichbare Ortsauflösung ist derjenigen von Kernemulsionen vergleichbar.

4.18   Röntgenfilme

Emulsionskammern, d.h. Stapel von Kernemulsionen, wie sie in Höhenstrahlexperimenten Verwendung finden, werden häufig komplementär mit großflächigen Röntgenfilmen ausgestattet [71, 72, 307]. Diese industriellen Röntgenfilme dienen dazu, hochenergetische elektromagnetische Kaskaden (s. Kap. 7) nachzuweisen und die Energie der die Kaskaden auslösenden Elektronen oder Photonen mit photometrischen Methoden zu bestimmen. Dazu werden die Röntgenfilme alternierend mit dünnen Bleischichten gestapelt. Die

Kaskaden entwickeln sich im Blei. Die Struktur der Schwärzung in den Röntgenfilmen gibt Aufschluß über die longitudinale und laterale Entwicklung der elektromagnetischen Kaskaden.

Die in Experimenten der kosmischen Strahlung verwendeten Röntgenfilme haben kleine Korngrößen und dienen hauptsächlich zur Messung von Photonen und Elektronen im TeV-Bereich. Hadronenkaskaden können mit Einschränkung ebenfalls über ihren π^0-Anteil im Hadronenschauer ($\pi^0 \rightarrow \gamma\gamma$) in Röntgenfilmen detektiert werden.

Aufgrund von Sättigungseffekten im Bereich des Schauermaximums (zentrale Schwärzung) ist der Zusammenhang zwischen der deponierten Energie E und der photometrisch gemessenen Schwärzung D nicht mehr linear [73]. Für typische Röntgenfilme, die im TeV-Bereich eingesetzt werden, ergibt sich

$$D \sim E^{0.85}\,. \tag{4.71}$$

Aus der radialen Verteilung der Schwärzung läßt sich auch recht genau der Teilchendurchgangsort bestimmen.

4.19   Thermolumineszenz-Detektoren

Thermolumineszenz-Detektoren werden sowohl im Bereich des Strahlenschutzes als auch in Experimenten der kosmischen Strahlung eingesetzt.

Der Teilchennachweis in Thermolumineszenz-Detektoren beruht darauf, daß in bestimmten Kristallen z.B. (Speicherphosphoren) durch die Einwirkung ionisierender Strahlung Elektronen vom Valenzband in das Leitungband gehoben werden und von dort zu stabilen Energiezuständen gelangen [102]. Im Bereich des Strahlenschutzes werden als Speichermedien mit Mangan oder Titan aktivierte Kalziumfluorid (CaF_2)- bzw. Lithiumfluorid (LiF)-Kristalle verwendet. Die durch Strahleneinwirkung im Kristall gespeicherte Energie ist ein Maß für die absorbierte Dosis. Durch Erhitzen des Thermolumineszenz-Dosimeters auf 200° bis 400°C kann diese Energie durch Emission von Photonen freigesetzt werden. Die Menge der erzeugten Photonen ist dabei der absorbierten Energiedosis proportional.

In Höhenstrahlexperimenten verwendet man Thermolumineszenzfilme (ähnlich wie Röntgenfilme) zur Messung hochenergetischer elektromagnetischer Kaskaden. Auf eine Glas- bzw. Metallunterlage wird eine Schicht von Thermolumineszenz-Pulver aufgebracht. Je kleiner die verwendete Größe der Mikrokristalle auf dem Film, desto besser die erreichbare Ortsauflösung. Die ionisierenden Teilchen in der Elektronenkaskade erzeugen stabile Thermolumineszenzzentren. Die Positionsbestimmung der Energiedeposition auf dem Film kann durch Abtasten des Films mit einem Infrarot-Laser erfolgen. Während des Abtastvorgangs muß die Photonenintensität mit einem Photomultiplier gemessen werden. Wenn die Ortsauflösung nicht durch die räumliche Ausdehnung des Laser-Strahls eingeschränkt wird, kann man Positionsgenauigkeiten der Größenordnung μm erreichen [74].

Neben den im Strahlenschutzbereich verwendeten Speicherphosphoren kommen in Höhenstrahlexperimenten hauptsächlich $BaSO_4$, Mg_2SiO_4 und $CaSO_4$ als Thermolumineszenzstoffe zur Verwendung. Während man bei Thermolumineszenz-Dosimetern an der integrierten absorbierten Energiedosis interessiert ist, geht es in Höhenstrahlexperimenten um die Erfassung von Einzelereignissen.

In solchen Anordnungen werden Thermolumineszenzfilme ähnlich wie Röntgenfilme oder Emulsionen alternierend mit Bleiabsorberplatten zu einem Stapel ("Stack") zusammengebaut. Die nachzuweisenden Hadronen, Photonen oder Elektronen lösen im Stack Hadronbzw. Elektronkaskadenbildung aus. Die in Hadronkaskaden (vgl. Kap. 7.3) erzeugten neutralen Pionen zerfallen relativ prompt (in $\sim 10^{-16}$ s) in zwei Photonen und leiten damit ebenfalls elektromagnetische Unterkaskaden ein (vgl. Kap. 7.2).

Im Gegensatz zur Hadronkaskade mit einer großen lateralen Breite wird die Energie in elektromagnetischen Schauern in einem relativ engen Raumbereich deponiert und ermöglicht damit eine Registrierung. Die Elektron-Photon-Kaskaden werden in einem solchen Detektortyp also direkt und die Hadronkaskaden über ihren π^0-Anteil gemessen. Dabei ergibt sich eine energetische Untergrenze für den Teilchennachweis. In Europium dotierten $BaSO_4$-Filmen liegt diese Energieschwelle pro Ereignis bei $1\,TeV$ [74].

4.20 Radiophotolumineszenz-Detektoren

Silberaktiviertes Phosphatglas, das ionisierenden Strahlen ausgesetzt wurde, hat die Eigenschaft, bei Einwirkung ultravioletten Lichtes in einem bestimmten Frequenzbereich Fluoreszenz-Strahlung abzugeben, deren Intensität ein Maß für die erfolgte Energiedeposition ist. Die durch die ionisierenden Teilchen im Glas gebildeten Ag^+-Ionen stellen stabile Photolumineszenz-Zentren dar. Durch Abfragen der Energiedeposition mit UV-Licht wird die Information über den Energieverlust im Detektor nicht gelöscht [102]. Für diese Phosphatglas-Detektoren wird meist Yokotaglas verwendet. Es besteht aus 45% $AlPO_3$, 45% $LiPO_3$, 7.3% $AgPO_3$ und 2.7% B_2O_3 und hat bei 3.7 Massenprozenten Silber eine Dichte von $2.6 \, g/cm^3$.

Durch Abtasten eines flächenhaften Radiophotolumineszenz-Detektors mit einem UV-Laser läßt sich ebenfalls die ortsabhängige Energiedeposition durch Vermessen des ortsabhängigen Fluoreszenzlichtes bestimmen. Bei der Registrierung von Einzelereignissen ergibt sich genau wie bei Thermolumineszenz-Detektoren eine Energieschwelle von der Größenordnung TeV. Die erreichbare Ortsauflösung wird auch hier durch die Auflösung des Abtastsystems beschränkt.

4.21 Plastikdetektor

Ein Teilchen hoher Ladung zerstört längs seiner Bahn in einem Festkörper die lokale Struktur. Diese latente Schädigung läßt sich durch Ätzen entwickeln und sichtbar machen. Als Festkörper kommen anorganische Kristalle, Gläser, Plastikmaterialien, Mineralien oder sogar Metalle in Frage. Die zerstörten Stellen des Materials reagieren mit der Ätzflüssigkeit heftiger als das unzerstörte Material, und es kommt zur Ausbildung der charakteristischen Ätzkegel. In Abb. 4.96 ist der zeitliche Verlauf eines Ätzvorganges an einer Plastikfolie skizziert.

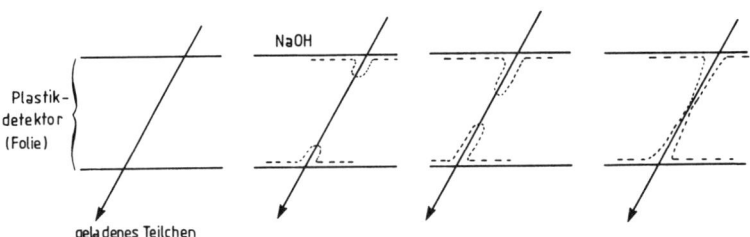

Abb. 4.96 Zeitverlauf des Ätzvorganges in einem Plastikdetektor.

Bei hinreichend langer Ätzdauer werden die Spuren durchgeätzt, und es entsteht ein Loch an der Stelle des Teilchendurchgangs. Durch den Ätzvorgang wird auch ein Teil des Oberflächenmaterials abgetragen.

Abb. 4.97 [75] zeigt einen Blick in den Ätzkrater, den ein Eisenkern in einer 1 mm dicken Polykarbonatfolie (Lexan) hinterlassen hat. Bei schrägem Einfall haben die Ätzkrater eine elliptische Form und ein Teil der tiefer liegenden Spur wird in der Aufsicht als diffuse Spitze erkennbar. Spuren von Spaltfragmenten sind in Abb. 4.98 [75] ebenfalls in Lexan gezeigt. Die Folien wurden in $NaOH$ bei 70°C geätzt. Die Breite einer einzelnen Spur beträgt etwa 3 μm.

200 μm

Abb. 4.97 Ätzkrater eines Eisenkerns in einem Plastikdetektor [75]. Die Spurbreite ist 193 μm.

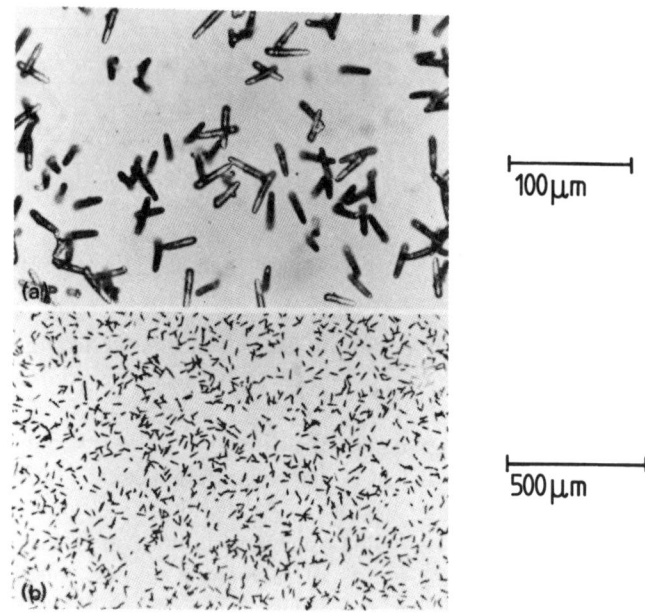

Abb. 4.98 Spuren von Spaltfragmenten in einem Plastikdetektor [75].
a) 180-fache, b) 40-fache Vergrößerung.

Die Energiebestimmung schwerer Ionen erfolgt häufig in Stapeln, die viele Folien enthalten (s. Abb. 4.99). Die Schädigung des Materials ist – wie der Energieverlust geladener Teilchen – proportional zum Quadrat ihrer Ladung.

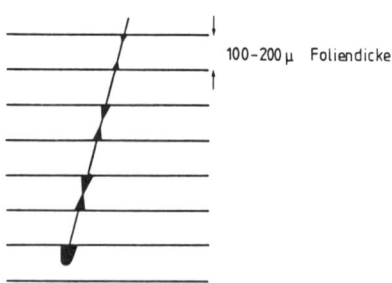

100–200 µ Foliendicke

Abb. 4.99 Stackaufbau mit Plastikdetektoren.

Plastikdetektoren zeigen einen Schwellenwert-Effekt: Die minimale Zerstörung, die von Protonen und α-Teilchen hervorgerufen wird, führt in den meisten Detektoren nicht zu ätzbaren Spuren. Der Nachweis von schweren Kernen z.B. in der primären kosmischen Strahlung ($Z \geq 3$) wird daher durch einen hohen Untergrund von Protonen und α-Teilchen nicht gestört. Die Größe der Ätzkegel (bei fester Ätzdauer) ist ein Maß für den Energieverlust der Teilchen. Sie läßt daher — bei bekannter Geschwindigkeit der Teilchen — eine Ladungsbestimmung an den Kernen zu. Ein an einem Ballon geflogener Stapel von Plastik-Folien in einer Restatmosphäre von einigen g/cm^2 erlaubt damit eine Bestimmung der Elementhäufigkeit in der primären kosmischen Strahlung.

Plastikdetektoren werden ebenfalls eingesetzt bei der Suche nach magnetischen Monopolen, die der Theorie zufolge stark ionisieren sollten. Solche Experimente können auch an Proton-Speicherringen durchgeführt werden, da der hohe Untergrund einfach geladener Teilchen wegen des Schwellwertverhaltens des Plastikmaterials die Suche nach Monopolen nicht stört.

In gleicher Weise wie Plastikdetektoren speichern auch Mineralien latente Schädigungen über einen langen Zeitraum. So kann man über das Auszählen von spontanen Spaltereignissen in uranhaltigen Mineralien eine Datierung dieser Gesteine vornehmen. Sind die Mineralien auf diese Weise zeitgeeicht, läßt sich aus der Häufigkeit von Spuren ausgelöst durch kosmische Strahlung feststellen, daß sich die Intensität der Höhenstrahlung in den letzten 10^6 Jahren nur unwesentlich (≤ 10 %) geändert haben kann.

Die Auswertung der Plastikdetektoren unter dem Mikroskop ist mühsam. Die Bildinformation kann allerdings über ein System bestehend aus einer CCD-Kamera und einem Mikroskop digitalisiert und nachfolgend mit einem Programm zur automatischen Mustererkennung bearbeitet werden [76, 77, 78].

4.22 Vergleich der Detektoren zur Orts- und Ionisationsmessung

Je nach Anwendungsbereich müssen verschiedene Detektoren zur Orts- und Energiemessung eingesetzt werden. In Experimenten zur

Hochenergiephysik werden vorzugsweise schnelle Detektoren wie Viel-drahtproportional- und Driftkammern eingesetzt. Der Trend geht zu immer kürzeren Zykluszeiten. Mittlerweile wird die Registrie-rung von Ereignissen in der Größenordnung von 10^8 pro Sekunde an zukünftigen Proton-Proton-Speicherringen angestrebt. Ob für solche Zykluszeiten überhaupt noch Gasdetektoren in Frage kommen – $10\,ns$ entsprechen einer Driftstrecke von $0.5\,mm$ – wird die Zukunft zeigen. Die Mikrostreifen-Kammer (s. Kap. 4.6) ist ein möglicher Kandidat für diese Anwendungen.

Für Experimente an Elektron-Positron-Speicherringen mit gerin-gen Ereignisraten sind zylindrische Driftkammern – insbesondere Zeit-Projektions-Kammern – hervorragend geeignet.

Detektoren mit optischer Registrierung wie Nebelkammer, Bla-senkammer und Funkenkammer werden immer weniger verwendet. Auch bei automatischer Auswertung der Ereignisbilder sind die Wie-derholzeiten dieser Detektoren zu lang.

Funkenkammern und Streamer-Kammern sind darüberhinaus durch die Triggerung extrem hoher Spannungssignale in kurzen Zeiten eine Quelle unerwünschter Störsignale, die andere Detektoren im Ex-periment beeinflussen können. Passive Detektoren, wie Kernemulsion und Plastikdetektor, die zumindest teilweise manuelle Auswertung verlangen, werden nur noch für spezielle Anwendungen eingesetzt, haben aber durch ihre Störunanfälligkeit in Ballon- und Raumfahrt-experimenten große Vorteile.

Es wäre aber verfrüht, bestimmte Detektoren als völlig überholt anzusehen, da es immer wieder Verbesserungen an den Nachweis-instrumenten gibt, die älteren Detektoren ein neues Einsatzgebiet eröffnen können. Die holographische Auslese von Blasenkammern ist dafür ein Beispiel.

In der Tabelle 4.2 sind die beschriebenen Detektoren zur Orts- und Ionisationsmessung mit einigen charakteristischen Merkmalen einander gegenübergestellt [32, 54]. Die angegebenen Zahlenwerte ha-ben den Charakter von typischen Größen, die in Experimenten er-reicht werden. Im Einzelfall können durchaus starke Abweichungen von den angegebenen Werten auftreten. Die "empfindlichen Zeiten" für Vieldrahtproportional-, Mikrostreifen- und Driftkammern bezie-hen sich auf ein elektronisch gesetztes Zeitfenster ("Gate"). Die auf-geführten Auslesezeiten sind meist elektronisch bedingt und nicht abhängig vom Nachweisprinzip.

Ortsdetektor	Ortsauflösung [μm]	Totzeit [ms]	Empfindliche Zeit [ns]	Auslesezeit [μs]	Bemerkungen
Vieldrahtproportional-Kammer	200	$< 10^{-5}$	50	10	hohe Zeitauflösung
Mikrostreifen-Kammer	30	$< 10^{-5}$	20	5	hochratenverträglich, strahlenresistent
Driftkammer	100	$< 10^{-5}$	500	10	gute Ortsauflösung, ökonomischer Betrieb
Blasenkammer	20	100	10^6	10^4	nicht triggerbar, Analyse komplexer Ereignisse
Streamer-Kammer	30	10	10^3	10^4	triggerbar, hohe Vielspurrekonstruktion möglich
Flashkammer	1000	10	10^3	10^3	kostengünstig
Funkenkammer	200	5	10^3	10^4	einfacher Aufbau
Nebelkammer	300	10^5	10^7	10^6	einfacher Aufbau, viele Details sichtbar
Kernemulsion	3	0	∞	10^9	hohe Ortsauflösung
Plastikdetektor	5	0	∞	10^9	preiswert, hohe Ortsgenauigkeit
Lichtfasersysteme (s. Kap. 5)	35	$< 10^{-5}$	20	1	hochratenverträglich

Tabelle 4.2: Vergleich von charakteristischen Eigenschaften einiger Detektoren zur Ortsmessung [32, 54].

Kapitel 5

Zeitmessung

Der Hauptdetektor, der in diesem Kapitel beschrieben wird, ist der Szintillationszähler mit seiner Auslese über lichtempfindliche Systeme. Szintillationszähler werden vielfältig eingesetzt, z.B. als Triggerzähler, um kompliziertere Anordnungen sensitiv zu machen oder als Zeitmeßinstrumente. Zur hochauflösenden Zeitmessung gehören aber auch die planaren Funkenzähler. Zunächst aber soll das Hauptausleseinstrument für Szintillatoren dargestellt werden, der Photomultiplier oder Sekundärelektronenvervielfacher.

5.1 Photomultiplier

Mit das gebräuchlichste Instrument zur Registrierung schneller Lichtsignale ist der Photomultiplier. Sichtbares oder ultraviolettes Licht — etwa aus einem Szintillator — löst durch Photoeffekt Elektronen aus einer Alkali-Metall-Photokathode aus. Die Photokathode liegt auf negativer Hochspannung. Die dort erzeugten Photoelektronen werden durch ein elektrisches Feld auf die erste Dynode, die Teil eines Vervielfachungssystems ist, fokussiert. Die an der Kathode anliegende negative Spannung wird zur Anode über weitere Dynoden hinweg linear mit einem Spannungsteiler heruntergeteilt (Abb. 5.1).

Ein wichtiger Parameter eines Photomultipliers ist die Quantenausbeute, d.h. die Anzahl der Photoelektronen bezogen auf die Anzahl der einfallenden Photonen. Für Bialkali-Kathoden ($Cs - K$ mit Sb) erreicht die Quantenausbeute Werte um 25 % bei einer Wellenlänge um $400\,nm$. Abb. 5.2 zeigt die Quantenausbeute für

Bialkali-Kathoden als Funktion der Wellenlänge [79]. Zu kleinen Wellenlängen hin nimmt die Quantenausbeute ab, weil die Transparenz des Photomultiplierfensters für UV-Strahlung mit steigender Frequenz zurückgeht. Die Dynoden müssen einen hohen Sekundärelektronenemissionskoeffizienten haben (BeO oder $Mg - O - Cs$). Für Elektronenenergien um 100 bis 200 eV, die typischen Beschleunigungsspannungen zwischen zwei Dynoden entsprechen, werden drei bis fünf Sekundärelektronen emittiert [32].

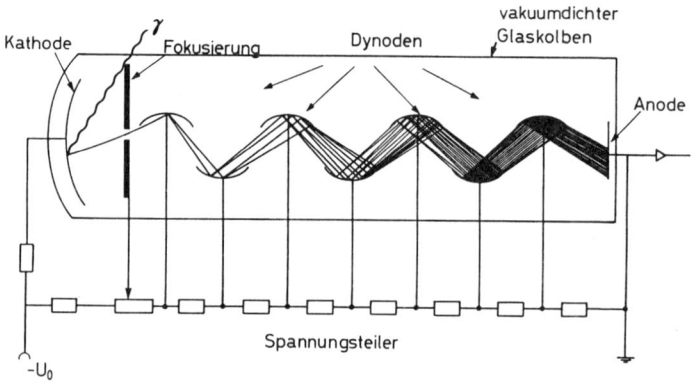

Abb. 5.1 Prinzipieller Aufbau eines Photomultipliers. Das Elektrodensystem befindet sich in einem evakuierten Glaskolben. Der Photomultiplier wird meist durch einen Mu-Metall-Zylinder aus hochpermeablem Werkstoff gegen magnetische Streufelder abgeschirmt (auch gegen das Erdmagnetfeld).

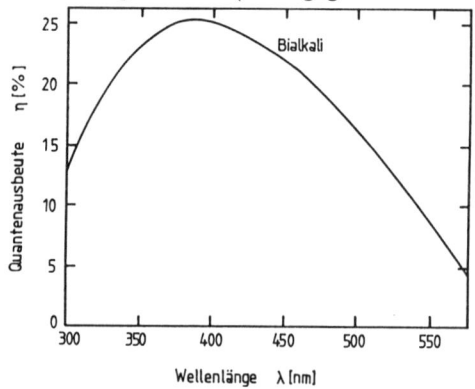

Abb. 5.2 Quantenausbeute einer Bialkali-Kathode als Funktion der Wellenlänge [79].

Für einen n-stufigen Photomultiplier (d.h. mit $n-1$ Dynoden) mit einem Sekundäremissionskoeffizienten p werden dann Stromverstärkungen von

$$A = p^{n-1} \tag{5.1}$$

erreicht. Für typische Werte von $p = 4$ und $n = 14$ erhält man $A = 4^{13} = 7 \cdot 10^7$.

Die an der Anode ankommende Ladung

$$Q = eA = 1.1 \cdot 10^{-11} \, C \tag{5.2}$$

wird innerhalb von etwa $5\,ns$ gesammelt. Das führt zu einem Anodenstrom von

$$i = \frac{dQ}{dt} = 2.2\,mA \,. \tag{5.3}$$

Schließt man den Photomultiplier mit $50\,\Omega$ ab, so erhält man ein Spannungssignal von

$$\Delta U = R \cdot \frac{dQ}{dt} = 110\,mV \,. \tag{5.4}$$

Die Anstiegszeit des Photomultipliersignals ist etwa $2\,ns$. Diese Zeit ist von derjenigen zu unterscheiden, die die Elektronen benötigen, um den Photomultiplier zu durchlaufen. Diese Durchlaufzeit hängt vom Photomultipliertyp ab und beträgt typisch $\sim 40\,ns$.

Problematisch für eine gute Zeitauflösung ist die Schwankung in der Ankunftszeit der Elektronen an der Anode ("Time Jitter"). Diese Schwankung kann einerseits ihren Ursprung in der Variation der Geschwindigkeit der Photoelektronen haben, andererseits kann, je nach Photomultipliertyp, die Weglänge vom Entstehungsort der Photoelektronen zur ersten Dynode großen Schwankungen unterworfen sein.

Die Zeitschwankung aufgrund unterschiedlicher Geschwindigkeiten der Photoelektronen läßt sich leicht errechnen [32].

Nehmen wir an, zwei Photoelektronen starten von der Photokathode in Richtung auf die erste Dynode; und zwar eines aus der Ruhe (kinetische Energie Null), das andere mit der Geschwindigkeit v in Richtung auf die 1. Dynode (kinetische Energie E_k). Beide Elektronen werden durch das Fokussierungsfeld E beschleunigt. Das anfangs ruhende Elektron legt den Weg s in einer Zeit entsprechend

$$s = \frac{1}{2}\ddot{x} \cdot t_1^2 = \frac{1}{2}\frac{eE}{m} \cdot t_1^2 \tag{5.5}$$

zurück. Dasjenige mit der Anfangsenergie E_k benötigt für denselben Weg eine etwas kürzere Zeit gemäß

$$s = \frac{1}{2}\frac{eE}{m}t_2^2 + v \cdot t_2 \, . \tag{5.6}$$

Wegen

$$v = \sqrt{2E_k/m} \tag{5.7}$$

folgt

$$\frac{1}{2}\frac{eE}{m}t_1^2 = \frac{1}{2}\frac{eE}{m}t_2^2 + \sqrt{\frac{2E_k}{m}}t_2 \tag{5.8}$$

$$t_1^2 - t_2^2 = (t_1 + t_2)(t_1 - t_2) = \frac{\sqrt{2E_k/m}}{\frac{1}{2}eE/m} \cdot t_2 \, . \tag{5.9}$$

Mit $t_1 + t_2 \approx 2t$ und $t_1 - t_2 = \delta t$ folgt für die Ankunftszeitdifferenz

$$\delta t = \frac{\sqrt{2mE_\kappa}}{eE} \tag{5.10}$$

Für $E_k = 1\,eV$ und $E = 200\,V/cm$ ergibt sich $\delta t = 0.17\,ns$.

Die Ankunftszeitdifferenz aufgrund von Weglängenvariationen hängt sehr stark von der Größe und der Form der Photokathode ab. Für einen XP2041 Photomultiplier mit planarar Photokathode und einem Durchmesser von $100\,mm$ beträgt diese Zeitdifferenz $1\,ns$ [89]. Bei großen Photomultipliern begrenzen die Laufzeitdifferenzen im wesentlichen die erreichbare Zeitauflösung. Die im Kamiokande Nukleonzerfalls- und Neutrino-Experiment [234] eingesetzten Photomultiplier mit 20 Zoll ($\approx 50\,cm$) Kathodendurchmesser zeigen Laufzeitdifferenzen von bis zu $5\,ns$. Bei dieser Photoröhre ist der Weg zwischen Photokathode und erster Dynode so groß, daß das Erdmagnetfeld effektiv abgeschirmt werden muß, damit die Photoelektronen überhaupt zur ersten Dynode gelangen können. Abb. 5.3 zeigt ein Photo eines Fünf-Zoll-Photomultipliers [238].

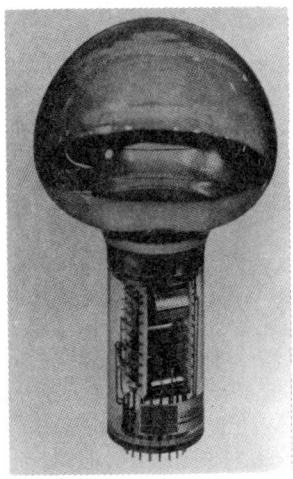

Abb. 5.3 Photo eines Fünf-Zoll-Photomultipliers [238].

Die typische spektrale Empfindlichkeit einer Bialkali-Photoka-
thode mit Borsilikatglasfenster ist in Abb. 5.4 dargestellt [89]. Für
Wellenlängen um 450 nm erreicht sie Spitzenwerte um $85\,mA/W$.
Auch hier ist zum kurzwelligen Ende hin die spektrale Empfind-
lichkeit durch die abnehmende Transparenz des Fensters für UV-
Strahlung begründet. Mit Kathodenfenstern aus Quarz kann man
Photonen bis hin zu $200\,nm$ nachweisen.

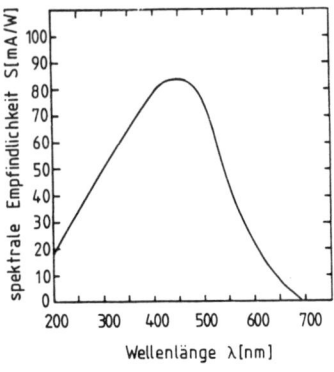

Abb. 5.4 Spektrale Empfindlichkeit einer Bialkali-Kathode mit Bor-
Silikat-Fenster [89].

Die Laufzeitschwankungen können in Mikrokanalphotomultipli-
ern ("Channel Plates") erheblich reduziert werden. Das Prinzip eines solchen Kanalelektronenvervielfachers ist in Abb. 5.5 dargestellt
[90]. An ein dünnes Glasrohr (Durchmesser 10 bis $50\,\mu m$, Länge 5
bis $10\,mm$), das innen mit Widerstandsmaterial beschichtet ist, wird
eine Spannung von ca. 1000 Volt angelegt. Einfallende Photonen erzeugen Photoelektronen an einer Photokathode oder an der Innen-
wand des Mikrokanals, die, wie im normalen Photomultiplier, an der
— in diesem Falle — kontinuierlichen Dynode vervielfacht werden.
In Mikrokanalplatten werden viele (10^4 bis 10^7) solcher Kanäle durch
Löcher in einer Bleiglasplatte ausgebildet. Abb. 5.6 zeigt eine mikrophotographische Aufnahme solcher Kanäle mit $12.5\,\mu m$ Durchmesser
[239]. Wegen der kurzen Wege der Elektronen in dem longitudinalen
elektrischen Feld werden die Laufzeitschwankungen gegenüber dem
Photomultiplier drastisch reduziert. Man erreicht Laufzeitdifferenzen
unter $100\,ps$ bei Vervielfachungsfaktoren zwischen 10^5 und 10^6.

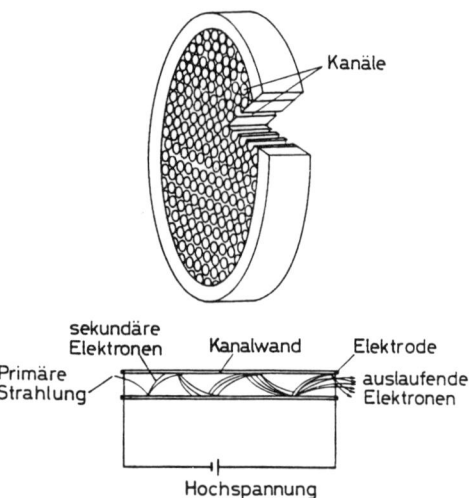

Abb. 5.5 Prinzip eines Kanalelektronenvervielfachers [90].

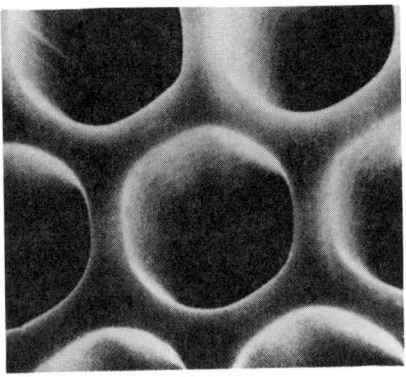

Abb. 5.6 Mikrophotographische Aufnahme von Mikrokanälen [239].

Während man normale Photomultiplier praktisch gar nicht oder nur stark abgeschirmt in Magnetfeldern betreiben kann, sind bei Kanalplatten die Magnetfeldeinflüsse wegen der kurzen Strecken, die die Photoelektronen durchlaufen, viel geringer.

Ein Problem bei Kanalplatten ist der Fluß positiver Ionen, die durch Elektronenstoß mit dem Restgas gebildet werden, und in Richtung Photokathode wandern. Die Lebensdauer von Kanalplatten wäre sehr kurz, wenn die positiven Ionen nicht daran gehindert würden, die Photokathode zu erreichen. Durch extrem dünne, für Elektronen transparente Aluminiumfenster (Dicke $\sim 7\,nm$), die zwischen Photokathode und Kanalplatte angebracht werden und die die positiven Ionen absorbieren, schützt man die Photokathode vor dem Ionenbombardement.

Abb. 5.7 zeigt einen dreistufigen Mikrokanalplattenphotomultiplier im prinzipiellen Aufbau.

In Weltraumexperimenten werden auch "offene" Kanalplatten ohne Photokathode verwendet. Es werden meistens einzelne Kanäle eingesetzt, die gekrümmt sind, um die Verstärkung zu erhöhen und ein zufälliges, geradliniges Durchdringen der Strahlung zu verhindern. Die Durchmesser dieser Einkanalphotomultiplier liegen im mm-Bereich. Sie sind auch für einfallende niederenergetische geladene Teilchen geeignet. Es werden Verstärkungen um 10^8 erreicht.

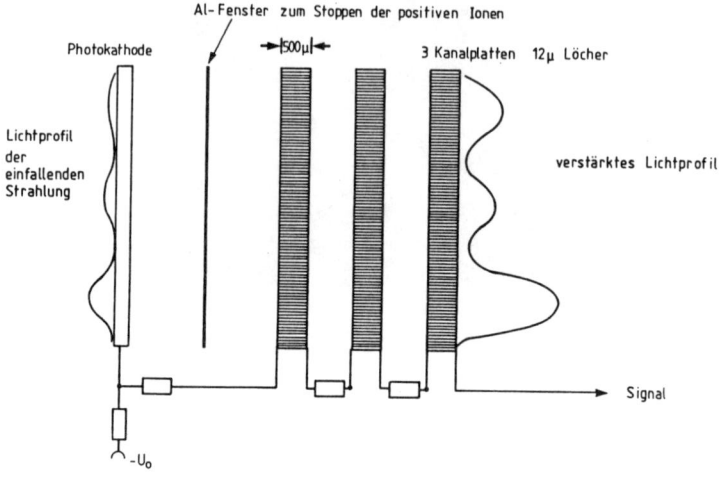

Abb. 5.7 Prinzipieller Aufbau eines dreistufigen Mikrokanalplatten-
multipliers.

Abb. 5.8 [89] zeigt den prinzipiellen Aufbau eines Einkanalelektronenvervielfachers.

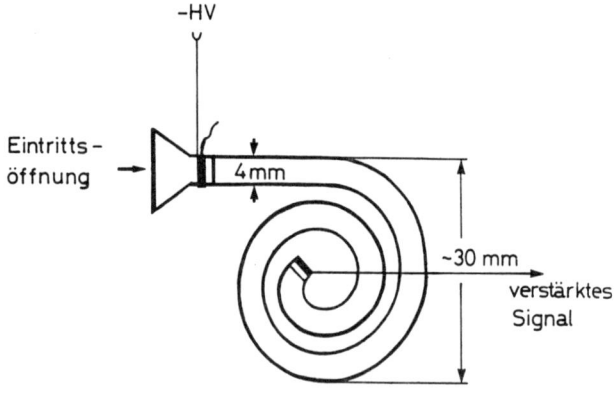

Abb. 5.8 Aufbau eines Einkanalelektronenvervielfachers [89].

Eine große Anwendung von Kanalplatten liegt im Bereich der
Restlichtverstärker. Eine mit Kanalplatten ausgerüstete Kamera
kann bei mondloser klarer Nacht allein durch das Sternenlicht scharfe,
kontrastreiche Bilder liefern.

Für den Fall, daß größere Lichtmengen zur Verfügung stehen, kommt man mit photoempfindlichen Detektoren mit geringer Verstärkung aus. Hierzu zählen Photodioden und Phototransistoren.

5.2 Szintillatoren

Der Szintillator ist eines der ältesten Nachweisinstrumente für Kernstrahlung. Ursprünglich wurden etwa geladene Teilchen dadurch nachgewiesen, daß sie beim Auftreffen auf Zinksulfid-Schirme Lichtblitze auslösten, die mit dem Auge registriert werden konnten. Es wird berichtet, daß man die Empfindlichkeit des menschlichen Auges durch den Genuß starken Kaffees, evtl. mit einer geringen Dosis Strychnin deutlich steigern kann.

Nach einer längeren Adaptionszeit im Dunkeln ist das menschliche Auge in der Lage, etwa 15 innerhalb einer Zehntelsekunde auftreffende Lichtquanten, deren Wellenlänge dem Maximum der Augenempfindlichkeit entspricht, als einen Lichtblitz wahrzunehmen. Die Zeitspanne von einer Zehntelsekunde entspricht dabei etwa der Zeitkonstanten des Sehvorgangs [101]. Chadwick [365] zitiert gelegentlich eine Arbeit von Henri und Bancels [366], wonach noch eine Energiemenge von etwa 3 eV entsprechend einem einzigen Photon im grünen Spektralbereich vom Auge wahrnehmbar sein sollte [367].

Das Meßprinzip des Szintillators hat sich im wesentlichen nicht geändert. Die Funktion des Szintillators ist zweifach: Er soll erstens die Anregung eines Festkörpers, die durch den Energieverlust von Teilchen hervorgerufen wird, in sichtbares Licht konvertieren und zweitens dieses Licht entweder selbst oder über einen Lichtleiter auf einen optischen Empfänger (Photomultiplier, Kanalplatte, Phototransistor, Photodiode, ...) übertragen [319, 323].

Als Szintillatormaterialien kommen anorganische Kristalle, organische Stoffe und Gase in Frage. Der Szintillationsmechanismus in den verschiedenen Szintillatorsubstanzen ist grundlegend verschieden.

Anorganische Szintillatoren sind meist mit Fremdatomen (Farbzentren; Aktivatorzentren) dotierte Einkristalle ($NaJ(Tl)$; $CsJ(Tl)$; $LiJ(Eu)$; ...) [371], während organische Szintillatoren polymerisierte Festkörper, Flüssigkeiten oder auch Kristalle sind.

Der Szintillationsmechanismus läßt sich mit Hilfe des Bändermodells von Kristallen verstehen. Die meist verwendeten Halogenid-

Kristalle sind Isolatoren. Das Valenzband ist voll besetzt, aber das Leitungsband ist gewöhnlich leer (Abb. 5.9, [48]). Der Energieunterschied der beiden Bänder beträgt zwischen 5 und 10 eV. Es werden gezielt Aktivator-Zentren als Fremdatome in das Kristallgitter eingebaut. Durch diese Fremdatome werden zwischen Valenz- und Leitfähigkeitsband lokalisiert zusätzliche Energieniveaus erzeugt.

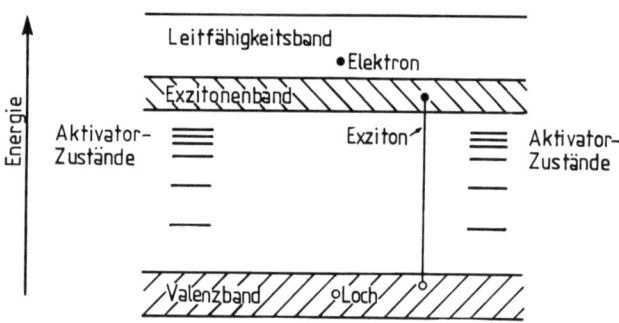

Abb. 5.9 Bändermodell eines Festkörpers.

Durch ein einfallendes geladenes Teilchen, Photon, oder durch von Photonen erzeugte sekundäre Teilchen, werden Elektronen aus dem Valenzband in das Leitfähigkeitsband gehoben. Dort können sie sich frei bewegen. Bei diesem Anregungsprozeß bleibt im Valenzband ein Loch zurück. Durch dieses Elektron-Loch-Paar hat der Kristall eine gewisse elektrische Leitfähigkeit erhalten. Rekombiniert das freigesetzte Elektron wieder mit einem Loch, so kann die dabei freiwerdende Energie als Photon abgestrahlt werden.

Es kann jedoch auch passieren, daß das Elektron, das einen Teil des Energieverlustes des einfallenden Teilchens absorbiert hat, das Leitfähigkeitsband nicht erreicht, und an das Loch elektrostatisch gebunden bleibt. Solche Elektron-Lochzustände (Exzitonen) wandern ebenso wie die freien Elektronen und Löcher durch den Kristall, bis sie auf ein Aktivator-Zentrum stoßen und an dieses ihre Energie abgeben. Das Aktivator-Zentrum gibt die Anregungsenergie an das Kristall-Gitter in Form von Gitterschwingungen (Phononen) oder unter Emission von Licht ab. Ein gewisser Bruchteil der im Kristall absorbierten Energie wird somit in Form von Lumineszenzstrahlung emittiert, die von nachgeschalteten photosensitiven Detektoren weiterverarbeitet werden kann. Die Abklingzeit des Szintillators hängt von der Lebensdauer der angeregten Zustände ab.

Tabelle 5.1 zeigt die charakteristischen Parameter einiger anorganischer Szintillatoren [32, 240]. Mit Abklingzeiten im Mikrosekundenbereich sind anorganische Szintillatoren relativ langsam. Lediglich Cerfluorid (CeF_3) und Cer-dotiertes Gadoliniumsilikat $(GSO(Ce) = Gd_2SiO_5)$ haben kürzere Abklingzeiten. Diese beiden anorganischen Kristalle und auch Bariumfluorid sind darüberhinaus auch besonders strahlenresistent [240, 241, 321].

Szintillator	Dichte $\varrho[g/cm^3]$	Abkling- zeit$[\mu s]$	Photonen pro MeV	Strahlungs- länge $X_0[cm]$	$-\frac{dE}{dx}\vert_{min}$ $[\frac{MeV}{cm}]$
$NaJ(Tl)$	3.67	0.23	$4 \cdot 10^4$	2.59	4.8
$LiJ(Eu)$	4.06	1.3	$1.4 \cdot 10^4$	2.2	5.1
$CsJ(Tl)$	4.51	1.0	$1.1 \cdot 10^4$	1.86	5.6
$Bi_4Ge_3O_{12}$	7.13	0.35	$2.8 \cdot 10^3$	1.12	9.2
BaF_2	4.9	0.62	$6.5 \cdot 10^3$	2.1	6
CeF_3	6.16	0.03	$\sim 5 \cdot 10^3$	1.7	7.7
GSO	6.71	~ 0.05	$\sim 10^4$	1.38	8.3

Tabelle 5.1 Charakteristische Parameter einiger anorganischer Szintillatoren [32, 240].

In organischen Szintillatoren sind die Abklingzeiten viel kürzer. Sie liegen im Nanosekundenbereich. Der Szintillationsmechanismus ist hier kein Effekt des Gitters. Organische Szintillatoren sind in der Regel dreikomponentige Mischungen: Ein primärer Fluoreszenzstoff wird durch den Energieverlust von Teilchen angeregt. Im Zerfall der angeregten Zustände wird ultraviolettes Licht emittiert. Die Absorptionslänge dieses UV-Lichtes ist jedoch sehr kurz: Der Fluoreszenzstoff ist für sein eigenes Licht nicht transparent. Die Extraktion des Lichtes gelingt nur durch Beimischung eines zweiten fluoreszierenden

Stoffes, der das primäre Fluoreszenzlicht absorbiert und Licht ge-
ringerer Frequenz isotrop reemittiert ("Wellenlängenschieber"). Das
Emissionsspektrum der zweiten Komponente wird an die spektrale
Empfindlichkeit des Lichtempfängers angepaßt [32].
   Die beiden aktiven Komponenten des organischen Szintillators
werden entweder in einer organischen Flüssigkeit gelöst oder mit einem organischen Material zu einer polymerisierenden Substanz ver-
mischt. Auf diese Weise lassen sich die Flüssigkeits- oder Plastikszintillatoren praktisch in allen Geometrien herstellen. Am häufigsten
werden Platten von 1 mm bis 30 mm Dicke verwendet. Tabelle 5.2
zeigt einige primäre Fluoreszenzstoffe und Wellenlängenschieberma-
terialien. In der Abb. 5.10 sind die Emissionsspektren eines primären
Fluoreszenzstoffes und Wellenlängenschiebers im Vergleich mit der typischen spektralen Empfindlichkeit der Photokathode eines gängigen
Photomultipliers gezeigt [32].

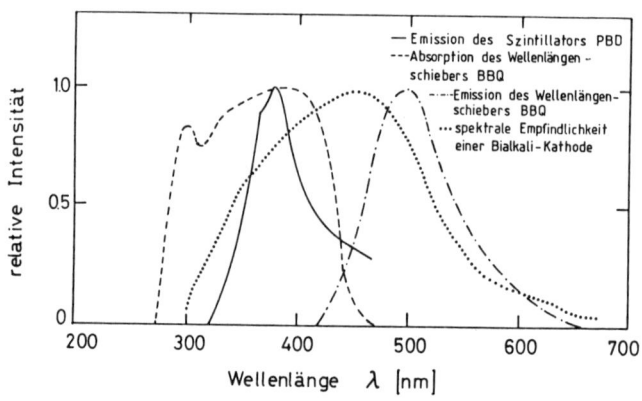

Abb. 5.10 Emissionsspektren eines primären Fluoreszenzstoffes und
         Wellenlängenschiebers im Vergleich mit der spektralen
         Empfindlichkeit der Photokathode eines gängigen Photo-
         multipliers [32].

Fluoreszenzstoffe	$\lambda_{max}[nm]$ Emission	Abklingzeit $[ns]$	$\dfrac{\text{Ausbeute}}{\text{Ausbeute } NaJ}$
Naphtalen	348	96	0.12
Anthracen	440	30	0.5
p-Therphenyl	440	5	0.25
PBD	360	1.2	
Wellenlängenschieber			
POPOP	420	1.6	
bis-MSB	420	1.2	

Tabelle 5.2 Organische Fluoreszenzstoffe (primär) und Wellenlängenschieber. Die angegebene Lichtausbeute normiert auf diejenige von NaJ bezieht sich auf den gleichen Energieverlust in allen Materialien.

Beim Gasszintillationszähler wird das Szintillationslicht herangezogen, das entsteht, wenn geladene Teilchen bei Wechselwirkungen mit Atomen diese anregen und sie nachfolgend durch Lichtemission in den Grundzustand übergehen [319, 403, 404, 405, 406]. Die Lebensdauer der angeregten Zustände liegt im Nanosekundenbereich. Wegen der geringen Dichte ist die Lichtausbeute bei Gasszintillatoren relativ niedrig. Es lassen sich jedoch auch Gasszintillatoren mit flüssigen Edelgasen betreiben [347].

Koppelt man aber einen Gasszintillator mit einer Driftkammer, so driften die im Ionisationsprozeß ebenfalls erzeugten Elektronen zum Anodendraht, wo sich im Laufe der Lawinenbildung aufgrund der Gasverstärkung auch die Photonen lawinenartig vermehren. Dieses sekundäre Szintillationslicht ist viel stärker als das primäre Szintillationslicht. Das primäre Licht kann zur (Selbst-)Triggerung einer solchen Gasszintillationsdriftkammer (gelegentlich auch Elektrolumineszenz-Driftkammer genannt) verwendet werden. Außerdem ist die Menge des primären und auch des sekundären Lichtes, wenn die Kammer im Proportionalbereich betrieben wird, dem Energieverlust des einfallenden Teilchens proportional.

Abb. 5.11 zeigt die in einer Gasszintillationsdriftkammer gemessenen Licht- und Ladungssignale als Funktion der Hochspannung [91]. Die mit Photomultipliern gemessene Lichtintensität liefert schon bei sehr geringen Zähldrahtspannungen brauchbare Signale. Bei einer Anodenspannung von null Volt wird nur das direkte, im primären Prozeß erzeugte Licht registriert.

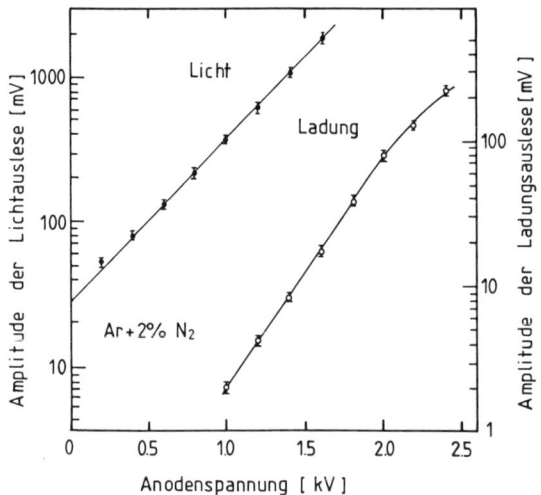

Abb. 5.11 Licht- und Ladungssignalamplituden in einer Gasszintillationskammer. Die Kammer ist mit Argon + 2 % Stickstoff (N_2) gefüllt und wurde mit α-Teilchen eines ^{241}Am-Präparates bestrahlt [91]. Die absoluten Amplituden der Licht- und Ladungsauslese sind nicht direkt vergleichbar, da sie durch unterschiedliche elektronische Auslesesysteme erhalten wurden.

Großflächige Szintillationszähler werden häufig zur Triggerung anderer Detektoren, die detailliertere Informationen liefern, eingesetzt. Ein Hauptanwendungsgebiet ist aber auch der Einsatz von Szintillatoren in Kalorimetern.

In diesen Nachweisinstrumenten (s. Kap. 7) ist es wichtig, daß die Szintillatoren eine gute Uniformität zeigen, d.h. die Lichtausbeute soll unabhängig vom Teilchendurchgangsort sein. Wegen der endlichen Abschwächlänge (λ) des Lichtes in Szintillatoren, Wellenlängenschiebern und Lichtleitern von der Größenordnung von $\lambda \sim 1\,m$ ist dies

Ja, ich würde gern mehr über Ihr Programm wissen:

- ☐ Mathematik ☐ Philosophie
- ☐ Informatik ☐ Medizin
- ☐ Physik ☐ Ingenieurwissenschaften
- ☐ Astronomie ☐ Geowissenschaften

- ☐ Deutsche Sprache/Wörterbücher

- ☐ Ja, ich würde gerne regelmäßig die Verzeichnisse über die allgemeine Produktion des Verlages Bibliographisches Institut & F. A. Brockhaus erhalten.

Gewünschtes bitte ankreuzen.

Name, Vorname

Straße, Hausnummer

PLZ/Ort

Beruf

○ Dozent ○ Praktiker

○ Student ○ _____

an
○ Universität ○ Fachhochschule

○ PH ○ Technikerschule

○ _____

W 156

Meine Buchhandlung:

B.I.-Hochschultaschenbücher, Einzelwerke und Reihen aus dem B.I.-Wissenschaftsverlag

Mathematik, Informatik, Physik, Astronomie, Philosophie, Chemie, Medizin, Ingenieur-wissenschaften, Wirtschaftswissenschaften, Geowissenschaften

Wissenschaftsverlag
Mannheim · Leipzig · Wien · Zürich

Antwortkarte

Bibliographisches Institut & F. A. Brockhaus AG

Werbeabteilung
Postfach 10 03 11

6800 Mannheim 1

jedoch schwer erreichbar. Die Absorption findet hauptsächlich am kurzwelligen Ende des Emissionsspektrums statt.

Die Lichtabsorption in einem 3 *mm* dicken BBQ-Wellenlängenschieberstreifen ist in Abb. 5.12 gezeigt [92].

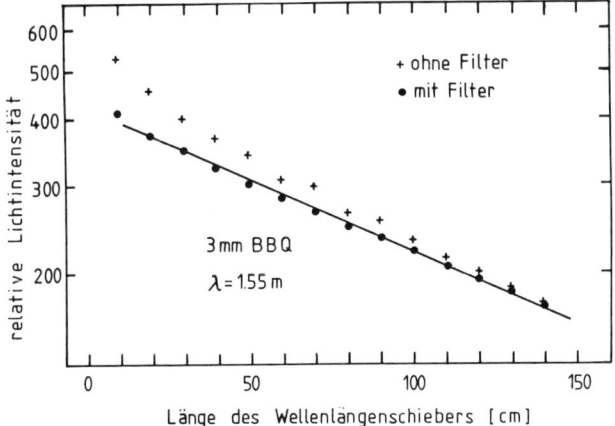

Abb. 5.12 Lichtabsorption in einem 3 *mm* dicken BBQ-Wellenschieberstreifen [92].

Verzichtet man auf die Messung der kurzwelligen Komponente des Emissionsspektrums durch Verwendung von Gelbfiltern vor dem Photomultiplier, so kann die Uniformität der Lichtsammlung verbessert werden.

Da man in der Regel großflächige Szintillatoren mit mehreren Photomultipliern ausliest, kann man aus den relativen Signalhöhen den Teilchendurchgangsort bestimmen und die gemessenen Lichtmengen auf Absorptionseffekte korrigieren.

Da Szintillationszähler in Kalorimetern fast immer als Plattenmaterial vorliegen, aus deren Kanten das Szintillationslicht austritt, muß eine Anpassung der Ausleseeffläche an die runde Geometrie eines Photomultipliers erfolgen. Diese Anpassung wird von Lichtleitern übernommen. Im einfachsten Falle (Abb. 5.13) wird das Licht über einen dreieckigen ("Fischschwanz"-)Lichtleiter auf die Photokathode eines Multipliers geführt. Eine komplette Lichtübertragung kann auf diese Weise nicht gelingen. Versucht man, die Endfläche des Szintillators vollständig auf die Photokathode ohne Lichtverluste abzubilden ("adiabatischer Lichtleiter"), muß man kompliziertere Lichtleiter in Kauf nehmen. In Abb. 5.14 ist das Prinzip eines adiabatischen Lichtleiters ($dQ = 0$; d.h. kein Lichtverlust) dargestellt. Die einzelnen Lichtleiterelemente dürfen nur schwach gebogen sein, da sonst das Licht, das normalerweise per Totalreflektion im Lichtleiter gehalten wird, an den Biegestellen austreten kann.

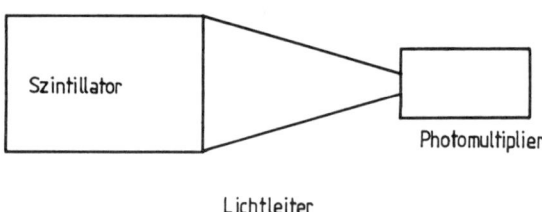

Abb. 5.13 Prinzip der Lichtauslese mit einem "Fischschwanz"-Lichtleiter.

Abb. 5.14 Photo eines adiabatischen Lichtleiters [258].

Wegen des Liouvilleschen Theorems ("Das Volumen einer beliebigen Phasenpunktmenge kann zwar im Laufe der zeitlichen und
räumlichen Entwicklung seine Gestalt ändern, seine Größe bleibt aber
konstant") kann die Szintillatorendfläche F nicht ohne Lichtverlust
auf eine kleinere Photokathodenfläche A abgebildet werden.

Die Zeitauflösung großer Szintillatoren wird nicht so sehr durch
das zeitliche Auflösungsvermögen des Photomultipliers sondern
durch die Zeitdifferenz der Lichtwege im Szintillator selbst begrenzt
($1 m \hat{=} 5 \, ns$). Man erreicht für lange Szintillatoren unter Verwendung
spezieller Ausleseelektronik Zeitauflösungen von $\sigma_t \approx 200 \, ps$.

Hat man, wie es in Kalorimetern üblicherweise der Fall ist, eine
genügende Lichtmenge zur Verfügung, so kann man das aus der Stirn-
seite eines Szintillators austretende Licht in einem externen Wellenlängenschieberstab absorbieren. Dieser reemittiert das absorbierte
Licht isotrop bei einer größeren Wellenlänge und leitet es auf einen
Lichtempfänger (Abb. 5.15).

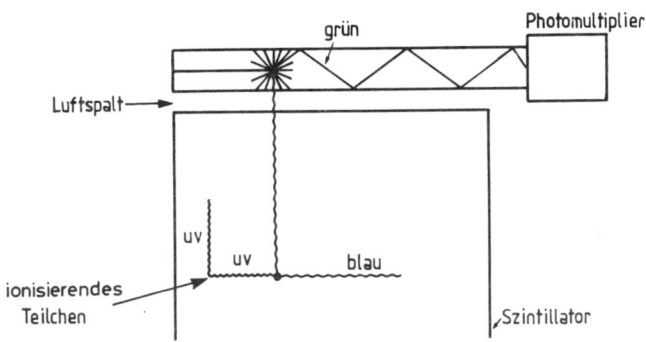

Abb. 5.15 Wellenlängenschieberauslese eines Szintillators.

Es ist wichtig, daß zwischen der Szintillatorendfläche und dem
Wellenlängenschieberstab ein kleiner Luftspalt verbleibt, damit das
frequenzverschobene, isotrop reemittierte Licht über Totalreflexion
im Wellenlängenschieber gehalten wird. Durch dieses Verfahren der
Lichtübertragung verliert man natürlich einen großen Teil des Lichtes:
Typische Konversionswerte liegen zwischen 1 und 5 %.

Beim Nachweis von elektromagnetischen Schauern hat man jedoch häufig so viel Licht, daß man sogar doppelt frequenzverschieben

kann. Dadurch wird zwar die Lichtausbeute noch weiter reduziert, aber die Kompaktheit der Kalorimetermodule wird entscheidend verbessert (s. Abb. 5.16). Für solche Zwecke wurden eigens Szintillatoren und Wellenlängenschieber entwickelt, bei denen die jeweiligen Spektralbereiche gut aufeinander abgestimmt sind.

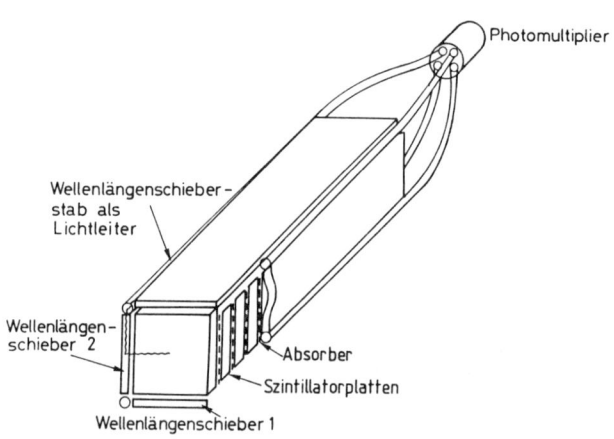

Abb. 5.16 Zweistufige Wellenlängenschieberauslese eines Kalorimeters.

Als Szintillator kommt etwa als primärer Fluoreszenzstoff Naphtalin (15 %) gemischt mit einem internen Wellenlängenschieber aus Butyl PBD (1 %) gelöst in einer polymerisierenden Substanz wie PMMA (Polymethylmetacrylat = "Plexiglas") in Frage. In den externen Wellenlängenschieberstäben verwendet man häufig BBQ-Absorber/Emitter (Benzimidazo-Benzisochinolin-7-on) ebenfalls gelöst in PMMA. Durch Mehrfach-Frequenzverschiebung kommt man allerdings immer weiter an das langwellige Ende des Lichtspektrums. Die spektrale Empfindlichkeit des Photomultipliers muß entsprechend angepaßt werden.

Durch getrennte Auslese etwa der vier Wellenlängenschieberstäbe in Abb. 5.16 kann man aus den relativen Impulshöhen der einzelnen

Wellenlängenschieber eine grobe Ortsbestimmung des Ursprungs der Lichtemission im Szintillator mit Ortsauflösungen in der Größenordnung *cm* erreichen.

Die in Kalorimetern verwendeten Szintillationszähler müssen nicht in Form von Platten, die sich mit Absorberschichten abwechseln, vorliegen. Sie können auch als szintillierende Fasern z.B. in eine Bleimatrix eingebettet sein [93, 357]. Hierbei gestaltet sich die Auslese einfacher, denn die szintillierenden Fasern können ohne Verlust der Totalreflektion recht stark gebogen und direkt oder über Lichtleiterfasern auf einen Photomultiplier geleitet werden ("Spaghetti-Kalorimeter"). Durch eine separate Auslese der einzelnen Lichtfasern kann auch eine sehr gute Ortsbestimmung erfolgen, welche die Auflösung die von Driftkammern übertrifft [93, 308, 354]. Ebenso können auch mit Flüssig-Szintillator gefüllte dünne Kapillaren ("Makkaronis") zur Spurbestimmung geladener Teilchen dienen [242, 309, 310]. Insofern gehören die Lichtfaser-Kalorimeter oder allgemein Lichtfasersysteme ebenso zu den Ortsdetektoren und stellen wegen der kurzen Abklingzeit des Lichtes eine echte Alternative zu den wegen der Elektronendrift relativ langsamen Gasentladungsdetektoren dar. Abb. 5.17 zeigt die Spur eines geladenen Teilchens in einem Stapel von szintillierenden Fasern. Der Faserdurchmesser beträgt 1 *mm* [243].

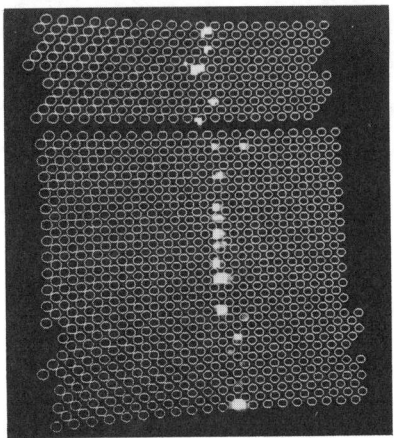

Abb. 5.17 Teilchenspur in einem Stapel szintillierender Fasern; Faserdurchmesser $\phi = 1$ *mm* [243].

Szintillierende Fasern können jedoch auch mit viel kleineren Durchmessern hergestellt werden. Abb. 5.18 zeigt eine mikrophotographische Aufnahme eines Bündels von Fasern mit 30 μm Durchmesser. Nur die zentrale Faser ist beleuchtet. Ein sehr geringer Anteil des Lichts wird in die benachbarten Fasern gestreut [244, 245]. Das optische Ausleseverfahren für solche Lichtfaseranordnungen muß allerdings so beschaffen sein, daß es die granulare Struktur der Lichtfasern, z.B. mit Pixelsystemen, mit hinreichender Genauigkeit auflöst.

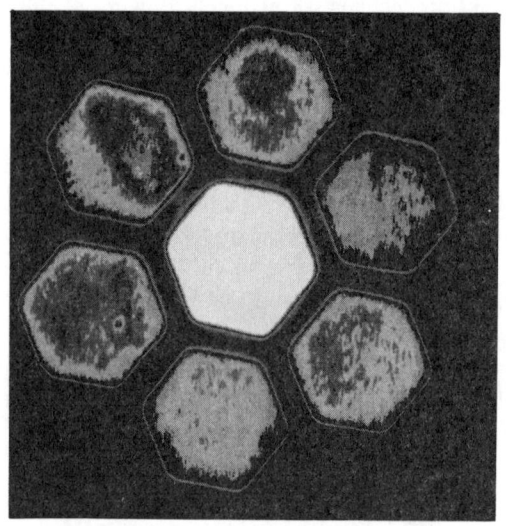

Abb. 5.18 Mikrophotographische Aufnahme eines aus sieben Lichtfasern bestehenden Bündels. Die Lichtfasern haben einen Durchmesser von 30 μm. Nur die zentrale Faser ist beleuchtet. In den Nachbarfasern wird nur sehr geringes Streulicht registriert [244, 245].

Anordnungen aus solchen Faserbündeln sind gute Kandidaten für Spurdetektoren in Hochratenexperimenten mit hoher erforderlicher Zeit- und Ortsauflösung. Abb. 5.19 zeigt unterschiedliche Anordnungen von szintillierenden Lichtfaserbündeln verschiedener Herstellerfirmen [246]. Abb. 5.20 zeigt die Ortsauflösung für geladene Teilchen, die man mit einem Stack aus 8000 szintillierenden Fasern (30 μm Durchmesser) erhalten hat. Neben der Einzelspurauflösung von 35 μm erzielt man eine Zweispurauflösung von 83 μm [247].

Die Transparenzeigenschaften von Szintillatoren können sich bei hoher Strahlenbelastung verschlechtern. Es gibt jedoch bestimmte Szintillationsmaterialien mit großer Strahlenhärte [352].

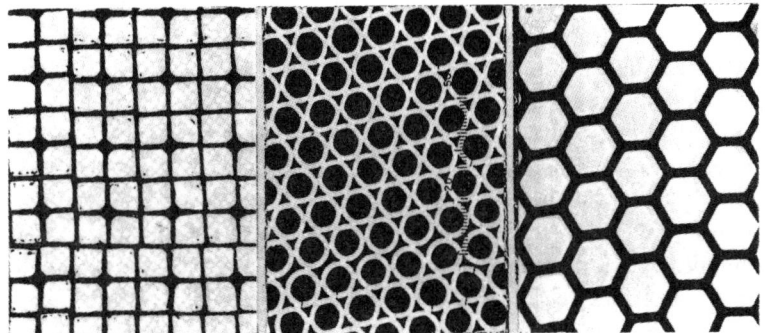

Abb. 5.19 Bündel szintillierender Fasern von verschiedenen Herstellern (links: $\phi = 20~\mu m$; Schott (Mainz); Mitte: $\phi = 20~\mu m$; US Schott (Mainz); rechts: $\phi = 30~\mu m$ Plastikfasern; Kyowa Gas (Japan)) [246].

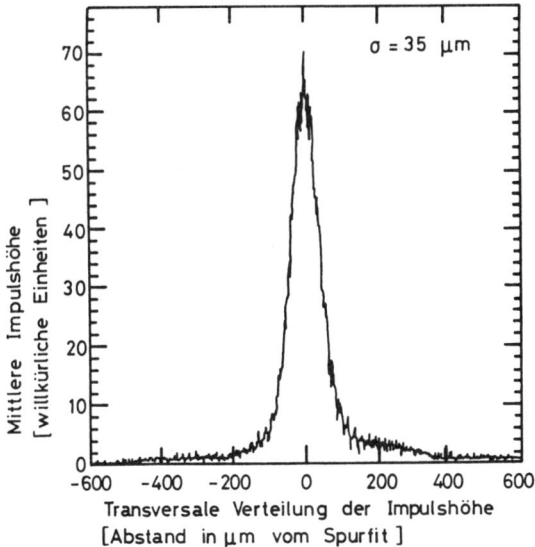

Abb. 5.20 Transversale Impulshöhenverteilung geladener Teilchen in einem Stack aus 8000 szintillierenden Fasern von 30 μm Durchmesser [247].

5.3 Planare Funkenzähler

Planare Funkenzähler bestehen aus zwei ebenen Elektroden, zwischen denen eine Gleichspannung oberhalb der statischen Durchbruchsspannung bei Normaldruck liegt. Die Kammern werden mit leichtem Überdruck betrieben. Der planare Funkenzähler ist also praktisch eine Funkenkammer, die nicht getriggert wird. Ebenso wie bei der Funkenkammer bildet sich aus der Ionisation des geladenen Teilchens, das die Kammer durchsetzt hat, eine Lawine, die sich zu einem leitenden Plasmaschlauch zwischen den Elektroden entwickelt. Der dabei rasch anwachsende Anodenstrom kann über einen Widerstand in ein schnelles Spannungssignal umgewandelt werden, das als Zeitsignal für die Ankunft des geladenen Teilchens verwendet werden kann.

Abb. 5.21 zeigt den prinzipiellen Aufbau eines planaren Funkenzählers [32, 100]. Bei der Verwendung von metallischen Elektroden entlädt sich die gesamte Kapazität der Kammer über einen Funken. Das kann zu Zerstörungen der Metalloberfläche führen und bedingt auch ein geringes Mehrfachansprechvermögen. Wählt man dagegen Elektroden aus einem Material mit großem spezifischen Widerstand [368], so kann nur ein kleiner Teil der Elektrodenfläche über den Funken entladen werden, der dann wegen des reduzierten Stromflusses keine Oberflächenschädigungen hervorruft und auch, wie bei der Glasfunkenkammer, für ein gutes Mehrfachansprechvermögen sorgt.

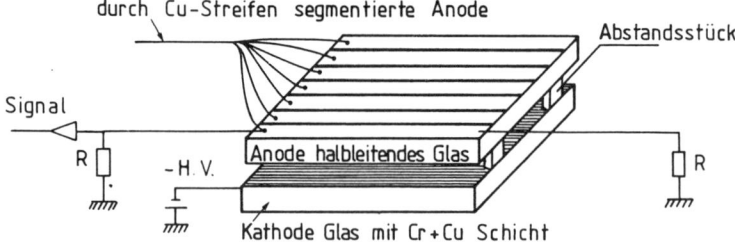

Abb. 5.21 Prinzipieller Aufbau eines planaren Funkenzählers [32, 100]. Die Anode ist meist mit einem halbleitenden Material oder mit einem Material mit großem spezifischen Widerstand beschichtet.

Durch Segmentierung der Anode läßt sich neben der Bestimmung des zeitlichen Durchgangs von Teilchen durch die Kammer auch eine grobe Ortsauflösung erreichen.

Als Gasfüllungen eignen sich Edelgase mit Löschgaszusätzen, die sekundäre Funkenbildung vermeiden.

Planare Funkenzähler erreichen bei geeigneter Konstruktion hervorragende Zeitauflösungen ($\sigma_t \leq 30\,ps$). Da der dafür notwendige Elektrodenabstand in der Größe von 200 μm liegt, werden an die Herstellung großflächiger Funkenzähler hohe mechanische Anforderungen gestellt, die eine gute Oberflächenqualität und Planparallelität garantieren müssen [248, 249].

Durch Beschichtung der dem Gasraum zugewandten Flächen mit Bor lassen sich diese Zähler auch zum Neutronennachweis (s. Kap. 6.1) verwenden [250].

Planare Funkenzähler können auch in Bereichen kleinerer Gasverstärkung betrieben werden. Wählt man anstelle des Halbleiterelektrodenmaterials graphitbeschichtete Glasplatten und betreibt diese Kammern in Streamer-Mode, so kommt man zu den Widerstandsplattenkammern (RPC = Resistive Plate Chambers) [248, 399]. Diese Kammern liefern ebenfalls sehr schnelle Signale und können — genau wie Szintillationszähler — zur Triggerung mit hoher Zeitauflösung eingesetzt werden. Mit segmentierten Elektroden lassen sie auch eine gute Ortsbestimmung zu.

Planare Funkenzähler und Widerstandsplattenkammern erlauben allerdings keine hohen Zählraten. Senkt man die Gasverstärkung auf typische Werte um 10^5, so können sich weder Funken noch Streamer ausbilden. Man erhält damit eine Parallel-Platten-Lawinenkammer (PPAC = Parallel Plate Avalanche Chamber) [251, 252, 253, 254, 255]. Diese PPAC's zeigen bei Plattenabständen von der Größenordnung $1\,mm$ ebenfalls eine hohe Zeitauflösung ($\sim 500\,ps$) und, wenn sie im Proportionalbereich betrieben werden, auch eine gute Energieauflösung [256, 257]. Ein Vorteil der PPAC's gegenüber Funkenzählern und Widerstandsplattenkammern ist auch, daß sie wegen der geringen Gasverstärkung bei hohen Zählraten betrieben werden können.

Allen diesen Kammern ist gemeinsam, daß sie aufgrund der geringen Elektrodenabstände hohe Zeitauflösungen erzielen.

Kapitel 6

Teilchenidentifizierung

Eine der Standardaufgaben eines Teilchendetektors ist es, neben der Bestimmung von charakteristischen Größen wie Impuls und Energie, die Identität der Teilchen festzustellen. Dazu gehört die Ermittlung der Masse und der Ladung des Teilchens. Im allgemeinen erreicht man dies durch eine Kombination von Meßergebnissen verschiedener Detektoren.

So enthält der Krümmungsradius ϱ geladener Teilchen im Magnetfeld Informationen über Impuls p und Ladung z des Teilchens

$$\varrho \sim \frac{p}{z} = \frac{\gamma m_0 \beta c}{z} \, . \tag{6.1}$$

Die Geschwindigkeit $\beta = v/c$ kann durch Flugzeitmessungen ermittelt werden

$$\tau \sim \frac{1}{\beta} \, . \tag{6.2}$$

Die Messung des Energieverlustes durch Ionisation und Anregung kann im wesentlichen durch

$$-\frac{dE}{dx} \sim \frac{z^2}{\beta^2} \ln(a\gamma\beta) \tag{6.3}$$

(a –materialabhängige Konstante) beschrieben werden und eine Energiemessung liefert

$$E = (\gamma - 1)m_0 c^2 \, , \tag{6.4}$$

da in der Regel nur die kinetische Energie und nicht die Gesamtenergie gemessen wird.

Die Gleichungen (6.1) bis (6.4) enthalten zunächst als unbekannte Größen m_0, β und z; der Lorentzfaktor γ hängt mit der Geschwindigkeit β gemäß $\gamma = \frac{1}{\sqrt{1-\beta^2}}$ zusammen. Es reichen drei der vier exemplarisch erwähnten Messungen aus, um ein Teilchen sicher zu identifizieren. In der Elementarteilchenphysik hat man es meist mit einfach geladenen Teilchen ($z = 1$) zu tun. In diesem Falle genügen also bereits zwei Messungen, um die Identität von Teilchen festzulegen. Für Teilchen hoher Energie hat allerdings eine Geschwindigkeitsbestimmung wenig Aussagekraft, da für alle relativistischen Teilchen, unabhängig von ihrer Masse, β sehr nahe bei 1 liegt und deshalb kein guter Diskriminator ist.

Fast alle Detektoren beruhen entweder auf der Ionisation geladener Teilchen oder der Erzeugung von Licht durch geladene Teilchen. Deshalb bedürfen Teilchen, die nicht ionisieren oder in Szintillatoren Lichtblitze erzeugen, erst einer Konversion in geladene Teilchen. Für den Nachweis von Photonen sind dies die in Kapitel 1 beschriebenen Prozesse wie Photoeffekt, Compton-Streuung und Paarbildung. Andere neutrale Teilchen wie Neutronen oder Neutrinos müssen separat betrachtet werden.

6.1   Neutronennachweis

Je nach Energie der Neutronen müssen unterschiedliche Nachweismethoden verwendet werden. Alle Verfahren laufen darauf hinaus, in Neutronenwechselwirkungen geladene Teilchen zu erzeugen, die vom Detektor dann über die "normalen" Wechselwirkungsprozesse wie etwa Ionisation oder Szintillation nachgewiesen werden.

Für niederenergetische Neutronen ($E_n^{\mathrm{kin}} < 20\,MeV$) kommen folgende Konversionsreaktionen in Betracht:

$$n + {}^{6}Li \;\rightarrow\; \alpha + {}^{3}H \tag{6.5}$$

$$n + {}^{10}B \;\rightarrow\; \alpha + {}^{7}Li \tag{6.6}$$

$$n + {}^{3}He \;\rightarrow\; p + {}^{3}H \tag{6.7}$$

$$n + p \;\rightarrow\; n + p \tag{6.8}$$

Die Wirkungsquerschnitte für diese Reaktionen hängen stark von der Neutronenenergie ab. Sie sind in Abb. 6.1 dargestellt [137].

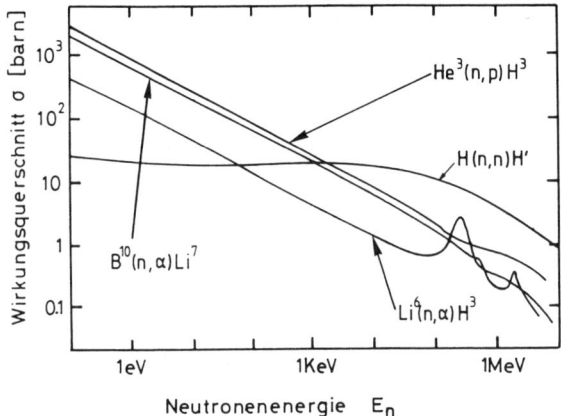

Abb. 6.1 Wirkungsquerschnitte für neutroneninduzierte Reaktionen
als Funktion der Energie (1 $barn = 10^{-24} cm^2$) [137].

Für Energien im Bereich $20\,MeV \leq E_n \leq 1\,GeV$ kann man die
Erzeugung von Rückstoßprotonen über die elastische (n, p)-Streuung
zum Neutronennachweis ausnutzen (Gl. (6.8)). Neutronen hoher
Energie ($E_n > 1\,GeV$) erzeugen in inelastischen Kernwechselwirkungen Hadronenkaskaden, die leicht zu identifizieren sind.

Um die Neutronen von anderen Teilchen zu unterscheiden, besteht ein Neutronenzähler eigentlich immer aus einem Antikoinzidenzzähler, der geladene Teilchen registriert, Neutronen aber nicht,
und dem eigentlichen Neutronendetektor.

Thermische Neutronen ($E_n \approx \frac{1}{40}\,eV$) können leicht mit Ionisationskammern oder Proportionalzählern, die mit Bortrifluorid-Gas
(BF_3) gefüllt sind, nachgewiesen werden. Um höherenergetische Neutronen in solchen Zählern nachzuweisen, müssen sie erst moderiert
werden, denn bei kleinen Energien sind die Neutronenwirkungsquer-
schnitte besonders groß (s. Abb. 6.1). Die Moderation nichtthermi-
scher Neutronen erfolgt am besten mit Substanzen, die viele Protonen enthalten, weil Neutronen auf gleich schwere Partner viel Energie übertragen können, während bei Zusammenstößen mit schweren
Kernen im wesentlichen nur elastische Streuungen mit geringem Energieübertrag erfolgen. Als Moderatoren eignen sich etwa Paraffin oder
Wasser. Die Neutronenzähler für nichtthermische Neutronen werden
also mit diesen Substanzen umkleidet. Mit BF_3-Zählrohren erreicht

man Neutronennachweiswahrscheinlichkeiten in der Größenordnung von 1%.

Thermische Neutronen lassen sich ebenfalls über eine Spaltreaktion (n, f) an Uran nachweisen (f = fission (Spaltung)). Abb. 6.2 zeigt zwei spezielle Zählrohre, die auf der Innenseite entweder mit einer dünnen Bor- bzw. Uran-Schicht ausgekleidet sind, um die Neutronen zu (n, α) bzw. (n, f)-Reaktionen zu veranlassen [102]. Zur Moderation sind die Zählrohre mit einem Paraffinmantel umkleidet.

Zählrohrwand

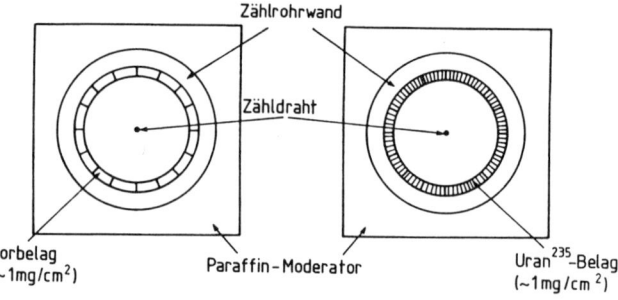

Zähldraht

Borbelag
($\sim$1mg/cm^2)   Paraffin-Moderator   Uran^{235}-Belag
($\sim$1mg/cm^2)

Abb. 6.2 Neutronennachweis mit Proportional-Zählrohren [102].

Thermische oder quasi-thermische Neutronen können auch mit Halbleiterzählern nachgewiesen werden. Zu diesem Zweck dampft man auf die Oberfläche des Detektors Lithium-Fluorid (^6LiF) auf, in dem gemäß Gl. (6.5) α-Teilchen und Tritonen entstehen, die leicht vom Halbleiterzähler nachgewiesen werden können.

Ebenso eignen sich $LiJ(Eu)$-Szintillationszähler zum Neutronennachweis, da die nach Gl. (6.5) erzeugten α-Teilchen und Tritonen über ihr Szintillationslicht gesehen werden. MeV-Neutronen kann man in Vieldrahtproportionalkammern, die mit einem Gasgemisch aus ^3He und Krypton bei hohen Drucken gefüllt sind, über die Reaktion (6.7) nachweisen. Die elastische Rückstoßreaktion (6.8) wird man mit Hilfe von Vieldrahtproportionalkammern ausnutzen, deren Gase stark wasserstoffhaltig sind (z.B. $CH_4 + Ar$). Die Dimension des Gaszählers sollte größer als die maximale Reichweite des Rückstoßprotons sein. MeV-Protonen haben in Gasen Reichweiten von der Größenordnung cm [138] (vgl. Abb. 6.3). In festen Stoffen ist ihre Reichweite entsprechend dem Dichteverhältnis reduziert (s. Abb. 6.4).

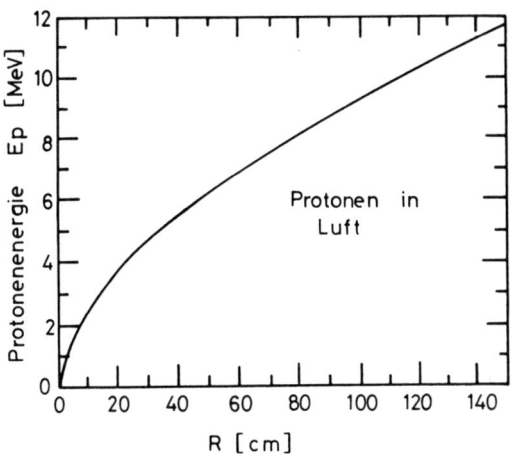

Abb. 6.3 Reichweite von Rückstoßprotonen in Luft [138].

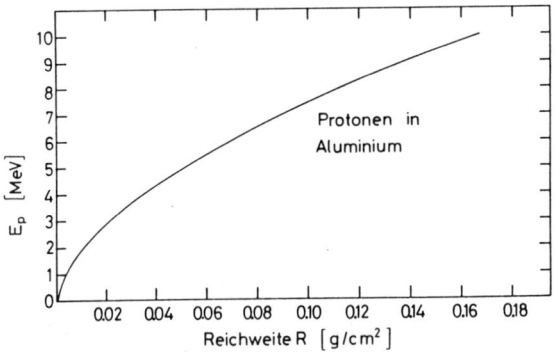

Abb. 6.4 Reichweite von Rückstoßprotonen in Aluminium (nach [138]).

Neutronen im Energiebereich $1 - 100\,MeV$ lassen sich in organischen Szintillationszählern über die Rückstoßprotonen gemäß Gl. (6.8) nachweisen. Jedoch fällt der Wirkungsquerschnitt für die (n,p)-Reaktion mit zunehmender Neutronenenergie stark ab, sodaß die Neutronennachweiswahrscheinlichkeit sinkt.

Wenn σ der Wirkungsquerschnitt für den (n,p)-Prozeß ist, so errechnet sich die Wahrscheinlickeit ϕ in $(g/cm^2)^{-1}$ für eine (n,p)-Reaktion zu

$$\phi[cm^2/g] = \sigma[cm^2] \cdot N\,[g^{-1}] \tag{6.9}$$

wobei N die Avogadro-Zahl ist.

Für $10\,MeV$-Neutronen mit einem Wirkungsquerschnitt von größenordnungsmäßig $1\,barn$ ergibt sich $\phi = 60\%$ pro g/cm^2 (vgl. Abb. 6.1, Kurve $H(n,n)H'$). Bei einem $1\,cm$ dicken organischen Szintillator (Dichte $\varrho = 1.2\,g/cm^3$ angenommen) mit einem 30%-Anteil freier Protonen erhält man damit eine Neutronennachweiswahrscheinlichkeit von etwa 20%. Ganz generell kann man sagen, daß das Ansprechvermögen von Neutronenzählern mit der Massenbelegung $\varrho \cdot dx$ steigt.

Für einige Anwendungen — z.B. im Strahlenschutz — ist die Messung der Neutronenenergie von großer Bedeutung, weil die relative biologische Wirksamkeit von Neutronen energieabhängig ist. Zur Messung der Neutronenenergie verwendet man Schwellwertdetektoren. Ein solcher Detektor besteht aus einer Trägerfolie, die mit einem Nuklid beschichtet ist, das nur mit Neutronen oberhalb einer Schwellwertenergie reagiert. Die bei den Reaktionen freiwerdenden Teilchen oder geladenen Kerne können in Plastikdetektoren (Zellulose-Nitrat- oder Zellulose-Azetat-Folien) über eine Ätztechnik nachgewiesen und unter dem Mikroskop oder auch automatisch ausgewertet werden (vgl. Kap. 4.21). In Tabelle 6.1 sind einige Schwellwertreaktionen zusammengestellt.

Reaktion	Schwellwertenergie [MeV]
Spaltung von ^{234}U	0.3
Spaltung von ^{236}U	0.7
$^{31}P\,(n,p)\,^{31}Si$	0.72
$^{32}S\,(n,p)\,^{32}P$	0.95
Spaltung von ^{238}U	1.3
$^{27}Al\,(n,p)\,^{27}Mg$	1.9
$^{56}Fe\,(n,p)\,^{56}Mn$	3.0
$^{27}Al\,(n,\alpha)\,^{24}Na$	3.3
$^{24}Mg\,(n,p)\,^{24}Na$	4.9
$^{65}Cu\,(n,2n)\,^{64}Cu$	10.1
$^{58}Ni\,(n,2n)\,^{57}Ni$	12.0

Tabelle 6.1: Schwellwertreaktionen zur Bestimmung der Neutronenenergie [102].

Um verschiedene Energiebereiche der Neutronen mit einer einzigen Exposition zu erfassen, werden Stapel von Plastikfolien beschichtet mit verschiedenen Nukliden verwendet. Aus den Zählraten in den einzelnen Trägerfolien mit jeweils unterschiedlicher Energieschwelle kann eine grobe Bestimmung des Energiespektrums der Neutronen erfolgen [102].

6.2 Neutrinodetektoren

Neutrinodetektoren müssen extrem massiv sein, da der Wirkungsquerschnitt für Neutrinowechselwirkungen sehr klein ist. Je nach Neutrino-Sorte kommen etwa folgende Reaktionen für den Neutrino-Nachweis in Frage

$$
\begin{aligned}
\nu_e + n &\rightarrow e^- + p \\
\bar{\nu}_e + p &\rightarrow e^+ + n
\end{aligned}
\tag{6.10}
$$

$$
\begin{aligned}
\nu_\mu + n &\rightarrow \mu^- + p \\
\bar{\nu}_\mu + p &\rightarrow \mu^+ + n
\end{aligned}
\tag{6.11}
$$

$$
\begin{aligned}
\nu_\tau + n &\rightarrow \tau^- + p \\
\bar{\nu}_\tau + p &\rightarrow \tau^+ + n
\end{aligned}
\tag{6.12}
$$

Bei höheren Energien können auch inelastische Neutrinoreaktionen an Nukleonen oder Kernen herangezogen werden. Da die Wirkungsquerschnitte für MeV-Neutrinos für die Reaktion (6.10) in der Größenordnung $10^{-43}\,cm^2$ pro Nukleon liegen, ist die Reaktionswahrscheinlichkeit und damit das Ansprechvermögen für Neutrinos für einen Detektor mit einer Massenbelegung von $1000\,g/cm^2$ Eisen (ca. $1.3\,m$) lediglich von der Größenordnung $6 \cdot 10^{-17}$. Neutrinodetektoren erfordern also massive Targets und hohe Neutrinoflüsse, um nennenswerte Reaktionsraten zu erhalten.

6.3 Flugzeitzähler

Die Teilchenidentifizierung mit der Flugzeitmeßtechnik erfordert eine gute Zeitauflösung. Das Prinzip der Flugzeitmessung ist in Abb. 6.5

skizziert.

Ein erster Nachweisdetektor startet nach dem Durchgang eines geladenen Teilchens einen Zeit-Amplituden-Wandler (TAC), der von einem zweiten Zähler, nachdem er vom Teilchen erreicht wurde, gestoppt wird. Der Inhalt des Analog-Digital-Wandlers kann auf einem Vielkanalanalysator (MCA oder PHA) dargestellt oder von einem Rechner weiterverarbeitet werden.

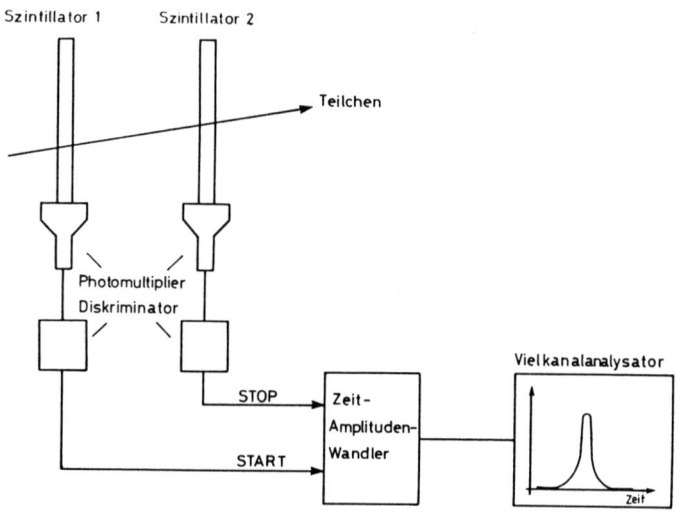

Abb. 6.5 Prinzip der Flugzeitmessung.

Wenn der Impuls eines Strahls von Teilchen unbekannter Zusammensetzung etwa bereits in einem Magnetspektrometer bestimmt ist, kann die Flugzeitmessung aufgrund der Geschwindigkeitsdifferenzen von Teilchen verschiedener Masse zu einer Identifizierung herangezogen werden [32].

Zwei Teilchen der Massen m_1 und m_2 haben bei gleichem Impuls und einer Flugstrecke L die Flugzeitdifferenz

$$\Delta t = L \left(\frac{1}{v_1} - \frac{1}{v_2} \right) = \frac{L}{c} \left(\frac{1}{\beta_1} - \frac{1}{\beta_2} \right) . \qquad (6.13)$$

Mit $\gamma = 1/\sqrt{1 - \beta^2}$ folgt

$$\Delta t = \frac{L}{c} \left\{ \sqrt{\frac{\gamma_1^2}{\gamma_1^2 - 1}} - \sqrt{\frac{\gamma_2^2}{\gamma_2^2 - 1}} \right\} , \qquad (6.14)$$

beziehungsweise mit $\gamma = E/m_0c^2$

$$\Delta t = \frac{L}{c}\left\{\sqrt{\frac{1}{1-\left(\frac{m_1c^2}{E_1}\right)^2}} - \sqrt{\frac{1}{1-\left(\frac{m_2c^2}{E_2}\right)^2}}\right\}. \qquad (6.15)$$

Für relativistische Teilchen $(E \gg m_0c^2)$ wird

$$\Delta t = \frac{L}{c}\left\{\sqrt{1+\left(\frac{m_1c^2}{E_1}\right)^2} - \sqrt{1+\left(\frac{m_2c^2}{E_2}\right)^2}\right\}. \qquad (6.16)$$

Da in diesem Falle $E \approx pc$ gilt, folgt nach Entwicklung der Wurzel

$$\Delta t = \frac{Lc}{2p^2}(m_1^2 - m_2^2). \qquad (6.17)$$

Fordert man für eine sichere Massentrennung eine Signifikanz von $\Delta t = 4\sigma_t$, also eine Laufzeitdifferenz entsprechend einer vierfachen Zeitauflösung des Flugzeitmeßsystems, so gelingt etwa eine Pion-Kaon Trennung bis zu Impulsen von $1\,GeV/c$ bei einer Flugstrecke von drei Metern bei einer Zeitauflösung von $\sigma_t = 300\,ps$, wie sie mit Szintillationszählern erreicht werden kann [32]. Für höhere Impulse werden die Flugzeitmeßsysteme wegen $\Delta t \sim 1/p^2$ unpraktisch lang.

Aufgrund der hervorragenden Zeitauflösung von Funkenzählern ($\sigma_t \approx 30\,ps$) können die Flugzeitmeßsysteme mit diesen Detektoren entsprechend kürzer sein ($L = 30\,cm$ für π/K-Trennung bis $p = 1\,GeV/c$).

Die Flugzeitdifferenzen für verschiedene Paare von geladenen Teilchen bei einer Flugstrecke von $1\,m$ sind in Abb. 6.6 dargestellt. Für hochrelativistische Teilchen gehen die Flugzeitdifferenzen gegen Null. Damit ist die Anwendung der Flugzeitmessung auf Teilchen reduziert, deren Geschwindigkeit noch meßbar von der Lichtgeschwindigkeit verschieden ist.

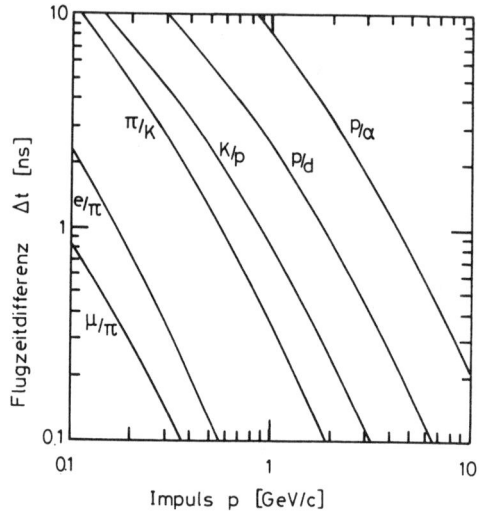

Abb. 6.6 Flugzeitdifferenzen für verschiedene Teilchenpaare bei einer Flugstrecke von einem Meter (nach [32]).

6.4   Cherenkov-Zähler

Ein geladenes Teilchen, das ein Medium mit Brechungsindex n mit einer Geschwindigkeit v durchläuft, die größer als die Lichtgeschwindigkeit in dem Medium c/n ist, emittiert eine charakteristische elektromagnetische Strahlung, die Cherenkov-Strahlung [139, 140]. Der Cherenkov-Effekt kommt dadurch zustande, daß das geladene Teilchen die der Bahn benachbarten Atome kurzzeitig polarisiert, so daß diese zu elektrischen Dipolen werden, die durch die zeitliche Veränderung des Dipolfeldes elektromagnetische Strahlung emittieren. Solange $v < c/n$, sind die Dipole symmetrisch um die Teilchenbahn angeordnet, so daß das über alle Dipole integrierte Dipolfeld den Wert Null ergibt und somit keine resultierende Strahlung übrigbleibt. Bewegt sich das Teilchen jedoch mit $v > c/n$, dann wird die Symmetrie aufgehoben, und es bleibt ein resultierendes Dipolmoment nach, das zu einer Abstrahlung Anlaß gibt. Abb. 6.7 veranschaulicht den Polarisationsunterschied für die Fälle $v < c/n$ und $v > c/n$ [141].

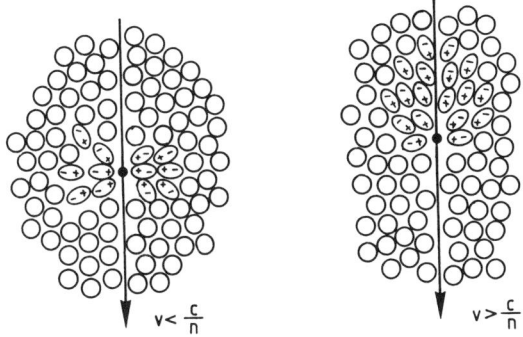

Abb. 6.7 Zur Erläuterung des Cherenkov-Effektes [141].

Der relative Beitrag der Cherenkov-Strahlung zum Energieverlust durch Ionisation und Anregung (Gl. (1.12)) ist klein, selbst im Vergleich zu minimalionisierenden Teilchen. Für Gase mit $Z \geq 7$ ist der Energieverlust durch Cherenkov-Strahlung relativ zum Ionisationsverlust minimalionisierender Teilchen weniger als 1%. Für leichte Gase (He, H) ist der Anteil etwa 5% [99].

Den Winkel zwischen den emittierten Cherenkov-Photonen und der Bahn des geladenen Teilchens erhält man aus einer einfachen Betrachtung (Abb. 6.8). Während das Teilchen den Weg $AB = t\beta c$ zurücklegt, ist das Photon um $AC = t \cdot c/n$ vorangekommen; damit wird

$$\cos \theta_c = \frac{c}{n\beta c} = \frac{1}{n\beta} \, . \tag{6.18}$$

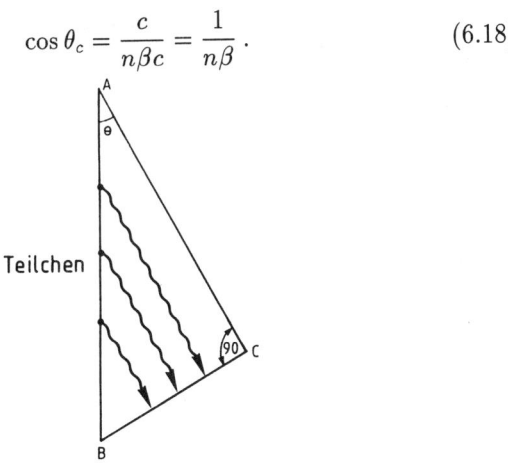

Abb. 6.8 Zur Berechnung des Cherenkov-Winkels.

Berücksichtigt man, daß die Emission des Photons zu einem Rückstoß führt, der vom geladenen Teilchen aufgenommen wird, das daraufhin seine Richtung ein wenig ändert, so wird aus Gl. (6.18) bei exakter Rechnung

$$\cos\theta_c = \frac{1}{n\beta} + \frac{\hbar k}{2p}\left(1 - \frac{1}{n^2}\right), \qquad (6.19)$$

wobei $\hbar k$ der Impuls des Photons und p der des geladenen Teilchens ist. k ist der Wellenvektor des Photons ($k = 2\pi/\lambda$; λ – Wellenlänge). θ_c ist der Winkel zwischen dem Impulsvektor des einlaufenden Teilchens und der Richtung des emittierten Photons. Da $\hbar k \ll p$, ist Gl. (6.18) eine gute Näherung für alle praktischen Fälle.

Für die Emission von Cherenkov-Strahlung gibt es also einen Schwelleneffekt. Cherenkov-Strahlung wird nur emittiert, falls $\beta > \frac{1}{n}$. An der Schwelle wird die Cherenkov-Strahlung in Vorwärtsrichtung emittiert. Der Cherenkov-Winkel steigt, bis er den Maximalwert für $\beta = 1$, also

$$\theta_c = \arccos\frac{1}{n} \qquad (6.20)$$

erreicht. Cherenkov-Strahlung ist deshalb nur in Medien und bei Frequenzen ν, für die $n(\nu) > 1$ gilt, möglich.

Der Schwellengeschwindigkeit entspricht eine Schwellenenergie gemäß

$$\gamma_s = \frac{1}{\sqrt{1 - \beta_s^2}} = \frac{1}{\sqrt{1 - \frac{1}{n^2}}} \qquad (6.21)$$

mit

$$\gamma_s = \frac{E_s}{m_0 c^2}. \qquad (6.22)$$

Der Lorentzfaktor, von dem ab Cherenkov-Strahlung emittiert wird, hängt bei fester Energie also von der Masse der Teilchen ab. Deshalb eignet sich die Messung der Cherenkov-Strahlung zur Teilchenidentifizierung.

Die Abhängigkeit des Cherenkov-Winkels als Funktion der Geschwindigkeit des Teilchens mit dem Brechungsindex des Mediums als Parameter zeigen Abb. 6.9a und 6.9b [142].

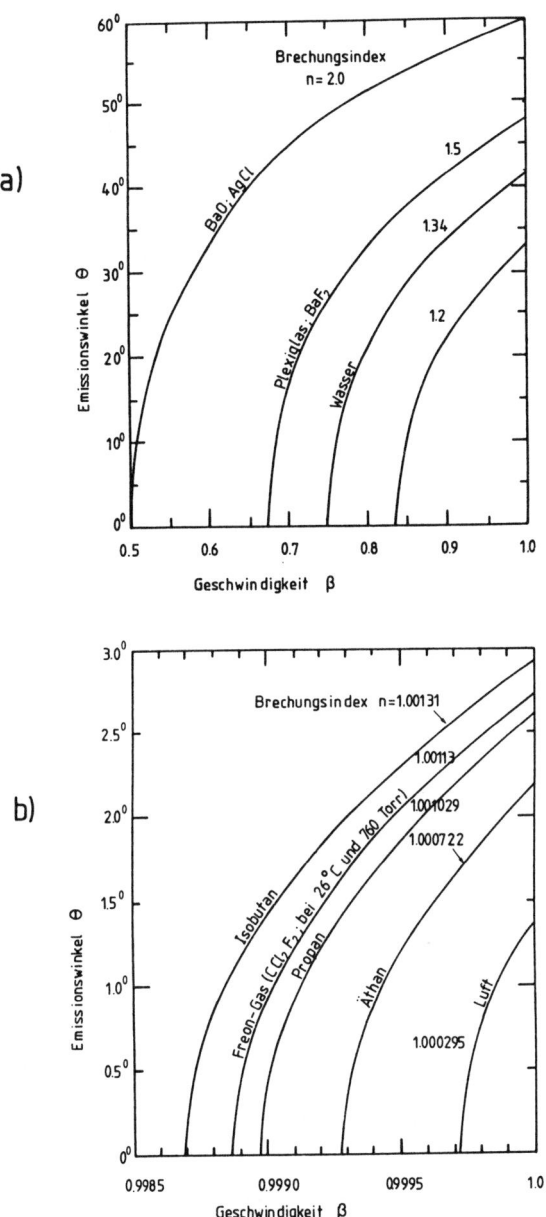

Abb. 6.9 Abhängigkeit des Cherenkov-Winkels von der Teilchenge-schwindigkeit für verschiedene Brechungsindizes [142].

Die Anzahl der pro Wegstrecke emittierten Cherenkov-Photonen im Wellenlängenbereich zwischen λ_1 und λ_2 errechnet sich zu

$$\frac{dN}{dx} = 2\pi\alpha z^2 \int_{\lambda_1}^{\lambda_2} \left(1 - \frac{1}{n^2\beta^2}\right) \frac{d\lambda}{\lambda^2} \, . \tag{6.23}$$

Dabei ist z die Ladung des Teilchens, das die Cherenkov-Strahlung erzeugt, und α die Sommerfeldsche Feinstrukturkonstante.

Unter Vernachlässigung der Dispersion folgt daraus

$$\frac{dN}{dx} = 2\pi\alpha z^2 \cdot \sin^2\theta_c \cdot \frac{\lambda_2 - \lambda_1}{\lambda_1\lambda_2} \, . \tag{6.24}$$

Für den optischen Bereich ($\lambda_1 = 400\,nm$ und $\lambda_2 = 700\,nm$) ergibt sich für einfach geladene Teilchen ($z = 1$)

$$\frac{dN}{dx} = 490 \sin^2\theta_c \; [cm^{-1}]. \tag{6.25}$$

Abb. 6.10a und 6.10b zeigen die Zahl der pro Längeneinheit emittierten Photonen für verschiedene Materialien als Funktion der Geschwindigkeit des Teilchens [142].

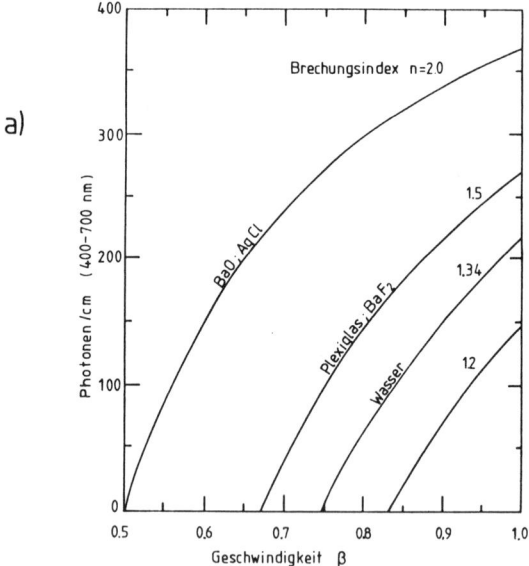

Abb. 6.10a Zahl der pro Längeneinheit erzeugten Photonen für verschiedene Materialien als Funktion der Teilchengeschwindigkeit [142].

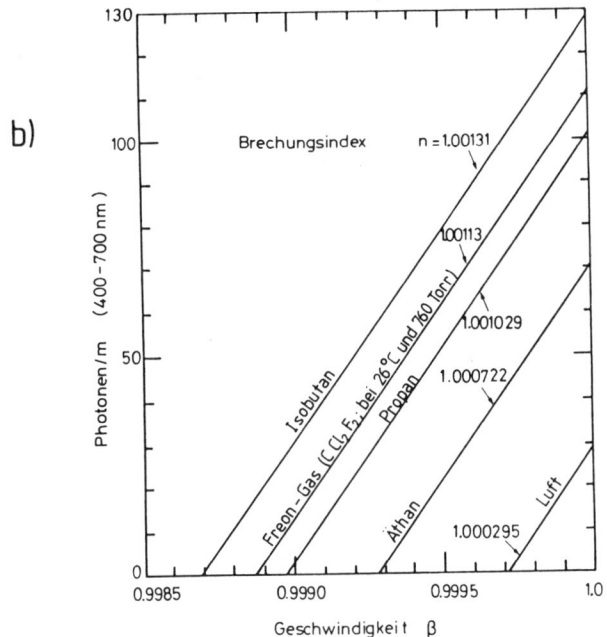

Abb. 6.10b Zahl der pro Längeneinheit erzeugten Photonen in verschiedenen Gasen als Funktion der Teilchengeschwindigkeit [142].

Die Photonenausbeute kann um einen Faktor zwei bis drei erhöht werden, wenn man auch die im Ultravioletten emittierten Photonen registrieren kann. Cherenkov-Strahlung wird allerdings trotz der $1/\lambda^2$-Abhängigkeit der Zahl der pro Wegstrecke erzeugten Photonen (vgl. (6.24)) nicht im Röntgenbereich emittiert, da dort der Brechungsindex $n = 1$ ist und deshalb die Cherenkov-Bedingung gar nicht erfüllt werden kann.

Als Radiatoren für Cherenkov-Strahlung kommen alle transparenten Stoffe in Frage. Insbesondere tritt in allen Szintillatoren (und auch in den Lichtleitern, die zur Auslese benutzt werden) ebenfalls Cherenkov-Strahlung auf. Das Szintillationslicht ist jedoch um einen Faktor der Größenordnung 100 intensiver als das Cherenkov-Licht. Durch feste, flüssige und gasförmige Radiatoren kann man einen großen Bereich von Brechungsindizes überdecken (s. Tabelle 6.2).

Material	$n-1$	β-Schwelle	γ-Schwelle
festes Natrium	3.22	0.24	1.029
Bleisulfit	2.91	0.26	1.034
Diamant	1.42	0.41	1.10
Zinksulfid ($ZnS(Ag)$)	1.37	0.42	1.10
Silberchlorid	1.07	0.48	1.14
Flintglas (SFS1)	0.92	0.52	1.17
Bleifluorid	0.80	0.55	1.20
Clerici-Lösung	0.69	0.59	1.24
Bleiglas	0.67	0.60	1.25
Thalliumformiat-Lösung	0.59	0.63	1.29
Szintillator	0.58	0.63	1.29
Plexiglas	0.48	0.66	1.33
Borsilikatglas	0.47	0.68	1.36
Wasser	0.33	0.75	1.52
Aerogel	0.025 - 0.075	0.93 - 0.976	4.5 - 2.7
Pentan (STP)	$1.7 \cdot 10^{-3}$	0.9983	17.2
CO_2 (STP)	$4.3 \cdot 10^{-4}$	0.9996	34.1
Luft (STP)	$2.93 \cdot 10^{-4}$	0.9997	41.2
H_2 (STP)	$1.4 \cdot 10^{-4}$	0.99986	59.8
He (STP)	$3.3 \cdot 10^{-5}$	0.99997	123

Tabelle 6.2: Cherenkov-Radiatoren [94, 32, 313]. Der Brechungsindex für Gase bezieht sich auf $0°C$ und $1\,atm$ (STP). Festes Natrium ist für Wellenlängen unterhalb von $2000\,\text{Å}$ transparent [373, 209].

Problematisch ist der Bereich der Brechungsindizes zwischen Flüssigkeiten (wie Wasser mit $n = 1.33$) und Gasen ($n \approx 1.002$ für Pentan). Zwar kann man Gas-Cherenkov-Zähler auch bei hohen Drücken betreiben und so den Brechungsindex variieren, die große Lücke zwischen $n = 1.33$ und $n = 1.002$ läßt sich auf diese Weise aber nicht schließen.

Durch Aerogele ist dieser fehlende Brechungsindexbereich allerdings zugänglich geworden. Aerogele sind Phasengemische aus m (SiO_2) und $2m$ (H_2O) wobei m eine ganze Zahl ist. Die Silikaaerogele bilden eine poröse Struktur mit Lufteinschlüssen. Die Luftblasendurchmesser im Aerogel sind kleiner als die Wellenlänge des Lichtes, so daß das Licht einen aus Luft und dem das Aerogel aufbauenden Stoff gemittelten Brechungsindex "sieht". Silikaaerogele können in Dichten von 0.1 bis $0.3\,g/cm^3$ hergestellt werden [32, 94].

Die erforderliche Länge von Cherenkov-Radiatoren für effektive Teilchentrennung läßt sich aus der Schwellwert-Bedingung für den Cherenkov-Effekt ableiten:

Gegeben seien zwei Teilchen unterschiedlicher Massen m_1 und m_2 mit gleichem Impuls [32]. Um sie in einem Schwellwert-Cherenkov-Zähler unterscheiden zu können, wird gefordert, daß das leichtere Teilchen der Masse m_1 Cherenkov-Strahlung emittiert; das schwerere Teilchen der Masse m_2 aber gerade noch nicht strahlt. An der Schwelle gilt :

$$\beta_2 = \frac{1}{n} \tag{6.26}$$

oder

$$\gamma_2 = \frac{1}{\sqrt{1 - \frac{1}{n^2}}} \,. \tag{6.27}$$

Daraus folgt:

$$n^2 = \frac{\gamma_2^2}{\gamma_2^2 - 1} \,. \tag{6.28}$$

Das leichtere Teilchen emittiert pro Wegstreckeneinheit (pro cm) $490 \cdot \sin^2 \theta_c$ Photonen (s. (6.25)), wobei

$$\sin^2 \theta_c \;=\; 1 - \cos^2 \theta_c = 1 - \frac{1}{(\beta_1 n)^2} \tag{6.29}$$

$$=\; 1 - \frac{1}{\beta_1^2 \frac{\gamma_2^2}{\gamma_2^2 - 1}} = 1 - \frac{1}{\frac{\gamma_1^2 - 1}{\gamma_1^2} \frac{\gamma_2^2}{\gamma_2^2 - 1}} \tag{6.30}$$

$$=\; \frac{\gamma_1^2 - \gamma_2^2}{(\gamma_1^2 - 1)\gamma_2^2} \,. \tag{6.31}$$

Da in der Regel $\gamma_1^2 \gg 1$, folgt

$$\sin^2 \theta_c = \frac{1}{\gamma_2^2} - \frac{1}{\gamma_1^2} = \frac{m_2^2 c^4}{E_2^2} - \frac{m_1^2 c^4}{E_1^2} \,. \tag{6.32}$$

Falls $\gamma_1^2 \gg 1$, ist aber auch $E_1 \approx p_1 c$; damit wird (wegen $p_1 = p_2 = p$ und unter der Annahme, daß auch für das Teilchen der Masse m_2 gilt:

$E_2 \approx p_2 c$):

$$\frac{dN}{dx} = 490 \cdot \sin^2 \theta_c \, [cm^{-1}] = 490 \cdot \frac{c^2}{p^2}(m_2^2 - m_1^2) \, [cm^{-1}] \,. \qquad (6.33)$$

Bei einer Radiatorlänge von L (in cm) und einer Quantenausbeute des Nachweisgerätes für die Cherenkov-Photonen von q wird die Anzahl der Photoelektronen bei vollständiger Lichtsammlung

$$N = 490 \frac{c^2}{p^2}(m_2^2 - m_1^2) \cdot L \cdot q \,. \qquad (6.34)$$

Benötigt man zum Nachweis des schnellen Teilchens N_0 Photoelektronen, so errechnet sich die erforderliche Radiatorlänge zu

$$L = \frac{N_0 p^2}{490 \cdot c^2 (m_2^2 - m_1^2) \cdot q} \, [cm] \,. \qquad (6.35)$$

Für eine Kaon-Proton-Trennung ($m_{\text{Kaon}} = 494 \, MeV/c^2$, $m_{\text{Proton}} = 938 \, MeV/c^2$) bei Impulsen von $10 \, GeV/c$ ergibt sich die erforderliche Radiatorlänge für $N_0 = 10$ bei einer Quantenausbeute von $q = 0.25$ zu $L = 12.8 \, cm$ [32]. Abb. 6.11 zeigt die erforderlichen Detektorlängen für die Trennung von Teilchenpaaren als Funktion des Impulses unter den genannten Bedingungen ($q = 0.25$; $N_0 = 10$).

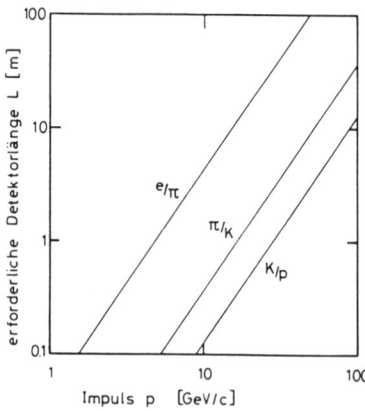

Abb. 6.11 Erforderliche Detektorlänge für die Trennung von Teilchenpaaren mit einem Schwellwert-Cherenkov-Zähler als Funktion des Impulses ($N_0 = 10; q = 0.25$) (nach [32]).

Der Brechungsindex muß dabei allerdings genau so eingestellt werden, daß das Teilchen mit der größeren Masse gerade noch nicht strahlt, also etwa für eine K/p-Trennung bei $p = 10\,GeV/c$ mit $n = 1.005$, was z.B. durch Pentan unter erhöhtem Druck realisiert werden kann.

In der Praxis verwendet man allerdings meist eine Kombination von mehreren Schwellwert-Cherenkov-Zählern. Damit läßt sich in einem impulsselektierten Strahl etwa eine π-, K-, p-Trennung erreichen (s. Abb. 6.12).

Bei $p = 10\,GeV/c$ liegt das geladene Pion ($m_\pi \approx 0.14\,GeV/c^2$) in allen Radiatoren oberhalb der Cherenkov-Schwelle. Ein geladenes Kaon bringt den Aerogel- und Neopentan-Zähler zum Ansprechen, den Ar-Ne-Zähler dagegen nicht, während ein Proton nur im Aerogelzähler oberhalb der Cherenkov-Schwelle liegt. Die logischen Verknüpfungen $C1 \cdot C2 \cdot C3$ bzw. $C1 \cdot C2 \cdot \overline{C3}$ und $C1 \cdot \overline{C2} \cdot \overline{C3}$ definieren also Pionen, Kaonen bzw. Protonen. Durch Variation des Gasdruckes in den Gas-Cherenkov-Zählern lassen sich die Cherenkov-Schwellen kontinuierlich einstellen. Bis zu einigen $10\,GeV/c$ gelingt mit einer solchen Kombination von Schwellwert-Cherenkov-Zählern eine Teilchenidentifizierung.

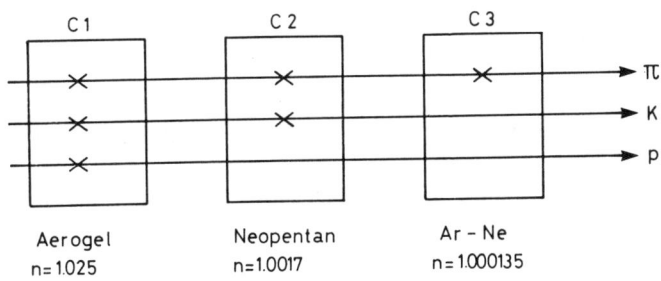

Abb. 6.12 Prinzip der Teilchentrennung mit Schwellwert-Cherenkov-Zählern.

Zusätzliche Informationen erhält man, wenn man den Cherenkov-Winkel mißt. Diese differentiellen Cherenkov-Zähler liefern damit eine direkte Messung der Teilchengeschwindigkeit. Das Prinzip eines differentiellen Cherenkov-Zählers, der nur Teilchen in einem bestimmten Geschwindigkeitsintervall registriert, ist in Abb. 6.13 dargestellt [48].

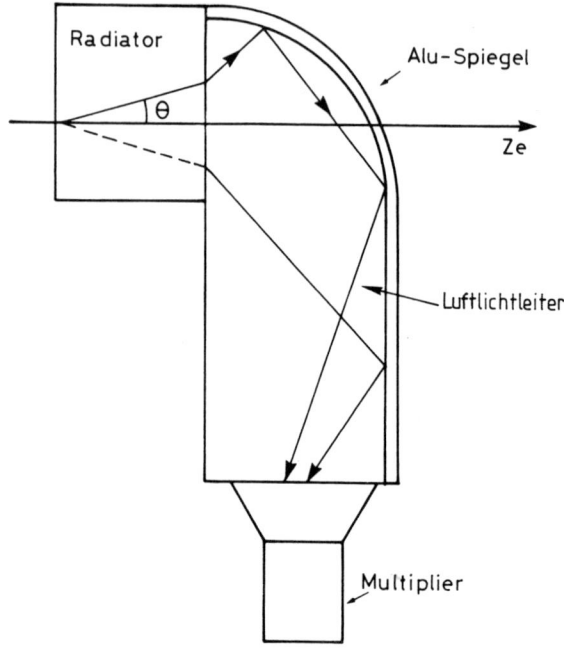

Abb. 6.13 Prinzipieller Aufbau eines differentiellen Cherenkovzählers
[48].

·Alle Teilchen oberhalb $\beta_{\min} = \frac{1}{n}$ werden akzeptiert. Mit zunehmender Geschwindigkeit wächst der Cherenkov-Winkel und erreicht
schließlich den Grenzwinkel der Totalreflexion θ_t im Radiator, so
daß kein Licht mehr in den Luftlichtleiter eintreten kann. Für diesen Grenzwinkel gilt

$$\sin \theta_t = \frac{1}{n} \,. \tag{6.36}$$

Wegen

$$\cos \theta = \sqrt{1 - \sin^2 \theta} = \frac{1}{n\beta} \tag{6.37}$$

folgt für die Maximalgeschwindigkeit

$$\beta_{\max} = \frac{1}{\sqrt{n^2 - 1}} \,. \tag{6.38}$$

Für Diamant ($n = 2.42$) ist $\beta_{\min} = 0.413$ und $\beta_{\max} = 0.454$.
Damit wird mit einem solchen differentiellen Cherenkov-Zähler ein

Geschwindigkeitsfenster von $\Delta\beta = 0.04$ selektiert. Wird die Optik differentieller Cherenkov-Zähler so ausgelegt, daß chromatische Fehler korrigiert werden (DISC-Zähler, DIScriminating-Cherenkov-Counters), so sind Geschwindigkeitsauflösungen von $\Delta\beta/\beta = 10^{-7}$ erreichbar. Mit solchen DISC-Zählern lassen sich etwa π/K-Trennungen bis zu Impulsen von mehreren hundert GeV/c erreichen [32, 143].

Differentielle Cherenkov-Zähler sind allerdings nur einsetzbar, wenn die Teilchen parallel zur optischen Achse einfallen; d.h. wenn die Einfallsrichtung genau festliegt. Das ist aber nur bei Beschleunigerexperimenten mit festem Target der Fall. Bei Speicherring-Experimenten, bei denen die erzeugten Teilchen in den vollen Raumwinkel emittiert werden können, sind differentielle Cherenkov-Zähler deshalb nicht verwendbar. Hier ist die Domäne der RICH (Ring-Imaging-Cherenkov-Counters)-Zähler [144]. Bei diesen RICH-Zählern bildet ein sphärischer Spiegel mit Radius R_S, dessen Krümmungsmittelpunkt im Wechselwirkungspunkt liegt, den Kegel des im Radiator erzeugten Cherenkov-Lichtes in ein ringförmiges Bild auf der Oberfläche eines sphärischen Detektors (Radius R_D) ab (s. Abb. 6.14, [143]).

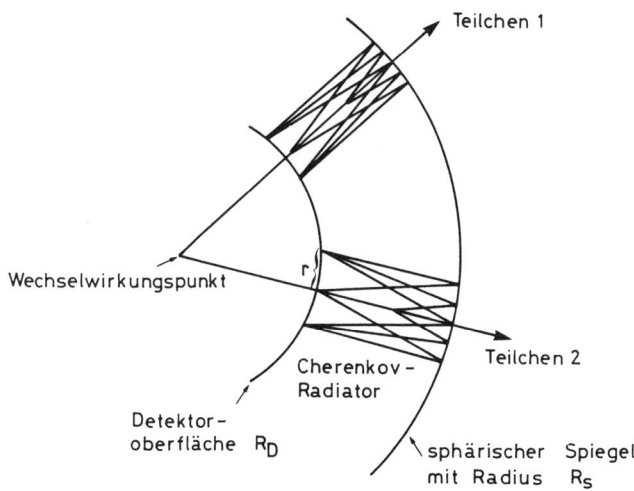

Abb. 6.14 Arbeitsprinzip eines RICH-Zählers [143].

Der Radiator füllt das Volumen zwischen den beiden Kugelschalen mit den Radien R_S und R_D aus. Im allgemeinen ist $R_D = R_S/2$. Die

Brennweite f eines sphärischen Spiegels ist $R_S/2$. Die Cherenkov-Photonen werden unter dem Winkel θ_c emittiert. Daraus ergibt sich der Radius des ringförmigen Bildes auf der Detektoroberfläche zu

$$r = f \cdot \theta_c = \frac{R_S}{2} \cdot \theta_c \,. \tag{6.39}$$

Die Messung von r liefert eine Aussage über die Geschwindigkeit des Teilchens

$$\cos\theta_c = \frac{1}{n\beta} \Longrightarrow \beta = \frac{1}{n\cos\left(\frac{2r}{R_S}\right)} \,. \tag{6.40}$$

Der Fehler der Geschwindigkeitsmessung $\Delta\beta$ rührt hauptsächlich von der experimentellen Unsicherheit der Bestimmung des Radius r des Cherenkov-Ringes her. $\Delta\beta$ führt zu einer Unsicherheit im Lorentzfaktor von

$$\Delta\gamma = \beta\gamma^3\Delta\beta \,. \tag{6.41}$$

Bei bekannter Masse, d.h. Identität des Teilchens, läßt sich daraus sein Impuls $p = \gamma m_0 \beta c$ bestimmen. Wegen

$$\gamma = \frac{1}{\sqrt{1-\beta^2}} \tag{6.42}$$

bzw.

$$\beta\gamma = \sqrt{\gamma^2 - 1} \tag{6.43}$$

ergibt sich der Impulsmeßfehler zu

$$\Delta p = \frac{m_0 c\gamma}{\sqrt{\gamma^2 - 1}}\Delta\gamma = \frac{m_0 c}{\beta}\Delta\gamma \tag{6.44}$$

und die relative Impulsmeßgenauigkeit

$$\frac{\Delta p}{p} = \frac{\Delta\gamma}{\beta^2\gamma} = \gamma^2\frac{\Delta\beta}{\beta} \,, \tag{6.45}$$

also für schnelle Teilchen ($\beta \approx 1$):

$$\frac{\Delta p}{p} = \frac{\Delta\gamma}{\gamma} \,. \tag{6.46}$$

Für hochenergetische Teilchen ($E \approx pc$) hätte man dieses Ergebnis auch aus

$$\frac{\Delta p}{p} = \frac{\Delta(pc)}{pc} = \frac{\Delta E}{E} = \frac{\Delta(\gamma m_0 c^2)}{\gamma m_0 c^2} = \frac{\Delta\gamma}{\gamma} \tag{6.47}$$

einfacher ableiten können.

Ist dagegen der Impuls des geladenen Teilchens etwa aus der Ablenkung in einem Magnetfeld schon bekannt, so läßt sich aus der Größe des Cherenkov-Ringes r das Teilchen identifizieren; d.h. seine Masse m_0 bestimmen, denn die Messung von r liefert nach Gl. (6.40) die Teilchengeschwindigkeit β, und mit Hilfe der Beziehung

$$p = \gamma m_0 \beta c = \frac{m_0 c \beta}{\sqrt{1 - \beta^2}} \qquad (6.48)$$

läßt sich bei bekanntem Impuls m_0 ermitteln.

Der kritische Punkt eines solchen RICH-Zählers ist der möglichst effektive Nachweis der Cherenkov-Photonen auf der Detektoroberfläche. Da man nicht nur diese Photonen registrieren, sondern auch deren Auftreffpunkt messen will, muß ein Ortsdetektor verwendet werden. Man verwendet Vieldrahtproportionalkammern, bei denen dem Kammergas ein photoempfindlicher Dampf beigemischt ist. Als Dampfzusätze kommen etwa Triäthylamin (TEA; $(C_2H_5)_3N$) mit einer Ionisationsenergie von $7.5\,eV$ und Tetrakis-dimethylaminoäthylen (TMAE; $[(CH_3)_2N]_2C = C_5H_{12}N_2$; $E_{ion} = 5.4\,eV$) in Frage. Zusätzliche Probleme treten dadurch auf, daß der Cherenkov-Ring in der Regel nur durch sehr wenige Photoelektronen definiert ist. Für übliche Cherenkov-Radiatoren werden bei einfach geladenen Teilchen zwischen drei und fünf Photoelektronen nachgewiesen. Abb. 6.15 zeigt die π/K-Separation mit einem RICH-Zähler bei $200\,GeV/c$. Bei gleichem Impuls haben die Kaonen eine kleinere Geschwindigkeit im Vergleich zu Pionen, liefern also nach Gl. (6.39/6.40) Cherenkov-Ringe mit geringeren Radien [145].

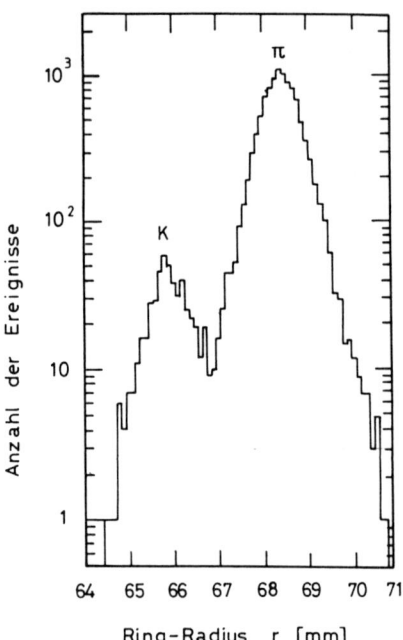

Abb. 6.15 Verteilung der Radien von Cherenkov-Ringen in einem π/K-Strahl bei 200 GeV/c. Der Detektor für die
Cherenkov-Photonen, eine Vieldrahtproportionalkammer,
war mit Helium (83%), Methan (14%) und TEA (3%)
gefüllt. Als Eintrittsfenster diente ein CaF_2-Kristall [145],
der eine hohe Transparenz im Ultravioletten aufweist.

Weitere Schwierigkeiten treten bei Mehrfachdurchgängen von
Teilchen auf, deren Cherenkov-Ringe sich überlappen, wie es bei
Speicherring-Experimenten durchaus normal ist. Klarere Cherenkov-
Ringe erhält man von schnellen Schwerionen, da die Zahl der erzeugten Photonen proportional zum Quadrat der Projektilladung
ist. Abb. 6.16 [146] zeigt einen Cherenkov-Ring eines relativistischen
Schwerions. Das Zentrum des Ringes wird vom Detektor ebenfalls gezeigt, da der Ionisationsverlust im Detektor zu einem starken Signal
führt (vgl. Abb. 6.14). Zusätzliche Koordinaten, die in der Regel nicht
auf dem Cherenkov-Ring liegen, erhält man durch δ-Elektronen, die
in Wechselwirkungen der schweren Ionen erzeugt werden.

Abb. 6.16 Cherenkov-Ring eines schweren Ions in einem RICH-Zähler [146].

Abb. 6.17 [147] zeigt das Beispiel eines Cherenkov-Ringes, der durch Überlagerungen von 100 kollinearen Ereignissen in einem monoenergetischen kollinearen Teilchenstrahl erhalten wurde. Die vier quadratischen Umrisse zeigen die Größe von Kalzium-Fluorid-Kristallen (je $10 \times 10\,cm^2$), die als Eintrittsfenster des Photondetektors verwendet wurden. Der Ionisationsverlust der Teilchen wird hier ebenfalls im Zentrum der Cherenkov-Ringe nachgewiesen.

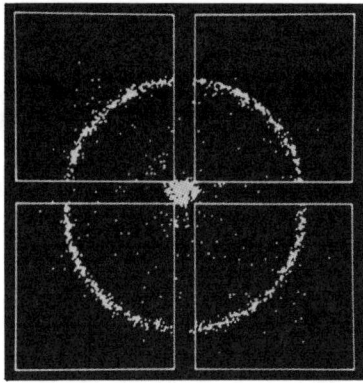

Abb. 6.17 Überlagerung von Cherenkov-Ringen von 100 kollinearen Ereignissen in einem RICH-Zähler. Die quadratischen Umrisse deuten die Kalzium-Fluorid-Eintrittsfenster des Photonendetektors an [147].

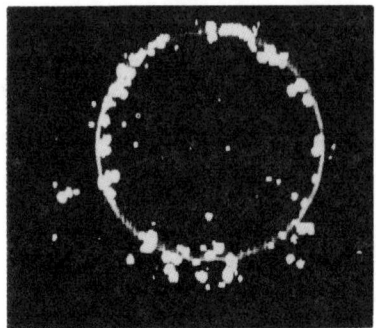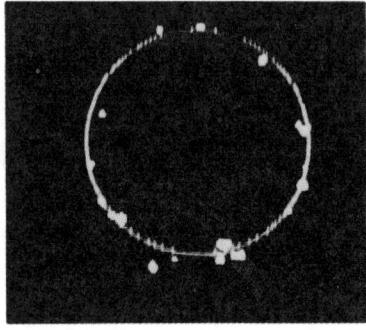

Abb. 6.18 Computerrekonstruktion des Cherenkov-Ringes eines einzelnen geladenen Teilchens (rechts) und Überlagerung von
10 kollinearen Ereignissen (links). Die Ringe wurden mit
einem Kanalelektronenvervielfacher aufgenommen [259].

Abb. 6.18 zeigt Computerrekonstruktionen des Cherenkov-Ringes
eines einzelnen geladenen Teilchens (rechts) und das Ergebnis der
Überlagerung von 10 kollinearen Ereignissen (links). Die Cherenkov-
Ringe wurden mit einem Mikrokanalelektronenvervielfacher von
40 *mm* Durchmesser aufgenommen und mit einem Bildverstärker
nachverstärkt. Das so intensivierte Bild wurde von einer Photodi-
odenmatrix mit 80000 Bildelementen ausgelesen [259].

Es ist sogar möglich, Cherenkov-Ringe von Elektronenschauern
– ausgelöst durch hochenergetische Elektronen oder Photonen – zu
erhalten. Die im Radiator über Kaskadenbildung produzierten Sekundärteilchen folgen weitgehend der Richtung des einfallenden Teilchens. Sie sind allesamt hochrelativistisch und erzeugen deshalb gleiche und weitgehend kongruent übereinander liegende Ringe. Abb.
6.19 zeigt einen klaren Cherenkov-Ring ausgelöst durch ein 5 *GeV*
Elektron [265]. Die Vielzahl der erzeugten Cherenkov-Photonen kann
über Photoeffekt in ortsempfindlichen Detektoren nachgewiesen werden.

Abb. 6.19 Cherenkov-Ring eines hochenergetischen (5 *GeV*) Elektrons [265].

Die Form und Position solcher Cherenkov-Ringe (bei schrägem Einfall elliptisch verzerrt) kann zur Richtungsbestimmung hochenergetischer Gamma-Quanten in der Gamma-Astronomie dienen.

6.5 Übergangsstrahlungsdetektoren (TRD - Transition Radiation Detector)

Auch noch unterhalb der Cherenkov-Schwelle wird von Teilchen Strahlung emittiert. Diese Strahlung wird immer dann erzeugt, wenn geladene Teilchen einen Übergang zwischen Medien mit unterschiedlichen dielektrischen Eigenschaften passieren. Dieser Übergang läßt sich etwa dadurch realisieren, daß ein Teilchen aus dem Vakuum (bzw. Luft) durch eine Grenzfläche in ein Dielektrikum eintritt. Der Beitrag zum Gesamtenergieverlust geladener Teilchen durch Übergangsstrahlung ist aber vernachlässigbar klein.

Ein geladenes Teilchen, das sich auf eine Grenzfläche zubewegt, bildet mit seiner Spiegelladung einen elektrischen Dipol, dessen Feldstärke sich zeitlich, d.h. mit der Bewegung des Teilchens, ändert (vgl. Abb. 6.20). Die Feldstärke wird Null, wenn das Teilchen in das Medium eindringt. Die zeitlich veränderliche Dipolfeldstärke bewirkt die Emission elektromagnetischer Strahlung.

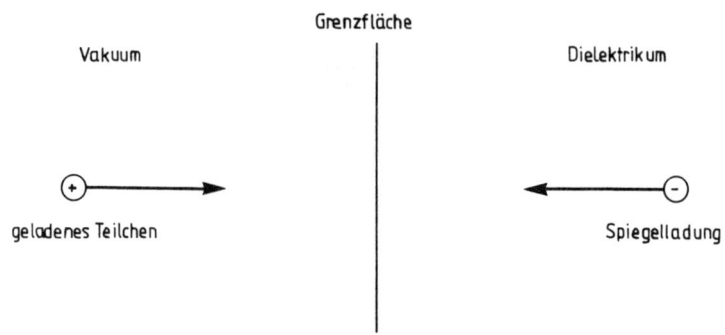

Abb. 6.20 Erläuterung der Erzeugung von Übergangsstrahlung an Grenzflächen.

Die Abstrahlung an Grenzflächen kann man auch dadurch verstehen, daß sich zwar der Vektor der dielektrischen Verschiebung $\vec{D} = \varepsilon\varepsilon_0\vec{E}$ beim Durchtritt durch die Grenzfläche stetig verändert, nicht aber der Vektor der elektrischen Feldstärke [148, 149, 150].

Die Zahl der erzeugten Übergangsstrahlungsphotonen läßt sich erhöhen, wenn das geladene Teilchen eine Vielzahl von Grenzflächen, z.B. in porösen Stoffen oder periodischen Anordnungen von Folien und Luftspalten durchquert.

Das Interessante an der Übergangsstrahlung ist, daß die durch Übergangsstrahlungsphotonen abgestrahlte Energie mit dem Lorentzfaktor γ des Teilchens ansteigt und nicht nur proportional zur Geschwindigkeit ist [151]. Da die meisten physikalischen Effekte (Energieverlust durch Ionisation, Flugzeit, Cherenkov-Strahlung, ...) geschwindigkeitsabhängig sind, und deshalb für relativistische Teilchen ($\beta \to 1$) nur geringe Identifizierungsmöglickeiten bieten, ist ein γ-abhängiger Effekt wie bei der Übergangsstrahlung für Teilchenidentifizierung bei hohen Energien überaus wertvoll.

Als weiterer Vorteil kommt hinzu, daß die Übergangsstrahlungsphotonen im Röntgenbereich emittiert werden [152]. Das Anwachsen der abgestrahlten Energie in der Übergangsstrahlung proportional zum Lorentzfaktor beruht hauptsächlich auf der Zunahme der mittleren Energie der Röntgenquanten und weniger auf der Zunahme der Intensität der Strahlung. Abb. 6.21 skizziert die mittlere Energie der Übergangsstrahlungsquanten in ihrer Abhängigkeit vom Elektronenimpuls für einen typischen Radiator [143].

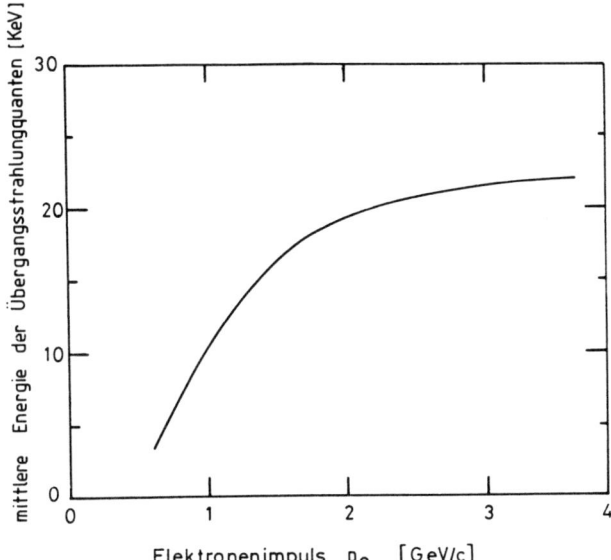

Abb. 6.21 Prinzipieller Verlauf der mittleren Energie von Übergangsstrahlungsphotonen als Funktion des Elektronimpulses bei
typischen Radiatoranordnungen [143].

Der Emissionswinkel der Übergangsstrahlungsphotonen ist umgekehrt proportional zum Lorentzfaktor

$$\theta = \frac{1}{\gamma_{\text{Teilchen}}}. \qquad (6.49)$$

Bei periodischen Anordnungen von Folien und Lücken treten Inter-
ferenzen auf, die ein effektives Schwellwertverhalten bei einem bestimmten γ-Faktor verursachen [153, 154].

Die prinzipielle Anordnung eines Übergangsstrahlungsdetektors
(TRD – Transition Radiation Detector) zeigt Abb. 6.22. Den Über-
gangsstrahlungsradiator bildet ein Satz von Folien aus einem Material mit möglichst geringer Kernladungszahl Z. Wegen der starken Abhängigkeit des Photoabsorptionswirkungsquerschnitts von Z
($\sigma_{\text{Photo}} \sim Z^5$) würden die Übergangsstrahlungsphotonen sonst gleich
im Radiator wieder absorbiert werden. Die aus dem Radiator austre-
tenden Photonen müssen in einem Detektor registriert werden, der
eine möglichst große Nachweiswahrscheinlichkeit für Röntgenquanten
hat. Dafür bietet sich eine Vieldrahtproportionalkammer an, die als

Zählgas Krypton oder Xenon enthält, also Gase mit hoher Kernladungszahl zur effektiven Absorption der Röntgenstrahlung.

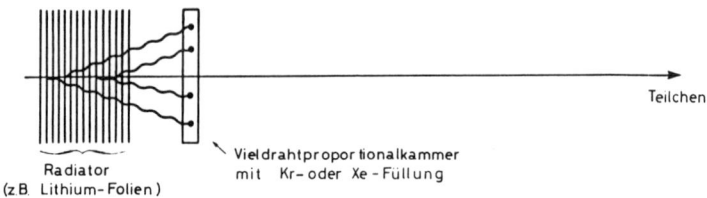

Abb. 6.22 Prinzipieller Aufbau eines Übergangsstrahlungsdetektors.

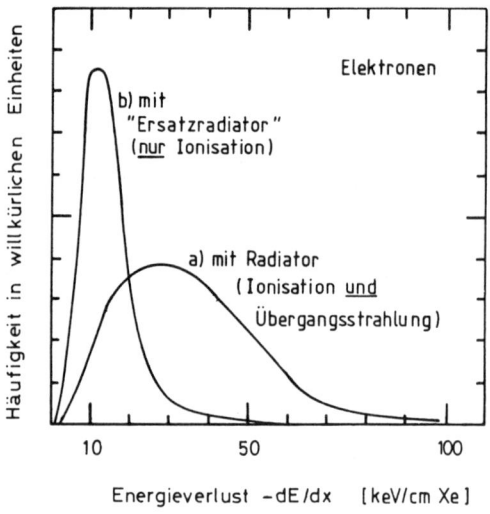

Abb. 6.23 Prinzipieller Verlauf der Häufigkeitsverteilung des Energieverlustes hochenergetischer Elektronen für einen Übergangsstrahlungsdetektor mit Radiator und "Ersatzradiator" (nach [143]).

Bei der obigen Anordnung tritt das Teilchen selbst auch durch den Nachweisdetektor für Übergangsstrahlung. Es verliert dabei im Detektor Energie durch Ionisation und Anregung. Dieser Energieverlust überlagert sich der Energiedeposition durch die Übergangsstrahlung. Die Abb. 6.23 skizziert die Häufigkeitsverteilung des Energieverlustes für einen Übergangsstrahlungsdetektor für hochrelativistische Elektronen für den Fall, daß a) der Radiator Zwischenräume aufweist und b) vor dem Detektor ein homogener Block aus Radiatormaterial gleicher Massenbelegung ohne Zwischenräume ("Ersatzradiator") installiert ist. Im ersten Fall tritt der Effekt der Übergangsstrahlung auf und führt im Mittel zu höheren Amplituden des Energieverlustes, während im zweiten Fall nur der Ionisationsverlust der Elektronen gemessen wird [143].

Für reine Detektoruntersuchungen an der Übergangsstrahlung kann man den störenden Einfluß des Ionisationsverlustes ausschalten, indem man die Elektronen (bzw. die die Übergangsstrahlung auslösenden geladenen Teilchen) durch ein Magnetfeld daran hindert, den Nachweisdetektor zu erreichen (s. Abb. 6.24). Für Anwendungen der Übergangsstrahlung in einem Experiment der Teilchenphysik läßt sich dieses Ziel jedoch nicht verwirklichen.

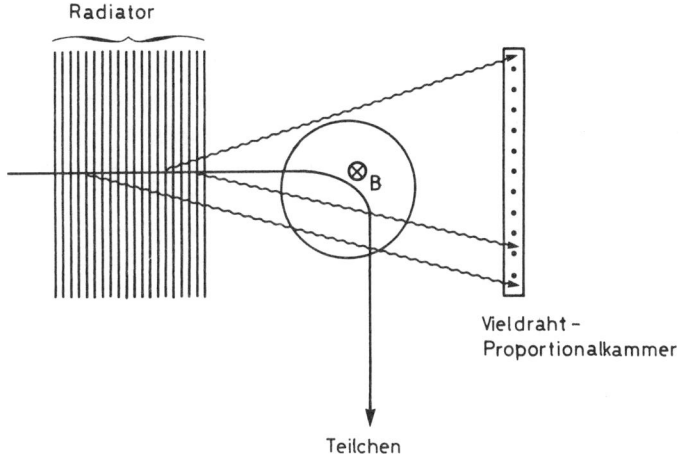

Abb. 6.24 Prinzip der ungestörten Untersuchung der Übergangsstrahlung durch magnetische Ablenkung der Elektronen.

Da der effektive Schwellwertfaktor für Übergangsstrahlung an periodischen Strukturen bei Werten von $\gamma \approx 1000$ liegt, würden etwa Pionen mit Energien unterhalb von etwa $140\,GeV$ keine Übergangsstrahlungsphotonen erzeugen, sondern nur den Energieverlust durch Ionisation im Detektor deponieren. Auf diese Weise hat man eine Möglichkeit, Elektronen von Pionen zu unterscheiden. Abb. 6.25 [155] zeigt die Energieverlustverteilung für $15\,GeV$-Elektronen ($\gamma_e \approx 30000$) und $15\,GeV$-Pionen ($\gamma_\pi \approx 110$). Die Abbildung deutet an, daß durch einen Schnitt im gemessenen Energieverlust Elektronen von Pionen bis zu einem gewissen Grade getrennt werden können, jedoch bereitet die Trennung des Übergangsstrahlungssignals von den Landau-Ausläufern des Ionisationsverlustes große Probleme. Diese Schwierigkeiten kann man reduzieren, wenn man die unterschiedliche Natur des Energieverlustes durch Ionisation bzw. durch Übergangsstrahlungsphotonen berücksichtigt. Die Idee einer effektiven Trennung besteht darin, nicht nur die gesamte freigesetzte Ladung in der Vieldrahtproportionalkammer zu messen, sondern auch deren räumliche Verteilung.

Der gesamte Energieverlust durch Ionisation kommt durch viele kleine Energieüberträge auf Elektronen zustande, wobei gelegentlich, aber selten, auch etwas energiereichere δ-Elektronen erzeugt werden. Im Gegensatz dazu setzt sich der Energieverlust durch Übergangsstrahlung aus wenigen lokalen, starken Energiedepositionen, die von den absorbierten Übergangsstrahlungsphotonen herrühren, zusammen. Dieser Sachverhalt ist in Abb. 6.26 skizziert. Zählt man nur die lokalen Energiedepositionen oberhalb einer vorgegebenen Ladungsschwelle Q_{Schwelle}, so läßt sich der mehr oder weniger kontinuierliche Energieverlust durch Ionisation recht effektiv unterdrücken.

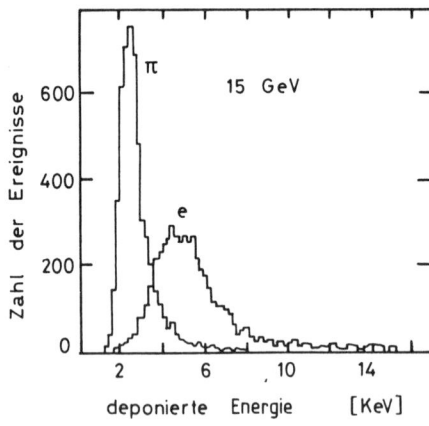

Abb. 6.25 Energieverlustverteilung von $15\,GeV$-Elektronen und Pionen in einem Übergangsstrahlungsdetektor [155].

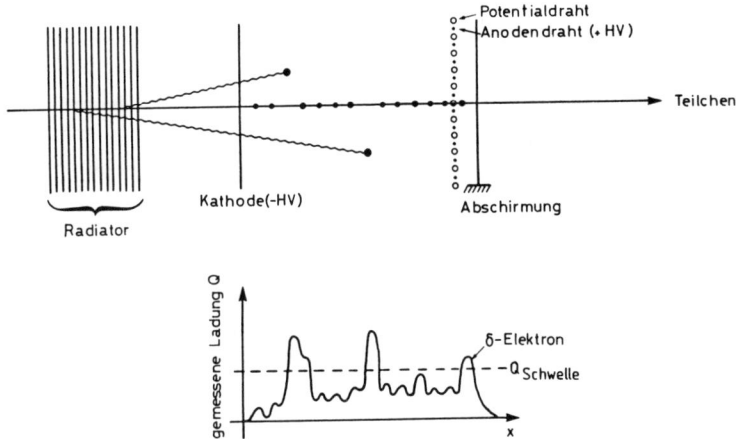

Abb. 6.26 Prinzip der Trennung des Ionisationsverlustes vom Energieverlust aufgrund der Emission von Übergangsstrahlungsphotonen.

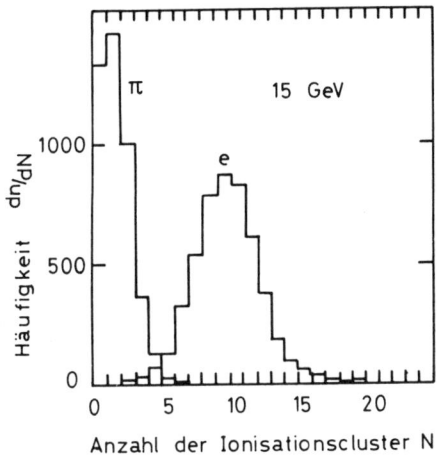

Abb. 6.27 Cluster-Häufigkeitsverteilung für Pionen und Elektronen in einem Übergangsstrahlungsdetektor [155].

Für dieselben Daten, für die in Abb. 6.25 der Gesamtenergieverlust dargestellt ist, wurde die beschriebene Methode des Zählens der großen Ladungscluster vorgenommen. Das Ergebnis (Abb. 6.27, [155]) zeigt eine viel bessere Elektron/Pion-Trennung. Um den Effekt zu quantifizieren, setzt man einen Schnitt in der Anzahl der registrierten Ladungscluster. Damit ist eine von 100% verschiedene Effizienz der Elektronenidentifizierung verbunden. Ein gewisser Teil der Pionen, die oberhalb dieses Schnittes liegen, würden allerdings fehlerhaft als Elektronen mißidentifiziert. Man muß also jeweils einen Kompromiß zwischen einer möglichst hohen Elektroneneffizienz bei kleiner Pionen-Kontamination schließen. In Abb. 6.28 ist die Pionen-Mißidentifizierungwahrscheinlichkeit als Funktion der Elektroneneffizienz für die beiden Trennmethoden auf der Basis des gesamten Energieverlustes bzw. der Ladungscluster-Zählmethode dargestellt [155]. Das letztere Verfahren erlaubt eine Pionenunterdrückung um den Faktor 10^3 bei 90% Elektronen-Akzeptanz und ist damit eindeutig der erstgenannten Methode überlegen. Beide Kurven gelten für $15\,GeV$-Teilchen in einem Lithium-Folien-Radiator. Anstelle der Lithium-Folien können auch Radiatoren aus Kohlenstofffasern geringen Durchmessers ($\phi < 20\,\mu m$), dünne Mylar-Folien oder poröse Schaumstoffe verwendet werden [376].

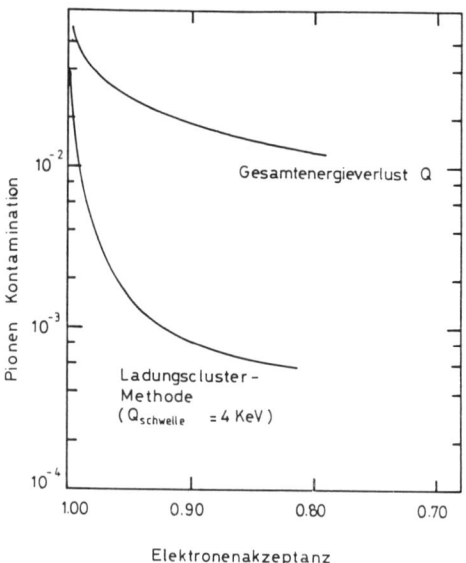

Abb. 6.28 Elektron-Pion-Trennung nach dem Gesamtenergieverlust-verfahren und dem Clusterverfahren [155].

Genauso wie man Elektronen von Pionen trennen kann, lassen sich auch bei entsprechend höheren Energien Pionen von Kaonen unterscheiden. Bei Impulsen oberhalb von $140\,GeV/c$ ($\gamma_\pi = 1000$) erzeugen die Pionen Übergangsstrahlung, Kaonen ($\gamma_K = 280$) jedoch noch nicht. Mit einem langen Lithiumradiator lassen sich auf diese Weise bei einer 99% Pionen-Akzeptanz Kaonen auf 10% unterdrücken [156, 32]. Will man umgekehrt Kaonen selektieren, so lassen sich die energiereichen Pionen aufgrund ihrer Übergangsstrahlung um einen Faktor 10^2 unterdrücken, während die Kaonen, die keine Übergangsstrahlungsphotonen emittieren, mit 90% Wahrscheinlichkeit über ihren geringen Ionisationsverlust identifiziert werden.

Bei einem $1\,m$ langen Radiator aus $100\,\mu m$ Lithium-Folien (Zwischenräume ebenfalls $100\,\mu m$) benötigt man 5000 Folien. Die Technik der Herstellung von extrem dünnen Lithium-Folien ist nicht einfach.

Der tatsächliche Aufbau eines Übergangsstrahlungsdetektors mit so vielen Folien würde so aussehen, daß man in äquidistanten Abständen in den Folienstapel Kammern zur Messung der Übergangsstrahlungsphotonen einbaut, um die Absorption der Photonen in den Folien selbst so gering wie möglich zu halten.

6.6 Mehrfachmessung der spezifischen Ionisation

Man ist bestrebt, möglichst den gesamten Energiebereich mit Verfahren zur Teilchenidentifizierung abzudecken. Flugzeitmessungen scheitern, wenn die Geschwindigkeitsunterschiede zu klein werden. Bis zu Impulsen von $2\,GeV/c$ ($\gamma_\pi = 14$) läßt sich mit dieser Methode jedoch eine Pion/Kaon-Trennung erzielen. Schwellwert-Cherenkov-Zähler schaffen eine π/K-Trennung bis zu $p = 20\,GeV/c$ ($\gamma_\pi = 140$). Differentielle Cherenkov-Zähler lassen sich nur in speziellen Anordnungen einsetzen, können dort aber π/K-Identifizierungen bis zu $200\,GeV/c$ ($\gamma_\pi = 1400$) erreichen. RICH-Cherenkov-Zähler überdecken auch einen vergleichbaren Impulsbereich, sind aber experimentell sehr aufwendig. Methoden der Übergangsstrahlungsdetektoren können effektiv erst ab $\gamma = 1000$ verwendet werden. Wenn man von den nur eingeschränkt verwendbaren DISC- und den komplizierteren RICH-Zählern einmal absieht, gibt es noch eine Lücke in der Teilchenidentifizierung im Energiebereich $100 \leq \gamma \leq 1000$. Diese Lücke kann durch die Messung des relativistischen Anstiegs im Ionisationsverlust geladener Teilchen geschlossen werden. Die Messung dieses Energieverlustes muß recht genau sein, um in diesem Bereich eine sichere Teilchenidentifizierung zu gestatten.

Der spezifische Energieverlust für Elektronen, Myonen, Pionen, Kaonen und Protonen im Impulsbereich zwischen 0.1 und 100 GeV/c in einer 1 cm-Schicht aus Argon-Methan (80:20) ist in Abb. 6.29 dargestellt [157, 32]. Man erkennt sofort, daß eine Myon/Pion-Trennung auf der Grundlage einer Energieverlustmessung praktisch unmöglich ist. Dafür liegen diese beiden Teilchen in ihrer Masse ($m_\mu = 105.7\,MeV/c^2$; $m_\pi = 139.6\,MeV/c^2$) zu dicht beieinander. Aber eine $\pi/K/p$-Trennung sollte erreichbar sein. Der logarithmische Anstieg des Energieverlustes in Gasen ($\sim \ln\gamma$, s. Gl. (1.12)) beträgt bei Normaldruck 50 bis 60% des Energieverlustes im Minimum der Ionisation [99].

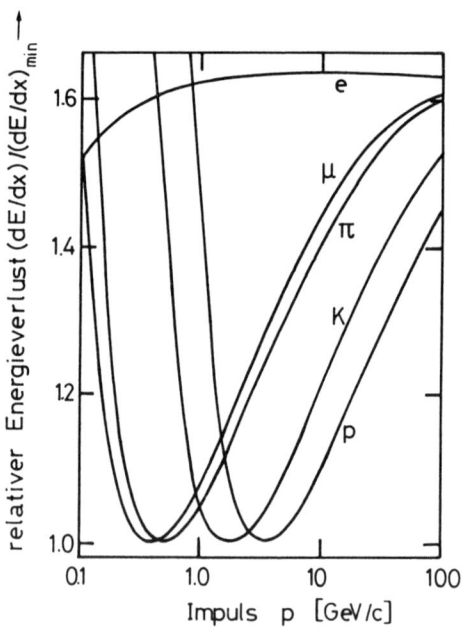

Abb. 6.29 Mittlerer spezifischer Energieverlust für Elektronen, Myonen, Pionen, Kaonen und Protonen [32, 157].

Hat man einen impulsselektierten Strahl unterschiedlicher Teilchenzusammensetzung, so kann aus der Messung des spezifischen Energieverlustes die Teilchenidentität bestimmt werden. Dabei ist zu bedenken, daß die Kurven in Abb. 6.29 nur den mittleren Energieverlust darstellen, der Energieverlust bei einer Einzelmessung aber gemäß einer Landauverteilung schwanken kann. Die langen Ausläufer der Energieverlustverteilungen erschweren die Teilchentrennung ganz erheblich.

Üblicherweise werden die Energieverlustmessungen in Gasdetektoren durchgeführt. Sie können aber auch in anderen Detektoren, wie z.B. Halbleiterzählern erfolgen. Abb. 6.30 zeigt die Energieverlustspektren von 600 MeV/c Pionen und Protonen in einem 3 mm dicken lithium-gedrifteten Siliziumzähler in einem unseparierten Teilchenstrahl [158].

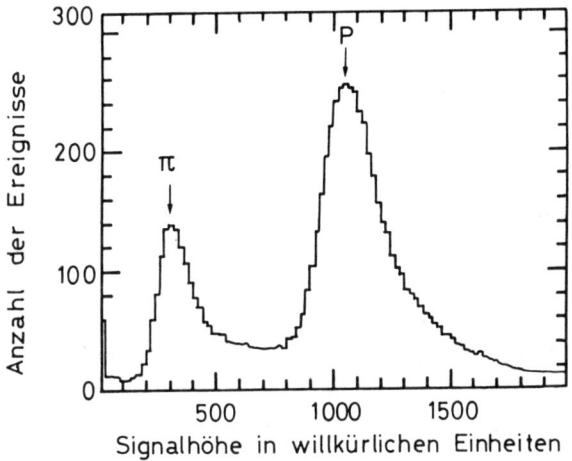

Abb. 6.30 Energieverlustverteilung von 600 MeV/c Pionen und Protonen in einem 3 mm dicken lithium-gedrifteten Silizium-Halbleiterzähler [158].

Man erkennt auch hier deutlich die unsymmetrischen Energieverlustverteilungen mit hohen Ausläufern zu großen Energieübertragungen, die eine sichere Teilchenidentifizierung erschweren. In diesem Beispiel nutzt man die Energieverlustunterschiede bei Impulsen unterhalb des Minimums der Ionisation aus. Pionen sind bei 600 MeV/c schon minimalionisierend, während Protonen desselben

Impulses wegen ihrer geringen Geschwindigkeit aufgrund der $1/\beta^2$-Abhängigkeit des Energieverlustes große Signale zeigen (vgl. Abb. 6.29).

Die Landau-Fluktuationen können durch Vielfachmessung des Energieverlustes unterdrückt werden, indem man nur diejenigen Meßergebnisse berücksichtigt, bei denen der gemessene Energieverlust klein ist (typisch 40 – 60% aller Meßwerte). Auf diese Weise eliminiert man die zufällig (durch δ-Elektronen) auftretenden großen Energieübertragungen. Von den so eingeschränkten Energieverlustmeßproben bildet man den Mittelwert ("truncated mean") und verwendet ihn zur Teilchenidentifizierung. Mit etwa 100 Gasdetektoren lassen sich Auflösungen von

$$\frac{\sigma(dE/dx)}{(dE/dx)} = 2\% \qquad (6.50)$$

für Pionen, Kaonen und Protonen von $50\,GeV$ erreichen [32]. Die Auflösung läßt sich durch Vergrößerung der Zahl der Meßproben N gemäß $1/\sqrt{N}$ steigern; d.h. um die dE/dx-Auflösung um einen Faktor zwei zu verbessern, müßten viermal so viele dE/dx-Messungen durchgeführt werden. Bei fest vorgegebener Gesamtlänge des Detektors gibt es allerdings eine optimale Zahl von Meßproben, denn bei zu starker Untergliederung des Detektors in zuviele dE/dx-Messungen wird der Energieverlust pro Meßprobe letztlich zu klein und damit seine Fluktuation zu groß.

Die Auflösung sollte sich auch mit zunehmendem Gasdruck im Detektor wie $1/\sqrt{p}$ verbessern. Hier muß allerdings berücksichtigt werden, daß bei zu hohen Drucken der logarithmische Anstieg, den man ja in der Regel zur Teilchenidentifizierung ausnutzt, nicht durch den einsetzenden Dichteeffekt zerstört wird. So ist der Anstieg des Energieverlustes im Vergleich zum Minimum der Ionisation bei 1 *bar* etwa 55%. Für 7 *bar* reduziert er sich auf 30%. Insgesamt bringt die Druckerhöhung keine Verbesserung der Energieverlustmeßgenauigkeit zur Teilchenidentifizierung.

Eine alternative Methode gegenüber der Verwendung des beschränkten Mittelwerts einer Vielzahl von Meßproben, die bessere Ergebnisse liefert, soll im folgenden beschrieben werden.

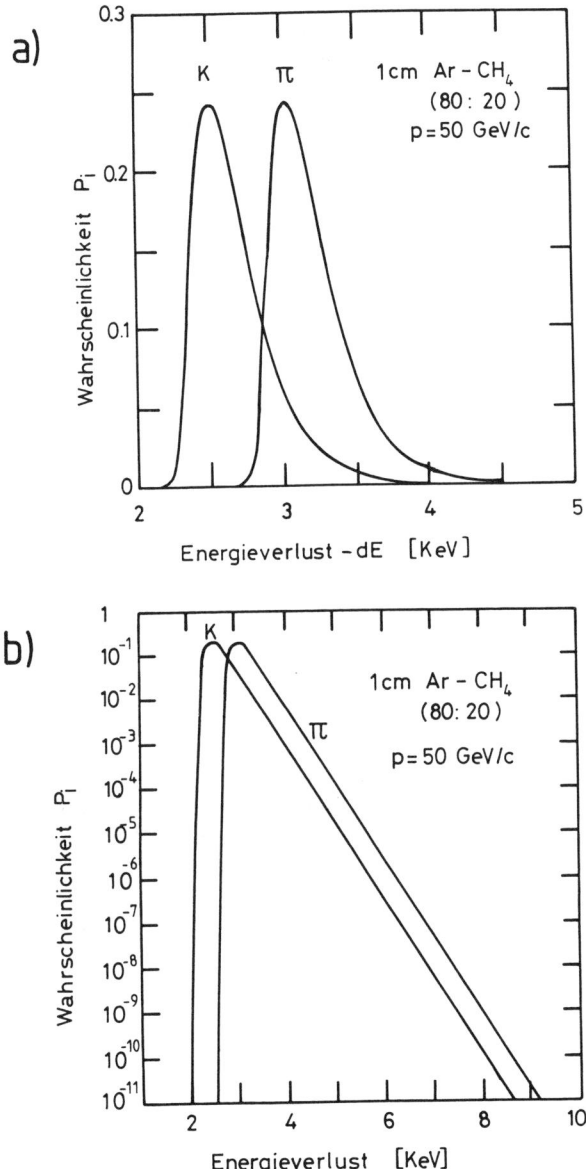

Abb. 6.31 Energieverlustverteilung von $50\,GeV$-Pionen und Kaonen in einer Schichtdicke von $1\ cm$ Argon-Methan in linearer und logarithmischer Darstellung.

In Abb. 6.31 a und b ist die Verteilung des Energieverlustes von 50 GeV-Pionen und Kaonen in 1 cm Argon/Methan (80:20) in linearem und logarithmischem Maßstab skizziert. Man fasse jetzt die Landau-Verteilungen als Wahrscheinlichkeitsverteilungen auf, daß ein Pion oder Kaon ein Signal vorgegebener Größe erzeugt. Sei $P_\pi^i(x)$ die Wahrscheinlichkeit, daß ein Pion im Detektor i ein Signal der Größe x erzeugt. Jedes Teilchen erzeugt beim Durchgang durch N Detektoren einen Satz von $x_i (i = 1, 2, \ldots, N)$ Signalen. Die Wahrscheinlichkeit, daß ein Pion diesen Satz erzeugt ist

$$P_1 = \prod_{i=1}^{N} P_\pi^i(x_i) \, . \tag{6.51}$$

Entsprechend erzeugt ein Kaon denselben Satz von Signalen mit der Wahrscheinlichkeit

$$P_2 = \prod_{i=1}^{N} P_K^i(x_i) \, . \tag{6.52}$$

Damit wird bei einer Mischung aus Pionen und Kaonen in einem impulsselektierten Strahl die Wahrscheinlichkeit, ein Teilchen als Pion zu identifizieren

$$P = \frac{P_1}{P_1 + P_2} \, . \tag{6.53}$$

Betrachtet man etwa eine Fünffachmessung des Energieverlustes gemäß Abb. 6.31 bzw. 6.32, so ergibt sich für die Kaon-Hypothese für fünf exemplarische dE/dx-Messungen ein bestimmter Satz von Wahrscheinlichkeiten (0.124; 0.061; 0.025; 0.013; 0.006) mit $P_2 = 1.5 \cdot 10^{-8}$; entsprechend für die Pion-Hypothese (0.031; 0.236; 0.192; 0.108; 0.047) ein Wert von $P_1 = 7.1 \cdot 10^{-6}$, so daß das Teilchen, das diesen Satz von Energieverlustmessungen erzeugt, mit einer Wahrscheinlichkeit von

$$P = \frac{P_1}{P_1 + P_2} = 99.8\%$$

ein Pion ist.

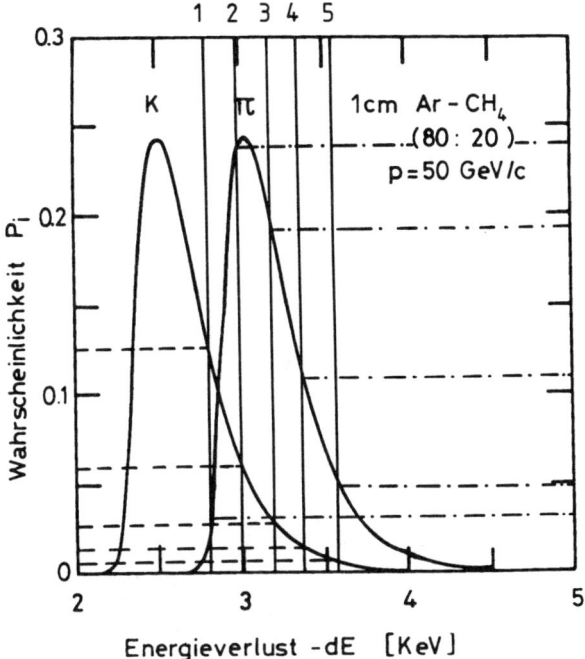

Abb. 6.32 Beispiel einer Fünffachmessung des Energieverlustes zur π/K-Trennung auf Basis der Landau-Wahrscheinlichkeits-verteilungen. Die fünf Einzelmessungen mit ihren entsprechenden Wahrscheinlichkeiten P^i_π und P^i_K sind angedeutet.

Dieses Verfahren der Interpretation von Energieverlustverteilungen als Wahrscheinlichkeitsverteilungen ist recht aufwendig, liefert aber gute Resultate.

Es lassen sich auch beide Verfahren miteinander kombinieren, indem man die Methode der Wahrscheinlichkeitsverteilungen auf den eingeschränkten Satz von Energieverlustmessungen anwendet.

Die Verbesserungen, die sich auf diese Weise erzielen lassen, hängen vom Schnittparameter, den man auf die Energieverlustverteilung anwendet ("Trunkierungsgrad"), ab und sind meist marginal.

Abb. 6.33 zeigt die Ergebnisse von Energieverlustmessungen in einem gemischten Teilchenstrahl [147]. Man erkennt an dieser Darstellung, daß die Methode der Teilchentrennung durch Mehrfachmessung der Ionisation entweder nur unterhalb des Minimums des Energieverlustes ($p < 1\,GeV/c$) oder im logarithmischen Anstieg durchführbar ist.

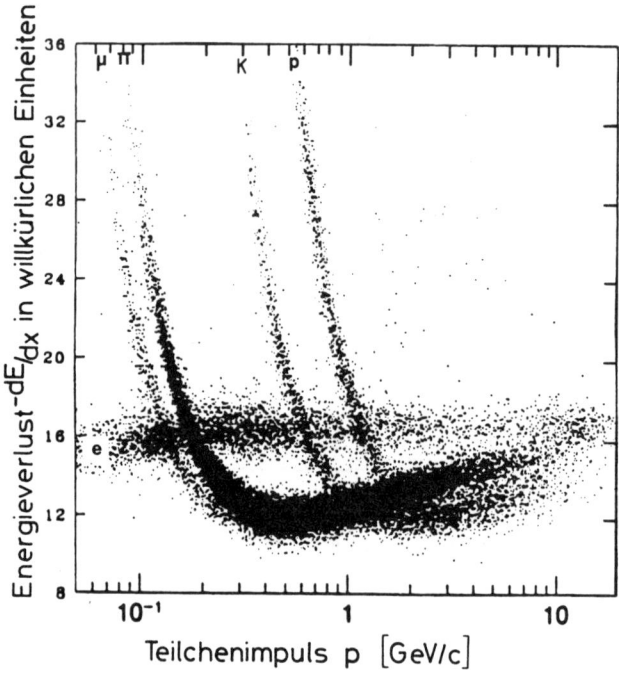

Abb. 6.33 Energieverlustmessung in einem gemischten Teilchenstrahl [147].

6.7   Vergleich der Methoden zur Identifizierung geladener Teilchen

Mit den beschriebenen Methoden der Ionisationsmessung, der Mehrfachmessung des Energieverlustes, der Flugzeitmessung und der Messung der Cherenkov- und Übergangsstrahlung kann praktisch bei allen Impulsen eine Teilchenidentifizierung erfolgen. Die Impulsbereiche, in denen eine Pion/Kaon-Trennung mit vertretbarem Aufwand möglich ist, sind in der Abb. 6.34 skizziert.

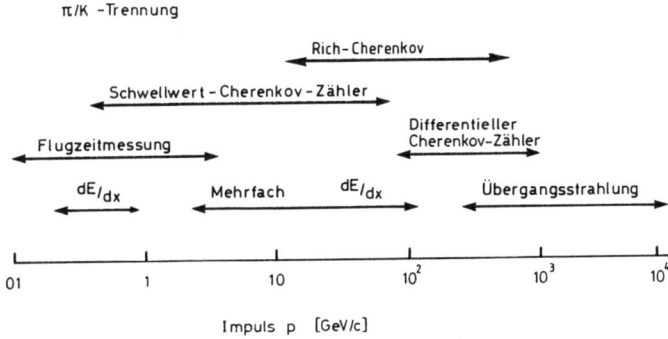

Abb. 6.34 Darstellung der charakteristischen Impulsbereiche zur π/K-Trennung für verschiedene Teilchenidentifizierungs-methoden.

Ein Detektor, der auf Teilchenidentifizierung mit den verschiedenen Verfahren spezialisiert ist, ist in Abb. 6.35 exemplarisch im Ausschnitt angedeutet. In der Praxis wird ein solcher Detektor allerdings sehr sperrig, da im allgemeinen große Längen der Subdetektoren erforderlich sind, um zu sicheren Aussagen zu gelangen.

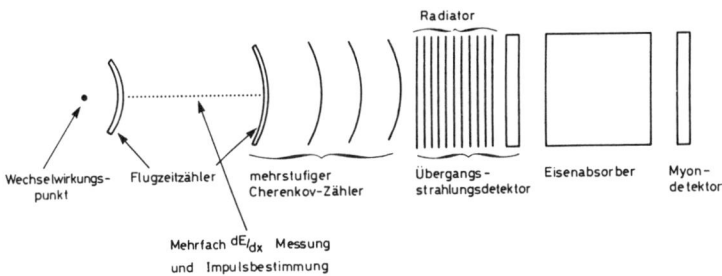

Abb. 6.35 Skizzierung eines Detektors mit Spezialisierung auf Teilchenidentifizierung.

Die bisher beschriebenen Verfahren zur Teilchenerkennung sind im wesentlichen nicht destruktiv; d.h. daß der Energieverlust der geladenen Teilchen im Detektor gering im Vergleich zu seiner Energie ist.

Für viele Identifizierungmethoden ist es notwendig, den Impuls der Teilchen zu kennen. Insofern bilden Magnetspektrometer (vgl. Kap. 8) ein wichtiges Hilfsmittel zur Teilchenidentifikation.

Es gibt aber noch weitere Verfahren, um etwa Elektronen bei hohen Energien sicher zu erkennen. Elektronen initiieren in elektromagnetischen Kalorimetern (s. Kap. 7) Kaskaden, deren Entwicklung charakteristisch verschieden von denen anderer geladener Teilchen ist. Das Problem der Myon/Pion-Trennung kann man lösen, indem man die hohe Durchdringungsfähigkeit der Myonen durch massive Absorber ausnutzt, in denen Pionen über die Entwicklung von Hadronenkaskaden "steckenbleiben". Die kalorimetrischen Teilchenidentifizierungsverfahren absorbieren die Teilchen aber vollständig, so daß also keine weiteren Messungen an ihnen vorgenommen werden können.

Kapitel 7

Energiemessung

Viele Detektoren eignen sich zur Energiemessung. So lassen sich in einem Proportionalzählrohr etwa gut die Energien von Röntgenquanten bestimmen. Jeder absorbierende Detektor mißt auch die Energie der Teilchen, die im Detektor ihre Energie abgeben. Bei hohen Energien ($\geq 1\,GeV$) erfolgt die Messung der Energie über kalorimetrische Verfahren; und zwar je nach Teilchensorte in elektromagnetischen Kalorimetern für Photonen und Elektronen und Hadronkalorimetern für stark wechselwirkende Teilchen [340]. Bei diesen Energien gilt aber $E \approx p \cdot c$, so daß Impulsspektrometer (vgl. Kap. 8) bei hohen Impulsen zugleich auch eine Energieinformation liefern.

Für kleinere Energien (MeV-Bereich) lassen Halbleiterzähler präzise Energiebestimmungen zu. Letztere Zähler können auch zur Ortsmessung bei hoher Meßgenauigkeit verwendet werden, aber auch mit Elektron/Hadron-Kalorimetern lassen sich Ortsbestimmungen vornehmen.

Moderne Methoden der Energiemessung an Elementarteilchen müssen einen dynamischen Bereich von mehr als 20 Größenordnungen in der Energie abdecken. Der Nachweis kleinster Energien (Milli-Elektronenvolt) ist für die Suche nach Überresten des Urknalls in der Astrophysik von großer Bedeutung und in der kosmischen Strahlung werden Teilchen — vermutlich extragalaktischen Ursprungs — bis hin zu Energien von $10^{20}\,eV$ registriert [289].

7.1 Halbleiterzähler

Halbleiterzähler arbeiten wie Festkörperionisationskammern. Aufgrund ihrer hohen Dichte im Vergleich zu Gasdetektoren sind sie in der Lage, Teilchen entsprechend höherer Energie zu absorbieren.

Geladene Teilchen oder Photonen erzeugen Elektron-Loch-Paare in einem Halbleitermaterial. Der Halbleiterkristall befindet sich in einem elektrischen Feld, das die erzeugten Ladungsträger absaugt. Der große Vorteil von Halbleiterzählern ist, daß die mittlere Energie zur Erzeugung eines Elektron-Loch-Paares im Vergleich zu Gasen gering ist. Für Silizium (Germanium) benötigt man $3.6\,eV$ ($2.8\,eV$) zur Bildung eines Elektron-Loch-Paares im Vergleich zu ca. $30\,eV$ bei Gasen. Die Größe der Energielücke zwischen Valenz- und Leitungsband beträgt bei Silizium (Germanium) bei Raumtemperatur zum Vergleich $1.14\,eV$ ($0.67\,eV$). Wegen des geringen Bandabstandes bei Germanium müssen diese Zähler i.a. gekühlt werden, um thermisches Rauschen zu reduzieren. Wegen des geringen W-Wertes (vgl. Kap. 1.1.2) lassen sich in Halbleiterzählern sehr gute Energieauflösungen erreichen. Im Vergleich zu Szintillationszählern, wo man zur Erzeugung eines Photoelektrons zwischen 400 und $1000\,eV$ benötigt, erhält man einen Richtwert für das Verhältnis der Energieauflösungen dieser beiden Detektoren gemäß

$$\frac{\sigma_{\mathrm{HLZ}}(E)/E}{\sigma_{\mathrm{SZ}}(E)/E} = \frac{\sqrt{N_{\mathrm{SZ}}}}{\sqrt{N_{\mathrm{HLZ}}}} = \frac{\sqrt{E/700\,eV}}{\sqrt{E/3\,eV}} = 6 \cdot 10^{-2}\,. \qquad (7.1)$$

Hierbei ist $N_{\mathrm{HLZ}}(N_{\mathrm{SZ}})$ die Zahl der in einem Halbleiterzähler (Szintillator-Photomultiplier-System) erzeugten Ladungsträger. Man muß allerdings darauf achten, daß die gute Auflösung der Halbleiterzähler nicht durch die elektronische Auslese verschlechtert wird.

Die Energieauflösungen von Halbleiterzählern sind also typisch um einen Faktor 10–50 besser als in Szintillatoren. Abb. 7.1 [159] zeigt das Ergebnis der Energiemessung der Photonen eines ^{60}Co-Präparats in einem Germanium-Halbleiterzähler im Vergleich zu einem $NaJ(Tl)$-Szintillationszähler. Die beiden γ-Linien bei $1.17\,MeV$ und $1.33\,MeV$ werden im Halbleiterzähler mit einer vollen Halbwertsbreite von $1.9\,keV$ ($\sigma(E) = 0.80\,keV$) und im $NaJ(Tl)$-Szintillator mit $90\,keV$ ($\sigma(E) = 38\,keV$) aufgelöst.

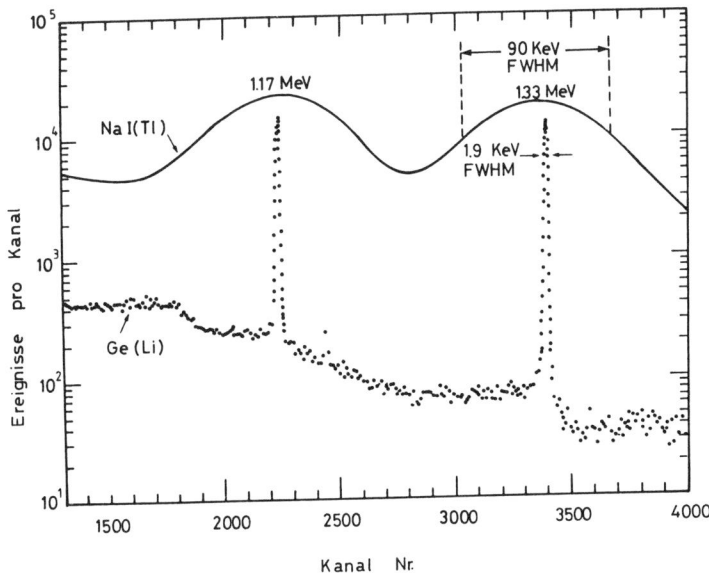

Abb. 7.1 Vergleich des ^{60}Co-Gammaspektrums, aufgenommen mit einem $NaJ(Tl)$-Szintillator und einem $Ge(Li)$-Halbleiterdetektor [159].

Die Wirkungsweise des Halbleiterzählers kann mit Hilfe des Bändermodells des Festkörpers verstanden werden. Ein Kristall aus Germanium oder Silizium wird n-leitend, wenn fünfwertige Atome in das Gitter eingebaut werden, da Germanium und Silizium vierwertig sind. Entsprechend werden Germanium und Silizium p-leitend beim Einbau dreiwertiger Atome in das Kristallgitter.

Abb. 7.2 zeigt die Bänderstruktur eines Halbleiters. Als fünfwertige Donatoren kommen Phosphor und Arsen in Frage. Durch die benachbarten Silizium- (Germanium)-Atome werden nur vier Elektronen gebunden. Das fünfte Elektron des Donators ist nur sehr schwach gebunden und kann leicht in das Leitungsband gelangen. Energetisch sind die Donator-Niveaus etwa $0.05\,eV$ unterhalb der Leitungsbandkante angesiedelt. Beim Einbau dreiwertiger Fremdatome wie Bor oder Indium bleibt eine der Silizium-Bindungen unvollständig. Dieses Akzeptor-Niveau, das energetisch etwa $0.05\,eV$ oberhalb der Valenzbandkante liegt, hat das Bestreben, sich mit einem Elektron von einem anderen Silizium-Atom zu komplettieren. Dabei wandert der Zustand des fehlenden Elektrons durch den Kristall. Bei Zuführung geringer Energie können die Löcher in das Valenzband befördert werden und dort einen Löcherstrom erzeugen. Als Donator eignet sich ebenfalls Lithium, das nur ein lose gebundenes Elektron in der äußeren Schale hat.

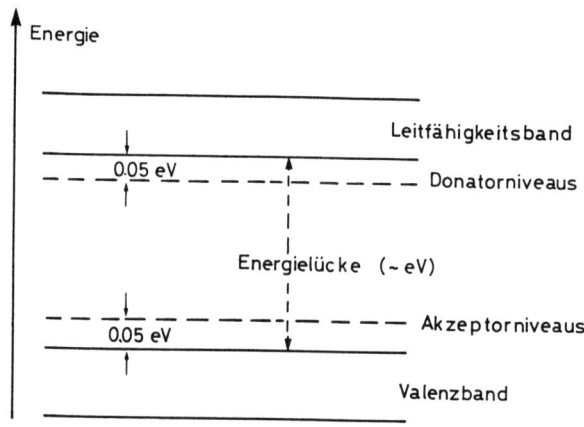

Abb. 7.2 Bänderstruktur eines Halbleiters.

Läuft ein geladenes Teilchen durch einen n-leitenden oder p-leitenden Kristall, so erzeugt es entlang seiner Bahn Elektron-Loch-Paare. In sekundären Prozessen können die primär erzeugten Elektronen weitere Elektron-Loch-Paare bilden oder Gitterschwingungen (Phononen) anregen. Es entsteht ein Plasmaschlauch entlang der Teilchenbahn mit Ladungsträgerkonzentrationen von 10^{15} bis $10^{17}/cm^3$ [32]. Die Idee des Halbleiterdetektors besteht nun darin, die erzeugten freien Ladungsträger in einem äußeren Driftfeld zu sammeln, bevor sie mit den Löchern rekombinieren können. Wenn das gelingt, ist das gemessene Ladungssignal dem Energieverlust des Teilchens, oder falls das Teilchen im Detektor seine gesamte Energie abgibt, der Teilchenenergie proportional.

Halbleiterzähler müssen in Sperrichtung betrieben werden, um im Kristall eine hohe elektrische Feldstärke zur Sammlung der erzeugten Elektronen zu bilden. In der Praxis verwendet man Dioden mit p-n-Übergängen, Oberflächensperrschichtzähler oder p-i-n-Strukturen (s. Abb. 7.3 bis 7.6) [160, 284, 402].

Zur Erzeugung eines p-n-Übergangs werden zwei Halbleiter vom p- und n-Typ aneinandergesetzt. Die Elektronen des n-Typs diffundieren in den p-Typ, und die Löcher aus dem p-Typ in den n-Typ. Dabei rekombinieren die Ladungsträger in der Übergangsschicht. Dort bildet sich eine Verarmungszone an freien Ladungsträgern, und zwar auch schon wenn noch keine äußere Spannung am Halbleiterzähler anliegt. Abb. 7.3 zeigt das Prinzip eines p-n-Halbleiterdetektors. Gezeigt sind die jeweils freien Ladungsträger im n- bzw. p-Bereich. Die ortsfesten Ionenrümpfe sind im n-Gebiet positiv (sie haben ein Elektron abgegeben) und im p-Gebiet negativ (sie haben ein Elektron aufgenommen). Die geladenen Ionenrümpfe erzeugen in der Verarmungszone eine Spannungsdifferenz.

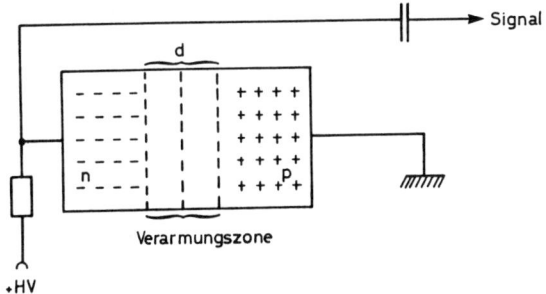

Abb. 7.3 Prinzip eines p-n-Halbleiterzählers. (gezeigt sind die freien Ladungsträger).

Der p-n-Übergang hat die Eigenschaften einer Diode. Eine äußere positive Spannung am n-leitenden Gebiet (Sperrichtung) vergrößert die Verarmungszone. Man erreicht dabei Raumladungszonen von maximal $1\,mm$ Dicke. Da die an die Verarmungszone angrenzenden Gebiete des Kristalls eine relativ gute Leitfähigkeit besitzen, fällt praktisch die gesamte angelegte Spannung über der Raumladungszone (= Verarmungszone) ab. Freie Elektronen, die dort durch geladene Teilchen oder Photonen erzeugt werden, können von dort abgesaugt werden, bevor sie rekombinieren.

Typische Breiten der Verarmungszonen sind $d = 300\,\mu m$. Bei Feldstärken von $E = 10^3\,V/cm$ und Ladungsträgerbeweglichkeiten von $\mu = 10^3\,cm^2/Vs$ erhält man Sammelzeiten von

$$t_s = \frac{d}{\mu E} \sim 3 \cdot 10^{-8}\,s\,. \tag{7.2}$$

Für die α-Teilchen- und Elektronenspektroskopie ist es erforderlich, daß die als Festkörperionisationskammern arbeitenden Halbleiterzähler ihre Verarmungszone nahe der Oberfläche entwickeln. Diese
Oberflächensperrschichtzähler bestehen etwa aus einem n-leitenden
Silizium-Einkristall an deren Oberfläche durch Kontakt mit einem p-
leitenden Silizium-Kristall eine Verarmungszone erzeugt wird. (In der
Praxis wird man einen Silizium-Kristall von zwei Seiten unterschiedlich dotieren, um eine Verarmungszone herzustellen.) Durch eine auf-
gedampfte dünne Goldschicht von einigen μm Dicke wird der Hoch-
spannungskontakt hergestellt. Diese Seite dient auch als Eintrittsfenster für die geladenen Teilchen (s. Abb. 7.4). Auf diese Weise können
Sperrschichtdicken von

$$d = 0.309\sqrt{U \cdot \varrho_p} \ [\mu m] \tag{7.3}$$

für p-dotiertes Silizium und

$$d = 0.505\sqrt{U \cdot \varrho_n} \ [\mu m] \tag{7.4}$$

für n-dotiertes Silizium erreicht werden [32, 48]. Dabei ist U die angelegte Sperrspannung (in Volt); ϱ_p (bzw. ϱ_n) der spezifische Widerstand in p-dotiertem (bzw. n-dotiertem) Silizium in $\Omega\,cm$ und
d die Dicke der Verarmungszone in μm. Für typische Werte von
$\varrho_p = 3 \cdot 10^3\,\Omega\,cm$ ergeben sich bei Sperrspannungen von $100\,V$ Verarmungszonen mit einer Breite von etwa $170\,\mu m$.

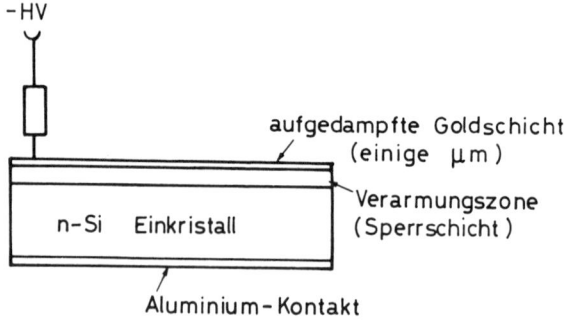

Abb. 7.4 Prinzip eines Oberflächensperrschichtzählers.

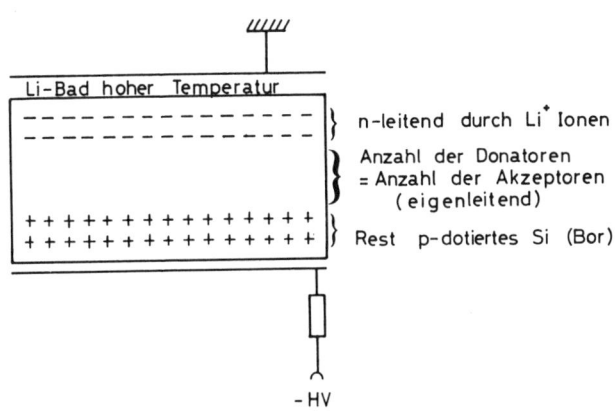

Abb. 7.5 Prinzip der Herstellung eines p-i-n-Halbleiterdetektors.

Dickere Sperrschichten können in p-i-n-Strukturen erhalten werden. Darunter versteht man Anordnungen, bei denen zwischen einer p- und einer n-Schicht eine eigenleitende i-Schicht ("intrinsic conductivity") erzeugt wird. Die Herstellung solcher p-i-n-Strukturen erfolgt durch Hineindiffundieren von Lithium in p-leitendes, z.B. Bor-dotiertes, Silizium (s. Abb. 7.5). Lithium als Element mit drei Elektronen ist ein Donator, weil sein äußeres Elektron nur schwach gebunden ist. Lithiumatome werden bei einer Temperatur von etwa 400°C in den p-leitenden Kristall hineindiffundiert. Sie erreichen wegen ihrer geringen Größe brauchbare Diffusionsgeschwindigkeiten und -tiefen. Nach dem abgeschlossenen Diffusionsvorgang werden durch ein äußeres angelegtes Feld die positiven Lithiumionen weiter in den Kristall hineingezogen. Es entsteht eine Zone in der die Anzahl der Lithiumionen gerade gleich derjenigen der Borionen wird. Der spezifische Widerstand in dieser Verarmungszone ist mit $3 \cdot 10^5 \, \Omega \, cm$ so hoch wie der für Eigenleitung im störstellenfreien Silizium. Bei einer äußeren angelegten Sperrspannung wird die Verarmungszone zur Sperrschicht, die als Detektorvolumen dient. Auf diese Weise lassen sich p-i-n-Strukturen mit recht dünnen p- und n-Bereichen bei bis zu $5 \, mm$ dicken i-Zonen herstellen.

Der Verlauf der Raumladung (durch die positiven und negativen Ionenrümpfe), der elektrischen Feldstärke und des Potentials für eine p-i-n-Struktur ist in Abb. 7.6 [101, 48] dargestellt. Durch die räumlich wenig ausgedehnten Raumladungen in den dünnen p- und n-Gebieten bildet sich im eigenleitenden i-Bereich eine konstante Feldstärke aus. Die Potentialdifferenz zwischen n- und p-leitendem Gebiet setzt sich aus der äußeren angelegten Spannung V_0 und der Diffusionsspannung V_D zusammen.

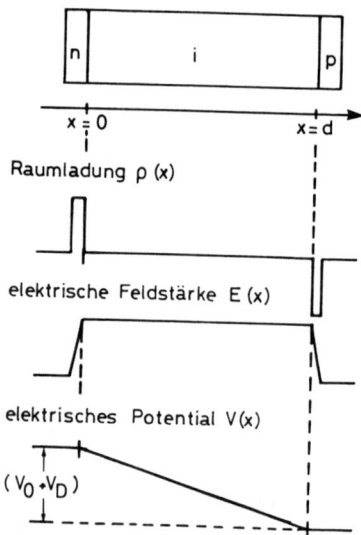

Abb. 7.6 Räumlicher Verlauf der Raumladung, der elektrischen Feldstärke und des Potentials in einer p-i-n-Struktur (V_D ist die Diffusionsspannung) [48].

Solche $Si(Li)$- bzw. $Ge(Li)$-Halbleiterdetektoren eignen sich in hervorragender Weise zur Gamma- und Elektronenspektroskopie im MeV-Bereich bei höchster Auflösung. Zur Vermeidung von thermisch bedingten Dunkelströmen müssen Germanium-Detektoren wegen der Kleinheit der Energielücke ($0.67\,eV$) gekühlt werden.

Die Abb. 7.7 und 7.8 zeigen die Reichweiten von Elektronen, Protonen, Deuteronen, α-Teilchen und einigen schweren Ionen in Silizium [161]. Mit einem $5\,mm$ dicken Silizium-Lithium gedrifteten Halbleiterzähler lassen sich bei senkrechtem Einfall α-Teilchen bis $120\,MeV$, Protonen bis $30\,MeV$ und Elektronen bis etwa $3\,MeV$ stoppen.

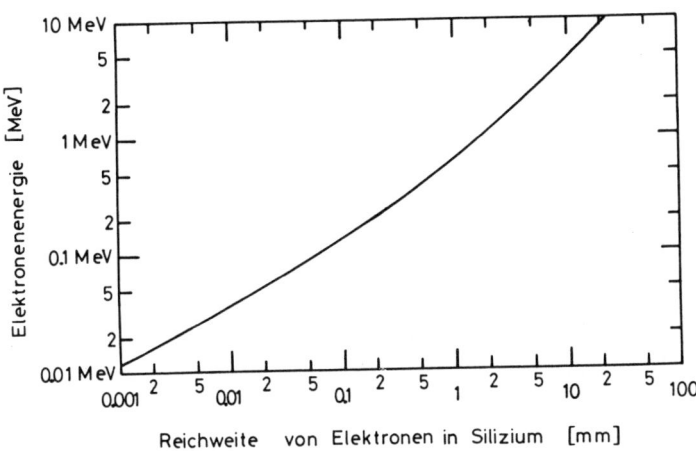

Abb. 7.7 Energie-Reichweite-Beziehung für Elektronen in Silizium
[161].

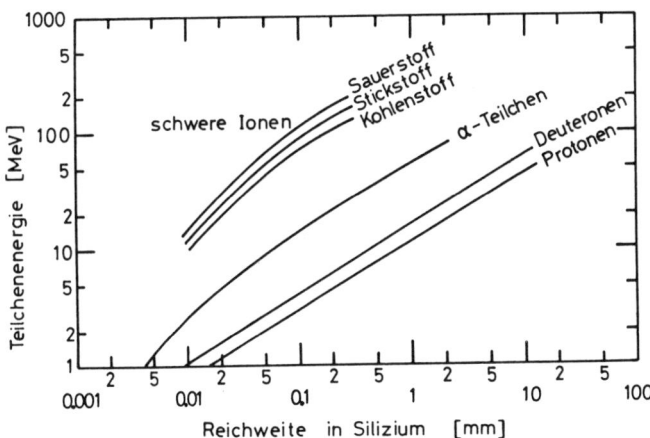

Abb. 7.8 Energie-Reichweite-Beziehung für Protonen, Deuteronen,
α-Teilchen und einige schwere Ionen in Silizium [161].

Abb. 7.9 zeigt einen Ausschnitt des Konversionslinienspektrums des reinen K-Strahlers ^{207}Bi aufgenommen mit einem $Si(Li)$-Detektor. Man erkennt deutlich die beiden Linienpaare der K- und L-Elektronen, die den Kernübergängen von $570\,keV$ und $1064\,keV$ zugeordnet werden. Die $976\,keV$-Linie wird mit einer relativen Genauigkeit von 1.4% aufgelöst. Mit den besten $Si(Li)$-Halbleiterzählern lassen sich sogar neben den K- und L-Elektronen auch noch M-Elektronen auflösen. Abb. 7.10 zeigt einen Teil des ^{207}Bi-Konversionslinienspektrums im Bereich des $570\,keV$-Übergangs. Man erkennt ebenfalls eine Linie, die auf eine Energieabsorption in der K-Schale mit nachfolgender Absorption der charakteristischen L_α-Linie $(K + L_\alpha)$ zurückzuführen ist [162].

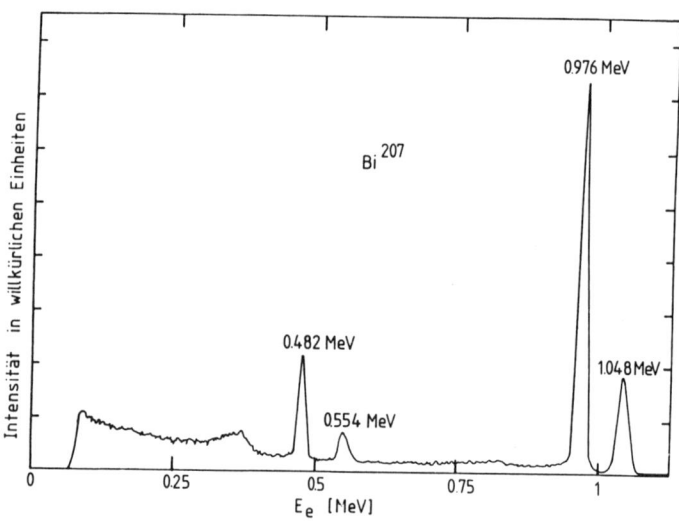

Abb. 7.9 Konversionslinienspektrum von ^{207}Bi, aufgenommen mit einem $Si(Li)$-Detektor [407].

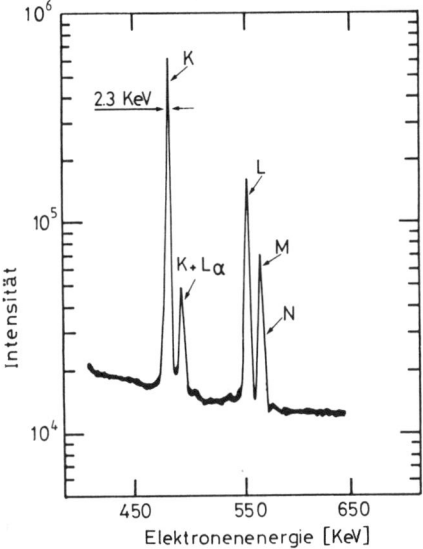

Abb. 7.10 Ausschnitt des ^{207}Bi-Konversionlinienspektrums im Bereich des $570\,keV$-Übergangs [162].

Zum Vergleich mit Halbleiterzählern sind in den Abbildungen 7.11 und 7.12 die Energiespektren des ^{207}Bi-Isotops, aufgenommen mit einer Flüssig-Argon- bzw. Flüssig-Xenon-Ionisationskammer, dargestellt. Die Flüssig-Argon-Kammer trennt die K- und L-Elektronen noch relativ gut und erzielt eine Auflösung von $\sigma_E = 11\,keV$. Wegen der hohen Kernladungszahl von Xenon ($Z = 54$) werden dort die von ^{207}Bi emittierten Photonen der Energien $570\,keV$ und $1064\,keV$ mit einem hohen Ansprechvermögen nachgewiesen. Die K- und L-Linien der Konversionselektronen können in diesem Zähler nicht mehr getrennt werden. In beiden Zählern macht sich auch der Untergrund der Compton-gestreuten Photonen störend bemerkbar [247].

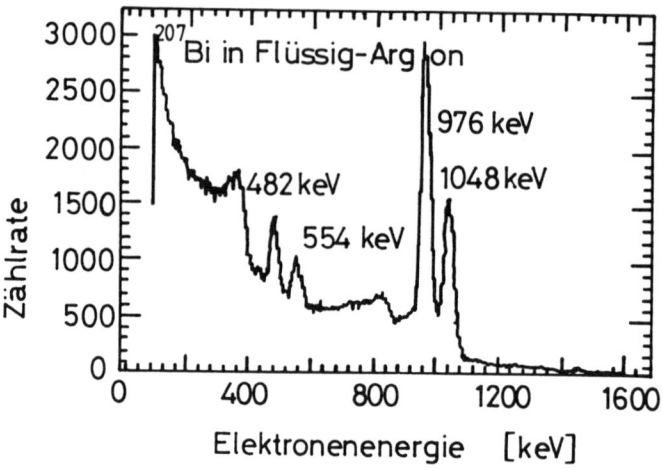

Abb. 7.11 Spektrum der Konversionselektronen des ^{207}Bi-Isotops in einer Flüssig-Argon-Kammer [247].

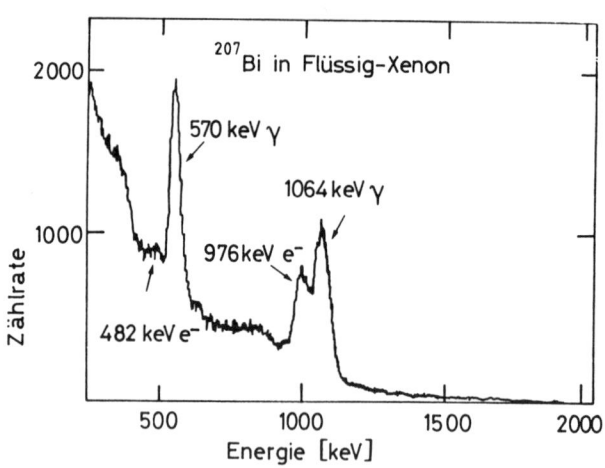

Abb. 7.12 Spektrum der Konversionselektronen und γ-Quanten des ^{207}Bi-Isotops in einer Flüssig-Xenon-Kammer [247].

Bei Halbleiterzählern, wie auch bei Gasdetektoren, ist die statistische Schwankung der Signale sogar noch kleiner als der Poisson- bzw.

Gauß-Fluktuation $\sqrt{n}$ der erzeugten Ladungsträger entspricht. Die Verteilungen monoenergetischer Linien sind etwas asymmetrisch und schmaler als Gaußverteilungen. Der Fano-Faktor F (für Silizium 0.16 vgl. Kap. 1.1.2) ersetzt die Gaußsche Varianz σ^{*2} durch $\sigma^2 = F\sigma^{*2}$, so daß sich die Energieauflösung wegen $E \sim n$ angeben läßt als

$$\frac{\sigma(E)}{E} \sim \frac{\sqrt{F\sigma^{*2}}}{n} = \frac{\sqrt{n}\sqrt{F}}{n} = \frac{\sqrt{F}}{\sqrt{n}}. \qquad (7.5)$$

Mit $n = E/W$, falls W die mittlere Energie zur Erzeugung eines Ladungsträgerpaares ist, wird

$$\frac{\sigma(E)}{E} = \frac{\sqrt{F \cdot W}}{\sqrt{E}}. \qquad (7.6)$$

Für die Energieauflösung der $976\,keV$-Linie des ^{207}Bi-Konversionsspektrums mit einem $Si(Li)$-Zähler könnten damit theoretisch Werte von $8 \cdot 10^{-4}$ erreicht werden. Entsprechend könnte die $1.33\,MeV$ Gammalinie des ^{60}Co-Spektrums mit (Fano-Faktor für Germanium $F = 0.4$) $9 \cdot 10^{-4}$ aufgelöst werden, was mit den besten Zählern auch erreicht wird.

Die Verarbeitung der Signale aus Halbleiterzählern setzt die Verwendung rauscharmer ladungsempfindlicher Vorverstärker voraus.

Germanium- und Silizium-Halbleiterzähler werden vorwiegend in der Alpha-, Beta- und Gammaspektroskopie eingesetzt. Diese Halbleiterdetektoren verwenden Quantenübergange im Bereich einiger Elektronenvolt. Eine Steigerung der Energieauflösung wird möglich, wenn mit noch feineren Energieschritten gearbeitet werden kann, die etwa durch das Aufbrechen von Cooper-Paaren in Supraleitern entstehen. Abb. 7.13 zeigt die Amplitudenverteilung der Stromimpulse, ausgelöst von Mangan K_α- und K_β-Röntgenphotonen in einer $Sn/SO_x/Sn$-Tunnelgrenzschicht bei $T = 400\,mK$. Die erreichbaren Auflösungen sind hier bereits deutlich besser als mit den besten $Si(Li)$-Halbleiterdetektoren [163].

Bei noch tieferen Temperaturen $(T = 80\,mK)$ sind mit einem Bolometer aus einem $HgCdTe$-Absorber in Verbindung mit einem Si/Al-Kalorimeter Auflösungen der Mangan K_α-Linie von $17\,eV$ $fwhm$ erzielt worden (s. Abb. 7.14) [164, 165].

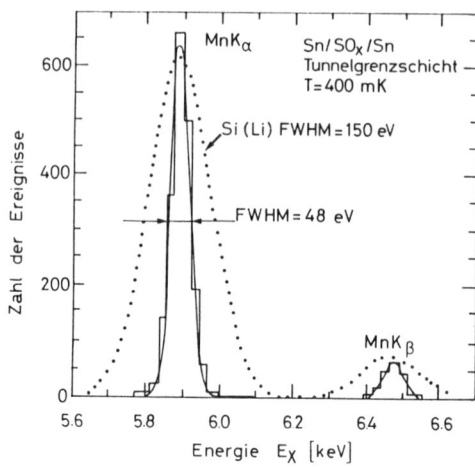

Abb. 7.13 Amplitudenverteilung von MnK_α- und MnK_β- Röntgenquanten in einer $Sn/SO_x/Sn$-Tunnelgrenzschicht. Die punktierte Linie zeigt die mit einem $Si(Li)$-Halbleiterzähler erreichbare Auflösung zum Vergleich [163].

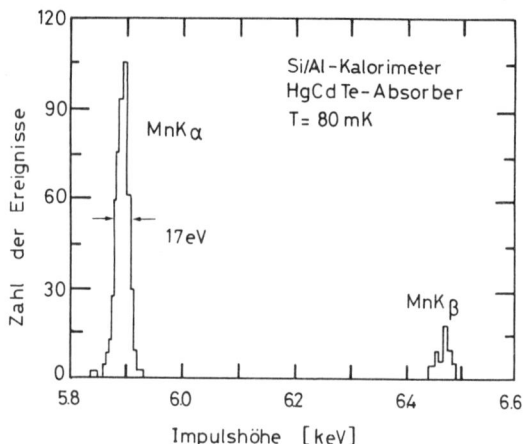

Abb. 7.14 Amplitudenverteilung von $5.9\,keV$ bzw. $6.47\,keV$ Röntgenquanten der MnK_α- bzw. K_β-Linie in einem Bolometer, bestehend aus einem $HgCdTe$-Absorber und einem Si/Al-Kalorimeter. Die K_α-Linie entspricht einem Übergang von der L- in die K-Schale, die K_β-Linie einem Übergang aus der M- in die K-Schale [165].

Bei diesem Meßverfahren wird die von den 5.9 keV-Röntgen-strahlen deponierte Energie als Temperaturanstieg in einem Kalorimeter registriert. Diese Mikrokalorimeter müssen über eine kleine Wärmekapazität verfügen und bei kryogenischen Temperaturen betrieben werden (vgl. auch Kap. 7.6). Sie bestehen meist aus einem Absorber mit relativ großer Oberfläche (einige Millimeter Durchmesser), der an einen Halbleiterthermistor gekoppelt ist. Die deponierte Energie wird im Absorberteil gesammelt, der zusammen mit der Thermistorauslese ein total absorbierendes Kalorimeter darstellt. Solche zweikomponentigen Bolometer erreichen exzellente Energieauflösungen, sind aber noch nicht in der Lage, hohe Raten von Teilchenflüssen zu verarbeiten, da die Zeitdauer der thermischen Signale von der Größenordnung 20 μs ist. Gegenüber Standardkalorimetertechniken, die auf der Erzeugung und Sammlung von Ionisationselektronen bestehen, haben Bolometer aber den Vorteil, daß sie im Prinzip auch schwach oder gar nicht ionisierende Teilchen, wie etwa langsame magnetische Monopole oder astrophysikalische Neutrinos (z.B. Neutrinostrahlung aus dem Urknall mit Energien um 0.2 meV ($\hat{=}$1.9K), entsprechend der 2.7 Kelvin Mikrowellenstrahlung), nachweisen können (vgl. 7.6). Hohe Energieauflösungen für Röntgenstrahlen sind auch mit großflächigen, supraleitenden $Nb/Al-AlO_x/Al/Nb$-Tunnelübergängen erzielt worden [285].

In Hochenergieexperimenten können Halbleiterdetektoren auch als "lebendes Target" Verwendung finden, indem sie eine kompliziertere Apparatur triggern. Abb. 7.15 zeigt den prinzipiellen Aufbau eines solchen Experiments. Die komplexe Nachweisapparatur wird nur dann ausgelesen, wenn die Strahlteilchen im Target, das aus einem Halbleiterzähler besteht, eine Wechselwirkung auslösten. Ob im Halbleiterzähler eine Wechselwirkung erfolgte, kann man aus der dort registrierten Ladung erschließen. Fordert man eine Triggerschwelle $Q \geq k \cdot Q_{min}$ mit $k > 1$, wobei Q_{min} die durch ein minimalionisierendes Strahlteilchen deponierte Ladung im Halbleiterzähler ist, so unterdrückt man die Auslese uninteressanter Ereignisse.

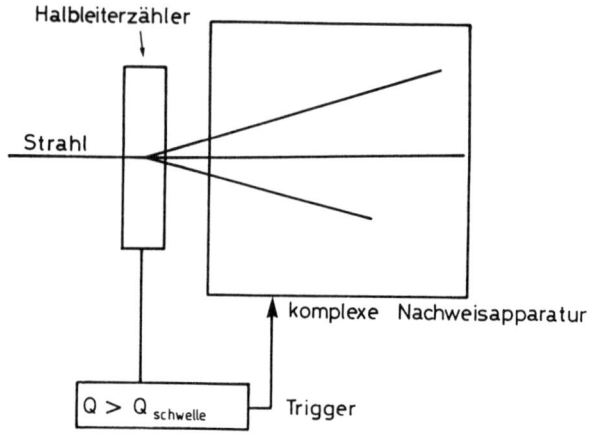

Abb. 7.15 Halbleiterdetektor als "lebendes Target" in einem komplexen Experiment.

Halbleiterzähler lassen sich auch zur Ortsmessung verwenden, indem man die Elektroden in Form von Streifen oder Plättchen unterteilt. Aus der Ladungsverteilung auf den Auslesestreifen lassen sich Ortsauflösungen von der Größenordnung $10\,\mu m$ erreichen. Solche Silizium-Streifenzähler werden vielfach an Speicherring-Experimenten als Vertex-Detektoren eingesetzt, insbesondere um Lebensdauern von instabilen Hadronen im *ps*-Bereich zu bestimmen und kurzlebige Mesonen in komplizierten Endzuständen zu markieren (vgl. Kap. 9.12). Durch diese Technik der Verwendung von Silizium-Streifenzählern in der Nähe von Wechselwirkungsvertizes wird etwa die Fähigkeit der hochauflösenden Blasenkammern (vgl. Kap. 4.11; Abb. 4.67) oder von Kernemulsionen (vgl. Kap. 4.16; Abb. 4.95) rein elektronisch nachgeahmt. Wegen der hohen Ortsauflösung der Streifenzähler können relativ leicht Sekundärvertizes rekonstruiert und vom Primärvertex getrennt werden.

Silizium-Streifenzähler lassen sich auch als Festkörperdriftkammern betreiben [160, 299].

Sie liefern allerdings nur Projektionen auf eine Koordinatenrichtung. Eine zweidimensionale Information läßt sich erhalten, wenn der Silizium-Streifenzähler auf beiden Seiten des Silizium-Chips durch zueinander orthogonale Streifen ausgelesen wird.

Abb. 7.16 zeigt die Funktionsweise eines Silizium-Streifenzählers mit sequentieller Kathodenauslese [284]. In Abb. 7.17 ist eine doppelseitige Auslese mit segmentierten Anoden und Kathoden schematisch dargestellt, die es gestattet, mit *einem* Detektor Raumpunkte zu rekonstruieren.

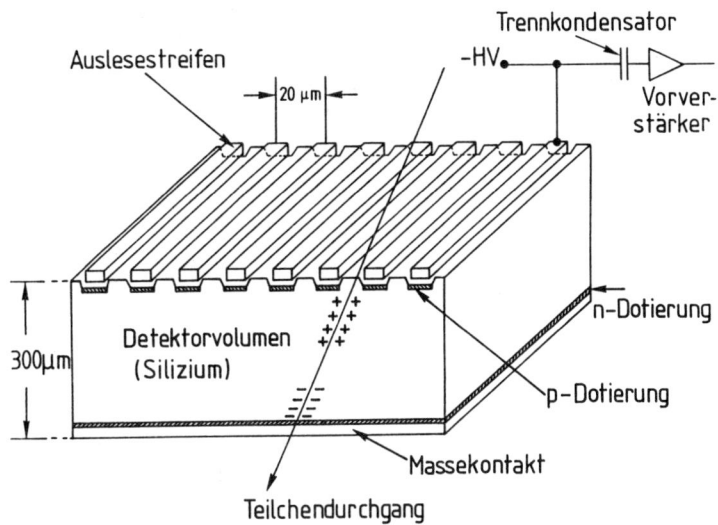

Abb. 7.16 Schematische Darstellung des Aufbaus eines Silizium-Streifenzählers. Jeder Auslesestreifen liegt auf negativer Hochspannung. Die Streifen sind untereinander kapazitiv gekoppelt (nicht maßstabsgetreu, nach [284]).

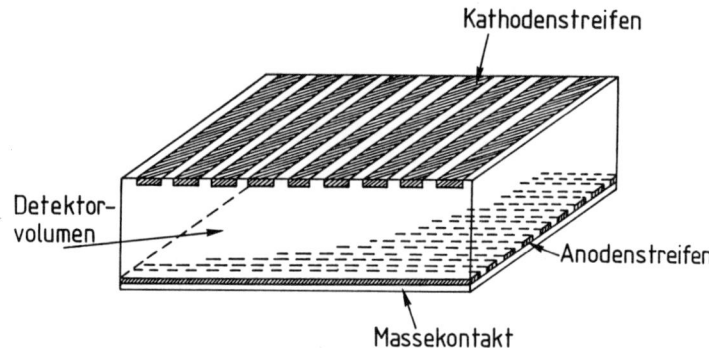

Abb. 7.17 Schematische Darstellung der doppelseitigen Auslese eines
Silizium-Streifenzählers (die untere Lage der Anodenstreifen ist nur angedeutet).

Unterteilt man ein Silizium-Bauteil matrixförmig in viele Elektro-
denplättchen ("pads"), die elektrisch durch Potentialwälle gegeneinander abgeschirmt sind, so kann man die von einem komplexen Ereignis erzeugten Energiedepositionen, die in den Kathodenplättchen
gespeichert sind, zeilenweise auslesen. Die Auslesezeit ist wegen der
sequentiellen Datenverarbeitung recht lang, liefert aber zweidimensionale Bilder in einer Ebene senkrecht zur Strahlrichtung. Bei einer Kathodenplättchengröße ("Pixel") von $20 \times 20\,\mu m^2$ können Ortsauflösungen von $5\,\mu m$ erreicht werden. Wegen der Ladungskopp-
lung der Pads ("Eimerkettenschaltung") nennt man diesen Silizi-
umdetektortyp auch "Charge-Coupled-Device". Kommerzielle CCD-
Detektoren haben bei äußeren Abmessungen von $1 \times 1\,cm^2$ etwa 10^5
Pixel [32].

Mikrostreifen-Detektoren für geladene Teilchen lassen sich ebenfalls aus Gallium-Arsenid anstelle von Silizium herstellen [350].

Alle Halbleiterdetektoren zeigen unter Strahlenbelastung Alterungseffekte, die sich in einer Erhöhung des Leckstromes äußern
[166]. So erhöht sich etwa der Leckstrom in typischen Silizium-
Streifendetektoren um einen Faktor zehn bei einer absorbierten Dosis
von $1\,kGy$ $(= 100\,krad)$ [266]. Halbleiterzähler mit ihren empfindlichen hochintegrierten Vorverstärkern lassen sich deshalb nur mit
begrenzter Lebensdauer in Bereichen mit hoher Strahlenbelastung,

wie sie z.B. am LHC (Large Hadron Collider am CERN) oder SSC (Superconducting Super Collider in Texas/USA) herrschen werden, bzw. in Raumfahrtmissionen vorliegen, betreiben.

7.2 Elektron-Photon-Kalorimeter

In der MeV-Spektroskopie dominieren als Wechselwirkungsprozesse Photo- und Compton-Effekt für Photonen und Ionisation und Anregung für geladene Teilchen. Bei hohen Energien ($>$ einige GeV) verlieren Elektronen ihre Energie fast ausschließlich durch Bremsstrahlung und Photonen ihre Energie durch Elektron-Positron-Paarerzeugung (s. Abb. 7.18 und 7.19, [94]). Es entwickelt sich eine elektromagnetische Kaskade. Die Entwicklung eines solchen elektromagnetischen Schauers ist in Abb. 7.20 skizziert.

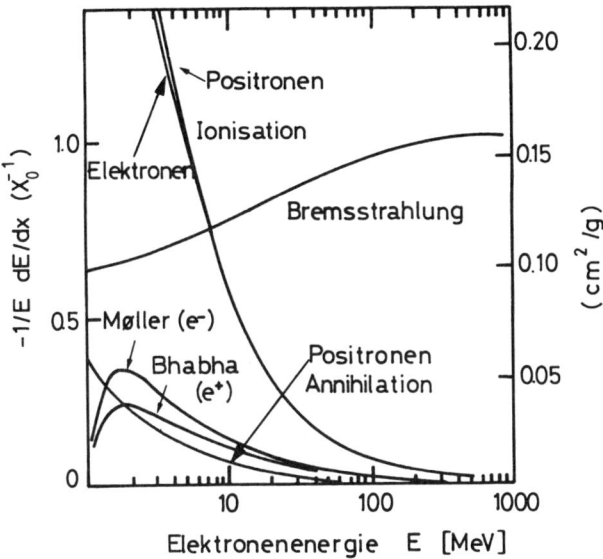

Abb. 7.18 Energieverlustmechanismen von Elektronen als Funktion der Elektronenenergie
(Møller-Streuung: $e^- e^- \rightarrow e^- e^-$;
Bhabha-Streuung: $e^+ e^- \rightarrow e^+ e^-$;
Positronen-Annihilation: $e^+ e^- \rightarrow \gamma \gamma$) [94].

10*

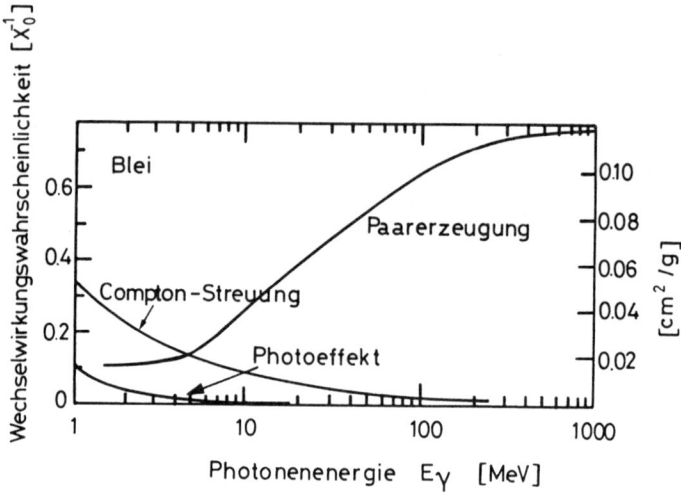

Abb. 7.19 Wirkungsquerschnitte für Photoprozesse als Funktion der Photonenenergie in Blei [94].

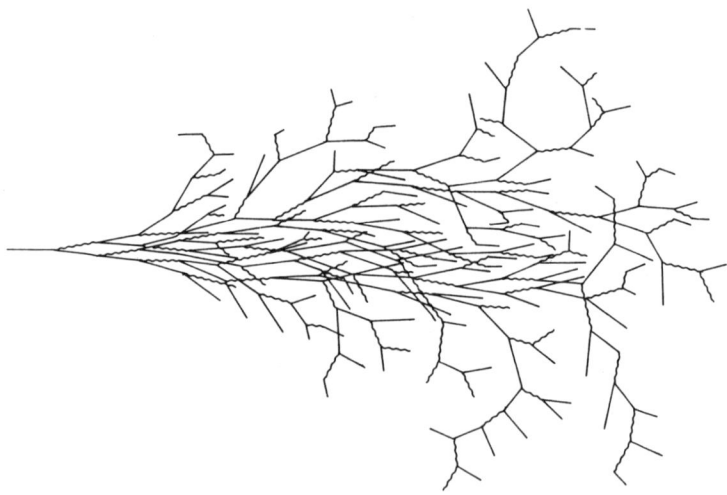

Abb. 7.20 Skizzierung einer elektromagnetischen Kaskade.

Die longitudinale und laterale Entwicklung der von Elektronen bzw. Photonen ausgelösten elektromagnetischen Kaskaden läßt sich mit analytischen oder Monte-Carlo-Methoden beschreiben. Die totale

Spurlänge T, welche sich aus der Summe der Länge der Einzelspuren geladener Teilchen ergibt, ist proportional zur Energie E_0 des einfallenden Teilchens

$$T \sim \frac{E_0}{E_c} , \qquad (7.7)$$

wobei E_c die kritische Energie des Materials ist, in dem sich der Schauer entwickelt (vgl. Kap. 1.1.4).

Ist η die Minimalenergie individueller Schauerteilchen, die in einem Kalorimeter nachgewiesen werden, so erhält man für die meßbare Spurlänge [167]

$$T_m = F(\xi) \cdot \frac{E_0}{E_c} \cdot X_0 \, [g/cm^2] , \qquad (7.8)$$

wobei $T_m \leq T$ und $\xi = \xi(\eta)$. Die Gesamtzahl der Teilchen im Schauer hängt natürlich vom Abschneideparameter η ab. Allerdings ist diese Abhängigkeit nicht sehr stark, wenn η nur hinreichend klein gewählt wird ($\sim MeV$). Die Funktion $F(\xi)$ berücksichtigt die Effekte des Abschneideparameters η auf die meßbare Spurlänge für vollständig im Kalorimeter enthaltene elektromagnetische Schauer. $F(\xi)$ läßt sich parametrisieren gemäß [167]:

$$F(\xi) = \{1 + \xi \ln(\xi/1.53)\} e^{\xi} \qquad (7.9)$$

mit

$$\xi = 2.29 \cdot \frac{\eta}{E_c} \qquad \text{für } E_0 > \eta . \qquad (7.10)$$

Die Verteilung des longitudinalen Energieverlustes läßt sich recht gut durch

$$\frac{dE}{dt} = const \cdot t^a e^{-b \cdot t} \qquad (7.11)$$

darstellen, wobei $t = x/X_0$ die Schauertiefe in Einheiten der Strahlungslänge X_0 und a bzw. b Fitparameter sind [168, 169].

Eine solche Parametrisierung wird durch die physikalischen Prozesse der Schauerbildung nahegelegt. Für kleine Schauertiefen t steigt die Zahl der Sekundärteilchen wie t^α an. Dabei nimmt die Energie pro Schauerteilchen mit zunehmender Tiefe ab. Die Zahl der Teilchen erreicht schließlich ein Maximum. Jenseits des Maximums dominieren absorptive Prozesse, die durch die Exponentialfunktion e^{-bt} beschrieben werden (vgl. auch etwa Abb. 7.24).

Eine genauere Beschreibung des longitudinalen Profils elektromagnetischer Kaskaden auf der Basis von EGS-Simulationen [171, 172,
94] ergibt die Parametrisierung

$$\frac{dE}{dt} = E_0 \cdot f \cdot \frac{(f \cdot t)^{g-1} e^{-ft}}{\Gamma(g)} , \qquad (7.12)$$

wobei $\Gamma(g)$ die Gammafunktion ist, die nach Euler durch

$$\Gamma(g) = \int_0^\infty e^{-x} x^{g-1} dx \qquad (7.13)$$

mit

$$\Gamma(g+1) = g\Gamma(g) \qquad (7.14)$$

definiert ist. g und f sind wiederum Fitparameter und E_0 ist die
Primärenergie. In dieser Parametrisierung wird das Schauermaximum
bei

$$t_{\text{max}} = \frac{g-1}{f} \qquad (7.15)$$

erreicht.

Für die Dimensionierung eines Kalorimeters ist die longitudinale
Ausdehnung des Schauers von großer Bedeutung. 98% der Einfalls-
energie sind in einer Länge von

$$L(98\%) = 2.5\, t_{\text{max}}[X_0] \qquad (7.16)$$

bei Einschußenergien zwischen 10 und $1000\,GeV$ enthalten [170]. Dabei gibt t_{max} (in Strahlungslängen) die Position des Schauermaximums an. Dieses liegt bei [94]

$$t^e_{\text{max}} = \ln\left(\frac{E_0}{E_c}\right) - 0.5 \qquad (7.17)$$

für Elektronen und

$$t^\gamma_{\text{max}} = \ln\left(\frac{E_0}{E_c}\right) + 0.5 \qquad (7.18)$$

für einfallende Photonen, also mit Gl. (7.15)

$$t_{\text{max}} = \frac{g-1}{f} = \ln\left(\frac{E_0}{E_c}\right) + C_i \qquad (7.19)$$

mit $C_\gamma = +0.5$ und $C_e = -0.5$ für gamma- bzw. elektroneninduzierte Kaskaden.

Die Zahl der Schauerelektronen in Materie nach Durchqueren einer Schichtdicke $t[X_0]$ ist in Abb. 7.21 [173, 174] für verschiedene Einschußenergien dargestellt. Der Verlauf der longitudinalen Schauerprofile gemäß Abb. 7.21 ist materialabhängig, da dort die Einfallsenergien in Einheiten der kritischen Energie des jeweiligen Materials und die Schauertiefe in Einheiten von Strahlungslängen gemessen wird.

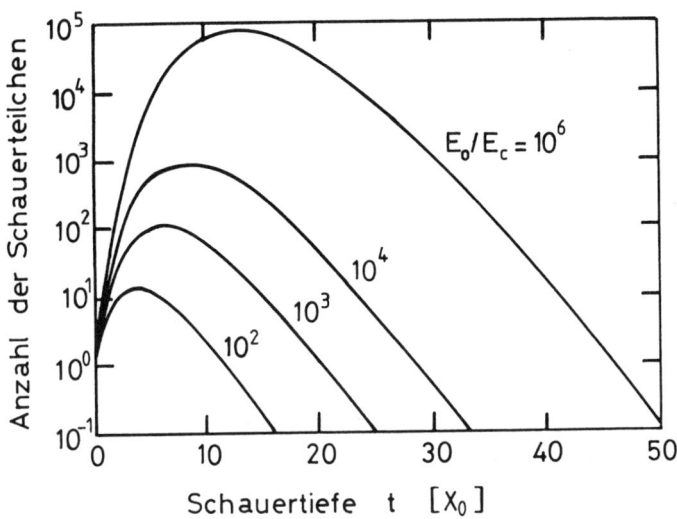

Abb. 7.21 Longitudinale Schauerentwicklung von Elektronenkaskaden (E_c - kritische Energie) [173, 174].

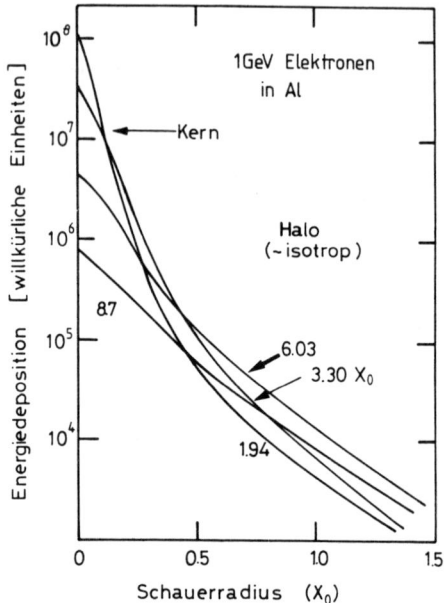

Abb. 7.22 Laterale Breiten elektromagnetischer Schauer als Funktion
der Schauertiefe [170, 195, 260].

Die transversale Ausdehnung eines elektromagnetischen Schauers
wird hauptsächlich durch Vielfachstreuung hervorgerufen und kann
am besten durch den Molière-Radius charakterisiert werden

$$R_m = \frac{21\,MeV}{E_c} X_0\,[g/cm^2]. \tag{7.20}$$

Mit zunehmender longitudinaler Schauertiefe wächst die laterale
Breite eines elektromagnetischen Schauers. Abb. 7.22 [170, 195, 260]
zeigt die radialen Schauerprofile von $1\,GeV$-Elektronen in einem
Aluminium-Absorber für verschiedene longitudinale Schauertiefen.
Der größte Teil der Energie wird in einem relativ engen Schauerkern
deponiert. Ganz allgemein — für alle Materialien — kann man sagen,
daß 95% der Schauerenergie in einem Zylinder um die Schauerachse
enthalten sind, dessen Radius mit

$$R(95\%) = 2R_m = \frac{42\,MeV}{E_c} X_0 \tag{7.21}$$

abgeschätzt werden kann.

Abb. 7.23 zeigt die longitudinale und laterale Entwicklung eines 6 GeV Elektronenschauers in einem Blei-Kalorimeter (nach [168, 169]).

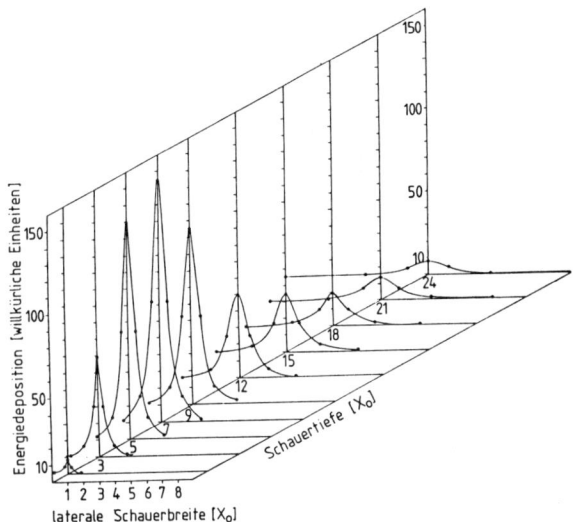

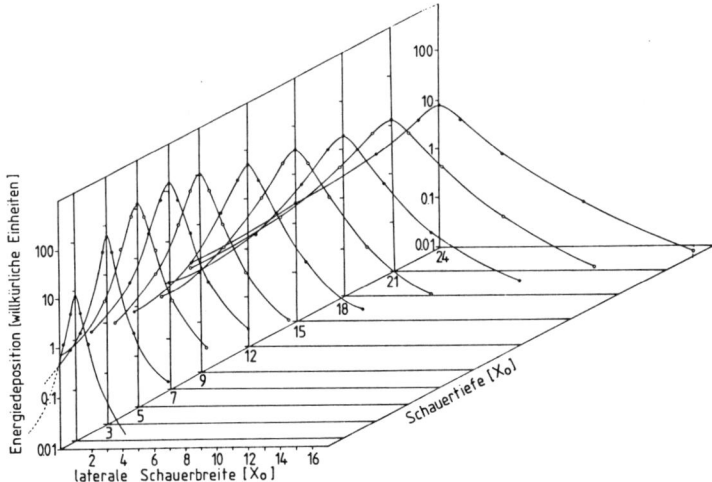

Abb. 7.23 Longitudinale und laterale Entwicklung eines Elektronenschauers (6 GeV) in Blei in linearer und logarithmischer Intensitätsdarstellung (nach [168, 169]).

Die wichtigsten Eigenschaften von Elektronenkaskaden lassen sich
schon an einem stark vereinfachten Schauermodell verstehen [32, 175,
389]. Ein Photon der Energie E_0 falle auf einen totalabsorbierenden
Schauerzähler ein (Abb. 7.24).

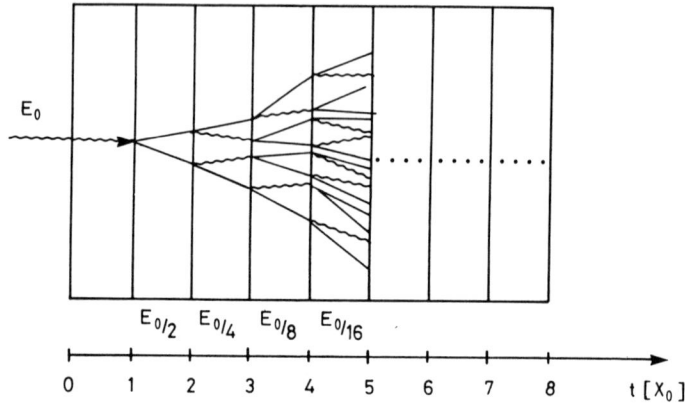

Abb. 7.24 Skizzierung eines einfachen Modells zur Schauerparame-
        trisierung.

Nach einer Strahlungslänge erzeugt es ein e^+e^--Paar; Elektronen
und Positronen emittieren nach einer weiteren Strahlungslänge je ein
Bremsstrahlungsquant, die wiederum jeweils ein Elektron-Positron-
Paar erzeugen. In jedem Multiplikationsschritt möge sich die Energie
symmetrisch auf die Folgeteilchen aufteilen. Die Zahl der Schauerteilchen (Elektronen, Positronen und Photonen zusammen) in der Tiefe
t ist

$$N(t) = 2^t , \tag{7.22}$$

wobei die Energie der Teilchen in der Generation t

$$E(t) = E_0 \cdot 2^{-t} \tag{7.23}$$

beträgt. Die Vervielfachung der Schauerteilchen hält solange an wie
$E_0/N > E_c$ ist. Fallen die Schauerteilchen unter die kritische Energie,
dann dominieren absorptive Ionisationsprozesse für Elektronen und
Compton- bzw. Photoeffekt für Photonen. Der Schauer stirbt langsam
aus.

Das Schauermaximum wird in der letzten Stufe der Vervielfachung erreicht, wenn die Energie der Schauerteilchen gleich der kritischen Energie ist

$$E_c = E_0 \cdot 2^{-t_{\max}} \qquad (7.24)$$

bzw.

$$t_{\max} = \frac{\ln E_0/E_c}{\ln 2} \sim \ln E_0/E_c \qquad (7.25)$$

in qualitativer Übereinstimmung mit Gl. (7.17). Die Gesamtzahl der Teilchen im Schauer wird

$$S = \sum_{t=0}^{t_{\max}} N(t) = \sum_{t=0}^{t_{\max}} 2^t = 2^{t_{\max}+1} - 1 \approx 2^{t_{\max}+1} \qquad (7.26)$$

oder

$$S = 2 \cdot 2^{t_{\max}} = 2 \cdot \frac{E_0}{E_c} \sim E_0 \, . \qquad (7.27)$$

Zählt man die Teilchenspursegmente in äquidistanten Abständen $t[X_0]$, so errechnet sich die Gesamtzahl der Spursegmente zu

$$S^* = 2 \cdot \frac{E_0}{E_c} \cdot \frac{1}{t} \, . \qquad (7.28)$$

Für ein nicht total absorbierendes Kalorimeter, in welchem man nur nach Abständen t in aktiven Detektorlagen die Spursegmente zählt, würde man eine Energieauflösung von

$$\frac{\sigma}{E_0} = \frac{\sqrt{S^*}}{S^*} \cdot \frac{1}{\sqrt{S^*}} = \frac{\sqrt{t}}{\sqrt{2E_0/E_c}} \sim \frac{\sqrt{t}}{\sqrt{E_0}} \qquad (7.29)$$

erwarten. Dieses einfache Modell einer Schauerparametrisierung beschreibt bereits die wichtigsten qualitativen Abhängigkeiten von elektromagnetischen Kaskaden.

Die in Gl. (7.21) beschriebene laterale Ausdehnung eines elektromagnetischen Schauers gilt nur für total absorbierende Kalorimeter. Wählt man eine Kalorimeter-Struktur aus alternierenden Detektor- und Absorberlagen ("Sampling-Kalorimeter"), so wächst die laterale Breite bei Gas-Sampling-Kalorimetern in dem Maße, wie die Gasdetektoren Platz in Anspruch nehmen. Wenn $y = \sum y_i$ die Summe der Dicken der Gaszähler und $x = \sum x_i$ die Gesamtdicke des Absorbers ist, in dem sich der Schauer fast ausschließlich entwickelt, so nimmt die laterale Breite um den Faktor $\frac{x+y}{x}$ gegenüber einem homogenen Kalorimeter zu:

$$R(95\%) = 2R_m \cdot \frac{x+y}{x} ; \qquad (7.30)$$

d.h. der effektive Radius des Zylinders, in dem 95% der Energie enthalten sind (95% -Containment), ergibt sich durch Mittelung über die beteiligten Materialien.

Im folgenden sollen die verschiedenen Fluktuationen, die die Energieauflösung bei Sampling-Kalorimetern begrenzen, etwas ausführlicher diskutiert werden [32, 168, 176, 177, 178]. In einem Sampling-Kalorimeter wird nur der Teil der Energie einer elektromagnetischen Kaskade registriert, der in den Nachweisebenen stichprobenartig gemessen wird. Der Energieverlust in den Absorbern und Detektorlagen variiert aber von Ereignis zu Ereignis und führt zu den "Sampling-Fluktuationen", die die Energieauflösung eines solchen Kalorimeters maßgeblich beeinflussen. Bestimmt man die Energie durch Detektoren, in denen die Spursegmente von Schauerteilchen registriert werden, so ist die Anzahl der Schnittpunkte mit den Detektoren

$$N = \frac{T_m}{d} , \qquad (7.31)$$

wenn T_m die meßbare Spurlänge (vgl. Gl. (7.8)) und d der Abstand zweier Nachweisebenen ist. Mit der durch Gl. (7.8) definierten meßbaren Spurlänge wird dann

$$N = F(\xi) \cdot \frac{E_0}{E_c} \cdot \frac{X_0}{d} . \qquad (7.32)$$

Unter Verwendung von Poisson-Statistik erhält man damit für die Begrenzung der Energieauflösung durch Sampling-Fluktuationen

$$\frac{\sigma(E)}{E} = \frac{\sqrt{N}}{N} = \sqrt{\frac{E_c \cdot d}{F(\xi) \cdot E_0 \cdot X_0}} . \qquad (7.33)$$

Hierbei wurde noch nicht berücksichtigt, daß die Schauerteilchen, bedingt durch Vielfachstreuung, einen Winkel θ mit der Schauerachse bilden, so daß die effektive Sampling-Dicke nicht d, sondern $d/\cos\theta$ ist. Damit wird aus (7.33)

$$\left(\frac{\sigma(E)}{E}\right)_{\text{Sampling}} = \sqrt{\frac{E_c \cdot d}{F(\xi) \cdot E_0 \cdot X_0 \cdot \cos\theta}} . \qquad (7.34)$$

Da die Schauerteilchen unterschiedliche Winkel θ mit der Schauerachse bilden – die allerdings bei elektromagnetischen Kaskaden meist
klein sind (vgl. Abb. 4.70 und 4.84) – muß über $\cos\theta$ gemittelt werden. Der mittlere Wert von $\cos\theta$ in Gl. (7.34) hängt von der Einschußenergie E_0 ab. Er kann mit Hilfe von Monte-Carlo-Simulationen
oder durch Eichung bestimmt werden.

Für ein fest vorgegebenes Material wird also die Energieauflösung
mit $\sqrt{d/E_0}$ besser.

Auch die Energiedepositionen im Detektor durch große Energieüberträge bei Ionisationsprozessen können die Energieauflösung weiter verschlechtern. Diese Landau-Fluktuationen spielen insbesondere
bei dünnen Nachweisebenen eine große Rolle. Wenn δ der mittlere
Energieverlust pro Detektorlage ist, erhält man von den Landau-
Fluktuationen des Ionisationsverlustes den Beitrag [192, 170, 167]

$$\left(\frac{\sigma(E)}{E}\right)_{\text{Landau-Fluktuationen}} \sim \frac{1}{\sqrt{N}\ln(k\cdot\delta)} \qquad (7.35)$$

(k = const) zur Energieauflösung. Dabei ist δ der Massenbelegung
pro Detektorlage proportional.

Ist ein Kalorimeter geometrisch nicht ausreichend dimensio-
niert, so können longitudinale und laterale Leckverluste auftreten. Der Einfluß solcher Leckverluste ist in Abb. 7.25 [179] skizziert. Während laterale Verluste die Energieauflösung nur wenig
beeinflussen, verschlechtern longitudinale Leckverluste die Energieauflösung beträchtlich. Letztere wachsen bei fest vorgegebener Kalo-
rimetergröße logarithmisch mit der Energie an, so daß

$$\left(\frac{\sigma(E)}{E}\right)_{\text{Leckverluste}} \sim \ln E \qquad (7.36)$$

gilt [327]. Die Kalorimeterlänge soll aber auch nicht überdimensio-
niert werden, denn nicht benötigte Detektorlagen können durch ihr
Rauschen die Energieauflösung ebenfalls verschlechtern.

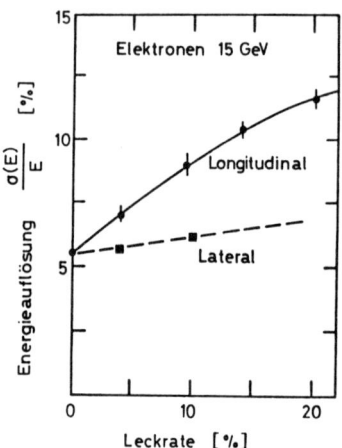

Abb. 7.25 Einfluß longitudinaler und lateraler Leckverluste auf die Energieauflösung [179].

Wichtig ist auch, daß das Kalorimeter als ganzes und die einzelnen Detektorlagen gegeneinander kalibriert sind. Relative Kalibrationen können etwa mit minimalionisierenden Myonen, die das gesamte Kalorimeter durchdringen, durchgeführt werden. Bei absoluten Eichungen muß man berücksichtigen, daß etwa Elektronen und Myonen bei gleicher Gesamtenergieabsorption nicht unbedingt dasselbe Signal im Kalorimeter liefern, da bei Elektronenschauern sehr viele niederenergetische Photonen gebildet werden, die nicht in jedem Fall zur "gesehenen Energie" beitragen.

Die gemessenen longitudinalen Schauerprofile in einem Streamerrohr-Kalorimeter mit $0.8\,X_0$ Kupfer-Sampling für verschiedene Elektronenenergien sind in Abb. 7.26 [177, 180] dargestellt. Den experimentell gemessenen Einfluß der longitudinalen Leckrate auf die Energieauflösung für dieses Kalorimeter kann man Abb. 7.27 [177, 180] entnehmen.

In Streamerrohr-Kalorimetern werden im wesentlichen Spuren gezählt, solange die Teilchen nicht allzu schräg zur Schauerachse verlaufen. Da pro Ionisationsspur immer ein Streamer gebildet wird – unabhängig von der erzeugten Ionisation entlang der Spur – spielen Landau-Fluktuationen für diesen Detektortyp praktisch keine Rolle.

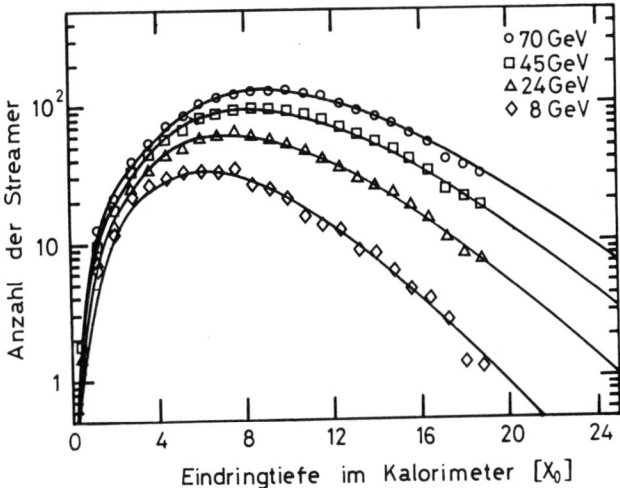

Abb. 7.26 Longitudinale Schauerprofile in einem elektromagnetischen Streamer-Rohr-Kalorimeter mit $0.8\,X_0$ Kupfer-
Sampling [177, 180].

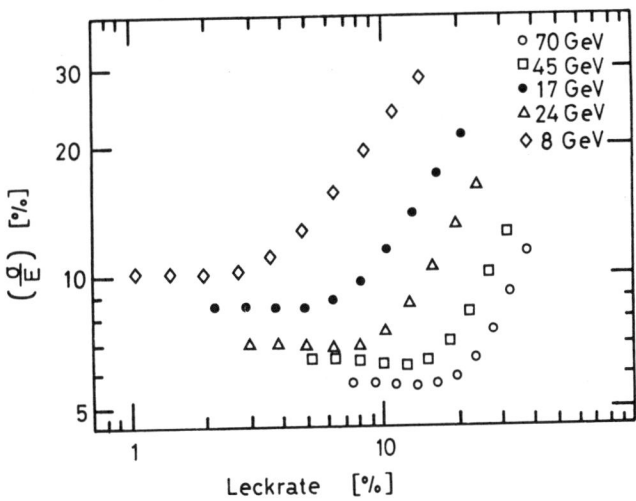

Abb. 7.27 Einfluß der longitudinalen Leckrate auf die Energieauflösung in einem elektromagnetischen Kalorimeter [177,
180].

Die gemessenen Amplitudenverteilungen für Elektronen von 5; 25; 50 und $100\,GeV$ in einem Eisen-Streamerrohr-Kalorimeter mit $2\,cm$ Eisen-Sampling sind in Abb. 7.28 [181] dargestellt.

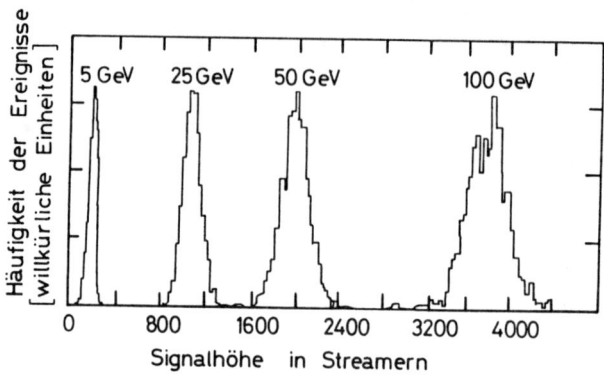

Abb. 7.28 Amplitudenverteilung von 5; 25; 50 und 100 GeV Elektronen in einem Eisen-Streamerrohr-Kalorimeter [181].

Die Energieauflösung kann, wie bei allen Kalorimetern, durch einen konstanten und einen energieabhängigen Term beschrieben werden; und zwar ist

$$\frac{\sigma(E)}{E} = a \oplus \frac{b}{\sqrt{E}}\,, \qquad (7.37)$$

wobei $\oplus$ bedeutet, daß die beiden Fehlerbeiträge quadratisch zu addieren sind. Der konstante Term liegt nicht in Fluktuationen der Schauerentwicklung begründet, sondern hat seine Ursache im Auslesesystem des Kalorimeters. Er wird etwa vom Rauschen der Sampling-Detektoren oder von unkontrollierten Schwankungen der Eichparameter beeinflußt.

Abb. 7.29 [180] zeigt das Ergebnis der Energieauflösung für Elektronen in einem Kupfer-Streamerrohr-Kalorimeter jeweils getrennt für eine Anodendrahtauslese bzw. für die Registrierung der auf Kathodenplättchen induzierten Signale.

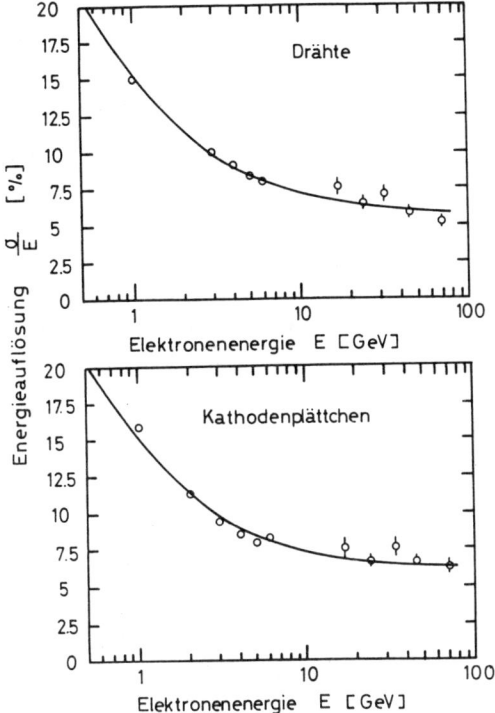

Abb. 7.29 Energieauflösung eines Kupfer-Streamer-Rohr-Kalorimeters für Elektronen [180].

Bessere Auflösungen als mit Gasdetektoren erreicht man mit Szintillator- oder Flüssig-Argon-Sampling. Bei $1\,mm$ Sampling-Dicke werden mit Blei/Szintillator- oder Blei/Flüssig-Argon-Zählern Auflösungen von

$$\frac{\sigma(E)}{E} = \frac{7\%}{\sqrt{E}} \oplus 1\% \; ; \quad E \text{ in } GeV \qquad (7.38)$$

erreicht. Mit Blei/Flüssig-Argon- oder Blei/Flüssig-Xenon-Kalorimetern sind sogar Werte von $\sigma(E)/E \approx 3\%/\sqrt{E}$ erreichbar [182]. Auch mit Flüssig-Krypton-Kalorimetern werden ausgezeichnete Auflösungen erreicht [359, 360].

Solche und sogar noch bessere Ergebnisse werden auch mit totalabsorbierenden Kalorimetern realisiert [343]. In großen $NaJ(Tl)$-Schauerzähler-Anordnungen wurden typische Werte von

$$\frac{\sigma(E)}{E} = 2.5\%/\sqrt{E} \; ; \quad E \text{ in } GeV \qquad (7.39)$$

erreicht. Die besten Einzelstücke erzielten $\sigma(E)/E = 0.9\%/\sqrt{E}$ [32, 183]. Auch mit Wismutgermanat (BGO) erreicht man vergleichbare Auflösungen.

Totalabsorbierende Bleiglaszähler, die das Cherenkov-Licht der Schauerteilchen registrieren, fallen demgegenüber etwas ab, da die Intensität des Cherenkov-Lichtes viel geringer als die des Szintillationslichtes ist [302]. Man erreicht für Bleiglas-Cherenkov-Zähler Auflösungen von [32, 184]

$$\frac{\sigma(E)}{E} = 5.3\%/\sqrt{E} \oplus 1.2\% \; ; \quad E \text{ in } GeV \, . \qquad (7.40)$$

Für Bleifluorid-Radiatoren werden vergleichbare Auflösungen erzielt [291].

Ein wichtiges Kriterium für die Verwendung von Cherenkov-Schauerzählern in Hochratenexperimenten ist deren Strahlungshärte. So zeigen etwa $BaYb_2F_8$-Radiatoren eine gute Strahlenresistenz [363].

Auch mit "schweren" Flüssigkeiten lassen sich totalabsorbierende Cherenkov-Schauerzähler bauen. Man verwendet dazu etwa wässrige Lösungen von Thalliumformiat ($HCOOTl$); Dichte $\varrho = 3.3\,g/cm^3$; Brechungsindex $n = 1.59$) oder eine Mischung von Thalliumformiat- und Thalliummalonat ($CH_2(COOTl)_2$)-Lösungen ("Clerici"-Lösung; $\varrho = 4.21\,g/cm^3$; $n = 1.69$) [286, 287, 288]. Die Clerici-Lösung ist aus der Mineralogie zur gravimetrischen Trennung von Mineralien bekannt.

Durch Segmentierung der Kalorimeter in Submodule oder Segmentierung der Auslese lassen sich auch Ortsbestimmungen an einfallenden Elektronen oder Photonen durchführen.

In einer Anordnung aus $3 \times 3\,cm^2$ Kalorimeter-Modulen erreicht man durch Auswertung der Aufteilung der Schauerenergie auf verschiedene Module Ortsauflösungen von der Größenordnung $1\,mm$ bei Elektronenenergien im Bereich $> 20\,GeV$ [44].

Bereits bei relativ großen Kalorimeter-Modulen mit Szintillator-Sampling lassen sich aus dem Vergleich von Amplituden auf zwei Seiten des Kalorimeters aufgrund der ortsabhängigen Lichtschwächung und des unterschiedlichen Raumwinkels Ortsauflösungen von etwa 10% der Kalorimeterbreite erreichen.

Einzelheiten zur Auslese von Kalorimetern mit Szintillator-Sampling wurden bereits in Kap. 5.2 behandelt.

7.3 Hadron-Kalorimeter

Im Prinzip arbeiten Hadron-Kalorimeter nach dem gleichen Prinzip wie Elektron/Photon-Kalorimeter; nur daß bei Hadron-Kalorimetern die longitudinale Entwicklung durch die mittlere Absorptionslänge λ_a bestimmt wird, die in üblichen Detektormaterialien viel größer als die Strahlungslänge X_0 ist, die das Verhalten von Elektronenschauern festlegt. Aus diesem Grunde müssen Hadron-Kalorimeter viel größer als Elektronen-Schauerzähler sein. Häufig werden Elektron- und Hadron-Kalorimeter zu einem Detektor integriert. So zeigt Abb. 7.30 [185] ein Eisen-Szintillator-Kalorimeter mit Wellenlängenschieberauslese getrennt für Elektronen und Hadronen und Abb. 7.31 ein Elektron-Hadron-Kalorimeter mit Streamerrohr-Sampling [181]. Hier werden die Informationen der einzelnen Nachweisebenen über Anodendrähte und dahinter befindliche Kathodenpads ausgelesen.

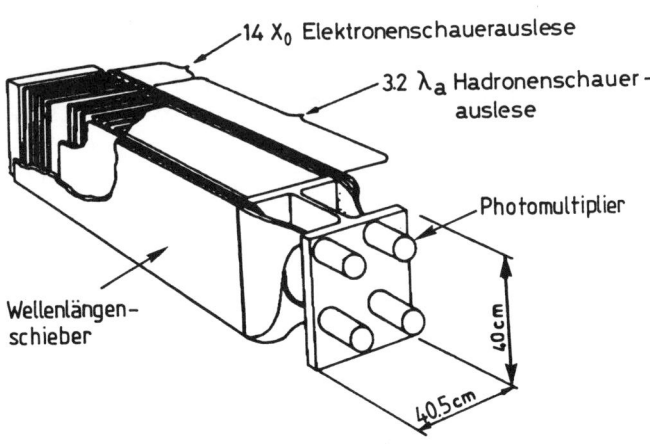

Abb. 7.30 Typischer Aufbau eines Eisen-Szintillator-Kalorimeters mit Wellenlängenschieberauslese [185].

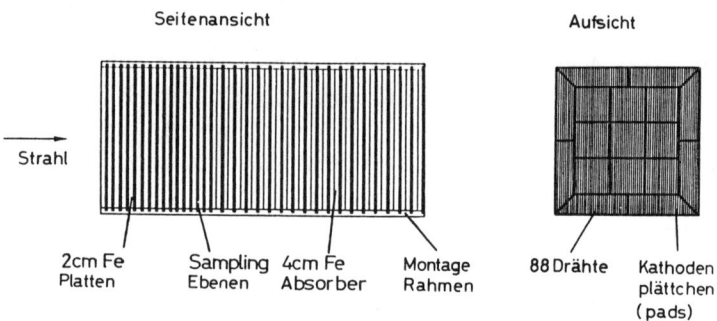

Abb. 7.31 Typischer Aufbau eines Elektron-Hadron-Kalorimeters mit Streamerrohr-Sampling [181].

Neben der größeren longitudinalen Ausdehnung von Hadronkaskaden sorgen die bei den Kernwechselwirkungen übertragenen Transversalimpulse auch für eine viel breitere laterale Verteilung der Schauerenergie. In Abb. 7.32 sind die typischen Prozesse in einer Hadronkaskade skizziert. Abb. 7.33 zeigt einen neutrino-induzierten Hadronschauer in einem Sampling-Kalorimeter [176, 186].

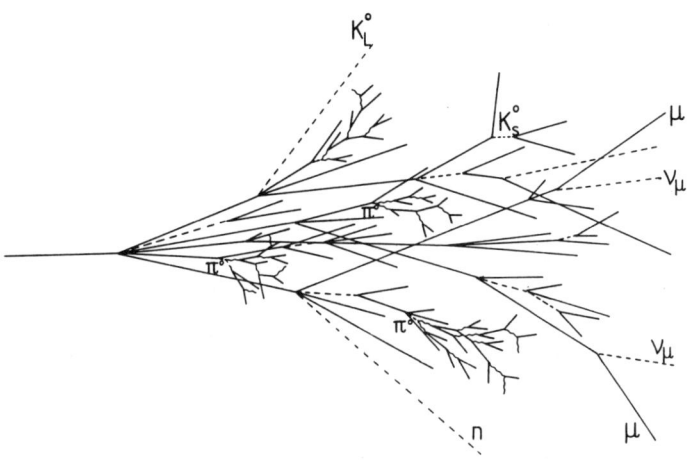

Abb. 7.32 Skizzierung einer Hadronkaskade in einem Absorber.

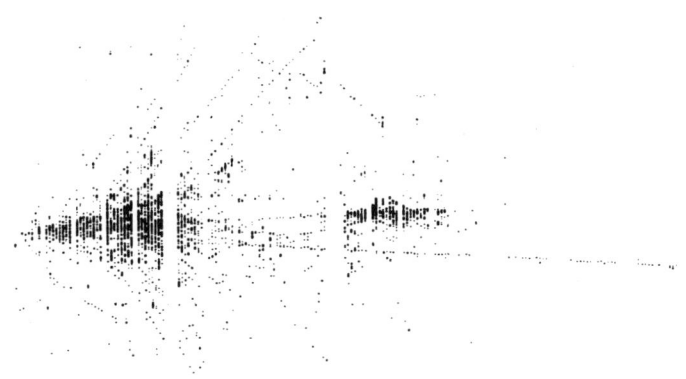

Abb. 7.33 Digitales Muster einer neutrinoinduzierten Hadronkaskade in einem Flash-Kammer-Kalorimeter [176, 186].

Aus Abb. 7.34 werden die unterschiedlichen Schauerentwicklungen von 250 GeV Photonen und Protonen am Beispiel der Kaskadenbildung in der Erdatmosphäre deutlich [261]. Die dargestellten Ergebnisse wurden in diesem Fall aus einer Monte-Carlo-Simulation erhalten.

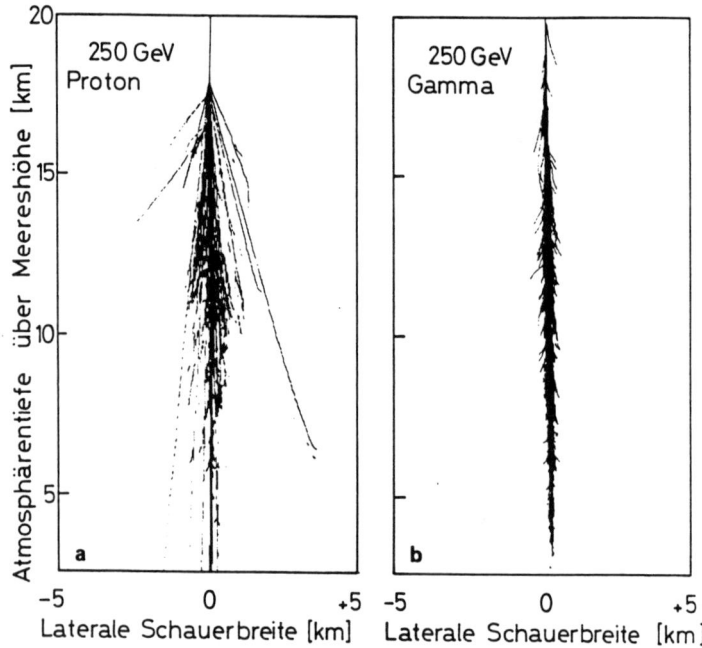

Abb. 7.34 Monte-Carlo-Simulation der unterschiedlichen Entwicklung hadronischer und elektromagnetischer Kaskaden in der Erdatmosphäre ausgelöst von 250 GeV Protonen bzw. Photonen [261].

Die Erzeugung der Sekundärteilchen in einer Hadronkaskade erfolgt durch inelastische hadronische Prozesse. Es werden hauptsächlich geladene und neutrale Pionen und mit geringeren Multiplizitäten Kaonen, Nukleonen und andere Hadronen erzeugt. Die Teilchenmultiplizität pro Wechselwirkung variiert dabei nur schwach mit der Energie ($\sim \ln E$). Für den mittleren Transversalimpuls der Sekundärteilchen gilt

$$\langle p_t \rangle \approx 0.35\,GeV/c\,. \tag{7.41}$$

Die mittlere Inelastizität, d.h. der Bruchteil der Energie, der pro Wechselwirkung an Sekundärteilchen abgegeben wird, liegt bei etwa 50%.

Eine bedeutende Komponente der Sekundärteilchen in Hadronkaskaden sind neutrale Pionen, die etwa ein Drittel der erzeugten Pionen ausmachen, deren Anteil aber mit zunehmender Primärenergie des einfallenden Hadrons steigt. Neutrale Pionen zerfallen schnell ($\sim 10^{-16}\,s$) in zwei energiereiche Photonen, und lösen damit in einem Hadronschauer elektromagnetische Unterkaskaden aus. Die π^0-Produktion unterliegt jedoch starken Fluktuationen, die durch die Eigenschaften der ersten inelastischen Wechselwirkung maßgeblich bestimmt werden.

Im Gegensatz zu Elektronen und Photonen, deren elektromagnetische Energie vollständig vom Detektor erfaßt werden kann, bleibt bei Hadronen ein beträchtlicher Teil der Energie "unsichtbar". Das liegt daran, daß ein Teil der Hadronenergie dazu verwendet wird, Kernbindungen aufzubrechen. Diese Kernbindungsenergie muß von den primären und den sekundären Hadronen aufgebracht werden und trägt nicht zur sichtbaren Energie bei. Ihr Anteil liegt in der Größenordnung um 20% der Gesamtenergie. Außerdem werden durch das Aufbrechen von Kernbindungen extrem kurzreichweitige Kernfragmente erzeugt, die in Sampling-Kalorimetern meist auch nicht zum Signal beitragen, da diese Fragmente in den Absorbern gebildet werden und nicht bis zu den Nachweisebenen gelangen. Darüberhinaus können langlebige oder stabile neutrale Teilchen wie Neutronen, K_L^0 und Neutrinos aus dem Kalorimeter entweichen und damit die gesehene Energie reduzieren. Auch Myonen als Folge von Pion- und Kaonzerfällen deponieren meist nur einen kleinen Teil ihrer Energie im Kalorimeter. Alle diese Effekte tragen dazu bei, daß das Energieauflösungsvermögen für Hadronen aufgrund der unterschiedlichen Wechselwirkungs- und Teilchenproduktionseigenschaften im Vergleich zu Elektronen deutlich schlechter ausfällt.

Abb. 7.35 zeigt die relativen Anteile, in die sich die Energie des einfallenden Hadrons aufteilt als Funktion der Hadronenergie [176] für verschiedene Simulationsrechnungen [167, 187, 188, 189, 190]. Es fällt auf, daß die Rechnungen z.T. recht unterschiedliche Ergebnisse für die relativen Energieanteile ergeben.

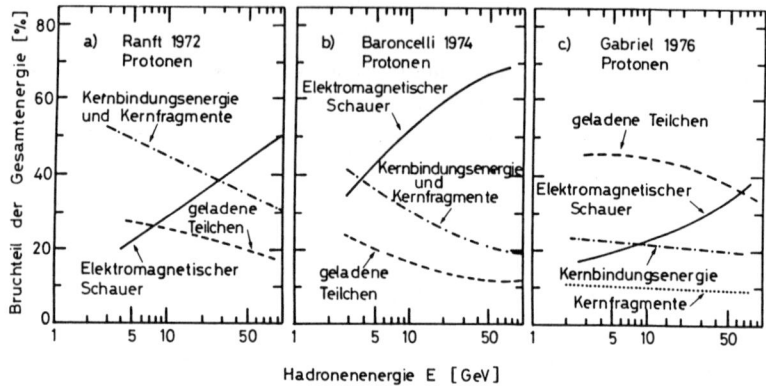

Abb. 7.35 Relative Energieanteile in einem Hadronenschauer als Funktion der Energie [167, 187, 188, 189, 190].

In einem Kalorimeter kann man davon zunächst nur die elektromagnetische Energie und den Ionisationsverlust der geladenen Teilchen registrieren. Infolgedessen ist ein Hadronsignal bei gleicher Teilchenenergie in der Regel kleiner als ein Elektronsignal.

Das unterschiedliche Ansprechen von Kalorimetern auf Hadronen und Elektronen ist von großem Nachteil, wenn man an der Messung der Gesamtenergie in einem Ereignis, das Hadronen und Elektronen in unbekannter Zusammensetzung enthält, interessiert ist. Es ist jedoch möglich, einen Teil der zunächst "unsichtbaren" Energie in Hadronkaskaden zurückzugewinnen und damit ein wünschenswertes Amplitudenverhältnis von Elektronen zu Hadronen von eins zu erreichen. Diese Hadron-Kalorimeterkompensation basiert auf folgenden physikalischen Prinzipien [191, 192, 193]:

Verwendet man Uran als Absorbermaterial, so werden bei Kernwechselwirkungen, in denen u.a. auch Neutronen entstehen, Targetkerne durch diese Neutronen gespalten mit einem Gewinn an Neutronen und energiereichen γ-Quanten als Folge von Kernübergängen.

Diese Neutronen und γ-Quanten, die auch bei anderen Absorbermaterialien auftreten, wo allerdings Spaltprozesse endotherm sind, können die Amplitude des Hadronschauersignals anheben, wenn man ihre Energie registriert. Die γ-Quanten werden bei geeigneten Sampling-Detektoren zur gesehenen Energie beitragen, und die Neutronen können in wasserstoffreichen Nachweislagen über (n,p)-Reaktionen zu niederenergetischen Rückstoßprotonen führen, die ebenfalls das Hadronsignal verstärken.

Die Rückgewinnung der Kernbindungsenergie oder Teilen davon hängt entscheidend von Parametern wie Dichte, Kernladungszahl und Dicke des aktiven Mediums ab, die sich allerdings bei Gasdetektoren relativ leicht über Gasmischungen und den Druck optimieren lassen. Natürlich spielt auch das Material des verwendeten passiven Absorbers (Uran, Blei, Eisen, ...) eine Rolle. Darüberhinaus kann ebenfalls die Sampling-Zeit; d.h. die Zeit, in der über die gesehene Energie integriert wird, einen bedeutenden Einfluß haben [192, 193], denn die in der Folge von Kernprozessen erzeugten Photonen und Neutronen können mit einer für den verwendeten Absorber charakteristischen Zeit zum Teil verzögert emittiert werden.

Abb. 7.36 zeigt das Amplitudenverhältnis von Elektron- und Hadronschauern in verschiedenen Kalorimeterstrukturen als Funktion der Teilchenenergie ([194] und Referenzen darin). Für Energien unterhalb von 1 *GeV* läßt sich selbst in Uran-Sampling-Kalorimetern die verlorengegangene Energie in Hadronkaskaden nicht wiedergewinnen. Durch geeignete Maßnahmen (Uran/Flüssig-Argon; Uran/Kupfer-Szintillator) kann man oberhalb einiger *GeV* Kompensation erreichen. Für hohe Energien (≥ 100 *GeV*) kann sogar Überkompensation auftreten. Eine solche Überkompensation läßt sich durch Beschränkung der Sampling-Zeit vermeiden.

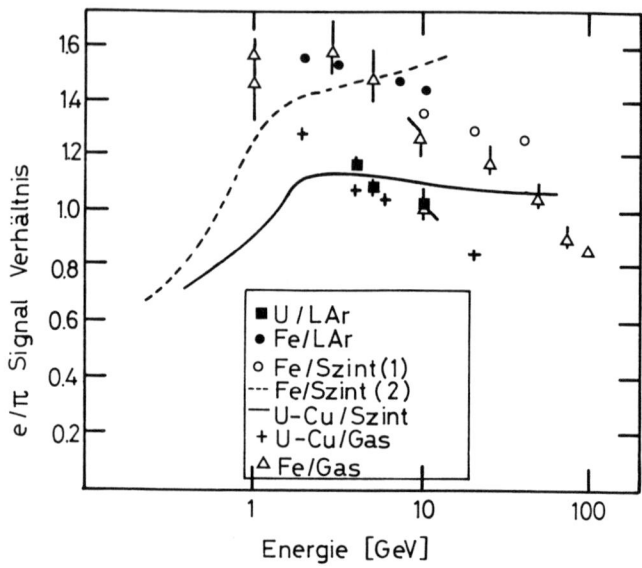

Abb. 7.36 Verhältnis von Elektron- zu Hadronsignalen in verschiedenen Kalorimeterstrukturen als Funktion der Teilchenenergie (nach [194] und Referenzen darin).

Abb. 7.37 und 7.38 zeigen die longitudinalen Schauerentwicklungen von Pionen unterschiedlicher Energie in Eisen- bzw. Wolfram-Kalorimetern [195, 196, 197, 198, 199, 200]. Die lateralen Schauerprofile von $10\,GeV/c$ Pionen in Eisen und $10\,GeV/c$ Protonen in Aluminium sind in den Abbildungen 7.39 und 7.40 skizziert [201].

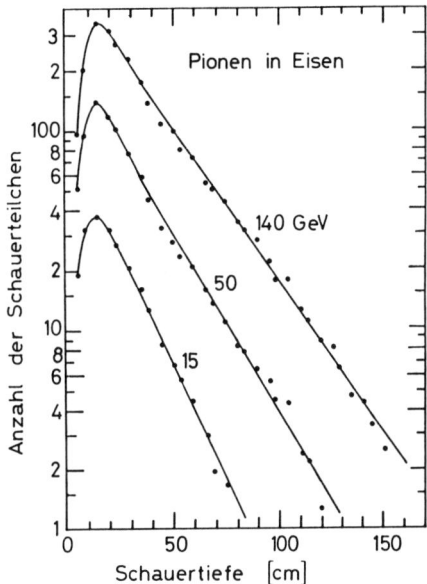

Abb. 7.37 Longitudinale Schauerentwicklung von Pionen in Eisen
[197].

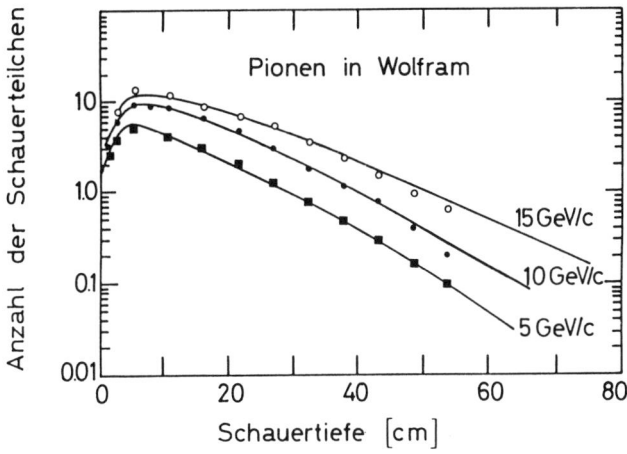

Abb. 7.38 Longitudinale Schauerentwicklung von Pionen in Wolfram
[198, 199]. Die durchgezogenen Kurven sind das Ergebnis
von Monte-Carlo-Simulationen [200].

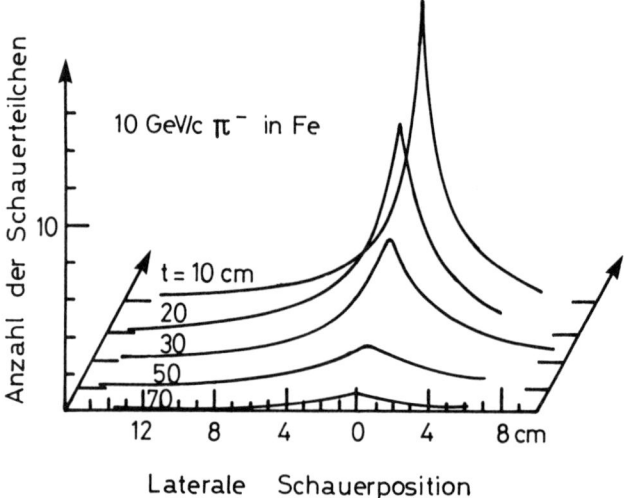

Abb. 7.39 Laterales Schauerprofil von $10\,GeV/c$ Pionen in Eisen [201].

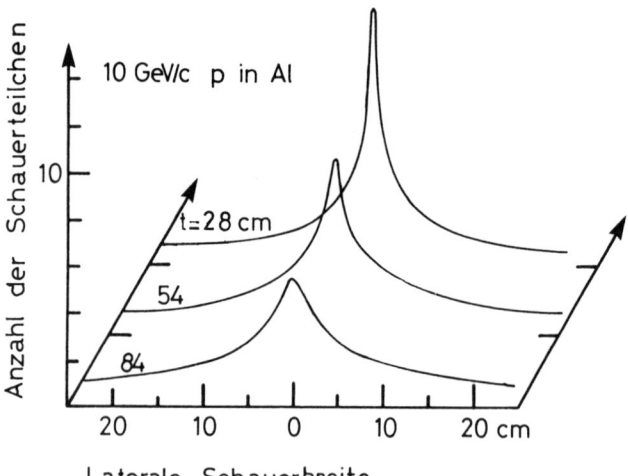

Abb. 7.40 Laterales Schauerprofil von $10\,GeV/c$ Protonen in Aluminium [201].

Die "Länge" eines Hadronenschauers hängt empfindlich davon ab, wie man diese Länge definiert. In jedem Fall steigt die Länge mit der

Einschußenergie an. Abb. 7.41 zeigt die Schauerlängen für zwei unterschiedliche Definitionen [197]. Im ersten Fall wird diese Länge durch
die Forderung definiert, daß der Schauer erst dann als ausgestorben
gilt, wenn im Mittel weniger als ein Schauerteilchen in der Tiefe t registriert wird ("Schauerlänge"). Nach dieser Definition ist ein $50\,GeV$
Pion-Schauer in einem Eisen-Szintillator-Kalorimeter etwa $120\,cm$ Fe
"lang". Eine andere Definitionsmöglichkeit besteht darin, die Länge
so zu festzulegen, daß ein bestimmter Bruchteil der Primärenergie
(etwa 95%) bis zu dieser Tiefe deponiert sein muß. Die Forderung einer 95%-Energiedeposition ("Containment") würde bei einem $50\,GeV$
Pion-Schauer zu einer Länge von etwa $70\,cm$ Eisen führen. Der Ladungsschwerpunkt nimmt nur etwa logarithmisch mit der Energie zu.
Diese Ladungsschwerpunktstiefe ist ebenfalls in Fig. 7.41 angegeben.

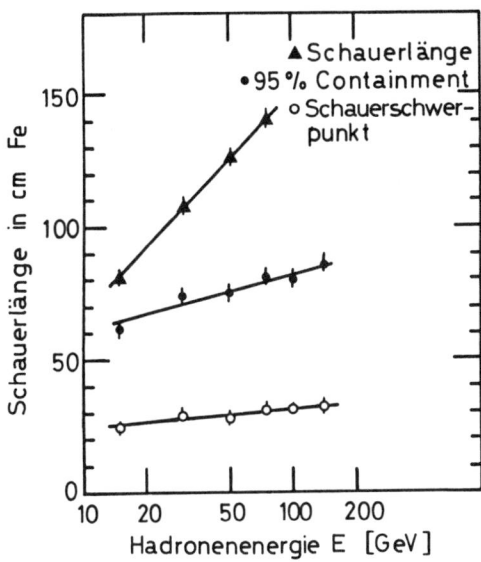

Abb. 7.41 Schauerlängen und Schauerschwerpunkt von Hadronkaskaden nach unterschiedlichen Definitionen [197].

Die anfangs steile Lateralverteilung eines Hadronschauers wird mit zunehmender Kalorimetertiefe immer flacher (vgl. Abb. 7.39 und 7.40). Abb. 7.42a zeigt die Entwicklung von $20\,GeV$ und $30\,GeV$ Hadronkaskaden, die einerseits die Schwierigkeit der Längendefinition verdeutlichen und andererseits die großen Fluktuationen bei individuellen Schauern beleuchten [202, 301]. Bei höheren Energien (Abb. 7.42b) werden Sättigungseffekte in einem Flash-Tube-Kalorimeter klar erkennbar [202].

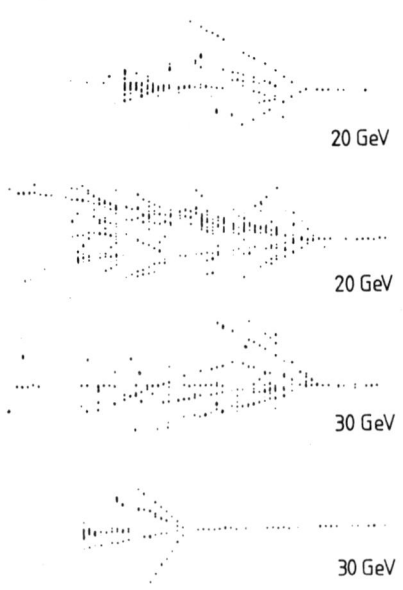

20 GeV

20 GeV

30 GeV

30 GeV

Abb. 7.42a Digitale Muster von individuellen 20 und 30 *GeV* Hadronkaskaden in einem Flash-Kammer-Kalorimeter [202, 301].

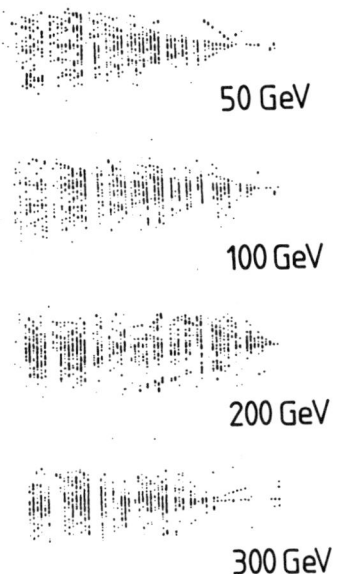

50 GeV

100 GeV

200 GeV

300 GeV

Abb. 7.42b Digitale Muster von hochenergetischen Hadronkaskaden
(50 - 300 GeV) in einem Flash-Kammer-Kalorimeter
[202].

Um Hadronen von einigen hundert GeV zu absorbieren, benötigt
man longitudinal etwa $2\,m$ Eisen bei einer lateralen Ausdehnung von
$60 \times 60\,cm^2$. Das 95%-Containment in Eisen läßt sich durch

$$L(95\%) = (9.4\ln E + 39)\,[cmFe] \qquad (7.42)$$

parametrisieren [32] (E in GeV). Ganz analog kann man auch für
die seitliche Ausbreitung des Schauers eine charakteristische radiale
Breite einführen.

Die notwendige laterale Kalorimeterbreite (von der Schauerachse aus gemessen) für ein 95%iges Containment als Funktion der longitudinalen Schauertiefe für Pionen in Eisen ist in Abb. 7.43 skizziert [197].

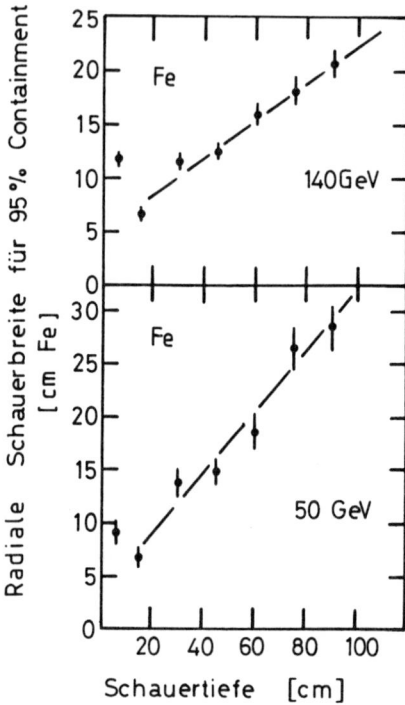

Abb. 7.43 Notwendige radiale Breite eines hadronischen Schauers für ein 95%iges Containment als Funktion der longitudinalen Schauertiefe. Die entsprechende totale Breite des Hadronschauers ist doppelt so groß wie die radiale Breite [197].

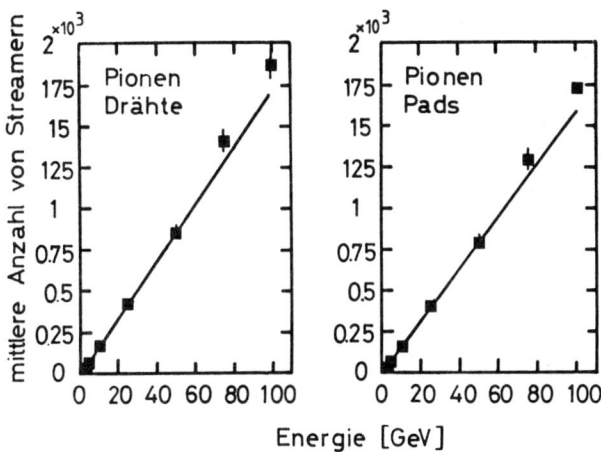

Abb. 7.44 Linearität zwischen erzeugter Teilchenzahl und Einschußenergie in einem Eisen-Streamer-Rohr-Kalorimeter.
Dargestellt sind die Draht- und Padsignale [181].

Die Linearität zwischen erzeugter Teilchenzahl und Einschußenergie ist in Abb. 7.44 für ein Eisen-Streamer-Rohr-Kalorimeter [181]
dargestellt. Die leichte Abweichung zu überlinearen Amplituden bei
hohen Energien liegt an der vermehrten π^0-Erzeugung, deren Zerfallsprodukte wegen eines e/π-Signalverhältnisses größer als eins zu
höheren Amplituden führen.

Die Energieauflösung für Hadronen ist wegen der starken Fluktuation in der Schauerentwicklung schlechter als in elektromagnetischen
Kalorimetern. Durch Wichtung der gemessenen Energiedepositionen
w_i in den verschiedenen Detektorlagen gemäß

$$w_i^* = w_i(1 - c \cdot w_i) \qquad (7.43)$$

mit dem Wichtungsfaktor c, werden die hohen lokalen Energieposi-
tionen und damit die starken Fluktuationen unterdrückt und eine
deutliche Verbesserung der Auflösung erzielt [181, 32]. Abb. 7.45
[177] zeigt die Amplitudenverteilung von $100\,GeV$ Pionen in einem
Eisen-Streamer-Rohr-Kalorimeter vor und nach der Wichtung gemäß
Gl. (7.43). Die Energieauflösung verbessert sich in diesem Fall von

$\frac{\sigma(E)}{E} \approx 80\%/\sqrt{E}$ auf $\frac{\sigma(E)}{E} = 50\%/\sqrt{E}$ (vgl. Abb. 7.46 [177, 181]). Allerdings wurde in diesem konkreten Fall zur Bestimmung des besten Wichtungsfaktors c die Kenntnis der Pionenenergie vorausgesetzt, so daß die zitierte Verbesserung der Energieauflösung das Optimum angibt, das mit diesem Wichtungsverfahren erreicht werden kann.

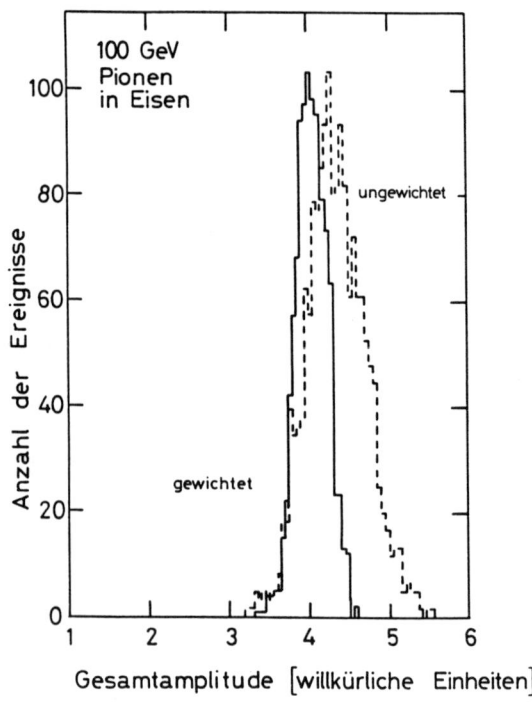

Abb. 7.45 Amplitudenverteilung von $100\,GeV$ Pionen in einem Eisen-Streamer-Rohr-Kalorimeter mit und ohne Wichtungsfaktoren [177]. Der Wichtungsfaktor wurde für die Einschußenergie von $100\,GeV$ optimiert.

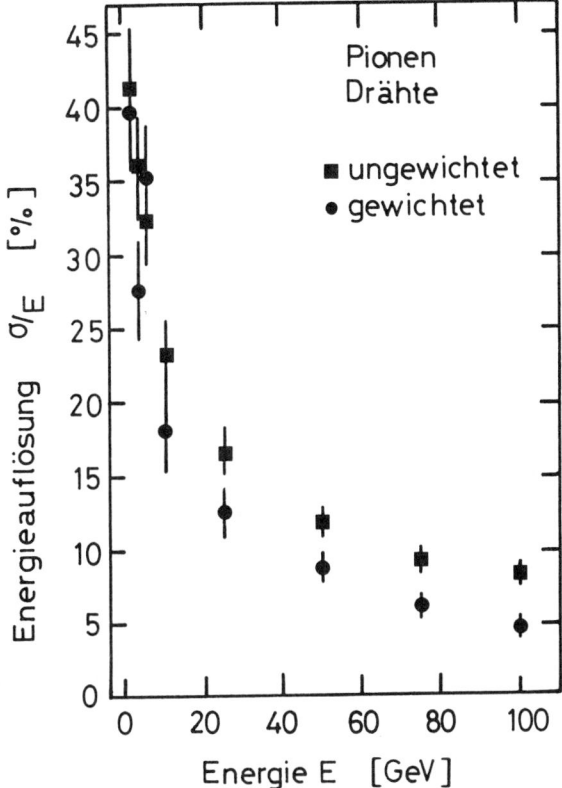

Abb. 7.46 Energieauflösung eines Eisen-Streamer-Rohr-Hadron-Ka-
lorimeters für ungewichtete und gewichtete Energiedepositionen [177, 181].

Mit den besten Sampling-Hadron-Kalorimetern (z.B. Uran/Szin-
tillator; Uran/Flüssig-Argon) lassen sich Energieauflösungen von

$$\frac{\sigma(E)}{E} \doteq \frac{35\%}{\sqrt{E}} \; ; \quad E \text{ in } GeV \qquad (7.44)$$

erreichen [203]. Ein möglicher konstanter Term in der Beschreibung
der Energieauflösung analog zu Gl. (7.37) kann für Hadronenkaskaden
in guter Näherung entfallen, da die großen Sampling-Fluktuationen
die Energieauflösung dominieren. Erst für sehr hohe Energien
($\approx 1000\,GeV$) wird ein konstanter Term die Auflösung begrenzen.

Die erreichbare Energieauflösung variiert mit der Zahl der Detektorlagen im Kalorimeter wie

$$\frac{\sigma(E)}{E} \sim \frac{1}{\sqrt{N_{\text{sampling}}}} . \qquad (7.45)$$

Die Zahl der Sampling-Ebenen hängt mit der Kalorimeterlänge L und der Absorberdicke d wie

$$N_{\text{sampling}} = \frac{L}{d} \qquad (7.46)$$

zusammen, so daß

$$\frac{\sigma(E)}{E} \sim \sqrt{d} , \qquad (7.47)$$

genau wie bei elektromagnetischen Kalorimetern. Experimentell findet man, daß Absorberdicken $d < 2\,cm$ Eisen aber keine Auflösungsverbesserungen mehr bewirken [32]. Je nach Zweck und zur Verfügung stehenden Geldmitteln kommen als Sampling-Detektoren Szintillatoren, Flüssig-Argon, Flüssig-Xenon, Vieldrahtproportionalkammern, Lagen von Proportionalrohren, Flash-Kammern, Streamer-Rohre, Geiger-Müller-Rohre (mit lokaler Einschränkung der Entladung), Parallel-Platten-Kammern und "warme Driftflüssigkeiten" (etwa Tetramethylsilan (TMS), Tetramethylpentan (TMP) oder Tetramethylgerman (TMG)) in Frage. Als Absorbermaterialien werden meistens Uran, Kupfer, Wolfram und Eisen verwendet. Es wurden aber auch Aluminium-und Marmor-Kalorimeter gebaut und eingesetzt.

Als Alternative zu longitudinal segmentierten Kalorimetern kommen "Spaghetti-Kalorimeter" in Betracht, die auch eine gute Ortsbestimmung erlauben (vgl. Kap. 5.2). Ebenso sind andere, speziell geformte Absorbergeometrien denkbar ("Akkordeon-Kalorimeter", [362, 390]).

Da in Experimenten oft mit den gleichen Detektoren zugleich Elektronen/Photonen und Hadronen kalorimetrisch untersucht werden, empfiehlt sich eine hybride Anordnung eines Sampling-Kalorimeters, deren erster Teil hauptsächlich für die Elektronen/Photonen-Kalorimetrie (etwa $\sim 25\,X_0$ Blei) zuständig ist, an den sich ein hochqualitatives Uran-Hadron-Kalorimeter (etwa sechs Absorptionslängen Uran) anschließt. Um die Ausläufer von Hadron-Kaskaden zu erfassen, reicht dann oft ein "billiges" Eisen-Kalorimeter ($\sim 4\lambda_a$), das dann auch als Rückflußjoch für eine Magnetspule dienen kann. Eine solche Anordnung ist in Abb. 7.47 skizziert.

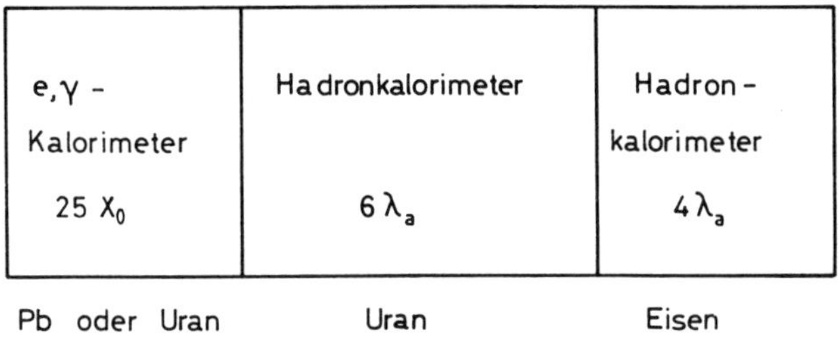

e,γ - Kalorimeter 25 X_0	Hadronkalorimeter 6 λ_a	Hadron - kalorimeter 4 λ_a
Pb oder Uran	Uran	Eisen

Abb. 7.47 Hybridanordnung eines Elektron-Hadron-Kalorimeters.

Höhere Auflösungen als mit Sampling-Kalorimetern kann man natürlich mit total absorbierenden Hadron-Kalorimetern erreichen (TANC – Total Absorption Nuclear Cascade). Jedoch sind diese Geräte häufig geometrisch zu groß und vor allem auch zu teuer. Außerdem lassen sich die intrinsischen Leckverluste bei Hadronkaskaden etwa durch entweichende Neutrinos, Myonen und Neutronen nicht vermeiden, weshalb man in fast allen Experimenten mit Sampling-Kalorimetern, zumindest was die Hadron-Kalorimetrie anlangt, arbeitet.

Kalorimeter allgemein haben den unschlagbaren Vorteil, daß sich ihre Energieauflösung $\sigma(E)/E$ mit zunehmender Energie wie $1/\sqrt{E}$ verbessert, ganz im Gegensatz zu Impulsspektrometern, deren Auflösung sich linear mit wachsendem Impuls verschlechtert. Außerdem sind Kalorimeter auch für hohe Energien recht kompakt, denn die Schauerlänge wächst nur logarithmisch mit der Teilchenenergie.

In Höhenstrahlexperimenten, in denen es um die Energiebestimmung an Protonen und schweren Kernen oder auch Photonen der primären kosmischen Strahlung im Energiebereich $> 10^{14}\,eV$ geht, müssen wegen der geringen Intensitäten dieser Teilchen andere kalorimetrische Meßverfahren angewendet werden. Die Höhenstrahlteilchen lösen in der Erdatmosphäre hadronische bzw. elektromagnetische Kaskaden aus (vgl. Abb. 7.34), die sich in unterschiedlicher Weise auswerten lassen. Die klassische Technik der Erfassung ausgedehnter Luftschauer über die stichprobenartige Messung der Lateralverteilung der Schauer auf Meereshöhe leidet unter einer relativ ungenauen

Energiebestimmung [228]. Bessere Ergebnisse erzielt man durch die
Registrierung des in der Atmosphäre erzeugten Szintillations- bzw.
Cherenkov-Lichtes der Schauerteilchen (vgl. Kap. 9.8). Letztere Technik erfordert allerdings wegen der geringen Lichtausbeute klare,
mondlose Nächte.

Zur Bestimmung der Energie von hochenergetischen kosmischen
Neutrinos oder Myonen, die die Erdatmosphäre ohne Schwierigkeiten durchdringen, läßt sich auch das klare, hochtransparente Wasser von Ozeanen oder tiefen Seen als Cherenkov-Medium ausnutzen. Myonen erleiden bei hohen Energien ($> 1\,TeV$) Energieverlust
hauptsächlich durch Bremsstrahlung und direkte Elektronenpaarerzeugung (vgl. Abb. 1.6), die beide proportional zur Myonenenergie
sind. Eine Messung des Energieverlustes mit Hilfe einer dreidimensionalen Matrix von Photomultipliern in tiefem Wasser, das nicht vom
Sonnenlicht erreicht wird, erlaubt daher eine Energiebestimmung der
Myonen. Ebenso kann die Energie von Elektron- bzw. Myonneutrinos grob bestimmt werden, wenn diese in inelastischen Wechselwirkungen im Wasser Elektronen bzw. Myonen erzeugen, die wiederum
einerseits elektromagnetische Kaskaden, andererseits energieproportionale Energieverlustsignale erzeugen. Das Wasser ist in diesem Fall
zugleich Wechselwirkungstarget und Detektor für das von den Wechselwirkungsprodukten hervorgerufene Cherenkov-Licht. Durch Messung der Einfallsrichtung der Neutrinos (aus den erzeugten Elektronen bzw. Myonen) läßt sich Neutrino-Astronomie im TeV-Bereich
betreiben [369, 370].

7.4   Teilchenidentifikation mit Kalorimetern

Neben der Energiebestimmung eignen sich Kalorimeter auch zur
Trennung von Elektronen und Hadronen. Die longitudinale und laterale Schauerentwicklung von elektromagnetischen Kaskaden wird
durch die Strahlungslänge X_0, diejenige von hadronischen Kaskaden
durch die größere Wechselwirkungslänge λ_w bzw. Absorptionslänge λ_a
bestimmt. Auf diesen charakteristischen Unterschieden der Schauerentwicklung basiert die Möglichkeit der Elektron/Hadron-Separation.

Abb. 7.48 [177] zeigt die longitudinale Entwicklung von $100\,GeV$
Elektron- bzw. Pion-Schauern in einem Streamer-Rohr-Kalorimeter.

Da Sampling-Kalorimeter durch die Detektorlagen in der Regel longitudinal segmentiert sind, kann man verschiedene Kriterien zur Elektron/Hadron-Separation anlegen. Im wesentlichen basieren diese Trennverfahren auf folgenden Charakteristika [178, 194, 32]:

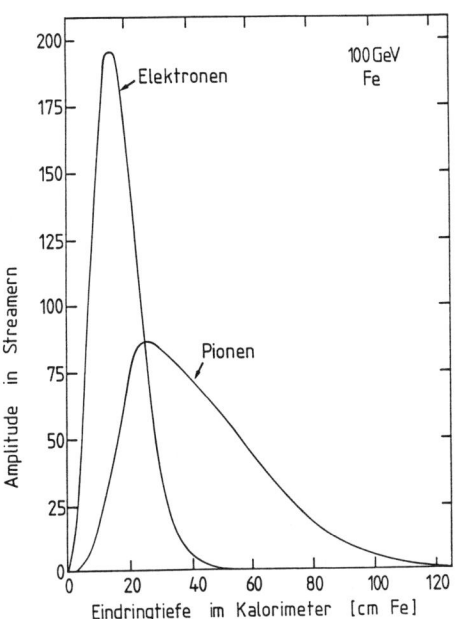

Abb. 7.48 Vergleich der longitudinalen Entwicklung von $100\,GeV$ Pionen und Elektronen in einem Streamer-Rohr-Kalorimeter [177].

1. Elektronen deponieren den größten Teil ihrer Energie im vorderen Teil eines Kalorimeters. Unterteilt man das Kalorimeter in einen Front- und hinteren Teil, so ist das Amplitudenverhältnis von Front- zu hinterem Teil für Elektronen groß und für Hadronen eher klein.

2. Weil für die in Kalorimetern verwendeten Materialien $\lambda_a \gg X_0$ gilt, liegt die erste Wechselwirkung, die die Schauerentwicklung auslöst, für Elektronen viel weiter vorne im Kalorimeter als bei Hadronen. So haben nach drei Strahlungslängen bereits 95% der Elektronen einen Schauer ausgelöst, während ein Großteil

der Hadronen (72% in Eisen) noch gar keine Wechselwirkung erlitten hat. Der Startpunkt der Schauerentwicklung ist also ein weiteres Trennkriterium.

3. Hadronische Schauer sind viel breiter als elektromagnetische (vgl. auch Abb. 7.22 und 7.43). In einem kompakten Eisen-Kalorimeter sind 95% der elektromagnetischen Energie in einem Zylinder von 3.5 cm Radius enthalten. Für Hadronenkaskaden ist der laterale 95%-Containment-Radius je nach Energie um einen Faktor von etwa fünf größer. Aus dem unterschiedlichen lateralen Verhalten läßt sich also ebenfalls ein für Elektronen und Hadronen charakteristischer Kompaktheitsparameter ableiten.

4. Als weiteres Kriterium kann der longitudinale Schauer-Schwerpunkt verwendet werden.

Mit jedem Trennkriterium kann man bei einem unseparierten Elektron/Pion-Strahl der Elektron- bzw. Pion-Hypothese eine gewisse Wahrscheinlichkeit zuordnen. Durch Aufmultiplikation der Wahrscheinlichkeiten läßt sich eine gute Elektron/Pion-Trennung erreichen. Hierbei ist allerdings zu beachten, daß die erwähnten Kriterien zum Teil stark korreliert sind. Abb. 7.49 [178, 194] zeigt solche kombinierten Wahrscheinlichkeitsverteilungen, bei denen nur ein kleiner Überlapp zwischen der Elektron- und Pion-Hypothese besteht. Die daraus folgende e/π-Mißidentifizierungswahrscheinlichkeit bei vorgegebener Elektronenakzeptanz zeigt Abb. 7.50 [178, 194]. Für eine 95% Elektronenakzeptanz erhält man in diesem Beispiel eine 1%-ige Pion-Kontamination bei einer Teilchenenergie von 75 GeV. Mit aufwendigeren Kalorimetern kann man kalorimetrische Pion-Unterdrückungen auf 1 ^{0}/oo erreichen.

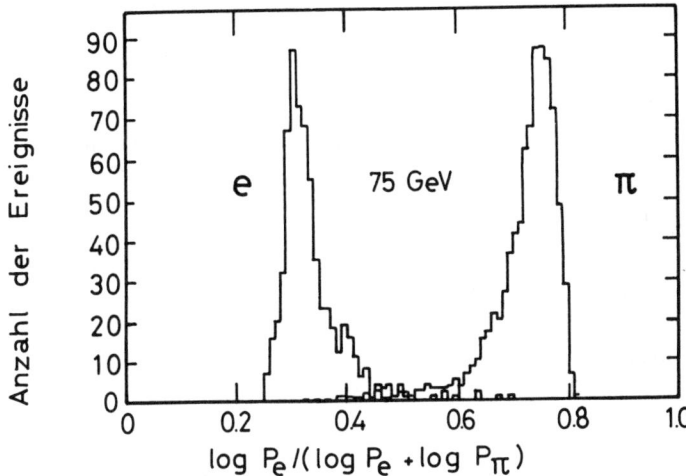

Abb. 7.49 Elektron-Pion-Trennung in einem Streamer-Rohr-Kalorimeter [178, 194].

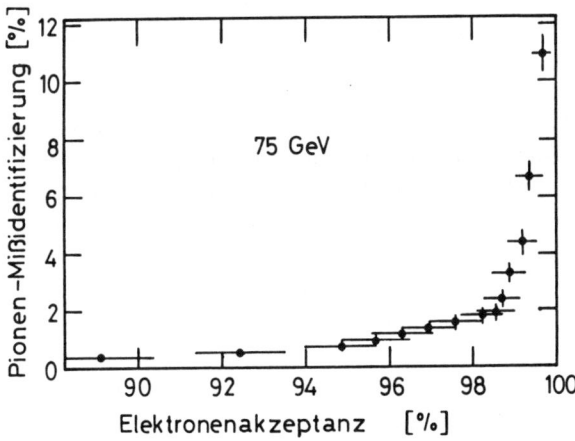

Abb. 7.50 Elektron-Pion-Mißidentifizierungswahrscheinlichkeit in einem Streamer-Rohr-Kalorimeter [178, 194].

Myonen lassen sich sowohl von Pionen als auch von Elektronen durch ihre geringe Energiedeposition im Kalorimeter unterscheiden. Abb. 7.51 [177] zeigt im Vergleich die Amplitudenverteilungen

von 50 *GeV* Elektronen und Myonen. Die gute Möglichkeit der e/μ-Trennung wird aus diesem Diagramm evident.

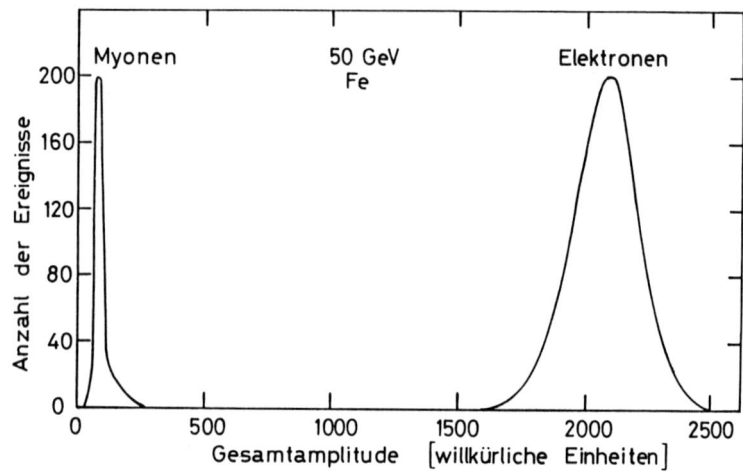

Abb. 7.51 Amplitudenverteilungen von 50 *GeV* Elektronen und Myonen in einem Streamer-Rohr-Kalorimeter [177].

Mit zunehmender Strahlenergie wird die Wechselwirkungswahrscheinlichkeit von Myonen für Prozesse mit hohen übertragenen Energien immer wahrscheinlicher, z.B. durch Myonenbremsstrahlung [22, 23, 204, 296, 297, 298, 335]. Zwar sind diese Prozesse immer noch sehr selten, können aber bei rein kalorimetrischen Messungen zu einer geringen μ/e-Verwechslungswahrscheinlichkeit führen.

Abb. 7.52 [204] zeigt den geringen Überlapp des Myonenenergieverlustsignals von 192 *GeV* Myonen in einem Elektron-Kalorimeter mit der Amplitudenverteilung von Elektronen derselben Energie. Als Absorber wurde Kupfer verwendet. Dieser Überlapp führt für dieses Beispiel zu einer rein kalorimetrischen μ/e-Verwechslungswahrscheinlichkeit von $1.7 \cdot 10^{-5}$ ($2.8 \cdot 10^{-5}$) bei einer Elektronenakzeptanz von 95% (99%).

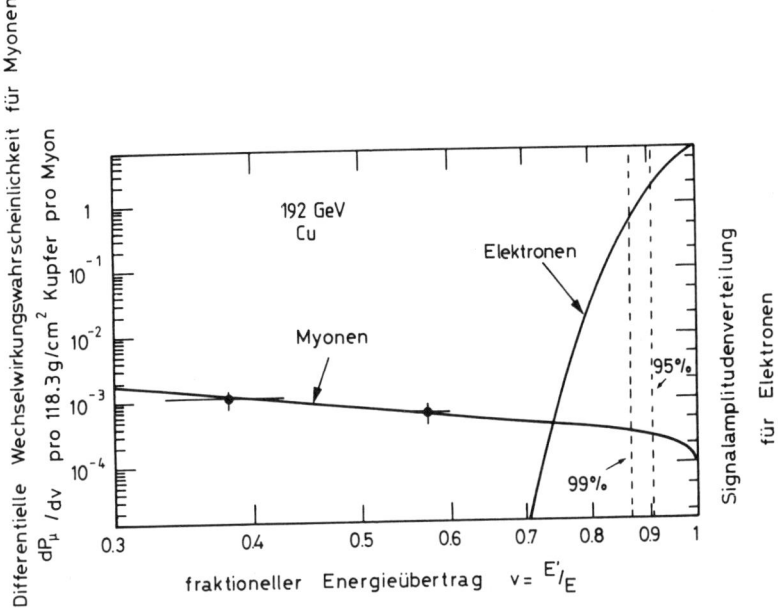

Abb. 7.52 Elektron-Myon-Mißidentifizierungswahrscheinlichkeiten
in einem elektromagnetischen Streamer-Rohr-Kalorimeter
[204].

Das digitale Muster eines $10\,GeV$ Pions, Myons und Elektrons in
einem Streamer-Rohr-Kalorimeter ist in Abb. 7.53 dargestellt [44].

Da der Energieverlust hochenergetischer Myonen ($> 500\,GeV$) in
Materie von Prozessen mit großen Energieüberträgen (Bremsstrahlung, direkte Paarerzeugung, Kernwechselwirkung) dominiert wird,
und dieser der Myonenergie proportional ist (s. Gl. (1.67)), sind
bei hohen Energien sogar Myon-Kalorimeter denkbar, in denen über
eine Messung des Energieverlustes die Myonenergie kalorimetrisch bestimmt wird. Diese Möglichkeit der Myon-Kalorimetrie könnte bei
Proton-Proton-Kollisionsexperimenten bei höchsten Energien (LHC
– Large Hadron Collider, $\sqrt{s} = 16\,TeV$; SSC – Superconducting Super Collider, $\sqrt{s} = 40\,TeV$; ELOISATRON, $\sqrt{s} = 200\,TeV$ [267])
Anwendung finden.

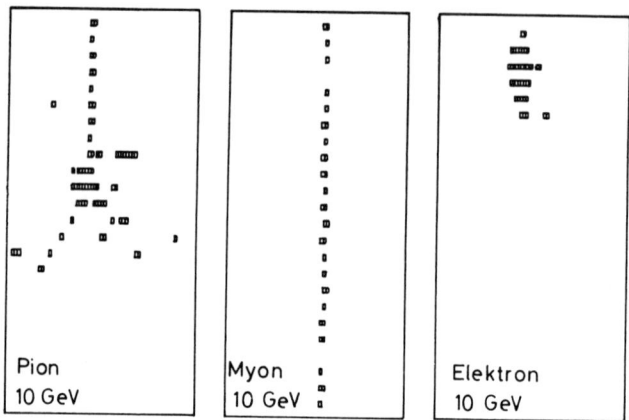

Abb. 7.53 Digitale Muster von 10 *GeV* Pionen, Myonen und Elektronen in einem Streamer-Rohr-Hadron-Kalorimeter [44].

7.5 Eichung und Überwachung von Kalorimetern

Die Eichung von einzelnen Kalorimetern erfolgt zumeist im Teststrahl von Beschleunigern, die identifizierte Teilchen genau bekannten Impulses liefern. Durch Variation der Strahlenergie wird die Linearität des Kalorimeters überprüft und charakteristische Schauerparameter dokumentiert. Bei Kalorimetern für kleinere Energien, z.B. Halbleiterzähler, verwendet man radioaktive Quellen, vorzugsweise reine K-Strahler, wie etwa ^{207}Bi mit wohldefinierten monoenergetischen Elektronen, bzw. Gammastrahler, mit der Möglichkeit der Eichung über die registrierten Photopeaks.

Neben einer reinen Energieeichung ist auch die Untersuchung der Abhängigkeit des Kalorimetersignals vom Einschußort, -winkel und vom Verhalten in magnetischen Feldern von großer Bedeutung. Gerade bei Kalorimetern mit Gas-Sampling können aufgrund der Magnetfelder spiralende Elektronen die Kalibration deutlich verändern. So zeigt Abb. 7.54 [180] die Amplitudenverteilung von 6 *GeV* Elektronen in einem Kupfer-Streamer-Rohr-Kalorimeter ohne und in einem Magnetfeld parallel zu den Anodendrähten bei einer Magnetfeldstärke von 1.1 Tesla. Die Auflösungsverschlechterung durch niederenergetische Elektronen, die, bedingt durch das Magnetfeld, längere Wege in den Detektorlagen zurücklegen, ist klar zu erkennen.

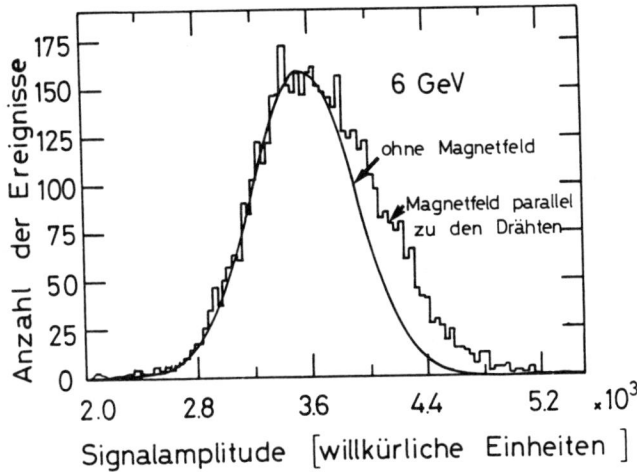

Abb. 7.54 Magnetfeldabhängigkeit der Signalamplituden von $6\,GeV$ Elektronen in einem Streamer-Rohr-Kalorimeter [180].

Bei Gas-Sampling-Kalorimetern kann auch die Teilchenrate aufgrund von Tot- oder Erholzeiteffekten die Signalamplitude beeinflussen. Eine gründliche Eichung eines Kalorimeters muß also eine umfassende Kenntnis der verschiedenen Parameterabhängigkeiten einschließen.

Größere Experimente enthalten aber eine Vielzahl von Kalorimetermodulen, die nicht alle in Teststrahlen vermessen werden können. Wenn einige dieser Module im Teststrahl kalibriert sind, werden die zunächst unkalibirierten Kalorimetermodule relativ zu den geeichten nachgeeicht. Diese relative Kalibration kann durch minimalionisierende Myonen, die viele Kalorimetermodule durchsetzen, erfolgen. Bei Uran-Kalorimetern läßt sich auch das konstante "Rauschen" bedingt durch die natürliche Radioaktivität des Urans als Basis für eine relative Kalibration ausnutzen. Bei Verwendung nicht-radioaktiver Absorbermaterialien kann in Gas-Sampling-Kalorimetern eine Testmessung und relative Kalibration auch mit radioaktiven Edelgasen (etwa Krypton 85) durchgeführt werden.

Szintillator-Kalorimeter lassen sich am besten dadurch eichen, daß etwa über lichtemittierende Dioden (LED's) definierte Lichtsignale in die Detektorlagen injiziert und dabei die Ausgangssignale an den Photomultipliern dokumentiert werden. Um Variationen der injizierten Lichtintensität durch Bauelementstreuung der Lichtdioden zu vermeiden, kann man auch mit einem LASER über ein Verteilersystem eine Vielzahl von Lichtfasern speisen, die zu den Szintillatoren geführt werden [32].

Nachdem ein komplexes Kalorimetersystem einmal geeicht worden ist, muß sichergestellt werden, daß sich die Eichkonstanten nicht verändern, oder andernfalls muß die Drift der Eichparameter mit einem Monitor überwacht werden. Die zeitliche Stabilität der Kalibration läßt sich etwa mit kosmischen Myonen überprüfen. Allerdings können Module so ungünstig liegen, daß die Raten kosmischer Myonen für eine genaue Stabilitätskontrolle nicht ausreichen. Es sollten daher auch periodisch Referenzmessungen durchgeführt werden, indem kalibrierte Referenzsignale in die verschiedenen Detektorlagen injiziert oder auf die Eingänge der Auslesekette gegeben werden.

Bei Gas-Sampling-Kalorimetern kann das Ausgangssignal eigentlich nur durch Veränderung der Gasparameter und Hochspannung schwanken. Hier kann man eine baugleiche Testkammer von Detektorgas durchströmen lassen, in der etwa die charakteristische Röntgenstrahlung einer radioaktiven Quelle ständig gemessen wird. Eine Verschiebung der in dieser Testkammern gemessenen Röntgenlinie ist ein Zeichen für eine zeitabhängige Eichung, die von einem Kontrollsystem aber über die Nachregelung der Hochspannungsversorgung ausgeglichen werden kann.

In manchen Experimenten stehen Teilchen, die zur Eichung und Kontrolle verwendet werden können, immer zur Verfügung. So kann etwa in e^+e^--Speicherring-Experimenten die elastische Bhabha-Streuung ($e^+e^- \rightarrow e^+e^-$) zur Kalibration der elektromagnetischen Kalorimeter dienen, da die Endzustandsteilchen — wenn man von Strahlungskorrekturen absieht — die bekannte Strahlenergie haben. In gleicher Weise kann die Reaktion $e^+e^- \rightarrow q\bar{q}$ mit anschließender Hadronisation der Quarks zur Überprüfung der Hadronkalorimeter verwendet werden. Schließlich liefert die Myonpaarproduktion ($e^+e^- \rightarrow \mu^+\mu^-$) Endzustandsmyonen mit bekanntem Impuls (= Strahlimpuls bei hohen Energien), die mit ihrer annähernd flachen Winkelverteilung ($d\sigma/d\Omega \sim 1 + \cos^2\Theta$, mit Θ = Winkel zwischen e^-

und μ^-) alle Detektormodule erreichen.

7.6 Kryogenische Kalorimeter

Die bisher beschriebenen Kalorimeter eignen sich zur Spektroskopie von Teilchen vom MeV-Bereich bis hin zu den höchsten Energien. Für viele Fragestellungen wie etwa in der Astrophysik ist der Nachweis von Teilchen kleinster Energien im Bereich 1 bis 1000 eV interessant. Kalorimeter für solch geringe Energien werden zum Nachweis niederenergetischer kosmischer Neutrinos, schwach wechselwirkender massiver Teilchen (WIMPs – Weakly Interacting Massive Particles) oder anderer Kandidaten dunkler, d.h. energiearmer, nicht-leuchtender Materie entwickelt [292, 303, 324, 325, 341, 361, 392]. Um die Nachweisschwelle von Kalorimetern zu reduzieren, ist es nur natürlich, die bei den meisten Detektoren verwendeten Quantenübergänge durch Ionisation oder Elektron-Loch-Paarerzeugung durch Prozesse mit kleineren Quantenübergangsenergien zu ersetzen (vgl. auch Kap. 7.1).

Typische Energien, um Cooper-Paarbindungen in Supraleitern aufzubrechen, liegen bei 1 meV ($= 10^{-3}\,eV$). Als Cooper-Paare bezeichnet man Bindungszustände von Elektronen mit entgegengesetztem Spin, die sich wie Bosonen verhalten und bei genügend tiefen Temperaturen ein Bosekondensat bilden. Phononen in Festkörpern bei Temperaturen um 100 mK haben Energien um $10^{-5}\,eV$. Wenn es gelänge, aufgebrochene Cooper-Paare ("Quasiteilchen") oder Phononen effizient nachzuweisen, dann würden die geringen Schwellwertenergien für diese Prozesse ein brauchbares Arbeitsprinzip für Detektoren kleinster Energien liefern. Um thermische Anregungen dieser Quantenprozesse zu vermeiden, müßten diese Kalorimeter allerdings bei extrem niedrigen Temperaturen betrieben werden, typisch im Milli-Kelvin-Bereich. Aus diesem Grunde heißen diese Kalorimeter kryogenische Detektoren. Diese kryogenischen Kalorimeter lassen sich in zwei Hauptkategorien unterteilen: Nachweisgeräte für Quasiteilchen in supraleitenden Kristallen und Phonon-Detektoren in Isolatoren [205, 206, 207].

Cooper-Paare in Supraleitern haben Bindungsenergien im Bereich von $4 \cdot 10^{-5}\,eV$ (Ir) bis $3 \cdot 10^{-3}\,eV$ (Nb). Schon geringste Energiedepositionen würden zu einer Vielzahl von aufgebrochenen Cooper-Paaren führen. Die Schwierigkeit besteht darin, die erzeugten "Quasiteilchen" zu detektieren. Eine Methode geht davon aus, daß die Supraleitfähigkeit einer Substanz durch die Energiedeposition zerstört wird, wenn das Detektorelement nur klein genug ist. Das ist das Nachweisprinzip der überhitzten supraleitenden Granulen [206]. In diesem Fall wird das kryogenische Kalorimeter aus vielen kleinen Kugeln mit Durchmessern im μm-Bereich hergestellt. Falls die Granulen sich in einem Magnetfeld befinden, und die Energiedeposition in einer Granule diese aus dem supraleitenden in den normalleitenden Zustand überführt, kann dieser Übergang durch die Unterdrückung des Meißner-Effektes detektiert werden; d.h. die Tatsache, daß das Magnetfeld, das im supraleitenden Zustand aus der Granule verdrängt war, nun wieder die normalleitende Granule durchsetzt. Der Übergang vom supraleitenden in den normalleitenden Zustand kann durch Aufnehmerspulen, die an empfindliche Vorverstärker gekoppelt sind, oder durch SQUIDs (Superconducting Quantum Interference Devices) nachgewiesen werden [346]. Diese Quanteninterferometer (SQUID) sind äußerst empfindliche Meßinstrumente für magnetische und daraus ableitbare elektrische Größen. Die Wirkungsweise des SQUIDs beruht auf dem Josephson-Effekt, also dem Tunneleffekt zwischen zwei durch eine dünne isolierende Schicht verbundenen Supraleitern, bei denen im Gegensatz zum normalen Ein-Elektron-Tunneleffekt Cooper-Paare tunneln. Bei dem Josephson-Effekt treten magnetisch beeinflußbare Interferenzerscheinungen des Tunnelstroms auf, wobei die Periode der Interferenzerscheinungen durch die Größe der magnetischen Flußquanten bestimmt wird [208, 209, 210].

Eine alternative Möglichkeit, Quasiteilchen nachzuweisen, besteht darin, sie direkt durch eine isolierende Folie zwischen zwei Supraleitern durchtunneln zu lassen (SIS – Superconducting-Insulating-Superconducting-Übergang) [205]. Hierbei stellt sich das Problem, unerwünschte Leckströme auf ein extrem niedriges Niveau herabzudrücken.

Im Gegensatz zu Quasiteilchen können Phononen, die bei Energiedeposition in Isolatoren angeregt werden, etwa mit Methoden der klassischen Kalorimetrie nachgewiesen werden. Falls ΔE die absorbierte Energie ist, resultiert daraus eine Temperaturerhöhung von

$$\Delta T = \Delta E / mc, \qquad (7.48)$$

wenn c die spezifische Wärmekapazität und m die Masse des Kalorimeters ist. Falls diese kalorimetrische Messung bei sehr tiefen Temperaturen durchgeführt wird, wo c sehr klein sein kann (der Gitteranteil der spezifischen Wärme verläuft bei tiefen Temperaturen proportional zu T^3), ist diese Methode im Prinzip geeignet, auch einzelne Teilchen nachzuweisen. Im praktischen Experiment verwendet man zur Messung der Temperaturänderung Thermistoren; d.h. einen NTC (= Negative Temperature Coefficient) - Widerstand, der in einen hochreinen Kristall eingebettet oder an ihm fixiert ist, wobei der Kristall den Absorber für die nachzuweisende Strahlung, also den eigentlichen Detektor darstellt. Wegen der diskreten Energie der Phononen erwartet man diskontinuierliche thermische Energiefluktuationen, die mit elektronischen Filtertechniken nachgewiesen werden können.

So wurden mit einem kleinen TeO_2-Kristall bei $15\,mK$ in einem rein thermischen Detektor mit Thermistor-Auslese α-Teilchen und γ-Strahlung mit einer Energieauflösung von $5\,keV\,fwhm$ nachgewiesen [342].

Die Entwicklung kryogenischer Kalorimeter zur Messung extrem geringer Energien befindet sich noch im Anfangsstadium. Den Aufbau eines Kryodetektors der auf der Energieabsorption in überhitzten supraleitenden Granulen basiert, zeigt Abb. 7.55 [211]. Das System aus Granulen und Aufnehmerspule war um 360° drehbar um eine Achse senkrecht zum Magnetfeld angeordnet, um Abhängigkeiten der kritischen Feldstärke zur Erreichung der Supraleitung von der Orientierung der Granulen bezüglich des Magnetfeldes zu untersuchen. Mit diesem System wurden erfolgreich Quantenübergänge an Zinn-, Zink- und Aluminium-Granulen bei ^4He- und ^3He-Temperaturen nachgewiesen. Abb. 7.56 zeigt eine mikrophotographische Aufnahme von Zinn-Granulen [206, 212]. Zur Zeit ist es schon möglich, Zinn-Granulen mit Durchmessern bis zu $5\,\mu m$ industriell zu fertigen.

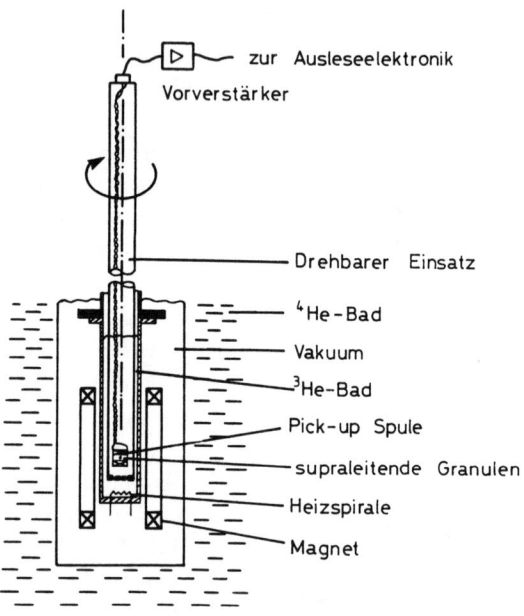

zur Ausleseelektronik

Vorverstärker

Drehbarer Einsatz

^{4}He-Bad

Vakuum

^{3}He-Bad

Pick-up Spule

supraleitende Granulen

Heizspirale

Magnet

Abb. 7.55 Experimentelle Anordnung eines kryogenischen Detektors auf der Basis von überhitzten supraleitenden Granulen (SSG) [211].

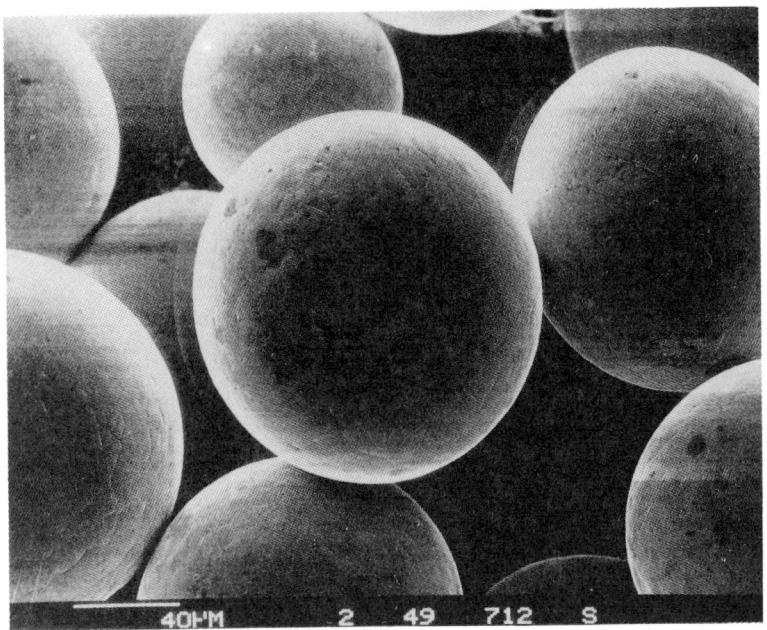

Abb. 7.56 Zinnkügelchen (Durchmesser = 130 μm) als kryogenische "Kalorimeter". Eine geringe Energieabsorption könnte die Kügelchen soweit erwärmen, daß sie aus dem supraleitenden in den normalleitenden Zustand übergehen und damit ein nachweisbares Signal erzeugen [206, 212].

Mit einem Detektor aus überhitzten supraleitenden Granulen wurden bereits eindeutig minimalionisierende Teilchen nachgewiesen [268].

Der Nachweis von Übergängen vom supraleitenden in den normalleitenden Zustand mit Signalamplituden von $\sim 100\,\mu V$ und Erholzeiten von 10 bis $50\,ns$ deutet an, daß supraleitende Streifenzähler möglicherweise als Mikrovertex-Detektoren in Hochenergieexperimenten in Frage kommen [320].

Kapitel 8

Impulsmessung

Impulse geladener Teilchen werden in Magnetspektrometern vermessen.

Die Lorentzkraft zwingt die Teilchen auf Kreis- oder Schraubenbahnen um die Richtung des Magnetfeldes herum. Der Krümmungsradius der Teilchenbahnen ergibt sich aus der Stärke des Magnetfeldes und dem Impuls des Teilchens senkrecht zum $\vec{B}$-Feld. Je nach experimenteller Anordnung oder der zu untersuchenden Teilchensorte werden unterschiedliche Magnetspektrometer eingesetzt.

8.1 Magnetspektrometer für Experimente mit festem Target

Der prinzipielle Aufbau eines Magnetspektrometers bei Experimenten mit einem feststehenden Target (im Gegensatz zu Speicherring-Experimenten) ist in Abb. 8.1 skizziert. Teilchen bekannter Identität und im allgemeinen bekannter Energie treffen auf ein Target und erzeugen dort in einer Wechselwirkung Sekundärteilchen. Aufgabe der Spektrometer ist es, die Impulse geladener Sekundärteilchen zu vermessen.

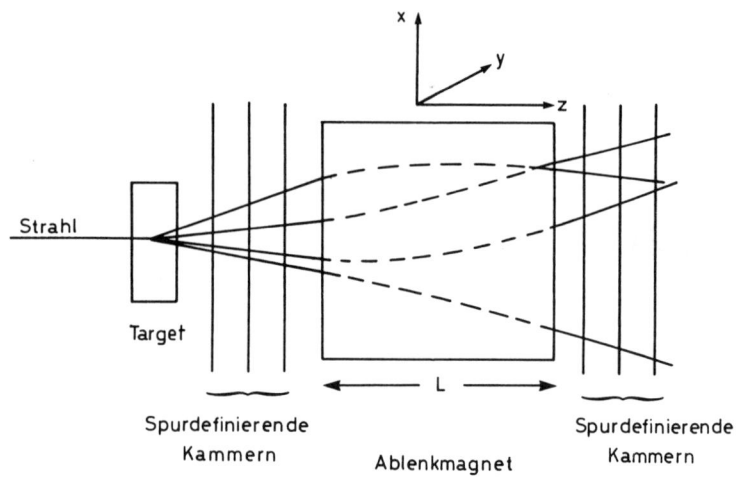

Abb. 8.1 Prinzipieller Aufbau eines Magnetspektrometers
in einem Experiment mit stationärem Target.

Das Magnetfeld B sei entlang der y-Achse orientiert $\vec{B} = (0, B_y, 0)$
und die Einfallsrichtung des primären Teilchens entlang der z-Achse.
In der Wechselwirkung erhalten die Sekundärteilchen bei hadronischen Prozessen typische Transversalimpulse

$$p_T \approx 350 \, MeV/c \,, \tag{8.1}$$

wobei

$$p_T = \sqrt{p_x^2 + p_y^2} \tag{8.2}$$

ist. In der Regel gilt $p_x, p_y \ll p_z$, wobei die Impulse auslaufender Teilchen durch $\vec{p} = (p_x, p_y, p_z)$ beschrieben werden [32]. Die Spuren der in
das Spektrometer einfallenden Teilchen werden im einfachsten Falle
durch Ortsdetektoren vor Eintritt und nach Austritt aus dem Magneten ausgemessen. Da das Magnetfeld entlang der y-Achse orientiert
ist, erfolgt die Ablenkung der geladenen Teilchen in der x-z-Ebene.
Abb. 8.2 skizziert die Bahnform eines Teilchen in dieser Ebene.

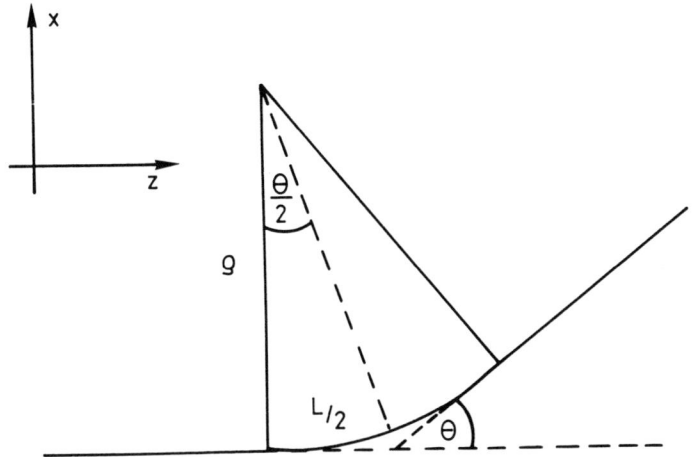

Abb. 8.2 Bahnform eines geladenen Teilchens in einem Magneten.

Die Lorentzkraft steht im Gleichgewicht mit der Zentrifugalkraft. Falls $\vec{p}$ der Impuls des zu messenden Teilchens ist (wir wählen unser Koordinatensystem so, daß die Teilchen parallel zur z-Achse in das Spektrometer eintreten, also $|\vec{p}| = p_z = p$), gilt (für $\vec{p} \perp \vec{B}$, m — Masse, v — Geschwindigkeit und ϱ — Krümmungsradius der Bahn im Magnetfeld)

$$\frac{mv^2}{\varrho} = e\,v\,B_y\,, \tag{8.3}$$

also

$$\varrho = \frac{p}{eB_y}\,. \tag{8.4}$$

Die Teilchen durchlaufen den Magneten auf einer kreisförmigen Bahn, wobei der Bahnkrümmungsradius ϱ aber in der Regel sehr groß gegenüber der Magnetlänge L ist. Deshalb gilt für den Ablenkwinkel θ in guter Näherung

$$\theta = \frac{L}{\varrho} = \frac{L}{p}eB_y\,. \tag{8.5}$$

Aufgrund der magnetischen Ablenkung erhalten die Teilchen einen (zusätzlichen) Transversalimpuls von

$$\Delta p_x = p \cdot \sin\theta \approx p \cdot \theta = L\,e\,B_y\,. \tag{8.6}$$

Falls das Magnetfeld entlang L variiert, verallgemeinert sich Gl.(8.6) zu

$$\Delta p_x = e \int_0^L B_y(l)dl .$$ (8.7)

Durch verschiedene Effekte wird die Genauigkeit der Impulsmessung beeinflußt. Wir betrachten zunächst die Auswirkung der endlichen Ortsauflösung in den Ortsdetektoren auf die Impulsbestimmung. Nach Gleichung (8.4) und (8.5) gilt

$$\begin{aligned} p &= e\,B_y \cdot \varrho \\ &= e\,B_y \cdot \frac{L}{\theta} . \end{aligned}$$ (8.8)

Da die Spuren ein- und auslaufender Teilchen Geraden sind, ist der Ablenkwinkel θ die eigentliche Meßgröße. Wegen

$$\left| \frac{dp}{d\theta} \right| = e\,B_y\,L \cdot \frac{1}{\theta^2} = \frac{p}{\theta}$$ (8.9)

gilt

$$\frac{dp}{p} = \frac{d\theta}{\theta}$$ (8.10)

und

$$\frac{\sigma(p)}{p} = \frac{\sigma(\theta)}{\theta} .$$ (8.11)

Zur Ablenkwinkelbestimmung benötigt man mindestens vier Ortsmessungen; und zwar zwei vor und zwei hinter dem Magneten. Damit folgt (s. Abb. 8.3), falls die Ortsmessungen alle denselben Meßfehler $\sigma(x)$ haben

$$\sigma^2(\theta) \sim \sum_{i=1}^{4} \sigma_i^2(x) = 4\sigma^2(x)$$ (8.12)

also

$$\sigma(\theta) \sim 2\sigma(x) .$$ (8.13)

Wegen

$$\theta = \frac{x}{h} ,$$ (8.14)

wobei h der Hebelarm für die Winkelmessung ist, ergibt sich

$$\sigma(\theta) = \frac{2\sigma(x)}{h}$$ (8.15)

und mit Gleichung (8.11)

$$\frac{\sigma(p)}{p} = \frac{2\sigma(x)/h}{eB_yL} \cdot p = \frac{2\sigma(x)}{h} \cdot \frac{p}{\Delta p_x} \, . \qquad (8.16)$$

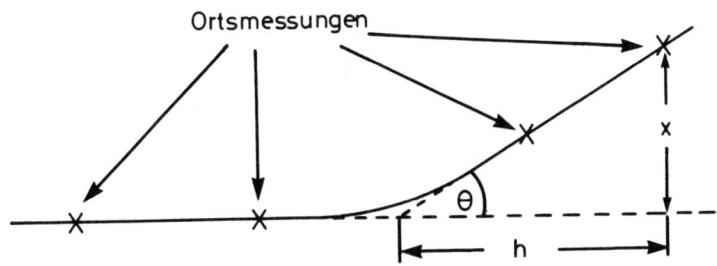

Abb. 8.3 Zur Illustration des Ortsmeßfehlers.

Die Impulsauflösung $\sigma(p)$ ist damit proportional zu p^2. Je nach Qualität der Ortsdetektoren erreicht man [32]

$$\frac{\sigma(p)}{p} = (10^{-3} \text{ bis } 10^{-4}) \cdot p \ [GeV/c] \, . \qquad (8.17)$$

Bei Höhenstrahlexperimenten ist es üblich, einen maximal meßbaren Impuls (mmI) anzugeben. Dieser ist definiert durch

$$\frac{\sigma(p_{mmI})}{p_{mmI}} = 1 \, . \qquad (8.18)$$

Für ein Magnetspektrometer mit einer Impulsauflösung gemäß Gl. (8.17) wäre also

$$p_{mmI} = 1 \, TeV/c \text{ bzw. } 10 \, TeV/c \, . \qquad (8.19)$$

Die Impulsmessung erfolgt normalerweise in einem Luftspaltmagneten. Dort ist der Einfluß der Vielfachstreuung klein und beeinflußt die Meßgenauigkeit nur bei kleinen Impulsen. Wegen der hohen Durchdringungsfähigkeit von Myonen kann man deren Impuls aber auch in Festeisenmagneten analysieren. Hier ist natürlich der Einfluß der Vielfachstreuung nicht vernachlässigbar.

Beim Durchdringen eines Festeisenmagneten der Dicke L erhält das Myon einen Transversalimpuls Δp_T^{VS} von

$$\Delta p_T^{VS} = p \cdot \sin\theta_{rms} \approx p \cdot \theta_{rms} = 19.2\sqrt{\frac{L}{X_0}} \ [MeV/c] \qquad (8.20)$$

(vgl. Gl. (1.48) mit $\beta = 1$), allein bedingt durch Vielfachstreuung (VS) (s. Abb. 8.4).

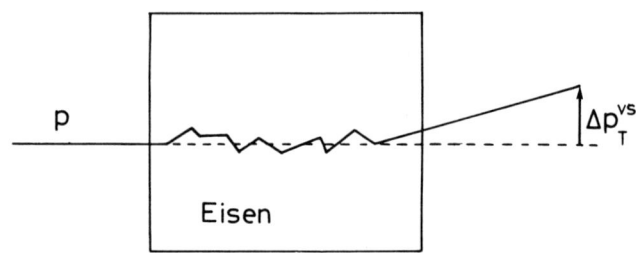

Abb. 8.4 Zur Illustration des Vielfachstreufehlers.

Da die magnetische Ablenkung in x-Richtung erfolgt, ist nur der in diese Koordinatenrichtung projizierte Vielfachstreufehler von Bedeutung:

$$\Delta p_x^{VS} = \frac{19.2}{\sqrt{2}}\sqrt{\frac{L}{X_0}} \ [MeV/c]$$

$$= 13.6\sqrt{\frac{L}{X_0}} \ [MeV/c]. \qquad (8.21)$$

Die durch die Vielfachstreuung eingeschränkte Impulsauflösung ist damit gegeben durch das Verhältnis der Ablenkungen durch Vielfachstreuung und magnetische Ablenkung gemäß [32]

$$\left.\frac{\sigma(p)}{p}\right|^{VS} = \frac{\Delta p_x^{VS}}{\Delta p_x^{magn}} = \frac{13.6\sqrt{L/X_0}\ [MeV/c]}{e\int_0^L B_y(l)dl}. \qquad (8.22)$$

Der magnetisch bedingte Ablenkwinkel θ und auch der Vielfachstreuwinkel sind umgekehrt proportional zum Impuls. Deshalb ist die Impulsauflösung in diesem Fall unabhängig vom Impuls des Teilchens! Da man für Festeisenspektrometer ($X_0 = 1.76\,cm$) typische Werte von $B = 1.8\,$Tesla erreicht, folgt aus Gleichung (8.22)

$$\left.\frac{\sigma(p)}{p}\right|^{VS} = 0.19 \cdot \frac{1}{\sqrt{L}}, \qquad (8.23)$$

mit L in m; also für $L = 3\,m$

$$\frac{\sigma(p)}{p}\bigg|^{VS} = 11\% \,. \tag{8.24}$$

Hierzu ist noch der Impulsmeßfehler durch die Unsicherheit in der Ortsmessung hinzuzuaddieren. Diesen kann man etwa aus Gleichung (8.16) erhalten oder über die Bestimmung der Sagitta (s. Abb.8.5) bestimmen [32]. Die Sagitta s errechnet sich aus dem magnetischen Krümmungsradius und dem magnetischen Ablenkwinkel zu

$$s = \varrho - \varrho \cos \frac{\theta}{2} = \varrho\left(1 - \cos \frac{\theta}{2}\right). \tag{8.25}$$

Wegen $1 - \cos \frac{\theta}{2} = 2\sin^2 \frac{\theta}{4}$ gilt

$$s = 2\varrho \sin^2 \frac{\theta}{4} \tag{8.26}$$

und wegen $\theta \ll 1$ ist

$$s = \frac{\varrho\theta^2}{8} \,. \tag{8.27}$$

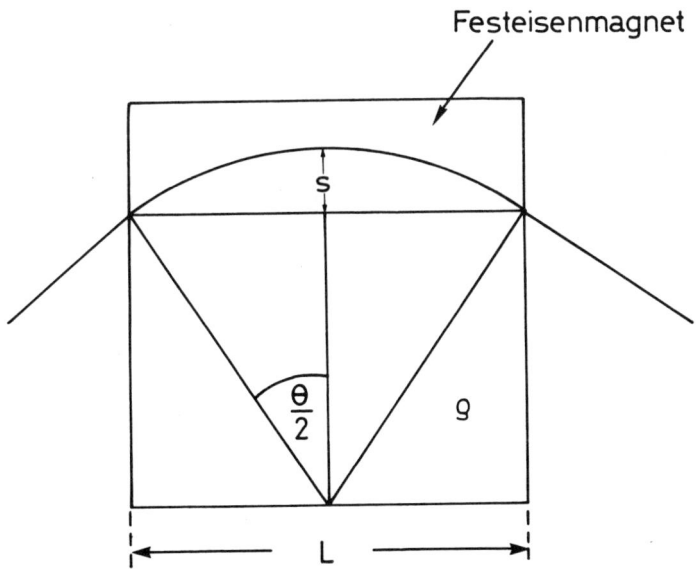

Abb. 8.5 Illustration des Sagitta-Verfahrens zur Impulsmessung [32].

Aus Gleichung (8.8) folgt mit Gleichung (8.4) (wir ersetzen im folgenden B_y durch B)

$$s = \frac{\varrho}{8} \cdot \left(\frac{eBL}{p} \right)^2 = \frac{eBL^2}{8p} \,. \tag{8.28}$$

Falls B in Tesla, ϱ in m und p in GeV/c gemessen wird, folgt dann

$$s = 0.3 \, BL^2/(8p) \,. \tag{8.29}$$

Zur Bestimmung der Sagitta braucht man mindestens drei Meßpunkte. Diese kann man aus drei Ortsdetektoren erhalten, wobei etwa eine Kammer jeweils am Anfang und am Ende des Magneten und eine in der Mitte liegen könnte. Die Ortsgenauigkeit dieser Detektoren sei für alle drei Meßpunkte $\sigma(x)$. Wegen

$$\sigma^2(s) = \frac{1}{N-1} \sum_{i=1}^{N} \sigma^2(x) \tag{8.30}$$

(die Summe wird auf N-1 normiert, weil man aus *drei* Messungen eine Strecke mit *zwei* Koordinaten (die Sagitta) bestimmt, also nur N-1 Freiheitsgrade hat.) ist für drei Ortsmessungen mit gleichem Fehler

$$\sigma(s) = \sqrt{\frac{3}{2}} \, \sigma(x) \,, \tag{8.31}$$

und damit die Impulsauflösung bedingt durch den Ortsfehler

$$\frac{\sigma(p)}{p} \bigg|^{\text{Ortsfehler}} = \frac{\sigma(s)}{s} = \frac{\sqrt{\frac{3}{2}}\sigma(x) \cdot 8p}{0.3 \, BL^2} \,. \tag{8.32}$$

Wird die Spur nicht an drei sondern an N äquidistanten Punkten über die Magnetlänge L verteilt gemessen, so läßt sich zeigen [213], daß

$$\frac{\sigma(p)}{p} \bigg|^{\text{Ortsfehler}} = \frac{\sigma(x)}{0.3 \, BL^2} \sqrt{720/(N+4)} \cdot p \,. \tag{8.33}$$

Mit $B = 1.8 \, T$, $L = 3 \, m$, $N = 4$ und $\sigma(x) = 0.5 \, mm$ führt Gl. (8.33) auf

$$\frac{\sigma(p)}{p} \bigg|^{\text{Ortsfehler}} \approx 10^{-3} \cdot p \; [GeV/c] \,. \tag{8.34}$$

Für den Fall, daß die N Messungen in konstanten Abständen über L verteilt sind, ist

$$L = k \cdot N \tag{8.35}$$

und damit (falls $N \gg 4$):

$$\left.\frac{\sigma(p)}{p}\right|^{\text{Ortsfehler}} \sim L^{-5/2} \cdot B^{-1} \cdot p \, . \tag{8.36}$$

Vielfachstreufehler und Ortsfehler müssen zusammengefaßt werden. Die beiden Beiträge gemäß Gleichungen (8.24) und (8.34) sind in Abb. 8.6 für die genannten Parameter eines Festeisenspektrometers dargestellt. Bei kleinen Impulsen dominiert die Vielfachstreuung und bei hohen Impulsen der Ortsmeßfehler.

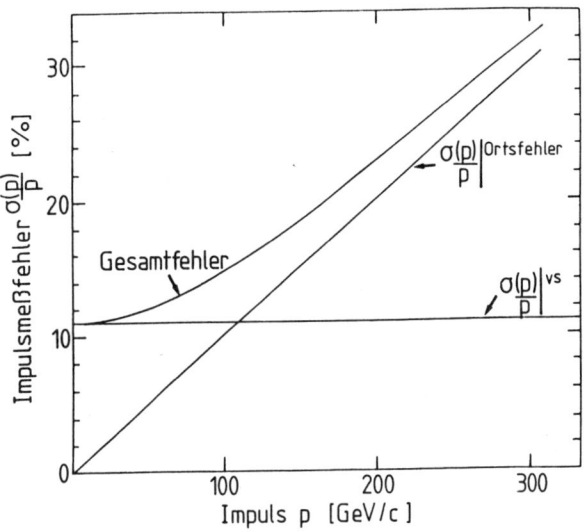

Abb. 8.6 Verschiedene Beiträge zur Impulsauflösung für ein Festeisenspektrometer.

Für Luftspaltmagnete ist natürlich der Fehlerbeitrag durch die Vielfachstreuung viel geringer. Verwendet man Gleichung (8.22) für einen Luftmagneten ($X_0 = 304\,m$), gilt entsprechend

$$\left.\frac{\sigma(p)}{p}\right|^{VS} = 1.4 \cdot 10^{-3}/\sqrt{L} \, , \tag{8.37}$$

also für $L = 3\,m$:

$$\left.\frac{\sigma(p)}{p}\right|^{VS} = 0.8\,{}^0\!/_{00}\,. \tag{8.38}$$

8.2 Magnetspektrometerfür spezielle Anordnungen

Da bei Experimenten mit festem Target die zur Verfügung stehende Schwerpunktsenergie recht gering ist, werden Untersuchungen zur Hochenergiephysik häufig an Speicherringen durchgeführt. In Speicherring-Experimenten ist bei gleichem Impulsbetrag für die kollidierenden Strahlen das Laborsystem mit dem Schwerpunktssystem identisch (bei Kreuzungswinkel Null). Die Ereignisraten sind im allgemeinen niedrig, da die Targetdichte — der eine Strahl stellt das Target für den anderen dar und umgekehrt — im Vergleich zu Experimenten mit festem Target gering ist. Wegen dieser geringen Luminosität müssen Speicherring-Experimente in der Regel den vollen Raumwinkel 4π, der den Wechselwirkungspunkt umgibt, abdecken, auch deshalb, um bei einzelnen Wechselwirkungen eine möglichst komplette Rekonstruktion des Ereignisses zu ermöglichen.

Je nach Speicherring-Typ kommen unterschiedliche Magnetfeldkonfigurationen in Frage.

Für Proton-Proton (oder $p\bar{p}$)-Speicherringe können Dipolmagnete eingesetzt werden, wobei das Magnetfeld senkrecht auf der Strahlrichtung steht. Da ein solcher Dipolmagnet auch auf den gespeicherten Strahl einwirkt, muß sein Einfluß durch Kompensationsspulen ausgeglichen werden. Die Kompensationsspulen sind ebenfalls Dipole, allerdings mit entgegengesetztem Feldgradienten, so daß sich

$$\int B(l)\,dl = 0 \tag{8.39}$$

über das gesamte Experiment ergibt (Abb. 8.7). Eine solche Konfiguration ist für Elektron-Positron-Speicherringe nicht geeignet, da das starke Dipolfeld zu intensiver Erzeugung von Synchrotron-Strahlung führen würde, die den Speicherringbetrieb und die Funktion des Detektors empfindlich stören würde.

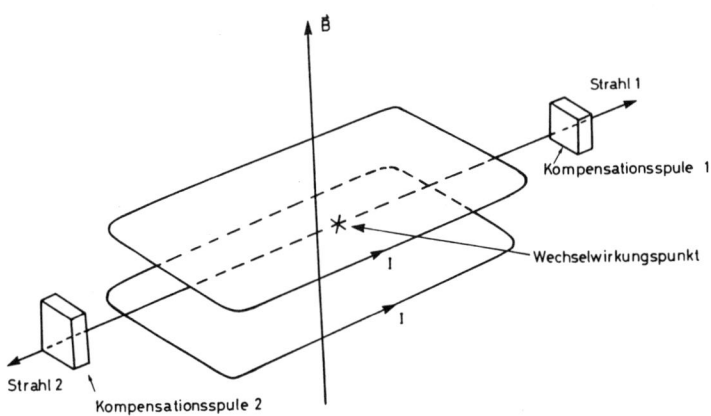

Abb. 8.7 Skizzierung eines kompensierten Dipolmagneten als Spektrometer [32].

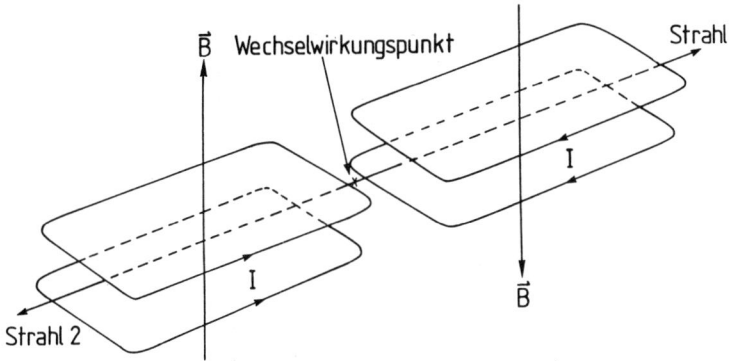

Abb. 8.8 Skizzierung einer selbstkompensierenden (Splitfield-Magnet) Dipolanordnung (nach [32]).

Man kann einen Dipolmagneten selbstkompensierend ausführen, indem man statt *einer* Dipolspule zwei Dipole mit entgegengesetztem Feldgradienten zu beiden Seiten des Wechselwirkungspunktes installiert. Gleichung (8.39) ist damit automatisch erfüllt, aber man hat am Wechselwirkungspunkt stark inhomogene Magnetfelder, die die Bahnrekonstruktion von Teilchen stark erschweren (Abb. 8.8) [32]. Durch Verwendung von Toroid-Magneten (Abb. 8.9) [32] kann man erreichen, daß die Strahlen des Speicherrings im feldfreien Raum verlaufen. Die Vielfachstreuung am Innenzylinder schränkt jedoch die Impulsmeßgenauigkeit ein.

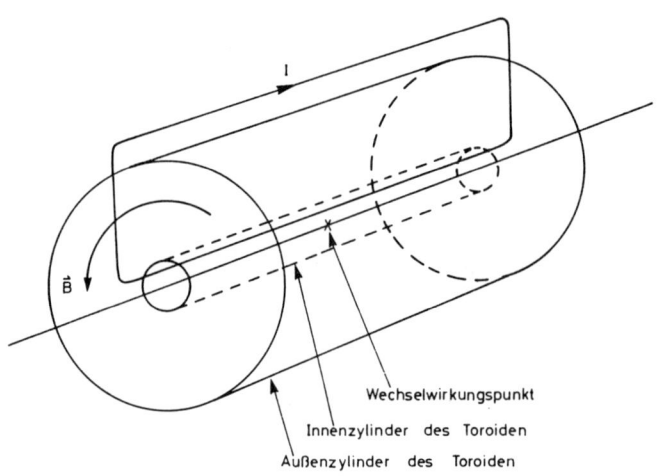

Abb. 8.9 Skizzierung eines Toroidmagneten. Nur eine Spulenwicklung ist angedeutet (nach [32]).

Am häufigsten wird ein solenoidales Magnetfeld gewählt, bei dem die gespeicherten Strahlen parallel zum Magnetfeld verlaufen (Abb. 8.10). Dadurch übt der Detektormagnet überhaupt keinen Einfluß auf die gespeicherten Strahlen aus, und es wird auch keinerlei Synchrotronstrahlung erzeugt.

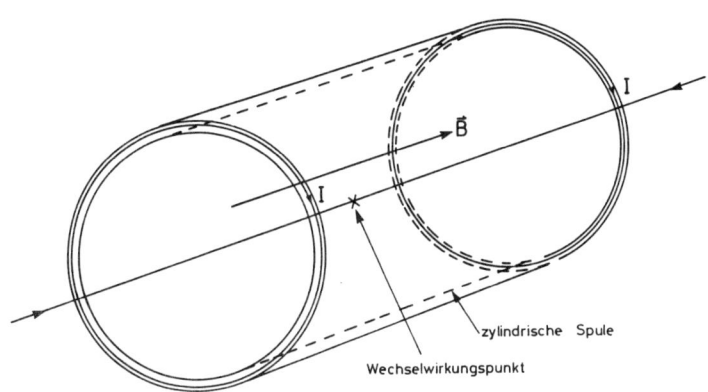

Abb. 8.10 Skizzierung eines Solenoids zur Erzeugung eines axialen Magnetfeldes. Das Solenoid ist eine lange Zylinderspule.

Die Ortsdetektoren werden innerhalb der Magnetspule installiert und haben deshalb auch Zylinderform. Das longitudinale Magnetfeld wirkt nur auf die Transversalimpulskomponente der erzeugten Teilchen und führt zu einer Impulsauflösung gemäß Gleichung (8.33), wobei $\sigma(x)$ die Ortsauflösung in der Ebene transversal zum Speicherring darstellt. Abbildung 8.11 zeigt schematisch zwei Spuren ausgehend vom Wechselwirkungspunkt in der Projektion senkrecht zum Strahl ("$r - \varphi$-Ebene") und parallel dazu. Die charakteristischen Bahnparameter werden durch den Polarwinkel θ, den Azimutwinkel φ und die radiale Koordinate r festgelegt.

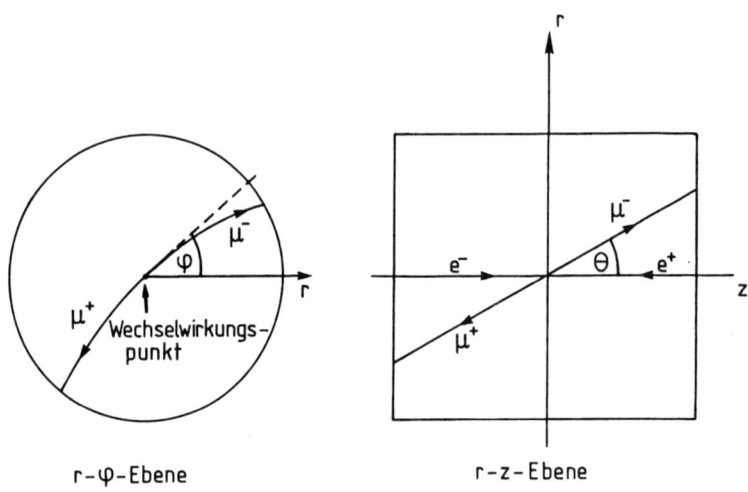

r-φ-Ebene   r-z-Ebene

Abb. 8.11 Spurprojektionen in einem Solenoid-Detektor
(gezeigt ist ein $e^+e^- \rightarrow \mu^+\mu^-$ Ereignis).

Mißt man N Koordinaten entlang einer Spur mit einer Genauig-
keit von $\sigma_{r,\varphi}$ (in m) so erhält man bei einer Spurlänge L (in m) im
Magnetfeld B (in Tesla) für die Auflösung des Transversalimpulses
bedingt durch den Ortsmeßfehler [213] (vgl. Gl. (8.33))

$$\left.\frac{\sigma(p)}{p_T}\right|^{\text{Ortsfehler}} = \frac{\sigma_{r,\varphi}}{0.3BL^2}\sqrt{\frac{720}{N+4}} \cdot p_T \; [GeV/c] \,. \qquad (8.40)$$

Zu dem Ortsfehler muß noch der Vielfachstreufehler addiert werden.
Aus Gleichung (8.22) erhält man dafür

$$\left.\frac{\sigma(p)}{p_T}\right|^{VS} = 0.045\frac{1}{B\sqrt{LX_0}} \,, \qquad (8.41)$$

wobei X_0 (in m) die mittlere Strahlungslänge des vom Teilchen durch-
querten Materials ist.

Den Gesamtimpuls des Teilchens erhält man über die Messung
des Polarwinkels θ zu

$$p = \frac{p_T}{\sin\theta} \,. \qquad (8.42)$$

Genauso wie in der transversalen Ebene setzt sich die Messung des Polarwinkels aus einem Orts- und Vielfachstreufehler zusammen.

Wird die z-Koordinate im Spurdetektor mit einer Genauigkeit $\sigma(z)$ bestimmt, so wird der Fehler in der Polarwinkelmessung im einfachsten Falle, wenn nur zwei Ortskoordinaten bestimmt werden (in der r-z-Ebene ist die Spur für hochenergetische Teilchen eine Gerade vgl. Abb. (8.12)),

$$\sigma(\theta)\big|^{\text{Ortsfehler}} = \frac{\sigma(z)}{z} \cdot \sqrt{2} \,. \qquad (8.43)$$

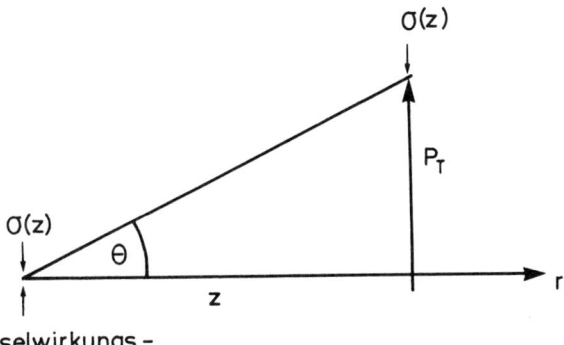

Abb. 8.12 Zur Illustration des Polarwinkel-Meßfehlers bei zwei Meßpunkten, die eine Spur definieren.

Für den Fall, daß die Teilchenspur in N äquidistanten Schritten gemessen wird, verallgemeinert sich Gl. (8.43) zu [32, 213]

$$\sigma(\theta)\big|^{\text{Ortsfehler}} = \frac{\sigma(z)}{z} \sqrt{\frac{12(N-1)}{N(N+1)}} \,. \qquad (8.44)$$

z ist dabei die in z-Richtung projizierte Spurlänge, die in der Regel von der gleichen Größenordnung wie die transversale Länge einer Spur ist. Zu diesem Ortsfehler kommt der Vielfachstreufehler hinzu, der sich aus Gl. (1.47) zu

$$\sigma(\theta)\big|^{VS} = \frac{0.0136}{\sqrt{3}} \cdot \frac{1}{p} \cdot \sqrt{\frac{l}{X_0}} \qquad (8.45)$$

12*

ergibt (mit p in GeV/c und $\beta = 1$), wenn l die tatsächliche Spurlänge ist [94]. Der Faktor $\frac{1}{\sqrt{3}}$ rührt in diesem Falle daher, daß der Vielfachstreuwinkel θ, der für die Polarwinkelmessung relevant ist, hier als Verhältnis der Spurversetzung Δr in Bezug auf die Spurlänge l verstanden werden muß (s. Abb. 8.13), während θ_{Ebene} durch Gl. (1.47) beschrieben wird.

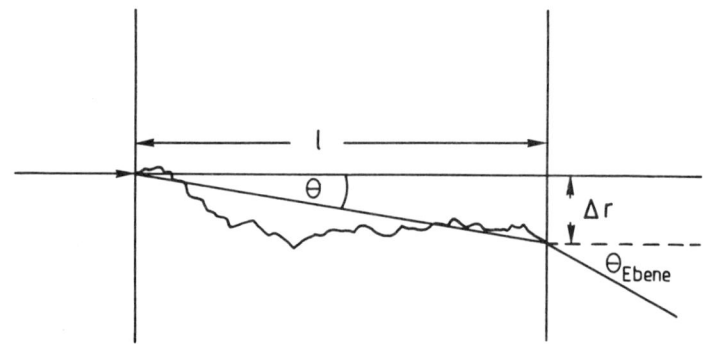

Abb. 8.13 Zur Definition des Polarwinkelmeßfehlers: Die Unsicherheit im Polarwinkel θ rührt von der Versetzung der Teilchenbahn um Δr entlang der Spurlänge l her. $\Delta r/l$ hängt mit dem planaren Coulomb-Vielfachstreuwinkel θ_{Ebene} gemäß $\Delta r/l = \frac{1}{\sqrt{3}}\theta_{\text{Ebene}}$ zusammen [94].

Da üblicherweise Gasdetektoren mit äußerst geringer Materiebelegung in Solenoiden verwendet werden, fällt der Impulsmeßfehler durch Vielfachstreuung meist nicht ins Gewicht. Die Gleichung (8.40) zeigt dann, daß sich die Impulsmeßgenauigkeit mit dem Produkt BL^2 verbessert und die Zahl der Ortsmeßpunkte bei fester Spurlänge nur etwa mit $\frac{1}{\sqrt{N}}$ eingeht.

Impulsmessungen mit Magnetspektrometern im Niederenergiebereich, z.B. zur Betaspektroskopie erfordern häufig andere Magnetgeometrien und wegen der geringen Impulse auch eine Führung der Teilchen im Vakuum, um Ionisationsverluste und Vielfachstreuung in der Luft zu vermeiden. Doppelfokussierende Spektrometer [101] erreichen dabei relative Impulsauflösungen von 10^{-4} bei allerdings geringen Transmissionen von der Quelle zum Detektor [214, 215]. Durch die einfacher zu handhabende Technik der $Ge(Li)$- und $Si(Li)$-Halbleiterzähler zur Alpha- und Beta-Spektroskopie (vgl. Kap. 7.1) mit ebenfalls sehr guten Energieauflösungen ($< 1\,{}^0\!/\!{}_{00}$) werden Magnetspektrometer für Anwendungen im MeV-Bereich immer weniger eingesetzt.

Bei kleineren Energien lassen sich auch Impulse durch eine Auswertung der Vielfachstreuung grob bestimmen. Dieses Verfahren wird z.T. in Experimenten der kosmischen Strahlung mit Kernemulsionen angewendet (vgl. Kap. 4.16).

Kapitel 9

Beispiele für Anwendungen von Detektorsystemen

Es gibt eine Fülle von Anwendungen für Strahlungsdetektoren. Sie reichen von der Medizin über die Raumfahrt zur Hochenergiephysik und Archäologie.

In der Medizin geht es in der Regel um bildgebende Verfahren, wobei die Ausdehnung und Funktion von inneren Organen etwa durch die Registrierung von γ-Strahlung aus in den Körper eingebrachten Radionukliden untersucht wird.

In der Geophysik wird etwa nach Mineralien über die Messung von natürlicher oder induzierter γ-Radioaktivität gesucht.

In Raumfahrtexperimenten beschäftigt man sich mit der Messung der solaren und galaktischen Teilchen- und γ-Strahlung. Insbesondere ist dort die genaue Ausmessung der Strahlungsgürtel der Erde (van Allen-Gürtel) für bemannte Raumfahrtmissionen von großer Bedeutung. Viele Fragen von astrophysikalischem Interesse können nur mit Weltraumexperimenten beantwortet werden.

Im Bereich der Kernphysik dominieren Anwendungen der α-, β- und γ-Spektroskopie mit Halbleiterdetektoren und Szintillationszählern. Die Hochenergiephysik und die Physik der kosmischen Strahlung sind Hauptanwendungsgebiete der Teilchendetektoren [348, 355, 356, 364, 398]. Einerseits erkundet man Elementarteilchen bis hin zu Dimensionen von $10^{-17}\,cm$, andererseits versucht man über die Messung von PeV-Gammaquanten $(10^{15}\,eV)$ Aufschluß über die Quellen der kosmischen Strahlung zu erhalten.

In der Archäologie lassen sich mit Absorptionsmessungen von Myonen Hohlräume in unzugänglichen Strukturen, z.B. in Pyramiden, erkunden, und in der Verkehrsplanung und im Tiefbau können mit Myonenabsorptionsmessungen etwa die Massen von Gebäuden bestimmt werden. Im folgenden werden exemplarisch einige Experimente, die die beschriebenen Detektoren und Meßprinzipien verwenden, dargestellt.

9.1   Strahlenkamera

Das Prinzip der Abbildung von inneren Organen oder von Knochen des Menschen durch Röntgen- und Gammastrahlung beruht auf der spezifischen Absorption dieser Strahlung in verschiedenen Organen. Bei Verwendung von Röntgenstrahlen kann das Bild, quasi als Schattenwurf, auf einem Röntgenfilm festgehalten werden. Röntgenbilder eignen sich sehr gut zur Abbildung von Knochen, liefern aber von inneren Organen nur wenig kontrastreiche Aufnahmen. Das liegt an der physikalischen Ähnlichkeit von Gewebe und Organen.

Will man Organfunktionen untersuchen, so kann man dem Patienten bestimmte Radionuklide verabreichen, die sich spezifisch in bestimmten Organen ablagern und so ein Bild des Organs und seiner möglichen Fehlfunktionen liefern können. Als Radioindikator ("Tracer") kommen etwa für das Skelett Strontium 90, für die Schilddrüse Jod 131 oder Technetium 99, für die Niere ebenfalls Technetium 99 und Gold 198 für die Leber in Frage. Im allgemeinen verwendet man gammastrahlende Radionuklide mit kurzen Halbwertszeiten, um den Patienten nicht unnütz zu belasten. Die vom betroffenen Organ ausgehende Gammastrahlung muß nun von einer speziellen Kamera registriert werden, damit ein Bild des Organs rekonstruiert werden kann.

Ein einzelner kleiner Gammastrahlendetektor, z.B. ein Szintillationszähler, hat fundamentale Nachteile insofern als er nur die Aktivität von einem Bildelement zur Zeit aufnehmen kann. Dadurch wird viel Information verschenkt, die Dauer der Bildaufnahme unpraktisch lang und die radioaktive Belastung für den Patienten groß, wenn man viele Bildpunkte, die für eine gute Ortsauflösung benötigt werden, messen will.

Es ist deshalb eine Gammakamera entwickelt worden, mit der man das ganze Gesichtsfeld mit einem einzigen großflächigen Detektor ansieht. Ein solches System erfordert aber die Möglichkeit, den Ursprungsort der Gammastrahlen zu rekonstruieren. Man verwendet dafür einen großen $NaJ(Tl)$-anorganischen Szintillator, der von einer Matrix von Photomultipliern angesehen wird (Abb. 9.1,[216]). Die aus dem Körper ankommende Gamma-Strahlung wird durch einen Vielkanal-Kollimator gebündelt, um die Richtungsinformation beizubehalten. Die Menge des an einem bestimmten Photomultiplier ankommenden Lichtes hängt von der Gammaaktivität des darunterliegenden Organteils ab. Durch die Lichtinformation der Photomultiplier kann ein projiziertes Bild des Organs im Lichte der spezifischen Absorption des gammastrahlenden Radionuklids erhalten werden. Organfehlfunktionen werden durch eine charakteristische Modifikation der Gammaaktivität erkannt.

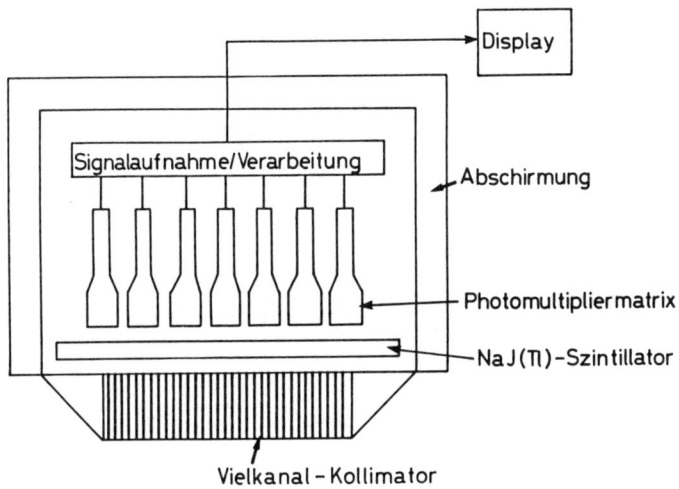

Abb. 9.1 Prinzipieller Aufbau eines großflächigen Szintigraphen [216].

Will man ein räumliches Bild des Organs erhalten, so bietet sich die Positronen-Emissions-Tomographie (PET) an. Bei diesem bildgebenden Verfahren verwendet man Positronenstrahler zur Abbildung.

Die vom Radionuklid ausgehenden Positronen kommen innnerhalb einer sehr kurzen Strecke ($\sim mm$) zur Ruhe und zerstrahlen mit einem Elektron des Körpers in zwei monoenergetische Gammaquanten

$$e^+ + e^- \rightarrow \gamma + \gamma \,. \tag{9.1}$$

Die beiden γ-Quanten haben je 511 keV Energie, da die beiden Elektronen bzw. Positronenmassen vollständig in Strahlenenergie umgewandelt werden. Aus Impulserhaltungsgründen fliegen die beiden γ-Quanten antikollinear auseinander. Registriert man beide γ-Quanten in einem modularen Szintillationszähler, der das zu untersuchende Organ vollständig umfaßt, so muß der Emissionsort auf der Verbindungslinie der Module liegen, die die Gammaquanten gesehen haben. Durch die Messung vieler Gammapaare kann man die räumliche Struktur des Organs und seine möglichen Fehlfunktionen erkennen (Abb.9.2).

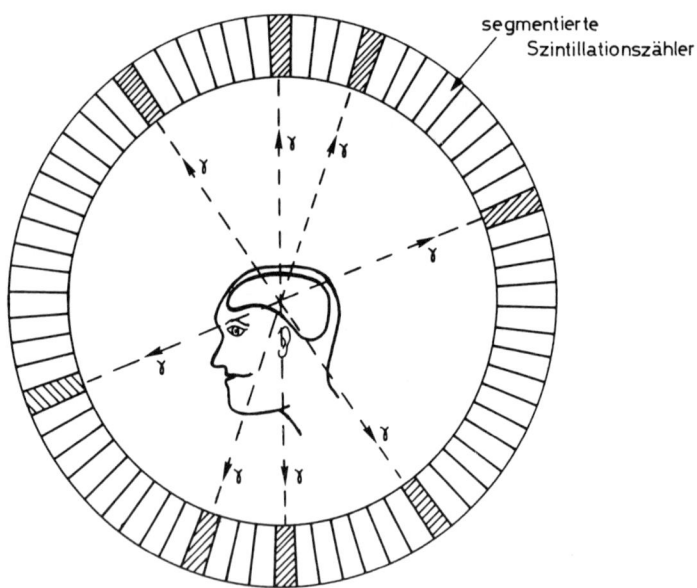

Abb. 9.2 Prinzipieller Aufbau eines Positronen-Emissions-
Tomographen.

9.2 Oberflächenuntersuchungen mit langsamen Protonen

Um die chemische Zusammensetzung von Oberflächen zerstörungsfrei zu untersuchen, gibt es eine Reihe von Verfahren. Eine Möglichkeit besteht in der Anwendung der Protonen-induzierten Röntgen (X-ray)-Emission (PIXE). Wenn langsame, geladene Teilchen Materie durchdringen, ist die Wahrscheinlichkeit für Kernwechselwirkungen sehr gering. Die meisten Protonen verlieren ihre kinetische Energie durch ionisierende Kollisionen mit den Atomen der durchsetzten Materie. Diese Prozesse sind mit der Entfernung von Elektronen aus den K-, L- und M-Schalen verbunden. Wenn diese Schalen durch Übergänge aus höherliegenden Schalen wieder aufgefüllt werden, kommt es zur Emission von charakteristischer Röntgenstrahlung, deren Energie einen Fingerabdruck des Target-Atoms darstellt. Die Ausbeute an K-Schalen-Röntgenstrahlen nimmt mit der Kernladungszahl zu. Sie variiert zwischen 15% bei $Z = 20$ und erreicht fast 100% für $Z \geq 80$. Die Beobachtung des Spektrums der durch Protonen induzierten charakteristischen Röntgenstrahlung ist — im Gegensatz zur Verwendung von Elektronen — durch einen geringen Untergrund von kontinuierlicher Röntgenstrahlung gekennzeichnet. Durch ihre hohe Masse emittieren die Protonen fast keine Bremsstrahlung, so daß die charakteristischen Röntgenstrahlen viel einfacher und klarer, nahezu untergrundfrei beobachtet werden können.

Die Röntgenstrahlen werden in Lithium-gedrifteten Silizium-Halbleiterzählern registriert und mit einer hohen Energieauflösung energetisch vermessen. Ein entsprechender experimenteller Aufbau eines typischen PIXE-Systems ist in Abb. 9.3 dargestellt [103]. Ein Protonenstrahl von einigen Mikroampere mit typischen Energien von einigen MeV läuft durch eine dünne Aluminium-Streufolie, die den Strahl ohne merklichen Energieverlust aufweitet. Der Strahl wird dann kollimiert und bestrahlt eine ausgesuchte Fläche des zu untersuchenden Werkstücks. Mit einem Schrittmotor kann das Werkstück definiert verfahren werden, um größere Flächen z.B. auf Homogenität einer Legierung zu untersuchen.

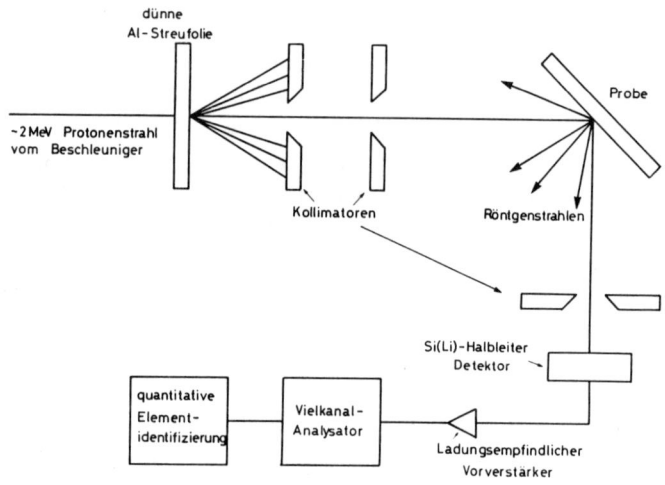

Abb. 9.3 Aufbau eines PIXE-Detektors zur Untersuchung der Oberflächenstruktur mit Protonen [103].

Die Energie der Röntgenstrahlen wächst mit der Kernladungszahl Z des Elements gemäß

$$E_K \sim (Z-1)^2 \tag{9.2}$$

(Moseley-Gesetz). Die Energieauflösung des Siliziumzählers ist ausreichend, um charakteristische Röntgenstrahlung in Z benachbarter Elemente aufzulösen. Elemente von Phosphor ($Z = 15$) bis Blei ($Z = 82$) können bis zu Konzentrationen von weniger als $1\,ppm$ ($\hat{=}10^{-6}$) identifiziert werden.

Die PIXE-Technik findet wachsende Anwendung in der Biologie, Metallurgie, Geologie und Archäologie und überall dort, wo eine schnelle und empfindliche, zerstörungsfreie Methode der Oberflächenuntersuchung gefordert wird.

9.3 Tumortherapie mit schweren Teilchen

Klassische Verfahren zur Behandlung von Tumoren mit Gammastrahlung haben den Nachteil, daß die Gammastrahlung exponentiell im Gewebe geschwächt wird, so daß das gesunde Oberflächengewebe stärker angegriffen wird als das Tiefengewebe. Zwar kann man diesen Effekt abmildern, indem man den Patienten (oder die Quelle) während der Bestrahlung dreht ("Pendelbestrahlung"); dennoch wird die meiste Energie im gesunden Gewebe deponiert.

Strahlen mit geladenen Teilchen haben den Vorteil, daß ihre Energieabgabe gegen Reichweitenende zunimmt ("Bragg-Kurve"). Damit stellen sie ein ideales "Messer" für einen Radiotherapeuten dar. Die Reichweite, also der Ort, an dem eine maximale Energie deponiert wird und damit die größte Gewebezerstörung erreicht wird, läßt sich überdies durch die Energie der Teilchen einstellen.

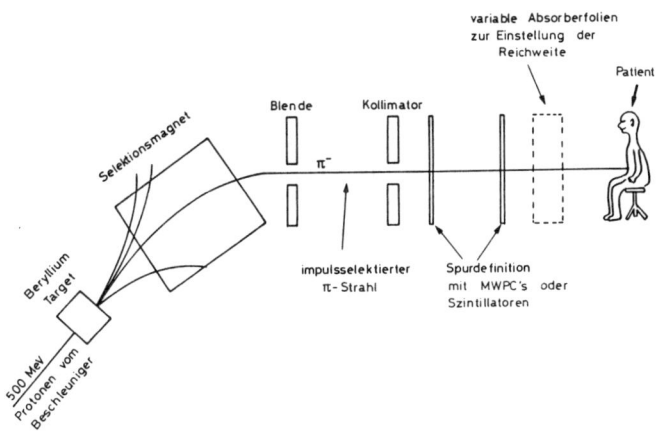

Abb. 9.4 Strahlerzeugung zur Tumortherapie (MWPC = Vieldrahtproportionalkammer).

Der Nachteil dieser Methode ist, daß man einen aufwendigen Beschleuniger zur Erzeugung der schweren Teilchen benötigt. Im folgenden sollen zwei Verfahren zur Strahlentherapie mit schweren Teilchen dargestellt werden.

Geladene Pionen werden durch Beschleuniger-Protonen, die mit einem leichten Target in Wechselwirkung treten, erzeugt. Um eine vernünftige Ausbeute an Pionen zu erzielen, verwendet man Protonenstrahlen von $500\,MeV$. Man selektiert aus den am Target sekundär erzeugten Teilchen die negativen Pionen mit einem Impulsspektrometer aus, kollimiert sie und definiert einen monoenergetischen π^--Strahl, der zur Bestrahlung verwendet wird (s. Abb. 9.4).

Pionen verlieren ihre Energie durch Ionisation der Materie. Bis zu ihrem Reichweitenende ist ihr Energieverlust relativ gering. Am Reichweitenende nimmt ihr Energieverlust wegen des $\frac{1}{\beta^2}$-Terms in der Bethe-Bloch-Formel stark zu (vgl. Gl. (1.12)). Hinzu kommt, daß negative Pionen von Atomen eingefangen werden und pionische Atome bilden. Durch kaskadenartige Übergänge gelangen die Pionen auf kernnahe Bahnen, bis sie schließlich vom Kern eingefangen werden.

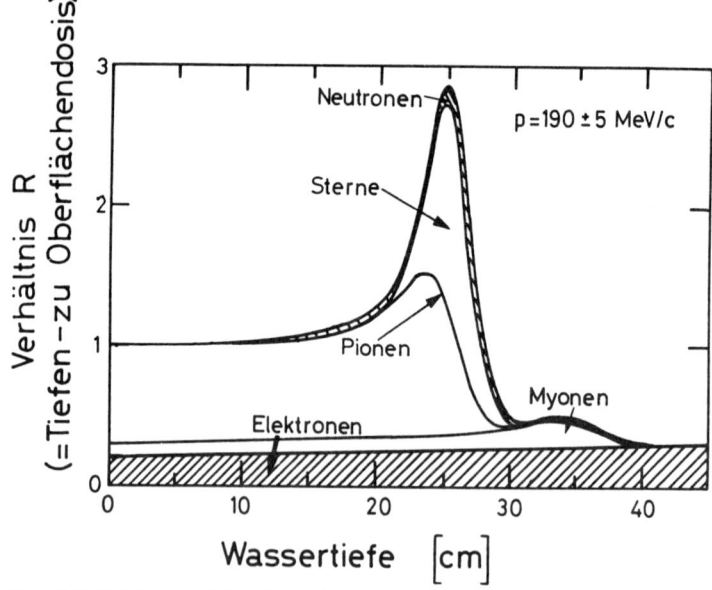

Abb. 9.5 Tiefenprofile der Energieabgabe von negativen Pionen, Myonen, Elektronen und Neutronen [216].

Dieser Prozeß geht viel schneller als der Zerfall freier Pionen ($\pi^- \rightarrow \mu^- + \bar{\nu}_\mu$; $\tau_{\pi^-} = 26\,ns$). Durch den Kerneinfang kann eine Vielzahl von leichten Fragmenten ("Sternbildung") wie p, n, ^3He, $T(=\,^3H)$ und α-Teilchen gebildet werden. Diese deponieren ihre Energie lokal am Reichweitenende mit einer relativ hohen biologischen Wirksamkeit (s. Einheiten der Strahlenmessung, Kap. 3). Damit wird der Bragg-Peak noch beträchtlich verstärkt. Das Tiefenprofil der Energieabgabe von negativen Pionen, das auch die Beiträge der verschiedenen Mechanismen zeigt, ist in Abb. 9.5 im Vergleich zum Energieverlust von Myonen und Elektronen dargestellt [216]. Die Sternbildung erfolgt bei einer etwas größeren Tiefe als dem Bragg-Maximum entspricht.

Die relative biologische Wirksamkeit der negativen Pionen wurde in vivo gemessen und zu 2.4 für den Energieverlust der Pionen bzw. zu 3.6 für Sternbildung der Pionen bestimmt. Neben dem viel günstigeren Tiefenprofil im Vergleich zu Gammastrahlen gewinnt man also noch einmal etwa einen Faktor drei an Zerstörungskraft für krankes Gewebe.

Zusätzlich zur Verwendung von Strahlen geladener Teilchen werden ebenfalls schnelle Neutronen zur Behandlung inoperabler Gehirntumore eingesetzt. Durch normale Strahlenbehandlung könnte man diese Tumore nicht auflösen, ohne eine zu große Zerstörung auch des gesunden Nachbargewebes in Kauf zu nehmen. Vor der Neutronenbestrahlung wird der Tumor mit einer Borverbindung sensitiviert. Man nutzt in der Folge den großen Wirkungsquerschnitt der Reaktion

$$n + {}^{10}B \rightarrow {}^7Li + \alpha + \gamma \qquad (9.3)$$

aus, bei dem kurzreichweitige α-Strahlen mit einer hohen biologischen Wirksamkeit erzeugt werden. Die Reaktion erzeugt $2\,MeV$ α-Teilchen mit einer Reichweite von einigen Mikrometern. Dadurch ist gewährleistet, daß die zerstörende Wirkung der α-Teilchen auf das befallene Gewebe beschränkt bleibt. Klinische Tests haben gezeigt, daß mit epithermischen Neutronen ($\sim 1\,keV$) die besten Behandlungserfolge erzielt werden konnten. Solche Neutronenstrahlen können durch Wechselwirkung von $5\,MeV$ Protonen an leichten Targets (Lithium, Beryllium) erzeugt werden [217].

9.4   Nuklididentifizierung im radioaktiven Fallout

Das Gammaspektrum eines Nuklidgemisches kann zur quantitativen Identifizierung der in ihm enthaltenen Radionuklide herangezogen werden. Man verwendet am besten hochauflösende Germanium-Halbleiter-Zähler, in die Lithium-Ionen hineingedriftet wurden. Germanium hat mit $Z = 32$ eine hinreichend hohe Ordnungszahl, so daß die von der Probe emittierten Gammastrahlen mit guter Wahrscheinlichkeit über Photoeffekt absorbiert werden und damit scharfe Linien liefern. Diese scharfen Photopeaks werden zur Identifizierung der Radionuklide herangezogen. Abbildung 9.6 zeigt einen Ausschnitt aus dem Gammaspektrum eines Luftfilters kurz nach dem Reaktorunfall in Tschernobyl [218]. Neben den Gammalinien aufgrund der natürlichen Radioaktivität sind klar z.B. "Tschernobyl-Isotope" wie ^{137}Cs, ^{134}Cs, ^{131}I, ^{132}Te und ^{103}Ru an ihrer charakteristischen Gammaemission zu erkennen.

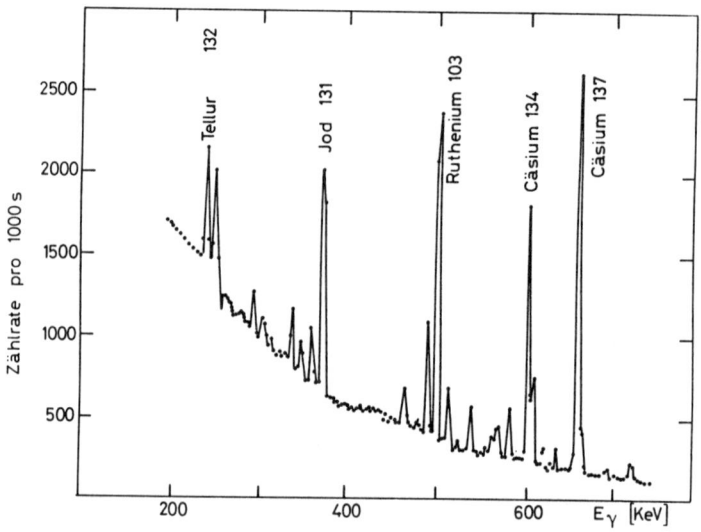

Abb. 9.6 Ausschnitt aus dem Gammaspektrum eines radioaktiv belasteten Luftfilters (die Gamma-Linien einiger "Tschernobyl-Isotope" sind gekennzeichnet) [218].

Die Identifizierung von reinen Betastrahlern, die mit diesem Verfahren nicht erfaßt werden, kann über Silizium-Lithium gedriftete

Halbleiterzähler erfolgen. Aufgrund ihrer niedrigen Kernladungszahl ($Z = 14$) sind diese Zähler für Gammastrahler relativ unempfindlich. Betastrahlende Nuklide lassen sich quantitativ durch sukzessive Subtraktion von Eichspektren erfassen, wobei die Identifizierung anhand der charakteristischen Maximal-Energien erfolgt, die man am besten in den linearisierten Elektronenspektren (Fermi-Kurie-Darstellung) abliest [219].

9.5 Suche nach verborgenen Grabkammern in Pyramiden

In der großen Cheops-Pyramide in Ägypten wurden mehrere Kammern gefunden; und zwar die Königs-, Königinnen-, Untergrund-Kammer und die sogenannte "Große Galerie" (Abb. 9.7). In der benachbarten Chephren-Pyramide fand man dagegen nur eine Kammer, die Belzoni-Kammer (Abb. 9.8). Archäologen äußerten die Vermutung, daß noch weitere bisher unentdeckte Kammern in der Chephren-Pyramide existieren könnten.

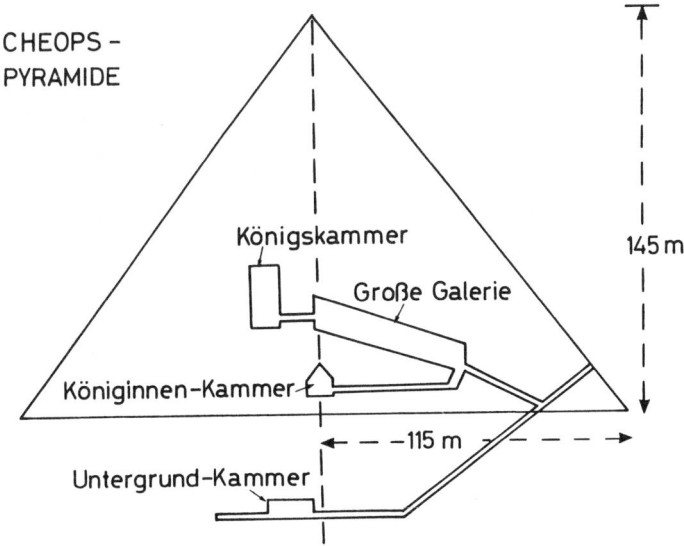

Abb. 9.7 Innere Struktur der Cheops-Pyramide [220].

Chephren-Pyramide

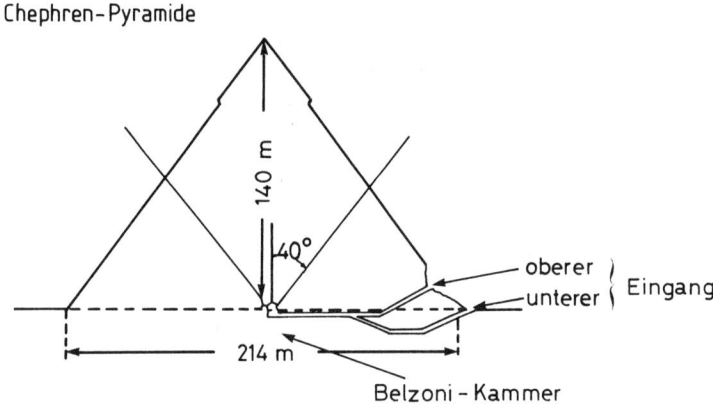

Abb. 9.8 Struktur der Chephren-Pyramide [220].

Es wurde vorgeschlagen, die Pyramide im Lichte der Myonen der kosmischen Strahlung aufzunehmen [220]. Die Myonen der kosmischen Strahlung sind in der Lage, das Material der Pyramide zu durchdringen. Ihre Intensität wird dabei nur ein wenig reduziert; und zwar wird sie entsprechend dem zwischen Detektor und Außenwand der Pyramide liegenden Material unterschiedlich geschwächt. Eine relativ erhöhte Intensität in einer bestimmten Richtung würde auf einen Luftraum und damit auf eine bisher nicht entdeckte Kammer schließen lassen.

Die Tiefen-Intensitätsbeziehung für Myonen kann durch

$$I(h) = k \cdot h^{-\alpha} \quad \text{mit} \quad \alpha \approx 2 \qquad (9.4)$$

approximiert werden ($I(h)$ — Intensität der Myonen in der Meßtiefe h). Durch Differenzieren erhält man

$$\frac{\Delta I}{I} = -\alpha \frac{\Delta h}{h} . \qquad (9.5)$$

Da die typisch durchlaufende Materieschicht 100 m beträgt, wäre bei einer angenommenen Kammerhöhe von $\Delta h = 5\,m$ eine relative Intensitätszunahme gegenüber benachbarten Richtungen von

$$\frac{\Delta I}{I} = -2\frac{(-5\,m)}{100} = 10\% \qquad (9.6)$$

zu erwarten.

Der für die Messung verwendete Detektor (Abb. 9.9) besteht aus einem Teleskop ($2 \times 2\,m^2$) von drei großflächigen Szintillationszählern und vier Drahtfunkenkammern [220, 221].

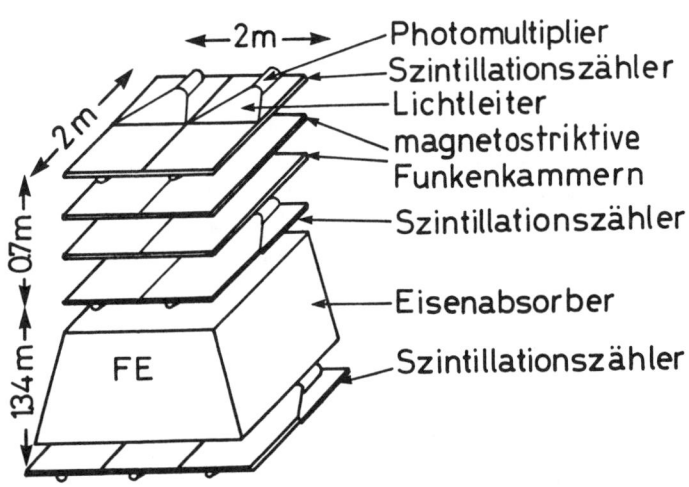

Abb. 9.9 Prinzipieller Aufbau eines Myonenabsorptionsdetektors zur Suche nach verborgenen Grabkammern in der Chephren-Pyramide [220].

Das Funkenkammerteleskop wird durch eine Dreifach-Koinzidenz von Szintillationszählern empfindlich gemacht. Der Eisenabsorber dient zur Unterdrückung niederenergetischer Myonen, die wegen ihrer hohen Vielfachstreuung im Material der Pyramide ein "unscharfes" Bild möglicher Kammern liefern würden. Die Funkenkammern mit magnetostriktiver Auslese dienen der Spurrekonstruktion der registrierten Myonen.

Der Detektor wurde etwa mittig auf der Basis der Chephren-Pyramide in der Belzoni-Kammer installiert (s. Abb. 9.8). Man war davon ausgegangen, daß oberhalb der Belzoni-Kammer noch weitere Hohlräume sein könnten und schränkte den Akzeptanzbereich des Teleskops im Zenitwinkel auf ca. ±40° bei vollständiger Überdeckung des Azimuts ein. Die gemessene azimutale Variation der Intensität bei festem Zenitwinkel zeigt deutlich die Ecken der Pyramide und belegt damit die Funktionsfähigkeit des Verfahrens. Der vom Detektor gesehene Bereich wurde in Zellen von 3° × 3° Größe eingeteilt und es wurden einige Millionen Myonen registriert. Die Meßdaten wurden mit einer simulierten Intensitätsverteilung, die alle bekannten Einzelheiten der Struktur der Pyramide und der Eigenschaften des Detektors berücksichtigte, verglichen, und die Abweichungen von dieser Kurve bestimmt. Die registrierten Abweichungen ließen innerhalb der Statistik der Messungen keine weiteren Grabkammern in der Pyramide vermuten. Da die erste Messung nur einen Teil des Pyramidenvolumens erfaßte, wurde später das Gesamtvolumen einer "Myonen-Röntgen-Aufnahme" unterzogen. Auch diese Messung ergab, daß innerhalb der Auflösung des Teleskops keine weiteren Kammern in der Chephren-Pyramide existierten.

9.6 Experimenteller Nachweis für $\nu_e \neq \nu_\mu$

Neutrinos treten bei schwachen Wechselwirkungen, z.B. beim Betazerfall des Neutrons

$$n \to p + e^- + \bar{\nu} \tag{9.7}$$

und beim Zerfall des geladenen Pions

$$\pi^+ \to \mu^+ + \nu$$
$$\pi^- \to \mu^- + \bar{\nu} \tag{9.8}$$

auf. (Aus Leptonenzahlerhaltungsgründen muß man zwischen Neutrinos (ν) und Antineutrinos ($\bar{\nu}$) unterscheiden.) Sind die beim Beta-Zerfall bzw. π^--Zerfall auftretenden Antineutrinos identisch, oder gibt es einen Unterschied zwischen elektronenartigen und myonenartigen Neutrinos?

Ein Pionierexperiment am AGS-Beschleuniger (Alternating Gradient Synchrotron) in Brookhaven mit optischen Funkenkammern zeigte, daß in der Tat Elektronenneutrinos und Myonenneutrinos verschiedene Teilchen sind. Dem Brookhaven-Experiment standen Neutrinos aus dem Pionzerfall zur Verfügung. Der 15 GeV Protonenstrahl des Beschleunigers wurde auf ein Beryllium-Target geschossen, wobei u.a. positive und negative Pionen gebildet wurden (Abb. 9.10, [222]).

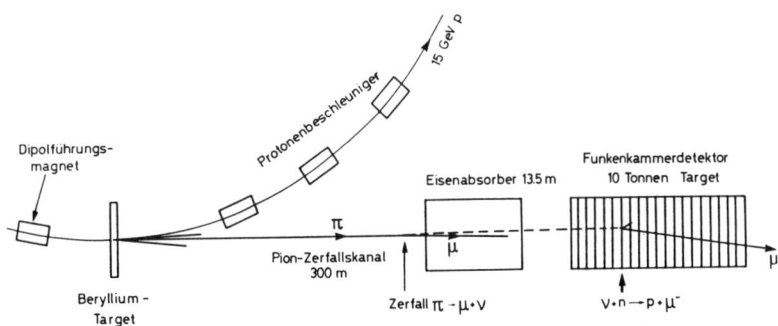

Abb. 9.10 Neutrinostrahlerzeugung am 15 GeV AGS-Protonensynchrotron [222].

Die geladenen Pionen zerfallen im Mittel nach 26 ns $(c\tau = 7.8\,m)$ in Myonen und Neutrinos. In einem Zerfallskanal von 300 m Länge sind die Pionen praktisch alle zerfallen. Die beim Zerfall gebildeten Myonen wurden in einer Eisenabschirmung absorbiert, so daß aus dem Eisenklotz nur Neutrinos austreten können.

Nehmen wir einmal an, daß sich elektronische und myonische Neutrinos nicht unterscheiden, dann könnten die Neutrinos im Funken-, kammerdetektor folgende Reaktionen auslösen:

$$
\begin{aligned}
\nu + n &\rightarrow p + e^- \\
\bar{\nu} + p &\rightarrow n + e^+ \\
\nu + n &\rightarrow p + \mu^- \\
\bar{\nu} + p &\rightarrow n + \mu^+
\end{aligned}
\qquad (9.9)
$$

Falls jedoch $\nu_e \neq \nu_\mu$, könnten die Neutrinos aus dem Pion-Zerfall nur Myonen erzeugen.

Um die Neutrinos überhaupt zu einer Wechselwirkung im Funkenkammerdetektor zu veranlassen, muß bei der Kleinheit der Neutrino-
Wirkungsquerschnitte von ca. $10^{-38}\,cm^2$ im GeV-Bereich der Nachweisdetektor sehr groß und sehr massiv sein. Man verwendete zehn
Ein-Tonnen-Module von optischen Funkenkammern mit Aluminium-
Absorbern, in denen die Neutrinos wechselwirken sollten. Um den
Untergrund von kosmischer Strahlung zu reduzieren, wurden Anti-
koinzidenzzähler installiert. Der Funkenkammerdetektor kann Myo-
nen von Elektronen unterscheiden. Myonen hinterlassen eine gerade
Spur fast ohne Wechselwirkungen im Detektor, während Elektronen
eine elektromagnetische Kaskade mit Vielteilchenproduktion initiie-
ren (vgl. Abb. 7.53). Man stellte fest, daß Neutrinos aus dem Pion-
Zerfall nur Myonen erzeugten, und bewies damit, daß Elektron- und
Myonneutrinos verschiedene Elementarteilchen sind.

Abbildung 9.11 zeigt eine "historische"Aufnahme einer Neutrinowechselwirkung im Funkenkammerdetektor [222]. Klar zu erkennen
ist die Erzeugung eines langreichweitigen Myons in der Neutrinowechselwirkung. Am Primärvertex ist eine geringe hadronische Aktivität
zu erkennen; d.h. daß die Wechselwirkung des Neutrinos inelastisch
war, möglicherweise

$$\nu_\mu + n \rightarrow \mu^- + p + \pi^0 \qquad (9.10)$$

mit nachfolgender lokaler Schauerbildung durch den π^0-Zerfall in zwei
Photonen.

Abb. 9.11 Myon-Erzeugung in einer Neutrino-Nukleon-Wechselwir-
kung [222, 262].

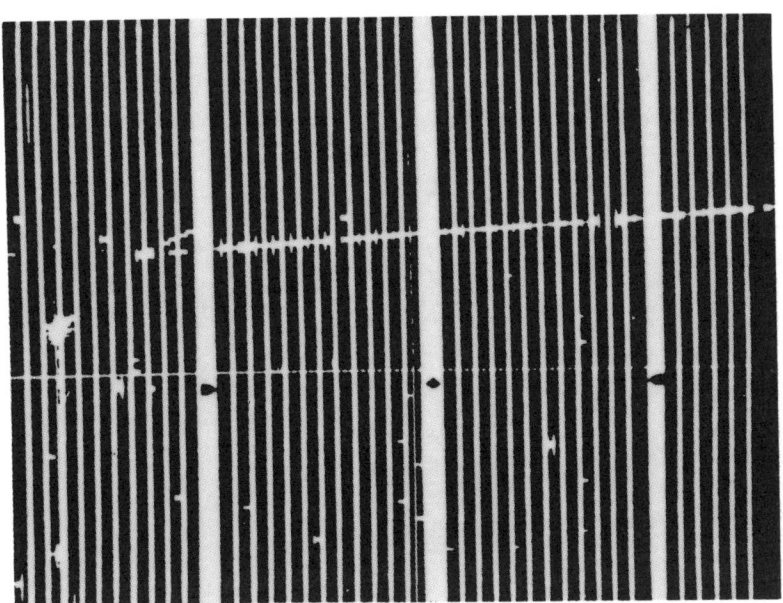

Abb. 9.12 Myonproduktion durch Myonneutrinos in einer Vielplattenfunkenkammer [48, 223].

Das Experiment wurde später am Europäischen Kernforschungszentrum CERN bestätigt. Die Abbildung. 9.12 zeigt eine Neutrinowechselwirkung (ν_μ) im CERN-Experiment, in der über die Reaktion

$$\nu_\mu + n \to p + \mu^- \qquad (9.11)$$

ein hochenergetisches Myon erzeugt wird, das eine gerade Spur im Funkenkammersystem hinterläßt. Das Rückstoßproton ist ebenfalls an seiner kurzen, geraden Spur gut erkennbar [54, 223].

9.7   Funkenkammerteleskop für hochenergetische γ-Strahlen

In der γ-Astronomie ist das Auffinden und Vermessen von Punktquellen, die im MeV-Bereich und darüber emittieren, eine wesentliche Aufgabe [224, 225]. Für Energien oberhalb einiger MeV ist die Elektron-Paar-Erzeugung der dominierende Wechselwirkungsprozeß von Photonen. Den prinzipiellen Aufbau eines Detektors für die γ-Astronomie zeigt Abb. 9.13 [226, 227].

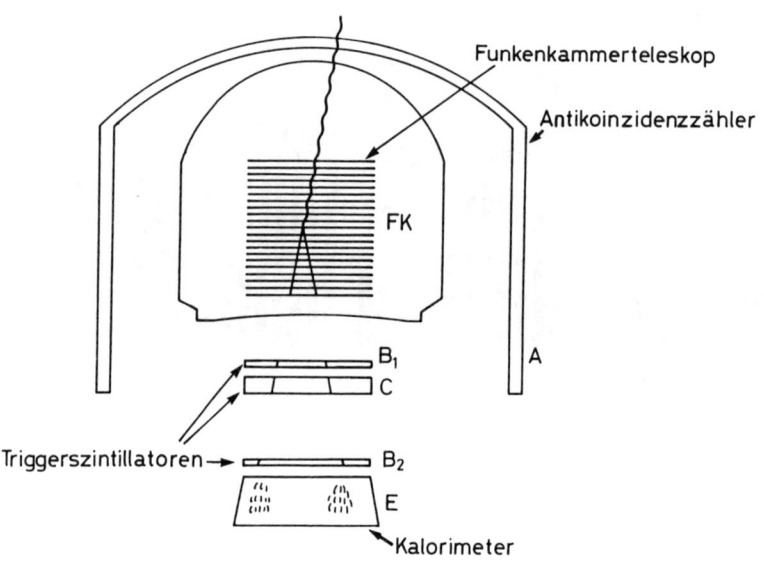

Abb. 9.13 Prinzipieller Aufbau eines Photonendetektors zur Gamma-Astronomie im $100\,MeV$ Bereich [226, 227].

Das Teleskop wird durch eine Koinzidenz der drei Szintillationszähler B_1, B_2 und C bei einer Antikoinzidenzforderung des Zählers A getriggert, um im Funkenkammervolumen FK konvertierte Photonen zu selektieren. In der Viel-Ebenen-Drahtfunkenkammer mit Ferritkern-Auslese wird das erzeugte Elektronenpaar registriert und aus den Spuren die Ankunftsrichtung des γ-Quants bestimmt. In dem Szintillator-Kalorimeter E, das aus einem dicken Cäsium-Jodid(Tl)-Kristall besteht, wird die Energie des γ-Quants als Summe der Energien der beiden Elektronen vermessen.

Ein solches Funkenkammerteleskop (Abb. 9.14) wurde im 1975 gestarteten COS-B-Satelliten geflogen. Es hat γ-Quanten im Energiebereich $30\,MeV \leq E_\gamma \leq 1000\,MeV$ aus unserer Milchstraße registriert. COS-B flog in einer stark exzentrischen Umlaufbahn mit einem Apogäum von 95000 km. In diese Entfernung ist der Untergrund, der von der Erdatmosphäre herrührt, nicht mehr spürbar.

Abb. 9.14 Photo des COS-B-Detektors [283].

Der COS-B-Satellit konnte das galaktische Zentrum als γ-Quelle identifizieren. Daneben wurden Punktquellen wie Cygnus X3, Vela X1, Geminga und der Krebsnebel nachgewiesen [226].

Abb. 9.15 zeigt die Häufigkeitsverteilung der γ-Quanten mit Energien $> 100\,MeV$ als Funktion der galaktischen Länge in einem Band $\pm10°$ galaktischer Breite. Diese Daten wurden mit dem SAS-2-Satelliten aufgenommen [263]. Die durchgezogene Linie ist das Ergebnis einer Rechnung, die annimmt, daß der Fluß der kosmischen γ-Strahlung proportional zur Dichte des interstellaren Gases ist. In dieser Darstellung erscheint der Vela-Pulsar als hellste γ-Quelle in dem Energiebereich $> 100\,MeV$.

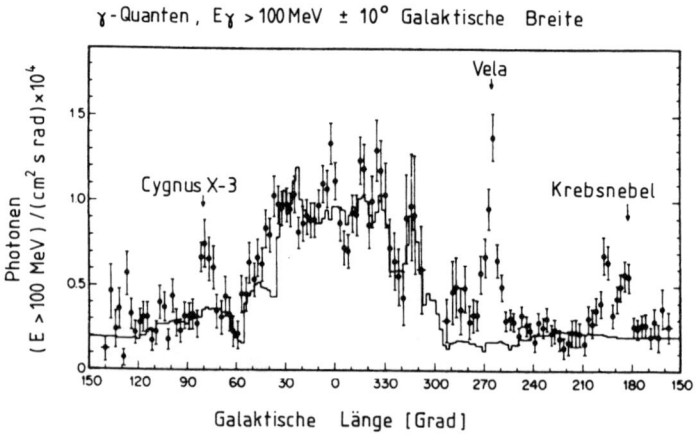

Abb. 9.15 Verteilung der γ-Quanten mit Energien $> 100\,MeV$ entlang der galaktischen Ebene [263].

9.8 Messung von ausgedehnten Luftschauern mit dem Fliegenauge

Hochenergetische, geladene Teilchen und Photonen erzeugen in der Atmosphäre hadronische bzw. elektromagnetische Kaskaden. Eine klassische Technik der Registrierung dieser ausgedehnten Luftschauer (EAS — extensive air showers) ist die Aufstellung einer großen Zahl von Szintillationszählern auf dem Erdboden, die die Schauerteilchen nachweisen [228]. Die Szintillationszähler überdecken typischerweise etwa 1% der lateralen Schauerausdehnung und geben Informationen über die Teilchenzahl in einer Schauertiefe weit jenseits des Schauermaximums. Aus einer solchen Messung kann nur relativ ungenau auf die Primärenergie des den Schauer auslösenden Teilchens geschlossen werden. Viel detailliertere Aussagen würden Messungen des gesamten Schauers in seiner longitudinalen Entwicklung in der Atmosphäre zulassen. Eine solche Messung ist bei Energien oberhalb $10^{17}\,eV$ durchführbar, wenn man das Szintillationslicht der Schauerteilchen in der Atmosphäre registriert (Abb. 9.16). Dies gelingt z.B. mit dem "Fliegenauge", das aus 67 Spiegeln von je 1.6 m Durchmesser besteht [229, 230, 231, 289]. Jeder Spiegel hat in seiner Fokalebene 12 bis 14 Photomultiplier. Die einzelnen Spiegel haben ein leicht überlappendes Gesichtsfeld. Ein Luftschauer, der in der Nähe des Fliegenauges die Atmosphäre durchläuft, aktiviert nur die Photomultiplier, durch deren Gesichtsfeld er geht. Aus den angesprochenen Photomultipliern kann das longitudinale Profil des Luftschauers rekonstruiert werden. Aus der gemessenen Lichtmenge wird die Schauerenergie bestimmt [232].

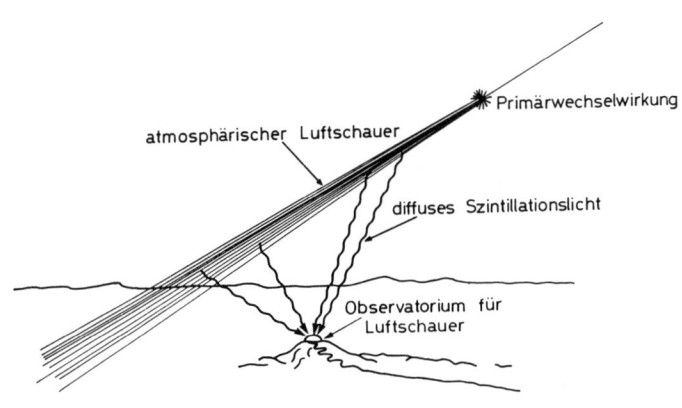

Abb. 9.16 Prinzip der Messung des Szintillationslichtes von ausgedehnten Luftschauern.

Abb. 9.17 Photographische Aufnahme des "Fliegenauges" [264, 289].

Ein solches Fliegenauge ist im Staate Utah, USA, zur Messung der hochenergetischen, primären kosmischen Strahlung installiert (Abb. 9.17). Der Nachteil dieser Meßtechnik besteht darin, daß die Registrierung des schwachen Szintillationslichtes nur an klaren, mondlosen Nächten erfolgen kann.

Die einzelnen Spiegel des Fliegenauges können auch separat als Cherenkov-Teleskope verwendet werden. Mit solchen Cherenkov-Zählern mißt man die Cherenkov-Strahlung der hochrelativistischen Schauerteilchen in der Atmosphäre. Cherenkov-Spiegel-Teleskope eignen sich zum Auffinden von Gamma-Punktquellen, die im $\geq TeV$-Bereich emittieren. Bei einer entsprechend guten Winkelauflösung läßt sich der starke Untergrund von Hadron-induzierten Schauern, der isotrop über den Himmel verteilt ist, von γ-induzierten Kaskaden aus Punktquellen abtrennen. Man nutzt hier die Tatsache aus, daß sich γ-Strahlen im galaktischen Raum geradlinig ausbreiten, während die geladene, primäre kosmische Strahlung wegen der vorhandenen irregulären Magnetfelder keine Richtungsinformation über ihren Entstehungsort liefert.

9.9 Suche nach dem Nukleon-Zerfall mit Wasser-Cherenkov-Zählern

In Theorien, die die elektroschwache und starke Wechselwirkung vereinigen, ist das Nukleon nicht mehr stabil. Es kann unter Verletzung der Baryonenzahl- und Leptonenzahlerhaltung zerfallen, z.B. gemäß

$$p \rightarrow e^+ + \pi^0 \ . \tag{9.12}$$

Die für das Nukleon verhergesagte Lebensdauer in der Größenordnung von 10^{30} Jahren erfordert große Volumendetektoren, um solch seltene Zerfälle nachzuweisen. Eine Möglichkeit dies zu realisieren, besteht in der Verwendung von großen Wasser-Cherenkov-Zählern (einige 1000 Tonnen Wasser). Diese Cherenkov-Zähler enthalten genügend Nukleonen, um bei einer Meßzeit von einigen Jahren etliche Nukleonenzerfälle sehen zu können, falls die theoretische Vorhersage zutrifft. Die Zerfallsprodukte der Nukleonen sind hinreichend schnell, um Cherenkov-Licht zu emittieren.

Die großen Wasser-Cherenkov-Zähler erfordern ultrareines Wasser hoher Transparenz, um das Cherenkov-Licht mit Hilfe einer großen Zahl von Photomultipliern zu registrieren. Die Photomultiplier können entweder im Volumen verteilt oder an den Detektoroberflächen installiert werden. Eine Richtungs- und damit Vertexbestimmung der Zerfallsprodukte gelingt über schnelle Laufzeitmessungen an den Photomultipliern. Kurzreichweitige, geladene Teilchen aus Nukleonenzerfällen erzeugen einen charakteristischen Ring von Cherenkov-Licht (s. Abb. 9.18), wobei der Außenradius r_a ein Maß für den Abstand des Vertex von der Detektorwand und der Innenradius des Ringes r_i ein Maß für die Reichweite des Teilchens in Wasser ist bis es unter die Cherenkov-Schwelle fällt. Die gemessene Lichtmenge läßt eine Energiebestimmung der Teilchen zu.

Zwei solcher Wasser-Cherenkov-Detektoren sind in der Kamioka-Zinkmine in Japan (KAMIOKANDE) und der Morton-Thiokol-Salzmine in Ohio, USA, (IMB-Experiment) installiert [233, 234, 235].

Trotz mehrjähriger Meßzeit konnte in diesen Detektoren kein Nukleonzerfall registriert werden. Die Grenze für die Lebensdauer von Nukleonen liegt jetzt bei $\tau \geq 10^{32}$ Jahre.

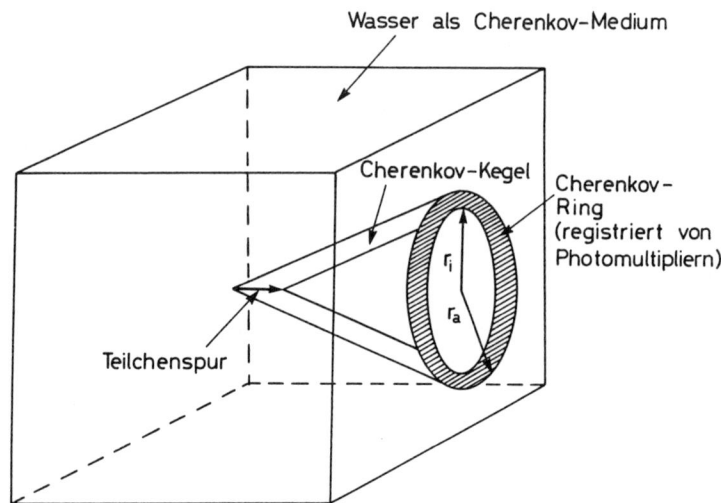

Abb. 9.18 Prinzip der Cherenkov-Ring-Erzeugung in einem Experiment zur Suche nach dem Nukleon-Zerfall.

Die Wasser-Cherenkov-Zähler waren jedoch spektakulär erfolgreich in der Registrierung von Neutrinos, die von der Supernova 1987A emittiert wurden. Das Kamiokande-Experiment mit seiner niedrigen Nachweisschwelle für Elektronenenergien konnte sogar auch solare Neutrinos nachweisen [236].

9.10 Altersbestimmung mit Hilfe der ^{14}C-Methode

Zur Datierung archäologischer Funde biologischen Ursprungs kann die ^{14}C-Methode herangezogen werden [237]. Die Erdatmosphäre enthält im CO_2 das ständig nacherzeugte Radionuklid ^{14}C. Dieses Radioisotop wird durch sekundäre Neutronen der kosmischen Strahlung über die Reaktion

$$n + {}^{14}_{7}N \rightarrow {}^{14}_{6}C + p \tag{9.13}$$

erzeugt. ^{14}C ist ein β^--Strahler mit einer Halbwertszeit von 5730 Jahren; es zerfällt wieder in Stickstoff gemäß

$$^{14}_{6}C \rightarrow {}^{14}_{7}N + e^- + \bar{\nu}_e \, . \tag{9.14}$$

Auf diese Weise bildet sich ein Konzentrationsverhältnis von

$$r = \frac{N(^{14}_{6}C)}{N(^{12}_{6}C)} = 1.2 \cdot 10^{-12} \qquad (9.15)$$

aus. Alle Pflanzen und infolge der pflanzlichen Ernährung nehmen auch Tiere und der Mensch das ^{14}C-Isotop auf. Deshalb stellt sich das in der Atmosphäre ausgebildete Isotopenverhältnis auch in der gesamten Biosphäre ein. Mit dem biologischen Tod eines Lebewesens endet auch die Kohlenstoffaufnahme. Durch den radioaktiven Zerfall des ^{14}C reduziert sich nun das $^{14}C/^{12}C$-Verhältnis. Aus dem Vergleich der ^{14}C-Aktivität eines archäologischen Fundes und eines biologischen Objektes der Gegenwart kann daher das Alter des Fundes bestimmt werden.

Die Betaaktivität von archäologischen Funden ist jedoch gering. Hinzu kommt, daß die Maximalenergie der beim ^{14}C-Zerfall emittierten Elektronen nur 155 keV beträgt. Man benötigt deshalb einen sehr empfindlichen Detektor zum Nachweis dieser Elektronen. Liegt das ^{14}C in Form eines Gases ($^{14}CO_2$) vor, so eignet sich ein Methan-Durchflußzähler, der gegen Untergrundstrahlung passiv (durch Bleiabschirmung) und aktiv (durch Antikoinzidenzzähler) abgeschirmt ist (sog. Low-Level-Counter). Der Methan-Durchflußzähler ist so ausgebildet, daß die zu untersuchende Probe, die nicht unbedingt gasförmig sein muß (hier der energiearme Betastrahler ^{14}C), in das Innere eines Zählrohres eingebracht wird. Energieverluste der Elektronen beim Eintritt in den Zähler entfallen auf diese Weise. Der Zähler wird vom Detektorgas Methan durchflutet, um stabile Gasverstärkungen zu garantieren.

Aufgrund von systematischen Fehlerquellen und der Zählstatistik ist eine ^{14}C-Datierung für archäologische Gegenstände möglich, deren Alter zwischen 1000 und 75000 Jahren liegt. In jüngster Zeit muß berücksichtigt werden, daß das Konzentrationsverhältnis r durch die Verbrennung ^{14}C-armer fossiler Brennstoffe und Kernwaffentests in der Atmosphäre gestört ist. Da r also nicht zeitkonstant ist, muß zunächst an Hand des Radiokohlenstoffgehaltes von Proben bekannten Alters eine Zeiteichung vorgenommen werden [237].

9.11 Havariedosimetrie

Gelegentlich stellt sich das Problem der Ermittlung von Körperdosen nach Strahlenunfällen, wenn keine Dosimeterinformationen vorliegen. Eine Möglichkeit, nachträglich die empfangene Körperdosis zu ermitteln, stellt die Haaraktivierung dar [102]. Haare enthalten Schwefel mit einer Konzentration von $48\,mg\,S$ je Gramm Haar. Durch Neutroneneinwirkung (z.B. nach Reaktorunfällen) kann der Schwefel gemäß

$$n + {}^{32}S \rightarrow {}^{32}P + p \tag{9.16}$$

aktiviert werden. Dabei ensteht das Radioisotop Phosphor 32, das eine Halbwertszeit von 14.3 Tagen hat. Neben dieser Reaktion wird auch über

$$n + {}^{32}S \rightarrow {}^{31}Si + \alpha \tag{9.17}$$

das radioaktive Silizium 31-Isotop gebildet. Für die Messung der Phosphor-Aktivität stört das ${}^{31}Si$-Isotop. Die ${}^{31}Si$-Halbwertszeit beträgt jedoch nur 2.6 Stunden, so daß man diese Aktivität zunächst abklingen läßt, bevor die ${}^{32}P$-Aktivität gemessen wird. Im Falle einer Oberflächenkontamination der Haare ist auch eine vorherige sorgfältige Reinigung notwendig.

Phosphor 32 ist ein reiner Betastrahler. Die Maximalenergie der Elektronen beträgt $1.71\,MeV$. Wegen der zu erwartenden geringen Zählraten braucht man einen Detektor mit hohem Ansprechvermögen und kleinem Nulleffekt. Es eignet sich dafür etwa ein aktiv und passiv abgeschirmtes Endfensterzählrohr. Aus der gemessenen Phosphor 32-Aktivität kann auf empfangene Strahlendosis zurückgeschlossen werden.

9.12 Das Elektron-Positron-Speicherring-Experiment ALEPH

Das ALEPH-Experiment stellt einen vielseitigen Detektor zur Untersuchung von Elektron-Positron-Wechselwirkungen am zur Zeit größten Elektron-Positron-Speicherring LEP (= Large Electron Positron Collider) dar [44]. Der ALEPH-Detektor umschließt den Wechselwirkungspunkt fast vollständig (99.8% des vollen Raumwinkels). In der ersten Meßphase war das Hauptziel des Experiments die Bestimmung der Zahl der Teilchengenerationen, die Messung der Parameter der elektroschwachen Theorie, die Suche nach dem Higgs-Boson und eventuell weiteren z.T. von der Theorie vorhergesagten Elementarteilchen. Abb. 9.19 zeigt eine Gesamtansicht des Detektors. Elektronen und Positronen gelangen durch ein evakuiertes Strahlrohr, das im Zentralbereich aus Beryllium besteht, in den Detektor und werden in seinem Mittelpunkt zur Kollision gebracht. Eine supraleitende solenoidale Spule von $7\,m$ Länge und $5.30\,m$ Durchmesser (einschließlich Kryostat) erzeugt ein longitudinales Magnetfeld von 1.5 Tesla bei einer Stromaufnahme von 5000 Ampère.

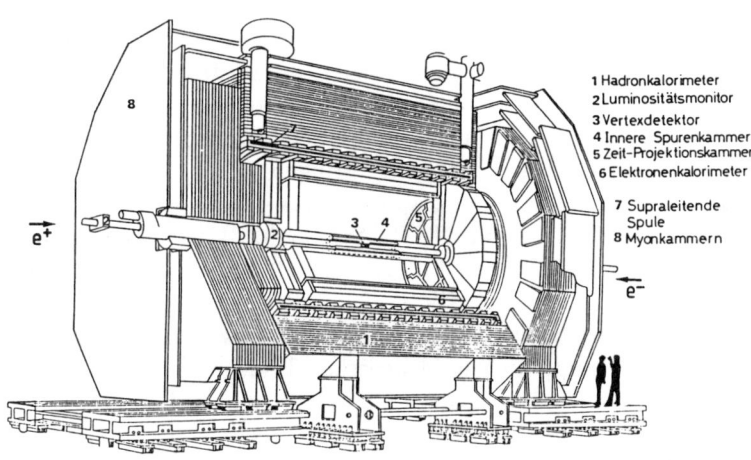

1 Hadronkalorimeter
2 Luminositätsmonitor
3 Vertexdetektor
4 Innere Spurenkammer
5 Zeit-Projektionskammer
6 Elektronenkalorimeter

7 Supraleitende Spule
8 Myonkammern

Abb. 9.19 Gesamtansicht des ALEPH-Experimentes an LEP [44].

Die Vermessung der Spuren geladener Teilchen erfolgt im Innenbereich der Spule. Um störende Effekte durch Vielfachstreuung, die die Impulsmeßgenauigkeit beschränken würden, zu vermeiden, wurden die Spurdetektoren mit möglichst geringer Massenbelegung konstruiert. Die Spurvermessung beginnt nahe dem Wechselwirkungspunkt durch einen Vertex-Detektor, der aus zwei Lagen von Silizium-Streifen-Detektoren besteht. Die Silizium-Detektoren sind auf zwei konzentrischen Kreisen mit Radien von 9.6 und $11.3\,cm$ angeord-

net. Der innere Kreis umfaßt 12, der äußere 15 Module. Jeder Spurdetektor wird auf beiden Seiten durch zueinander orthogonale segmentierte Elektroden ("Streifen") ausgelesen. Insgesamt umfaßt der
Vertex-Detektor 82944 analoge Auslesekanäle. Die registrierten Spuren werden in azimutaler Richtung mit einer Genauigkeit von $13\,\mu m$
und entlang der Strahlachse mit $19\,\mu m$ bestimmt. Hauptsächliches
Ziel des Silizium-Vertex-Detektors ist die Lebensdauerbestimmung
kurzlebiger Hadronen durch Erkennung und Rekonstruktion von Sekundärvertizes. An den Silizium-Detektor schließt sich eine zylindrische Vieldraht-Driftkammer an. Sie ist $2\,m$ lang und überdeckt den
radialen Bereich von 16 bis $26\,cm$. Ihre insgesamt 960 Signaldrähte
sind in acht Lagen angeordnet. In der r, φ-Ebene wird eine Ortsauflösung von $100\,\mu m$ erreicht. Die Koordinate entlang der achsen-
parallelen Drähte erfolgt durch die Messung der Signallaufzeitunterschiede an den beiden Enden der Drähte mit einer Genauigkeit von
$3\,cm$. Diese innere Spurenkammer liefert exakte Informationen über
den Spurverlauf in der Nähe des Wechselwirkungspunktes. Andererseits stellt sie auch sehr schnell Informationen über Spuren geladener
Teilchen für das Triggersystem zur Verfügung.

Die vielleicht wichtigste Komponente des ALEPH-Experiments ist
die Zeit-Projektionskammer TPC (Abb. 9.20). Dieser zentrale Ortsdetektor mit einem Innenradius von $31\,cm$ und einem Außenradius
von $180\,cm$ ist $4.7\,m$ lang. Die Formung des elektrischen Feldes erfolgt durch Potentialstreifen auf dem Innen- bzw. Außenmantel der
Kammer. Im longitudinalen elektrischen Feld driften die durch ionisierende Teilchen erzeugten Ladungsträger zu den Endplatten, die
mit Vieldrahtproportionalkammern instrumentiert sind. Jede Endplatte enthält zwei Ringe von Drahtkammersektoren, der innere Ring
umfaßt sechs, der äußere zwölf Sektoren. Die Drähte verlaufen im
wesentlichen in azimutaler Richtung. Hinter den Drähten sind Kathodenplättchen ("Pads") angeordnet, die die azimutale Koordinate
entlang des Drahtes bestimmen. Die radiale Koordinate erhält man
aus der Nummer des angesprochenen Drahtes bzw. aus der der angesprochenen Padreihe; die Koordinate parallel zum Strahl aus der
Driftzeit der Elektronen zu den Endplatten.

In radialer Richtung r gibt es 21 Kathodenplättchen und 352 Signaldrähte. Diese Elektroden liefern nicht nur Orts- sondern auch
analoge Signalinformationen. Die Energieverlustmessungen an den
Drähten und Plättchen dienen der Teilchenidentifikation.

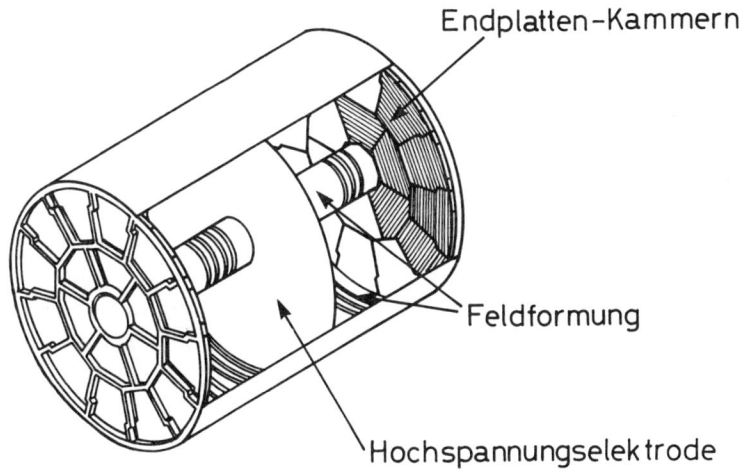

Endplatten–Kammern

Feldformung

Hochspannungselektrode

Abb. 9.20 Ansicht der ALEPH-Zeitprojektionskammer [44].

Die Gesamtzahl der Kathodenpads beträgt 41004; die der Signaldrähte 6336.

Für transversale Spuren werden Ortsauflösungen von $160\,\mu m$ in der r, φ-Ebene und $1\,mm$ in z erreicht (φ ist der Azimutwinkel und z wird entlang der Zylinderachse gemessen). Transversalimpulse werden mit einer Genauigkeit von

$$\sigma(p)/p = 1.2 \cdot 10^{-3} \cdot p\ [GeV/c] \qquad (9.18)$$

bestimmt. Unter Hinzunahme der inneren Spurenkammer und des Vertex-Detektors zur Spurrekonstruktion erreicht man sogar

$$\sigma(p)/p = 6 \cdot 10^{-4} \cdot p\ [GeV/c]\,. \qquad (9.19)$$

Die Kammer ist mit einem Zählgas aus 91% Argon und 9% Methan gefüllt. Zur Kalibration steht ein Laser-System zur Verfügung. Dieses erzeugt gerade Ionisationsspuren bei fünf verschiedenen Polar- und sechs verschiedenen Azimutwinkeln. Mit Hilfe der rekonstruierten Laser-Spuren können Driftgeschwindigkeit und Feldinhomogenitäten permanent überwacht werden.

Um eine möglichst gute Energiebestimmung an Elektronen und Photonen, bzw. für Teilchen, die in Photonen zerfallen (z.B. $\pi^0 \to \gamma\gamma$) zu erreichen, befindet sich das elektromagnetische Kalorimeter noch innerhalb der Magnetspule. Dieses Kalorimeter ist ein Blei-Gas-Sampling-Kalorimeter von 22 Strahlungslängen Dicke. Sowohl die Anodendrähte der Vieldrahtproportionalkammerlagen als auch die hinter den Drähten befindlichen Kathodenplättchen werden ausgelesen. Die letzteren weisen eine projektive Geometrie auf, die zum Wechselwirkungspunkt zeigt. Die Pads sind zu Kalorimetertürmen zusammengefaßt. Sie decken einen Raumwinkel von $1° \times 1°$ ab. Im zentralen Teil deckt ein Mantel bestehend aus zwölf großen Kalorimetermodulen den größten Teil des Raumwinkels ab. Zusammen mit den Endkappen, die je aus zwölf tortenstückförmigen Modulen gefertigt sind, umschließt das Kalorimeter die Zeitprojektionskammer vollständig.

Als Füllgas der Vieldrahtproportionalkammern dient eine Mischung aus Xenon (80%) und CO_2 (20%).

Das Kalorimeter erreicht eine Energieauflösung von

$$\frac{\sigma(E)}{E} = \frac{17\%}{\sqrt{E}} \oplus 1.6\,\% \;; \quad E \text{ in } GeV \,. \tag{9.20}$$

Durch die Segmentierung der Ausleseebenen in $3 \times 3\,cm^2$ große Kathodenpads dient das Kalorimeter zugleich zur Ortsbestimmung. Es erzielt dort eine Genauigkeit von

$$\sigma_{x,y} = 6.8\,mm/\sqrt{E} \,, \quad E \text{ in } GeV \,. \tag{9.21}$$

Durch Verwendung von Trennungsparametern wie sie in Kap. 7.4 beschrieben wurden, erreicht das elektromagnetische Kalorimeter bei $10\,GeV$ eine Pionunterdrückung von 10^3 bei einer Elektronenakzeptanz von 95%.

Das Hadron-Kalorimeter befindet sich außerhalb der supraleitenden Spule. Es ist aus $5\,cm$ starken Eisenplatten aufgebaut, deren Aufgabe vierfach ist: Es dient als Rückflußjoch für das Magnetfeld, als Absorbermaterial für die Hadronenergiemessung, als Filter für Myonen und als Montagestruktur für alle anderen Subdetektoren. Ebenso wie das elektromagnetische Kalorimeter besteht es aus zwei Endkappen und einem zentralen Mantel ("Barrel"). Die Entwicklung von Hadronschauern wird in Lagen von Streamer-Rohren gemessen. Von den Streamer-Rohren werden sowohl die Anodendrähte als auch induzierte Signale auf segmentierten Kathoden ausgelesen. Die Streamer-Rohre sind mit einer Gasmischung aus Argon (13%), Kohlendioxyd

(57%) und Isobutan (30%) gefüllt. Das Hadron-Kalorimeter erreicht eine Energieauflösung von

$$\frac{\sigma(E)}{E} = 84\%/\sqrt{E}, \quad E \text{ in } GeV \qquad (9.22)$$

und eine azimutale Ortsauflösung von 3.5 mm.

Außerhalb des Eisens des Hadron-Kalorimeters befinden sich zwei Doppellagen von Myonkammern, die nach dem gleichen Prinzip wie die Nachweisebenen des Hadron-Kalorimeters aufgebaut sind. Elektronen und Hadronen werden in den Kalorimetern in der Regel vollständig absorbiert. Bei geladenen Teilchen, die die Lagen der Myonkammern erreichen, kann es sich praktisch nur um durchdringende Myonen handeln. Myonen hinterlassen aber auch im elektromagnetischen und hadronischen Kalorimeter charakteristische Signaturen mit deren Hilfe man sie sicher von Elektronen und Hadronen unterscheiden kann. So zeigt Abb. 9.21 die Ladungsverteilung von 20 GeV Myonen und Pionen im Hadronkalorimeter, die allein schon zu einer guten μ/π-Separation führen würde. Fordert man noch das Ansprechen der Myonkammern, die die Pionen normalerweise nicht erreichen und berücksichtigt die laterale Struktur der Energiedepositionen im Kalorimeter, so ist eine sichere Trennung von Myonen und Pionen möglich.

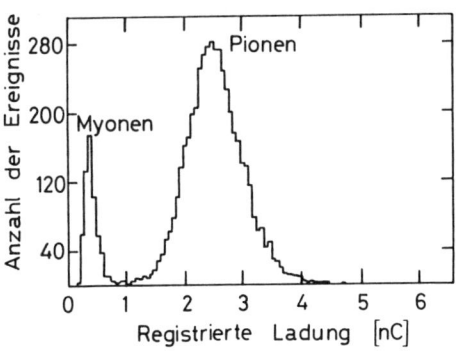

Abb. 9.21 Ladungsverteilung von 20 *GeV* Pionen und Myonen im ALEPH-Hadron-Kalorimeter [44].

Im Vorwärtsbereich deckt der Luminositätsmonitor den Teil des Raumwinkels, den das elektromagnetische Kalorimeter offenläßt, ab. Der Luminositätsmonitor besteht aus einem neunlagigen Spurenkammersystem, das vor einem elektromagnetischen Kalorimeter montiert ist. Die Aufgabe des Monitors ist die Bestimmung der Anzahl der Elektronen und Positronen, die pro cm^2 und s im Wechselwirkungspunkt zur Kollision kommen können. Dieses Ziel wird durch die Messung der Häufigkeit von Kleinwinkel e^+e^--Streuprozessen erreicht, die theoretisch sehr genau bekannt ist. Die so bestimmte Luminosität dient zur Normierung der Wirkungsquerschnitte anderer Prozesse, die z.B. im Zentraldetektor erfaßt werden. Neben der Luminositätsbestimmung werden in diesem Monitor Elektronen und Photonen energetisch und räumlich genau vermessen und identifiziert. (Im Jahre 1992 ist nach dem Einbau eines Vakuum-Strahlrohres mit geringerem Durchmesser in ALEPH das neunlagige Spurenkammersystem durch ein Silizium-Wolfram-Kalorimeter ersetzt worden, mit dem die Präzision der Luminositätsbestimmung noch weiter verbessert werden konnte.)

Das Triggersystem entscheidet auf der Grundlage ausgewählter, vom Detektor gelieferter Daten in einem mehrstufigen Prozeß, ob ein interessantes Ereignis vorgelegen hat. Im Falle einer positiven Entscheidung werden alle Subdetektoren des Gesamtexperiments ausgelesen. Die Triggerrate bei Messungen auf der Z^0-Resonanz beträgt für das ALEPH-Experiment größenordnungsmäßig 1 Hertz. Abb. 9.22 zeigt verschiedene Projektionen einer Z^0-Erzeugung und seines nachfolgenden Zerfalls in Hadronen.

Der gesamte ALEPH-Detektor ist etwa $11\,m$ lang und $9.3\,m$ hoch. Er hat näherungsweise Zylinderform und wiegt etwa 3000 Tonnen.

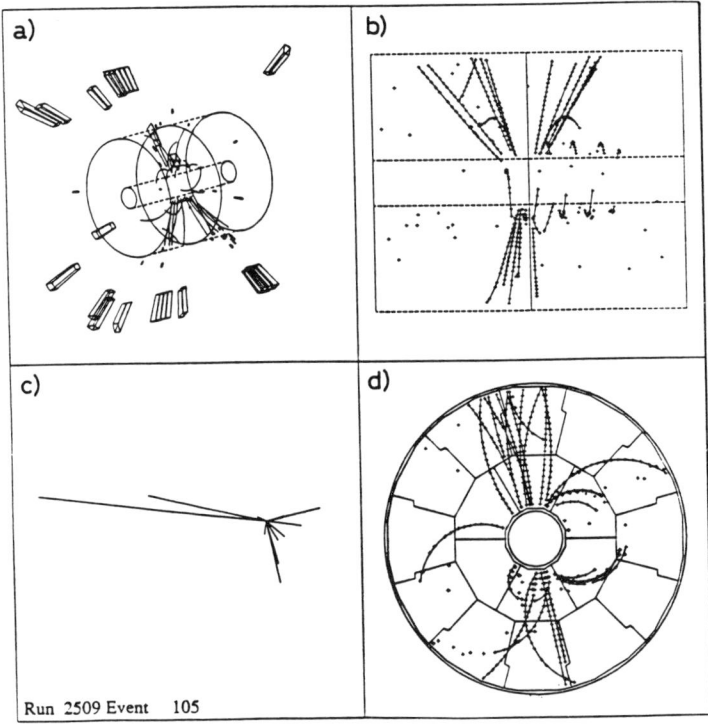

Abb. 9.22 Verschiedene Projektionen und Darstellungen eines hadronischen Z^0-Zerfalls im ALEPH-Experiment. a) Dreidimensionale Ansicht mit Spuren in der TPC (Zeitprojektionskammer) und Energieeinträgen in den Kalorimetern, b)
r, z-Ansicht in der TPC, c) Impulsdiagramm; die Länge
der Linien ist propotional zum Impuls der erzeugten Teilchen, d) r, φ-Ansicht in der TPC [44].

Schlußbetrachtung

Das Spektrum der Nachweistechniken ist sehr breit und weitgefächert. Je nach Meßziel werden unterschiedliche physikalische Effekte ausgenutzt. Im Grunde bildet jedes physikalische Phänomen die Basis für einen Teilchendetektor. Zur Lösung komplizierter meßtechnischer Fragestellungen wäre es erstrebenswert, einen Multifunktionsdetektor zu entwickeln, der möglichst viele, wenn nicht alle erstrebenswerten Meßziele in sich vereinigt. Dazu gehören ein 100%iges Ansprechvermögen und hohe zeitliche, räumliche und energetische Auflösung mit der Möglichkeit der Teilchenidentifizierung. Für bestimmte Energiebereiche gelingt es etwa mit Kalorimetern, diese Anforderungen zu erfüllen. Kalorimetrische Detektoren für den Multi-GeV bzw. für den eV-Bereich müssen jedoch ganz unterschiedlich konzipiert werden.

Durch die Entdeckung neuer physikalischer Phänomene gelingt es, neue Detektorkonzepte zu entwickeln und schwierigeren Fragestellungen nachzugehen. So erlaubt es die Supraleitung, kleinste Energiedepositionen mit hoher energetische Auflösung zu vermessen. Die Weiterentwicklung solcher Meßtechniken, etwa zum Nachweis kosmologischer Neutrinos, wäre von grundlegendem astrophysikalischen Interesse.

Neben kleinsten Energiequanten ist auch die meßtechnische Erfassung kleinster Längenänderungen von besonderer Bedeutung. Bei der Suche nach Gravitationswellen müssen relative Längenänderungen von $\Delta \ell / \ell \approx 10^{-21}$ detektiert werden. Wählt man Detektorgrößen mit Abmessungen von der Größenordnung Meter, entspräche dies einer Meßgenauigkeit von $10^{-21}\,m$ oder dem millionsten Teil eines typischen Atomkerndurchmessers. Zwar hat man dieses Meßziel z.Zt. noch nicht ganz erreicht, aber man ist schon sehr nahe daran.

Da es vermessen wäre, anzunehmen, daß das physikalische Weltbild vollständig verstanden ist (in der Vergangenheit ist diese Auffassung allerdings schon mehrfach geäußert worden), wird es immer wieder neue Effekte und Phänomene geben. Experten auf dem Gebiet des Teilchennachweises werden diese Effekte aufgreifen und neue Teilchendetektoren daraus entwickeln. Deshalb kann eine Beschreibung über Nachweistechniken nur eine Momentaufnahme darstellen. "Alte" Detektoren werden "aussterben" und neue Meßgeräte werden sich in die vorderste Front der Forschung begeben. Gelegentlich erlebt ein schon ausgemustert geglaubter Detektor im neuen Gewande aber wieder eine Renaissance. Die holographische Auslese von Vertex-Blasenkammern zur dreidimensionalen Rekonstruktion von Wechselwirkungsereignissen sei dafür als Beispiel genannt. Aber auch hier ist ein neuer Effekt im Spiel, nämlich die holographische Auslesetechnik.

Glossar

Zusammenfassung der wichtigsten Eigenschaften der Detektoren mit ihren Hauptanwendungsgebieten und Kurzfassung der charakteristischen Wechselwirkungen.

1 Wechselwirkung von Teilchen und Strahlung mit Materie

Geladene Teilchen treten hauptsächlich in Wechselwirkung mit den Elektronen der Materie. Sie heben die atomaren Elektronen entweder auf höhere Energieniveaus ("Anregung") oder schlagen sie aus dem Atomverband heraus ("Ionisation"). Ionisationselektronen mit höheren Energien, die selbst wieder ionisieren können, nennt man δ-Elektronen oder "Knock-on-Elektronen". Neben der Ionisation und Anregung atomarer Elektronen spielt die Bremsstrahlung insbesondere bei Elektronen als Projektilen eine besondere Rolle.

Der Energieverlust durch **Ionisation und Anregung** wird durch die Bethe-Bloch-Formel beschrieben. Die wesentlichen Abhängigkeiten dieses Energieverlustes für schwere Teilchen sind

$$-\left.\frac{dE}{dx}\right|_{\text{Ion}} \sim z^2 \cdot \frac{Z}{A} \cdot \frac{1}{\beta^2} \left\{ \ln a \cdot \gamma^2 \beta^2 - \beta^2 - \frac{\delta}{2} \right\} ,$$

wobei

z — Ladung des einfallenden Teilchens

Z, A — Ladung und Massenzahl des Targets

β, γ — Geschwindigkeit und Lorentzfaktor des einfallenden Teilchens

δ — Parameter, der den Dichteeffekt beschreibt

a — Parameter, der von der Masse des stoßenden Teilchens, der Elektronenmasse und der Ionisationsenergie des Absorbers abhängt.

Typische Werte des Energieverlustes durch Ionisation und Anregung sind $\sim 2\,MeV/(g/cm^2)$. Der Energieverlust ist nicht normalverteilt, sondern wird insbesondere bei dünnen Absorberschichten durch eine stark unsymmetrische Energieverlustverteilung beschrieben (Landau-Verteilung).

Detektoren messen nur die in ihnen deponierte Energie, die nicht unbedingt mit dem Energieverlust des Teilchens im Detektor identisch sein muß, da Energie z.T. durch δ-Elektronen aus dem Detektorvolumen herausgetragen werden kann.

Der Energieverlust geladener Teilchen in Detektoren führt zu einer bestimmten Zahl freier Ladungsträger n_T mit

$$n_T = \frac{\Delta E}{W}\,,$$

wobei ΔE der Energieverlust im Detektor und W eine charakteristische Energie zur Erzeugung eines Ladungsträgerpaares ist ($W \approx 30\,eV$ in Gasen; $3.6\,eV$ in Silizium; $2.8\,eV$ in Germanium).

Der zweite wichtige Wechselwirkungsprozeß geladener Teilchen ist für leichte Teilchen von großer Bedeutung. Der **Bremsstrahlungsverlust** kann im wesentlichen parametrisiert werden durch

$$-\frac{dE}{dx}\bigg|_{\text{Brems}} \sim z^2 \cdot \frac{Z^2}{A} \cdot \frac{1}{m_0^2} \cdot E\,,$$

wobei m_0 und E die Projektilmasse bzw. -energie darstellen. Für Elektronen ($z = 1$) definiert man

$$-\frac{dE}{dx}\bigg|_{\text{Brems}} = \frac{E}{X_0}\,,$$

wobei X_0 die für das Absorbermaterial charakteristische **Strahlungslänge** ist.

Die Gleichheit der Energieverluste von Elektronen durch Ionisation und Anregung einerseits und Bremsstrahlung andererseits definiert die für ein Material **kritische Energie** E_c:

$$-\frac{dE}{dx}(E_c)\bigg|_{\text{Ion}} = -\frac{dE}{dx}(E_c)\bigg|_{\text{Brems}} = \frac{E_c}{X_0}.$$

Die **Coulomb-Vielfachstreuung** geladener Teilchen in Materie führt zu einer Abweichung von einer geradlinigen Ausbreitung, die durch den mittleren planaren Streuwinkel

$$\sigma_\theta = \sqrt{\langle\theta^2\rangle} = \frac{13.6}{p\beta}\sqrt{\frac{x}{X_0}}$$

mit

p, β — Impuls (in MeV/c) und Geschwindigkeit des Teilchens
x — durchsetzte Materiedicke in Einheiten der Strahlungslänge X_0

angegeben werden kann.

Neben den bisher angegebenen Wechselwirkungsprozessen spielen bei hohen Energien auch Prozesse der direkten Elektronenpaarerzeugung und photonukleare Wechselwirkungen eine Rolle. Energieverluste durch Cherenkov-Strahlung und Übergangsstrahlung sind für Detektorbauer von Interesse, spielen aber für den Energieverlust von geladenen Teilchen nur eine untergeordnete Rolle.

Neutrale Teilchen, wie etwa Neutronen oder Neutrinos, müssen in Wechselwirkungen veranlaßt werden, geladene Teilchen zu erzeugen, die dann über die oben beschriebenen Wechselwirkungsprozesse nachgewiesen werden.

Photonen kleiner Energie ($< 100 \, keV$) werden über den Photoeffekt nachgewiesen. Der Wirkungsquerschnitt für den **Photoeffekt** kann genähert werden durch

$$\sigma^{\text{Photo}} \sim \frac{Z^5}{E_\gamma^{7/2}},$$

wobei die Energieabhängigkeit zu hohen Gammaenergien flacher ($\sim E_\gamma^{-1}$) wird. Da durch den Photoeffekt ein Elektron (meist aus der K-Schale) aus dem Atomverband entfernt wird, kommt es in der Folge zur Abstrahlung charakteristischer Röntgenstrahlung oder der Emission von Auger-Elektronen.

Im Bereich mittlerer Photonenenergien ($100\,keV - 1\,MeV$) dominiert die Streuung an quasifreien Elektronen ("**Compton-Effekt**"). Der Wirkungsquerschnitt für den Compton-Effekt kann näherungsweise beschrieben werden durch

$$\sigma^{\text{Compton}} \sim Z \cdot \frac{\ln E_\gamma}{E_\gamma}$$

Bei hohen Energien ($\gg 1\,MeV$) ist die Elektronenpaarerzeugung der vorherrschende Wechselwirkungsprozeß von Photonen

$$\sigma^{\text{Paar}} \sim Z^2 \cdot \ln E_\gamma \,.$$

Die genannten Photoprozesse führen zur Absorption von Röntgen- oder Gammastrahlung, die durch ein Absorptionsgesetz für die Photonenintensität gemäß

$$I = I_0 e^{-\mu x}$$

beschrieben werden kann. μ ist ein charakteristischer Absorptionskoeffizient, der mit den Wirkungsquerschnitten für Photo-, Compton-Effekt und Paarerzeugung zusammenhängt. Der Compton-Effekt spielt eine Sonderrolle insofern, daß nach der Wechselwirkung das Photon nicht wie beim Photo-Effekt oder der Paarerzeugung vollständig absorbiert, sondern nur zu kleineren Energien hin verschoben ist. Das macht die Einführung und Unterscheidung von Abschwächungs- und Absorptionskoeffizienten erforderlich.

Geladene und auch neutrale Teilchen können in inelastischen Wechselwirkungsprozessen weitere Teilchen erzeugen. Die starken Wechselwirkungen von Hadronen werden durch charakteristische Absorptions- bzw. Wechselwirkungslängen beschrieben.

Die — etwa in Gasdetektoren — erzeugten Ionisationselektronen werden durch Stöße mit den Gasmolekülen thermalisiert und in der Regel durch ein elektrisches Feld zu den Elektroden geführt. Die gerichtete Bewegung der Elektronen im elektrischen Feld heißt Driftbewegung. Driftgeschwindigkeiten in typischen Gasen bei üblichen Feldstärken liegen um $5\,cm/\mu s$. Während der Driftbewegung kommt es durch Stöße mit Gasmolekülen zu transversaler und longitudinaler Diffusion.

Die Anwesenheit von Magnetfeldern läßt die Elektronen von einer Drift parallel zum elektrischen Feld abweichen.

Bereits kleine Beimischungen von elektronegativen Gasen können die Eigenschaften von Gaszählern stark beeinflussen.

2 Charakteristische Größen von Detektoren

Die Qualität eines Detektors wird durch das Auflösungsvermögen für Zeit, Ort, Energie und andere Teilchenparameter charakterisiert. Ortsauflösungen von 10-20 μm sind in Silizium-Streifenzählern und kleinen Driftkammern erreichbar. Zeitauflösungen im Subnanosekundenbereich kann man mit planaren Funkenzählern erzielen. Energieauflösungen im eV-Bereich sind mit kryogenischen Kalorimetern erreichbar.

Neben den Auflösungen sind aber das Ansprechvermögen und die Uniformität von Detektoren von großer Wichtigkeit.

3 Einheiten der Strahlungsmessung

Der radioaktive Zerfall von Atomkernen (oder Teilchen) wird durch das Zerfallsgesetz

$$N = N_0 e^{-t/\tau}$$

mit Lebensdauer $\tau = \frac{1}{\lambda}$ (λ - Zerfallskonstante) beschrieben. Die Halbwertszeit $T_{1/2}$ ist kleiner als die Lebensdauer ($T_{1/2} = \tau \cdot \ln 2$).

Die Aktivität $A(t)$ eines Stoffes ist

$$A(t) = -\frac{dN}{dt} = \lambda \cdot N$$

mit der Einheit Becquerel (= 1 Zerfall pro Sekunde).

Die Energiedosis D gibt die absorbierte Strahlungsenergie dW pro Masseneinheit an

$$D = \frac{dW}{\rho dV} = \frac{dW}{dm}.$$

D wird in **Gray** (= $1 J/kg$) gemessen. Die alte Einheit der Energie-Dosis ist das rad ($100 rad = 1 Gray$).

Die biologische Wirkung einer Energieabsorption kann für verschiedene Teilchensorten unterschiedlich sein. Wichtet man die physikalische Energieabsorption mit der relativen biologischen Wirksamkeit (RBW), so gelangt man zur Äquivalentdosis H, die in **Sievert** (Sv) gemessen wird.

$$H\,[Sv] = RBW \cdot D\,[Gy]$$

Die alte Äquivalentdosis ist das *rem* ($1\,Sv$ = $100\,rem$). Die **natürliche Strahlenbelastung** pro Jahr ist etwa $3\,mSv$. Personen, die im **Kontrollbereich** arbeiten, dürfen jährlich mit maximal $50\,mSv$ belastet werden. Die für den Menschen letale Dosis (50% Mortalität) liegt bei $4000\,mSv$.

4 Detektoren zur Orts- und Ionisationsmessung

4.1 Ionisationskammern

4.1.1 Planare Ionisationskammer

Anwendungsgebiet: Messung des Energieverlustes bzw. — bei vollständiger Absorption — der Energie; z.B. α-Spektroskopie; Personendosismessung.

Aufbau: Konstantes, homogenes elektrisches Feld; konstante Driftgeschwindigkeit der Elektronen und Ionen; keine Gasverstärkung. Das Zählmedium ist meist gasförmig, kann aber ebensogut flüssig (Argon, Krypton, Xenon) oder fest sein. Bei flüssigen Zählmedien ist extrem hohe Reinheit (*ppb*) erforderlich.

Meßprinzip, Auslese: Die im elektrischen Feld abfließenden Ladungsträger influenzieren auf den Elektroden ein Ladungssignal, das über einen ohmschen Widerstand abfließt und ein Spannungssignal erzeugt.

Vorteile: Aufbau und Auslese einfach.

Nachteile: Extrem kleine Signale bei Gasionisationskammern, empfindliche Vorverstärker erforderlich. Signalamplitude vom Einschußort abhängig (behebbar durch Einführung eines Frisch-Gitters).

4.1.2 Zylindrische Ionisationskammer

Anwendungsgebiet: Siehe planare Ionisationskammer.

Aufbau: Zylindersymmetrischer Aufbau mit inhomogenem $\frac{1}{r}$-Feld (Potential $U \sim \ln r$); variable, feldabhängige Driftgeschwindigkeit; keine Gasverstärkung.

Meßprinzip, Auslese: Influenz von Ladungssignalen auf den Elektroden. Der Hauptanteil des Signals rührt von der Bewegung der *Elektronen* her.

Vorteile, Nachteile: Siehe planare Ionisationskammer.

4.2 Proportionalzähler

Anwendungsgebiet: Spektroskopie von Röntgenstrahlung, Neutronennachweis (BF_3-Zähler).

Aufbau:
> Wie zylindrische Ionisationskammer, aber höhere Feldstärken, geringerer Anodendurchmesser. Gasverstärkung 10^3 bis 10^6 im $\frac{1}{r}$-Feld. Die Lawinenbildung erfolgt am Anodendraht am Ort des Teilchendurchgangs und breitet sich lateral *nicht* aus.

Meßprinzip, Auslese: Die Gasverstärkung (ohne Berücksichtigung der Photonen) wird durch den 1. Townsend-Koeffizienten α beschrieben

$$A = e^{\alpha x} \qquad (x - \text{Wegstrecke}) .$$

Tragen die Photonen zum Lawinenaufbau bei und ist γ die Wahrscheinlichkeit je Elektron ein Photoelektron zu erzeugen, so wird die Gasverstärkung unter Einschluß der Photonen

$$A_\gamma = \frac{A}{1 - \gamma A} .$$

γ heißt der 2. Townsend-Koeffizient. Der Proportionalbereich liegt nur vor, falls

$$\gamma A \ll 1 .$$

Die Lawinen entwickeln sich auf den letzten freien Weglängen am Anodendraht ($10 - 20 \, \mu m$). Das Signal rührt hauptsächlich von den sich von der Anode wegbewegenden *Ionen* her.

Vorteile: Geringe Primärionisation ausreichend.

Nachteile: Energieauflösung durch Fluktuationen der Primärionisation und der Ladungsvervielfachung begrenzt. Im allgemeinen große Zeitkonstanten (Signaldifferenzierung erforderlich).

4.3 Auslösezähler (Geiger-Müller-Zähler)

Anwendungsgebiet: Zählen von Teilchendurchgängen.

Aufbau: Wie Proportionalzählrohr, aber höhere Feldstärke. Gasverstärkung $\sim 10^8$.

Meßprinzip, Auslese: Wegen der hohen Feldstärke und Gasverstärkung spielen die Photonen beim Lawinenaufbau eine entscheidende Rolle. Die Entladung breitet sich durch die Photonen lateral entlang des Anodendrahtes aus. Es bildet sich um den Anodendraht ein Ionenschlauch aus. Die Entladung kann elektronisch oder durch Zugabe von Löschgasen abgebrochen werden. Eine Proportionalität zwischen Primärionisation und Signalhöhe besteht nicht mehr.

Vorteile: Einfache Bauweise und Handhabung.

Nachteile: keine Mehrfachteilchenregistrierung möglich (außer durch Unterbrechung der Entladung entlang des Anodendrahtes mit Kunststoffäden); lange Totzeit; geringes Ansprechvermögen für Photonen.

4.4 Streamer-Rohr

(nicht zu verwechseln mit der Streamer-Kammer)

Anwendungsgebiete: Sampling Element in elektromagnetischen und hadronischen Kalorimetern. Detektorelement in großen Nukleon-Zerfalls-Experimenten.

Aufbau: Wie Auslösezähler, meist quadratischer Querschnitt. Gasverstärkung $\sim 10^{10}$; trotzdem bleibt die Ladungslawine auf den Teilchendurchgangsort beschränkt, weil der Löschgasanteil hoch ($> 50\%$) ist; dicke Anodendrähte ($\phi = 100\,\mu m$); hohe Anodenspannung ($5\,kV$).

Meßprinzip, Auslese: Diskontinuierlicher Übergang vom Proportional- in den Streamerbereich unter Umgehung des Geiger-Müller-Bereichs.

Vorteile: Extrem einfacher Aufbau und Betrieb; große Signale (Weiterverarbeitung ohne Vorverstärker möglich); langes Zählratenplateau und Plateau des Ansprechvermögens; stabiler Arbeitspunkt; Vielfachteilchenregistrierung möglich. Kathodenauslese durch Segmentation üblich.

Nachteile: Hohe Betriebsspannungen erforderlich ($5\,kV$); Löschgase i.a. brennbar (Isobutan).

4.5 Teilchenregistrierung in Flüssigkeiten

Anwendungsgebiet: Vorwiegend Sampling-Element in Elektron- und Hadron-Kalorimetern; Beta- und Gamma-Spektroskopie im MeV-Bereich.

Aufbau: großflächige, flache Module mit LAr, LKr oder LXe gefüllt. Auch bestimmte "warme" Flüssigkeiten (z.B. TMS) erlauben Elektronendrift.

Meßprinzip, Auslese: Ladungssammlung der erzeugten Ladungsträger; Verstärkung der kleinen Signale mit rauscharmen ladungsempfindlichen Vorverstärkern.

Vorteile: einfacher Aufbau; Detektorvolumina können versiegelt werden; gute Strahlenresistenz.

Nachteile: Für Flüssig-Edelgas-Kammern ist Kryogenik bei Flüssig-Stickstoff-Temperaturen erforderlich. Extrem hohe Anforderungen an die Reinheit der Zählflüssigkeiten.

4.6 Vieldrahtproportionalkammer

Anwendungsgebiet: Ortsdetektor mit der Möglichkeit der Messung des Energieverlustes. Bei geringen Zähldrahtabständen oder im Mikrostreifendetektor für Hochratenexperimente geeignet.

Aufbau: Ebene Lagen von Proportionalzählrohren ohne Zwischen-wände.

Meßprinzip, Auslese: Analog zum Proportionalzählrohr; bei schneller Auslese (FADC = Flash ADC) ist die Ionisationsstruk-tur erkennbar.

Vorteile: Einfache, robuste Bauweise; Standardelektronik.

Nachteile: Elektrostatische Abstoßung der Anodendrähte; einge-schränkte mechanische Drahtstabilität; Durchhang bei langen Anodendrähten bei horizontaler Bauweise.

Variationen:

1) Strohhalm-Kammern (aluminisierte Mylar-Halme mit zen-tralem Anodendraht); verringern das Risiko bei gebrochenen Drähten.

2) Segmentation beider Kathoden bei planaren Vieldrahtpro-portionalkammern zum Erhalt von Raumpunkten.

3) Miniaturisierung als Mikrostreifen-Gaszähler mit "Anoden-drähten" auf Kunststoff- oder Keramik-Substraten unter Ver-wendung industrieller Mikrolithographie. Eventuell Probleme mit Ionenanlagerung an Dielektrika und damit Feldverformung.

4.7 Ebene Driftkammer

Anwendungsgebiet: Ortsdetektor mit Energieverlustmessung.

Aufbau: Zur Verbesserung der Feldqualität im Vergleich zur Viel-drahtproportionalkammer wird zwischen zwei Anodendrähten jeweils ein Potentialdraht eingeführt. Es werden i.a. viel weni-ger Drähte als bei der Vieldrahtproportionalkammer verwendet.

Meßprinzip, Auslese: Zusätzlich zur Auslese wie bei der Viel-drahtproportionalkammer wird die Driftzeit der erzeugten Ladungsträger gemessen. Damit wird — trotz größerer Drahtabstände — eine höhere Ortsgenauigkeit erreicht.

Vorteile: Drastische Verringerung der Zahl der Anodendrähte; hohe Ortsauflösung.

Nachteile: Ortsabhängige Ortsauflösung wegen der Diffusion und Primärionenstatistik der erzeugten Ladungsträger; Rechts-Links-Ambiguität der Driftzeitmessung (behebbar durch Doppellagen oder versetzte Anodendrähte).

Variationen:

1) "Elektrodenlose" Kammern: Feldformung durch gewollte Ionenanlagerung auf isolierenden Kammerwänden.

2) Zeitexpansionskammern: Einführung eines Gitters zur Trennung des Driftraumes vom Gasverstärkungsraum mit einstellbaren Driftgeschwindigkeiten.

3) Induktionsdriftkammer: Verwendung von Anoden- und Potentialdrähten in geringem Abstand. Auslese der auf den Potentialdrähten induzierten Signale zur Auflösung der Rechts-Links-Ambiguität; hochratenverträglich.

4.8 Zylindrische Drahtkammern

4.8.1 Zylinder-Proportionalkammern und -Driftkammern

Anwendungsgebiet: Zentraldetektoren in Speicherringexperimenten mit guter Ortsauflösung; möglichst große Raumwinkelüberdeckung des Primärvertex.

Aufbau: Konzentrische Lagen von Proportionalkammern (oder Driftkammern). Die Driftzellen haben annähernd Trapezstruktur oder sind hexagonal. Elektrisches und magnetisches Feld (zur Impulsmessung) sind parallel.

Meßprinzip, Auslese: Wie bei ebenen Proportional- oder Driftkammern. Die Koordinate entlang des Drahtes kann nach der Stromteilungsmethode, durch Signallaufzeitunterschiede oder durch Verwendung von Stereodrähten bestimmt werden. Durch kompakte Bauweise lassen sich Vieldrahtdriftmodule mit Hochratenverträglichkeit bauen.

Vor- und Nachteile: Siehe 4.6 und 4.7.

4.8.2 Jet-Driftkammern

Anwendungsgebiet: Zentraldetektor in Speicherringexperimenten mit guten Teilchenidentifizierungseigenschaften über Vielfach-Energieverlustmessungen.

Aufbau: Azimutale Segmentation eines zylindrischen Volumens in Drifträume ("Tortenstücke"); elektrisches Driftfeld und magnetisches Feld (zur Impulsmessung) stehen senkrecht aufeinander. Feldformung durch Potentialstreifen; versetzte Anodendrähte zur Auflösung der Rechts-Links-Ambiguität.

Meßprinzip, Auslese: Wie bei normalen Driftkammern; Teilchenidentifizierung durch Vielfach-dE/dx-Messung.

Vor- und Nachteile: Siehe 4.6 und 4.7.

4.8.3   Zeit-Projektions-Kammer (TPC)

Anwendungsgebiet: Praktisch "masseloser" Zentraldetektor in Speicherring-Experimenten; genaue Vermessung von Spuren geladener Teilchen über Raumpunkte; elektrisches Driftfeld und Magnetfeld zur Spurkrümmung sind parallel.

Aufbau, Meßprinzip und Auslese: Das Detektorvolumen ist frei von Anoden- und Potentialdrähten. Die erzeugten Ladungsträger driften zu Endkappendetektoren (i.a. Vieldrahtproportionalkammern), die zwei Ortskoordinaten liefern; die dritte wird aus der Driftzeit abgeleitet.

Vorteile: Abgesehen vom Zählgas ist das Meßvolumen materiefrei (geringe Vielfachstreuung, hohe Impulsauflösung; äußerst geringe Photonkonversionswahrscheinlichkeit).

Nachteile: Positive Ionen, die in den Meßraum zurückdriften, verschlechtern die Feldqualität (kann durch ein zusätzliches Gitter vermieden werden ("Gating")); wegen der langen Driftzeiten kann die TPC keine hohen Teilchenraten verarbeiten.

Variation: 1) Die TPC läßt sich auch mit flüssigen Edelgasen als Detektorsubstanz betreiben und liefert digitale dreidimensionale "Bilder" in Blasenkammerqualität (erfordert extrem rauscharme Auslese, da in Flüssigkeiten ohne Gasverstärkung gearbeitet wird).

2) Ein optisches Bild von Spuren läßt sich in gasgefüllten Zeit-Projektions-Kammern durch hohe Feldstärken in der Endkappenkammer erreichen. Man wählt dazu ein Kammergas, bei dem möglichst viele Photonen im sichtbaren Bereich beim Lawinenaufbau entstehen ("Abbildungskammer").

4.9 Abbildungskammer

Dieser Detektor ist vom Prinzip her der Zeit-Projektions-Kammer sehr ähnlich. In dieser Anwendung wird die Spurinformation durch hohe Gasverstärkung mit starker Photonenerzeugung an den Endkappen in ein optisches Bild der Spur umgewandelt. Die Auslese erfolgt über Bildverstärker mit einer Videokamera (vgl. 4.8.3).

4.10 Alterungseffekte in Drahtkammern

Die Alterung in Drahtkammern wird durch die Erzeugung von Molekülfragmenten in Mikroplasmaentladungen im Laufe der Lawinenbildung hervorgerufen.

Es können sich Ablagerungen auf Anoden-, Potential- und Kathodendrähten aus Kohlenstoff, dünnen Oxydschichten oder Silikaten bilden.

Durch geschickte Auswahl von Gasen und Gasbeimischungen (z.B. Edelgase mit sauerstoffhaltigen Zusätzen) und Vermeidung von Substanzen, die zu Polymerbildung neigen (z.B. kohlenstoffhaltige Polymere, Siliziumverbindungen, Halogene und schwefelhaltige Verbindungen), können Alterungseffekte unterdrückt werden.

Auch konstruktive Maßnahmen beim Kammerbau und sorgfältige Auswahl der Komponenten der Drahtkammern und des Gasversorgungssystems können zur Reduzierung von Alterungseffekten beitragen.

4.11 Blasenkammer

Anwendungsgebiete: Präzise optische Spurverfolgung; Studien seltener, komplexer Ereignisse.

Aufbau: Flüssiggas nahe dem Siedepunkt; Überhitzung der

Flüssigkeit durch Synchronisation der Expansion mit dem Teilcheneintritt in die Kammer.

Meßprinzip, Auslese: Die in der überhitzten Flüssigkeit entlang der Teilchenspur gebildeten Bläschen werden stereoskopisch photographiert.

Vorteile: Hohe räumliche Auflösung; Messung seltener und komplexer Ereignisse; Lebensdauerbestimmung kurzlebiger Teilchen möglich.

Nachteile: Extrem mühsame Auswertung der Bilder; nicht triggerbar, sondern nur synchronisierbar; nicht genügend Masse zur Absorption hochenergetischer Teilchen.

Variation: Holographische Auslese liefert 3D-Bilder mit außerordentlich hoher Ortsgenauigkeit (einige μm).

4.12 Nebelkammer

Anwendungsgebiete: Messung seltener Ereignisse in der kosmischen Strahlung; Demonstrationsexperiment.

Aufbau: Gas-Dampf-Gemisch nahe dem Sättigungsdampfdruck. Übersättigung des Dampfes durch triggerbare Expansion der Kammer.

Meßprinzip, Auslese: Die in dem übersättigten Dampf entlang der Ionisationsspur gebildeten Nebeltröpfchen werden stereoskopisch photographiert.

Vorteile: Triggerbarer Detektor.

Nachteile: Sehr lange Totzeiten und Zykluszeiten; mühsame Auswertung der Nebelkammerbilder.

Variation: In nicht-triggerbaren Diffusionsnebelkammern kann eine permanente Zone der Übersättigung erzeugt werden.

4.13 Streamer-Kammer

Anwendungsgebiet: Studium komplexer Ereignisse in einem triggerbaren Detektor in "Blasenkammerqualität".

Aufbau: Großvolumiger Detektor in einem homogenen starken elektrischen Feld. Durch einen sehr kurzen Hochspannungsimpuls werden Streamerentwicklungen entlang der Ionisationsspur von Teilchen eingeleitet.

Meßprinzip, Auslese: Die leuchtenden Streamer werden stereoskopisch photographiert.

Vorteile: Hohe Bildqualität; Diffusionsunterdrückung durch Sauerstoffzugabe möglich; Targets innerhalb des Detektorvolumens möglich.

Nachteile: Aufwendige Auswertung; Störung anderer Detektoren durch kurze Hochspannungssignale ($100\,kV$ Amplitude, $2\,ns$ Länge).

4.14 Neon-Flash-Kammer

Anwendungsgebiete: Untersuchung seltener Ereignisse in der kosmischen Strahlung; Studium von Neutrino-Wechselwirkungen; Suche nach dem Nukleon-Zerfall.

Aufbau: Mit Neon oder Neon/Helium gefüllte, versiegelte, zylindrische Glasröhrchen oder -Kügelchen ("Conversi-Kügelchen") bzw. Polypropylen-Rohre im Gasdurchflußbetrieb.

Meßprinzip, Auslese: Durch Anlegung eines Hochspannungsimpulses an die Kammer leuchten jeweils die von Teilchen getroffenen Rohre in ihrer vollen Länge auf. Das Aufleuchten kann photographiert oder elektronisch ausgelesen werden.

Vorteile: Extrem einfacher Aufbau; kostengünstig große Volumina herstellbar.

Nachteile: Lange Totzeiten, geringe Ortsauflösung; keine dreidimensionalen Ortspunkte, sondern nur Projektionen.

4.15 Funkenkammer

Anwendungsgebiete: Älterer Spurdetektor zur Untersuchung von Ereignissen in der kosmischen Strahlung; spektakuläres Demonstrationsexperiment.

Aufbau: Ebene, parallele Elektroden im gasgefüllten Volumen. Die Funkenkammer wird üblicherweise durch eine Koinzidenz externer Detektoren (z.B. Szintillationszähler) getriggert.

Meßprinzip, Auslese: Durch hohe Gasverstärkung bildet sich ein leitender Plasmaschlauch entlang des Teilchendurchgangs; es kommt zur Funkenbildung. Die Auslese erfolgt bei kontinuierlichen Elektroden photographisch. Bei Drahtfunken-Kammern ist magnetostriktive Auslese oder Auslese über Ferritkerne möglich.

Vorteile: Einfacher Aufbau.

Nachteile: Geringes Vielfachansprechvermögen (durch Strombegrenzung ("Glasfunkenkammer") behebbar); mühsame Auswertung bei optischer Registrierung.

4.16 Kernemulsion

Anwendungsgebiet: Permanent sensitiver Detektor; eingesetzt in der kosmischen Strahlung oder als Vertex-Detektor an Beschleunigern mit hoher Ortsauflösung.

Aufbau: Silberbromid- oder Silberchlorid-Mikrokristalle eingebettet in Gelatine.

Meßprinzip, Auslese: Nachweis von geladenen Teilchen ähnlich der Lichtregistrierung in photographischen Emulsionen; Entwicklung und Fixierung von Spuren. Auswertung unter dem Mikroskop oder mit einer CCD-Kamera mit nachfolgender halbautomatischer Mustererkennung.

Vorteile: Ansprechvermögen 100%; permanent sensitiv; einfach im Aufbau; hohe Ortsauflösung.

Nachteile: Nicht triggerbar; z.T. mühsame Auswertung.

4.17 Silberhalogenidkristalle

Silberhalogenidkristalle werden häufig alternativ oder komplementär zu Kernemulsionen eingesetzt. Sie erlauben größere Detektorvolumina als Kernemulsionen. In gewissen Grenzen können die Spurinformationen durch äußere Maßnahmen (Bestrahlung mit Licht) konserviert werden, wodurch eine Möglichkeit des selektiven Teilchennachweises gegeben ist. Uninteressante, nicht konservierte Spuren würden verblassen.

4.18 Röntgenfilme

Röntgenfilme werden – ähnlich wie Kernemulsionen – häufig in kalorimetrischen Detektoren in Höhenstrahlungsexperimenten als Sampling-Elemente eingesetzt.

4.19 Thermolumineszenz-Detektoren

Alternativ zu Röntgenfilmen können Thermolumineszenz-Detektoren als Sampling-Elemente in Kalorimetern in Höhenstrahlungsexperimenten verwendet werden. In anderen Bauformen werden sie aber auch im Bereich des Strahlenschutzes zur Personendosisbestimmung eingesetzt.

4.20 Radiophotolumineszenz-Detektoren

Das Einsatzgebiet von silberaktivierenden Phosphatgläsern ist der Strahlenschutz. Durch Absorption von Strahlung werden in den Radiophotolumineszenz-Detektoren stabile Photolumineszenz-Zentren erzeugt, deren Zahl der absorbierten Dosis proportional ist. Durch Abfragen der empfangenen Dosis wird die Information nicht gelöscht.

4.21 Plastikdetektor

Anwendungsgebiete: Schwerionenphysik und kosmische Strahlung; Suche nach magnetischen Monopolen.

Aufbau: Zellulosenitratfolien, meist in Stapeln.

Meßprinzip, Auslese: Das durch ionisierende Teilchen lokal geschädigte Plastikmaterial wird durch Natronlauge angeätzt. Damit wird die Teilchenspur sichtbar gemacht. Die Auslese erfolgt wie bei Kernemulsionen.

Vorteile: Extrem einfacher, robuster Detektor; gut geeignet für Satelliten und Ballon-Experimente; permanent sensitiv; Schwellwerteffekte zur Unterdrückung von schwach ionisierenden Teilchen einstellbar.

Nachteile: Nicht triggerbar; mühsame Auswertung.

5 Zeitmessung

5.1 Photomultiplier

Anwendungsgebiete: Messung schwacher Lichtsignale, sogar einzelner Photonen; Zeitmessung.

Aufbau: Photokathode aus Metallen mit geringer Austrittsarbeit; Dynodenkette mit hohem Sekundäremissionskoeffizienten.

Meßprinzip, Auslese: Registrierung der Photonen durch Photoeffekt mit nachfolgender Verstärkung durch Sekundäremission an Dynoden.

Vorteile: Hohe Spannungssignale für einzelne Photonen; schnelle Anstiegszeiten mit der Möglichkeit der Zeitmessung in Nanosekundenbereich.

Nachteile: Zeitauflösung durch Weglängenunterschiede zwischen Photokathode und erster Dynode bei großen Photomultipliern begrenzt. Quantenausbeute nur etwa 20%. Betrieb in Magnetfeldern nur bei starker Abschirmung und schwachen Feldern möglich.

Variation: Mikrokanalelektronenvervielfacher ("Kanalplatte"); durch kurze Bauweise unempfindlicher gegen Magnetfelder; Elektronenverstärkung an kontinuierlicher Dynode; Verwendung als Restlichtverstärker.

5.2 Szintillatoren

Anwendungsgebiete:
γ-Spektroskopie und elektromagnetische Kalorimetrie mit anorganischen Szintillatoren; Triggerzähler und Zeitmessung mit Plastikszintillatoren; Sampling-Element in Kalorimetern.

Aufbau: Es sind drei verschiedene Typen von Szintillatoren zu unterscheiden: 1) anorganische Szintillatoren als dotierte Einkristalle ($NaJ(Tl)$,...); 2) organische Szintillatoren als dreikomponentige Mischungen aus einem Szintillator, Wellenlängenschieber und einer Trägersubstanz (polymerisiert oder flüssig); 3) Gasszintillatoren.

Meßprinzip, Auslese: Die Energie geladener Teilchen oder Photonen wird in Photonen im sichtbaren Spektralbereich konvertiert. In anorganischen Szintillatoren ist dies ein Effekt des kristallinen Gitters; in organischen und Gas-Szintillatoren handelt es sich um Anregungsleuchten. Auslese des Lichtes durch Photomultiplier oder Kanalplatten.

Vorteile: Die Geometrie des Szintillators kann dem physikalischen Problem leicht angepaßt werden. Gute Zeitauflösung bei Plastikszintillatoren (Nanosekundenbereich); Selbsttriggerung bei Gas-Szintillationsdriftkammern möglich.

Nachteile: Lange Abklingzeiten bei anorganischen Szintillatoren; Strahlenempfindlichkeit bei hohen Dosen.

Variation: Szintillierende Fasern als Sampling-Elemente in Kalorimetern, gleichzeitig zur genauen Ortsmessung einsetzbar.

5.3 Planare Funkenzähler

Anwendungsgebiete: Triggerzähler; präzise Zeitmessung.

Aufbau: Paar ebener Elektroden in engem Abstand unter hoher Gleichspannung.

Meßprinzip, Auslese: Der Teilchendurchgang erzeugt über Gasverstärkung zwischen den Elektroden einen Plasmaschlauch.

Der daraus resultierende Strom wird über einen Widerstand als Spannungssignal gemessen.

Vorteile: Sehr gute Zeitauflösung ($30\,ps$); gutes Vielfachansprechvermögen bei Elektroden aus Halbleitermaterial, Ortsinformation bei segmentierten Elektroden.

Variation: Widerstandsplatten-Kammern (Elektroden aus Widerstandsmaterial); Lawinenkammern (geringere Gasverstärkung als in Funkenzählern).

6 Teilchenidentifizierung

Das Ziel von Teilchenidentifzierungs-Detektoren ist es, die Identität von Teilchen (Masse m_0, Ladung z) zu bestimmen. Meist wird dieses Ziel durch Kombination von Informationen aus mehreren Detektoren erreicht. Hauptansatzpunkte sind die Messung

a) des Impulses p in Magnetfeldern $p = \gamma m_0 \beta c$;
   (β – Geschwindigkeit; γ – Lorentzfaktor des Teilchens)

b) der Flugzeit τ von Teilchen $\tau = s/(\beta \cdot c)$;
   (s – Flugstrecke)

c) des spezifischen Energieverlustes $-\frac{dE}{dx} \sim \frac{z^2}{\beta^2} \ln \gamma$;

d) der kinetischen Energie in Kalorimetern $E_{\text{kin}} = (\gamma - 1)m_0 c^2$;

e) der Menge des Cherenkov-Lichtes $\sim z^2 \sin^2 \theta_c$;
   ($\theta_c = \arccos 1/n\beta$; n – Brechungsindex;)

f) der Übergangsstrahlungsausbeute ($\sim \gamma$).

Die Messung und Identifikation neutraler Teilchen (Neutronen, Photonen, Neutrinos, . . .) erfolgt über die Konversion in geladene Teilchen an geeigneten Materialien.

6.1 Neutronennachweis

Anwendungsgebiete: Nachweis von Neutronen in verschiedenen Energiebereichen im Strahlenschutzbereich, an Kernreaktoren und in der Elementarteilchenphysik.

Aufbau: Bortrifluorid-Zählrohre, beschichtete Zellulosenitrat-Folien oder $LiJ(Eu)$-Szintillationszähler.

Meßprinzip: Neutronen – als elektrisch neutrale Teilchen – müssen in Wechselwirkungen veranlaßt werden, geladene Teilchen zu erzeugen, die mit den klassischen Nachweismitteln registriert werden.

Nachteile: Neutronendetektoren haben meist eine geringe Nachweiswahrscheinlichkeit.

6.2 Neutrinodetektoren

Ähnlich wie bei Neutronenzählern müssen Neutrinos in Wechselwirkungen veranlaßt werden, geladenen Teilchen zu erzeugen, die dann mit klassischen Nachweismethoden detektiert werden.

6.3 Flugzeitmessung

Anwendungsgebiete: Zeitmessung zur Identifikation von Teilchen verschiedener Masse bei gleichem Impuls.

Aufbau, Meßprinzip, Auslese: Zwei Szintillatoren oder planare Funkenzähler zur Start-Stopp-Messung; Auslese mit Zeit-Amplituden-Wandlern.

Vorteile: Einfach im Aufbau.

Nachteile: Nur für "kleine" Geschwindigkeiten ($\beta < 0.99$; $\gamma < 10$) verwendbar.

6.4 Cherenkov-Zähler

Anwendungsgebiete: Massenbestimmung (Schwellwert-Cherenkov-Zähler) im impulsselektierten Strahl und Geschwindigkeitsmessung (differentieller Cherenkov-Zähler).

Aufbau: Feste, flüssige oder gasförmige transparente Radiatoren; Phasengemische(Aerogele) zur Abdeckung in der Natur nicht vorkommender Brechungsindexbereiche.

Meßprinzip, Auslese: Cherenkov-Licht-Emission für Teilchen mit $v > c/n$ (n - Brechungsindex) aufgrund asymmetrischer Polarisation des Radiatormaterials. Auslese mit Photomultipliern oder photosensitiven Vieldrahtproportionalkammern.

Vorteile: Einfache Methode der Massenbestimmung; variabler, einstellbarer Schwellwert bei Gas-Cherenkov-Zählern über den Gasdruck; Cherenkov-Licht-Emission auch kalorimetrisch verwendbar; abbildende Systeme möglich (Ring-abbildender Cherenkov-Zähler).

Nachteile: Nur wenige Photonen (im Vergleich zur Szintillation); Cherenkov-Zähler messen nur (neben z) die Geschwindigkeit β; damit ist die Anwendung auf nicht zu hohe Energien begrenzt.

6.5 Übergangsstrahlungsdetektoren

Anwendungsgebiet: Messung des Lorentzfaktors γ zur Teilchenidentifizierung.

Aufbau: Folienanordnungen oder poröse Dielektrika mit möglichst vielen Übergangsschichten (Sprünge in der Dielektrizitätskonstanten).

Meßprinzip, Auslese: Emission elektromagnetischer Strahlung an Grenzschichten von Materialien mit unterschiedlicher Dielektrizitätskonstante. Auslese durch Vieldrahtproportionalkammern mit Xenon- oder Krypton-Füllgas zum effektiven Photonennachweis.

Vorteile: Die Zahl, bzw. die Gesamtenergie der abgestrahlten Übergangsstrahlungsphotonen ist proportional zur *Energie* des geladenen Teilchens. Die emittierten Photonen liegen im Röntgenbereich und sind deshalb gut meßbar.

Nachteile: Trennung des Energieverlustes durch Übergangsstrahlung vom Ionisationsverlust schwierig.

6.6 Mehrfachmessung der spezifischen Ionisation

Anwendungsgebiet: Teilchenidentifizierung.

Aufbau: Viele Detektor-Ebenen zur Messung von dE/dx-Proben.

Meßprinzip, Auslese: Die Landau-Verteilungen des Energieverlustes werden als Wahrscheinlichkeitsverteilungen behandelt. Verschiedene Teilchen festen Impulses sind durch unterschiedliche Verteilungen charakterisiert. Durch Messung dieser Verteilungen mit möglichst vielen Meßproben wird eine Teilchenidentifizierung möglich. Vereinfachtes Verfahren durch Ermittlung des beschränkten Mittelwertes ("truncated mean").

Vorteile: Die dE/dx-Proben können auch als Nebenprodukt in Vieldrahtproportional-, Jet- oder Zeitprojektionskammern erhalten werden; das Meßprinzip ist einfach.

Nachteile: In bestimmten kinematischen Bereichen sind die Energieverlustverteilungen für verschiedene Teilchen sehr ähnlich. Der Dichteeffekt des Energieverlustes führt zu gleichen dE/dx-Verteilungen für alle einfach geladenen Teilchen bei hohen Energien ($\beta\gamma \sim$ einige 100) selbst in Gasen.

7 Energiemessung

7.1 Halbleiterzähler

Anwendungsgebiete: α-, β- und γ-Spektroskopie; Energieverlustmessung und Teilchenidentifizierung; hochauflösender Ortsdetektor (Silizium-Streifenzähler).

Aufbau: Silizium- oder Germanium-Kristalle mit 5-wertigen Donatoren oder 3-wertigen Akzeptoren (Lithium mit nur *einem* Elektron in der äußeren Schale ist ein Donator).

Meßprinzip, Auslese: Die Halbleiterzähler arbeiten wie Festkörperionisationskammern; geladene Teilchen (oder neutrale über

Wechselwirkungen) erzeugen Elektron-Loch-Paare, die im elektrischen Feld eingesammelt werden. Zur Auslese werden rauscharme, ladungsempfindliche Verstärker benötigt.

Vorteile: Hohe Dichte, geringer Energieaufwand zur Erzeugung eines Elektron-Loch-Paares ($3.6\,eV$ für Si und $2.8\,eV$ für Ge) und damit gute Energieauflösung; präzise Ortsbestimmung bei Si-Streifenzählern.

Nachteile: Kühlung (für Germanium-Zähler) bei Flüssig-Stichstoff-Temperatur erforderlich. Alterung bei Strahlenbelastung.

Variationen: 1) Anstelle der Elektron-Loch-Paarerzeugung können noch geringere W-Werte erzielt werden, wenn man die Aufspaltung von Cooper-Paaren zur Messung des Energieverlustes/der Energie verwendet: noch bessere Energieauflösung; Kryogenik erforderlich.
2) Rein kryogenische Kalorimeter zur Messung geringster Energieabsorptionen über die Temperaturerhöhung des Absorbers; die Auslese dieses Systeme ist wegen der kleinen Signale schwierig.
3) Pixeldetektoren: Auslese der Ladungsdeposition in Silizium-Detektoren über zweidimensionale Elektrodenstrukturen.

7.2 Elektron-Kalorimeter

Anwendungsgebiet: Messung der Energien von Elektronen und Photonen im Energiebereich $> 500\,MeV$.

Aufbau: Totalabsorbierende Detektoren, in denen die Energie der Elektronen oder Photonen über Bremsstrahlungs- und Paarerzeugungsprozesse deponiert wird. In Sampling-Kalorimetern wird die Energiedeposition nur stichprobenartig, meist in konstanten, longitudinalen Schauertiefen, gemessen.

Meßprinzip, Auslese: Je nach Detektorsubstanz wird die Menge der deponierten Energie als Ladungssignal (e.g. Flüssig-Argon-Kammern) oder als Lichtsignal (Szintillatoren) erhalten und entsprechend ausgelesen. Zur vollständigen Absorption von $10\,GeV$-Elektronen/Photonen benötigt man etwa 20 Strahlungslängen.

Vorteile: Kompakte Bauweise; die relative Energieauflösung *verbessert* sich mit zunehmender Energie ($\sigma/E \sim 1/\sqrt{E}$).

Nachteile: Sampling-Fluktuationen, Landau-Fluktuationen sowie longitudinale und laterale Leckverluste verschlechtern, bzw. limitieren die Energieauflösung.

Variation: Über Segmentierung der Auslese können in Kalorimetern ebenfalls gute Ortsauflösungen erzielt werden. Besonders zu erwähnen sind hier die "Spaghetti-Kalorimeter".

7.3 Hadron-Kalorimeter

Anwendungsgebiete: Messung der Energie von Hadronen im Energiebereich $> 1\,GeV$; Myonenidentifikation.

Aufbau: Totalabsorbierende Detektoren oder Sampling-Kalorimeter; als Sampling-Medien kommen alle Materialien mit kurzer Wechselwirkungslänge in Frage (z.B. Uran, Wolfram; aber auch Eisen oder Kupfer).

Meßprinzip, Auslese: Hadronen mit Energien $> 1\,GeV$ deponieren ihre Energie über inelastische Kernprozesse unter Entwicklung von Hadronenkaskaden. Letzlich wird die Energie, wie bei Elektronenkalorimetern, über das erzeugte Ladungs- oder Lichtsignal im Detektormedium gemessen.

Vorteile: Verbesserung der relativen Energieauflösung mit zunehmender Energie.

Nachteile: Starke Sampling-Fluktuationen; große Teile der Energie bleiben wegen des Aufbrechens von Kernbindungen und wegen des Entweichens neutraler langlebiger Teilchen oder Myonen aus dem Detektorvolumen "unsichtbar". Daher erreicht die Energieauflösung von Hadron-Kalorimetern nicht die Qualität derjenigen von Elektron/Photon-Kalorimetern.

Variation: Durch Kompensationsmethoden können die Signalamplituden von Elektronen und Hadronen fester Energie angeglichen werden. Dies wird erreicht durch partielle Rückgewinnung der unsichtbaren Energie. Die Kompensation ist für die korrekte

Energiemessung in Jets mit unbekannter Teilchenzusammensetzung wesentlich.

7.4 Teilchenidentifikation mit Kalorimetern

Die Teilchenidentifizierung mit Kalorimetern basiert auf der unterschiedlichen longitudinalen und lateralen Entwicklung von elektromagnetischen und hadronischen Kaskaden.

Myonen können aufgrund ihres Durchdringungsvermögens von
Elektronen, Pionen, Kaonen, und Protonen unterschieden werden.

7.5 Eichung und Überwachung von Kalorime-
tern

Gute Kalorimeter müssen kalibriert werden. In der Regel erfolgt
die Eichung an Teststrahlen mit Teilchen bekannter Identität und
bekanntem Impuls. Im Niederenergiebereich sind auch β- und γ-
Strahlen von Radionukliden als Eichquellen geeignet. Um die Zeitsta-
bilität der Eichung zu garantieren, müssen während der Datennahme
die Eichparameter ständig kontrolliert werden. Dazu sind spezielle
on-line Kalibrationsprozeduren erforderlich.

7.6 Kryogenische Kalorimeter

Anwendungsgebiete: Nachweis energiearmer Teilchen oder Messung minimaler Energieverluste.

Aufbau: Detektoren, die durch kleinste Energieabsorptionen eine
nachweisbare Zustandsänderung erfahren.

Meßprinzip: Aufbrechen von Cooper-Paaren durch Energiedepositionen; Übergang vom supraleitenden in den normalleitenden
Zustand von überhitzten supraleitenden Granulen; Nachweis
von Phononen in Festkörpern.

Auslese: mit extrem rauscharmen elektronischen Schaltungen, z.B.
mit SQUIDs (Super-Conducting Quantum Interference Devices).

Vorteile: Erschließung neuer Informationsmöglichkeiten in der Kosmologie. Möglichkeiten des Nachweises von Kandidaten "dunkler Materie". Auch für nicht-ionisierende Teilchen einsetzbar.

Nachteile: extreme Kühlung (Milli-Kelvin-Bereich) erforderlich.

8 Impulsmessung

Anwendungsgebiete: Impulsspektrometer für Experimente mit festem Target an Beschleunigern, für Untersuchungen in der kosmischen Strahlung und an Speicherringen.

Aufbau: Ein Magnetvolumen wird entweder mit Ortsdetektoren instrumentiert oder Eintritts- und Austrittstrajektorien geladener Teilchen in bzw. aus einem Magnetfeld werden mit Detektoren vermessen.

Meßprinzip, Auslese: Die Ortsdetektoren bestimmen die Bahn geladener Teilchen im Magnetfeld; aus der Bahnkrümmung und der Stärke des Magnetfeldes wird der Impuls berechnet.

Vorteile: Bei mittleren Impulsen (GeV/c-Bereich) werden hohe Impulsauflösungen erzielt. Die Impulsbestimmung ist zur Teilchenidentifizierung wesentlich.

Nachteile: Die Impulsmeßgenauigkeit wird durch Vielfachstreuung im Magnetvolumen und in den Detektoren sowie durch deren eingeschränkte Ortsauflösung begrenzt. Die Impulsauflösung *verschlechtert* sich mit dem Impuls ($\sigma/p \sim p$). Für hohe Impulse wird die erforderliche Detektorlänge unpraktisch groß.

Anhang A
Tabelle wichtiger
Naturkonstanten

[nach Particle Data Group; Phys. Lett. B239 (1990) 1; Phys.Rev.
D45 (1992) 1; B.N. Taylor, E.R. Cohen, Journ. Research
Nat.Inst.Standards and Technology 95 (1990) 497 und:
Handbook of Chemistry and Physics, ed.R.C. Weast, M.J.Astle, CRC
Press 1973]

Lichtgeschwindigkeit[1]	c	$299\ 792\ 458\ ms^{-1}$
Plancksches Wirkungsquantum	h	$6.626\ 075\ 5 \cdot 10^{-34}\ Js$ $\pm 0.000\ 004\ 0 \cdot 10^{-34}\ Js$
reduziertes Plancksches Wirkungsquantum	$\hbar = \dfrac{h}{2\pi}$	$1.054\ 572\ 66 \cdot 10^{-34}\ Js$ $\pm 0.000\ 000\ 63 \cdot 10^{-34}\ Js$
Elementarladung	e	$1.602\ 177\ 33 \cdot 10^{-19}\ C$ $\pm 0.000\ 000\ 49 \cdot 10^{-19}\ C$ $= 4.803\ 206\ 8 \cdot 10^{-10}\ esu^2$ $\pm 0.000\ 001\ 5 \cdot 10^{-10}\ esu$

---

[1]Der Wert der Lichtgeschwindigkeit bildet die Basis zur Definition der
Längeneinheit Meter: 1 Meter ist die Länge der Strecke, die Licht im Vakuum
während der Dauer von 1/299792458 Sekunden durchläuft. Insofern ist der angegebene Wert der Lichtgeschwindigkeit nach Definition exakt und ohne Fehler.
[2]esu = Elektrostatische Ladungseinheit

Gravitationskonstante	G	$6.672\ 59 \cdot 10^{-11} m^3\ kg^{-1}\ s^{-2}$
		$\pm 0.000\ 85 \cdot 10^{-11} m^3\ kg^{-1}\ s^{-2}$
Avogadro Konstante	N_A	$6.022\ 136\ 7 \cdot 10^{23}\ Mol^{-1}$
($\equiv$ Loschmidt Zahl)		$\pm 0.000\ 003\ 6 \cdot 10^{23}\ Mol^{-1}$
Boltzmann Konstante	k	$1.380\ 6501 \cdot 10^{-23}\ JK^{-1}$
		$\pm 0.000\ 0023 \cdot 10^{-23} JK^{-1}$
allgemeine Gaskonstante	$R(= kN_A)$	$8.314\ 472\quad JK^{-1}\ Mol^{-1}$
		$\pm 0.000\ 014\quad JK^{-1}\ Mol^{-1}$
Molvolumen bei Normal-	V_{mol}	$22.413\ 992 \cdot 10^{-3}\ m^3\ Mol^{-1}$
bedingungen		$\pm 0.000\ 038 \cdot 10^{-3} m^3 Mol^{-1}$
Dielektrizitätskonstante[3]	ε_0	$8.854\ 187\ 817 \cdot 10^{-12}\ F\ m^{-1}$
Permeabilitätskonstante	μ_0	$12.566\ 370\ 614 \cdot 10^{-7}\ N\ A^{-2}$
Stefan-Boltzmann Konstante	$\sigma = \pi^2 k^4 / 60 \hbar^3 c^2$	$5.670\ 397 \cdot 10^{-8}\ Wm^{-2}\ K^{-4}$
		$\pm 0.000\ 039 \cdot 10^{-8}\ Wm^{-2}\ K^{-4}$
Elektronenmasse	m_e	$0.510\ 999\ 06\ MeV/c^2$
		$\pm 0.000\ 000\ 15\ MeV/c^2$
		$= 9.109\ 389\ 7 \cdot 10^{-31}\ kg$
		$\pm 0.000\ 005\ 4 \cdot 10^{-31}\ kg$
Protonenmasse	m_p	$938.272\ 31\ MeV/c^2$
		$\pm 0.000\ 28\ MeV/c^2$
		$= 1.672\ 623\ 1 \cdot 10^{-27}\ kg$
		$\pm 0.000\ 001\ 0 \cdot 10^{-27}\ kg$

---

[3]Wegen der Tatsache, daß c nach Vereinbarung fehlerlos und nach Definition $\mu_0 = 4\pi \cdot 10^{-7}\ NA^{-2}$ ist, ist auch ε_0 exakt.

atomare Masseneinheit	$(1g/N_A)$	$= 931.494\ 32\ MeV/c^2$
		$\pm 0.000\ 28\ MeV/c^2$
		$= 1.660\ 540\ 2 \cdot 10^{-27}\ kg$
		$\pm 0.000\ 001\ 0 \cdot 10^{-27}\ kg$
spezifische Ladung des Elektrons	e/m_e	$= 1.758\ 819\ 62 \cdot 10^{11}\ C\ kg^{-1}$
		$\pm 0.000\ 000\ 53 \cdot 10^{11}\ C\ kg^{-1}$
Feinstruktur- konstante[4] α	$\alpha^{-1} = \left(\frac{e^2}{4\pi\varepsilon_0\hbar c}\right)^{-1}$	$137.035\ 992\ 22$
		$\pm 0.000\ 000\ 94$
klassischer Elektronen- radius	$r_e = e^2/4\pi\varepsilon_0 m_e c^2$	$2.817\ 940\ 92 \cdot 10^{-15}\ m$
		$\pm 0.000\ 000\ 38 \cdot 10^{-15}\ m$
Compton-Wellenlänge des Elektrons	$\lambda_e/2\pi = \hbar/m_e c = r_e/\alpha$	$3.861\ 593\ 23 \cdot 10^{-13}\ m$
		$\pm 0.000\ 000\ 35 \cdot 10^{-13}\ m$
Bohrscher Radius	$r_0 = 4\pi\varepsilon_0\hbar^2/m_e e^2 = r_e\alpha^{-2}$	$0.529\ 177\ 249 \cdot 10^{-10}\ m$
		$\pm 0.000\ 000\ 024 \cdot 10^{-10}\ m$
Rydbergenergie	$E_{Ry} = m_e c^2\alpha^2/2$	$13.605\ 698\ 1\quad eV$
		$\pm 0.000\ 004\ 0\quad eV$
Bohrsches Magneton	$\mu_B = e\hbar/2m_e$	$5.788\ 382\ 63 \cdot 10^{11}\ MeVT^{-1}$
		$\pm 0.000\ 000\ 52 \cdot 10^{-11}\ MeVT^{-1}$
Erdbeschleunigung[5]	g	$9.806\ 65\ ms^{-2}$

---

[4]bei Viererimpulsquadraten $q^2 = -m_e^2$

[5]Durch Definition als exakt festgelegt. Tatsächlich nimmt g an verschiedenen Stellen der Erde etwas unterschiedliche Werte an. So ist g am Äquator $9.75\ m/s^2$ und an den Polen $9.85\ m/s^2$.

Erdmasse M $5.979 \cdot 10^{24}\ kg$
                        $\pm 0.004 \cdot 10^{24}\ kg$

Sonnenmasse $M_\odot$ $1.991 \cdot 10^{30}\ kg$
                        $\pm 0.002 \cdot 10^{30}\ kg$

Anhang B
Definition und Umrechnung einiger physikalischer Einheiten

physikalische Größe	Einheit
Aktivität A	1 Becquerel $(Bq) = 1$ Zerfall pro Sekunde (s^{-1}) 1 Curie $(Ci) = 3.7 \cdot 10^{10}\ Bq$
Arbeit, Energie W	1 Joule $(J) = 1\ Ws = 1\ Nm$ 1 $erg = 10^{-7}\ J$ 1 $eV = 1.602\ 177 \cdot 10^{-19}\ J$ 1 $cal = 4.186\ J$
Dichte ρ	1 $kg/m^3 = 10^{-3}\ g/cm^3$
Druck p	1 Pascal $(Pa) = 1\ Nm^{-2}$ 1 $bar = 10^5 Pa$ 1 $atm = 1.013\ 25 \cdot 10^5\ Pa$ 1 Torr $(mmHg) = 1.333\ 224 \cdot 10^2\ Pa$ 1 $kp/m^2 = 9.806\ 65\ Pa$
Ladung	1 Coulomb (C) $1C = 2.997\ 924\ 58 \cdot 10^9$ Elektrostatische Ladungseinheiten (esu)

Energiedosis D	1 Gray $(Gy) = 1\ Jkg^{-1}$
	1 $rad = 0.01\ Gy$
Äquivalentdosis H	1 Sievert $(Sv) = 1\ Jkg^{-1}$
	$(H[Sv] = RBW \cdot D[Gy])$; $RBW =$ relative
	biologische Wirksamkeit)
	1 $rem = 0.01\ Sv$
Ionendosis I	$1I = 1\ C\ kg^{-1}$
	1 Röntgen $(r) = 2.58 \cdot 10^{-4}\ C\ kg^{-1}$
	$\qquad\qquad = 8.77 \cdot 10^{-3}\ Gy$
	für Luft als Absorber
Entropie S	1 J/K
elektrische Feldstärke E	1 Vm^{-1}
magnetische Feldstärke H	1 Am^{-1}
	1 Oerstedt $(Oe) = 79.59\ Am^{-1}$
magnetische Induktion B	1 Tesla $(T) = 1\ Vs\ m^{-2} = 1\ Wb\ m^{-2}$
	1 Gauß $(G) = 10^{-4}\ T$
magnetischer Fluß ϕ	1 Weber $(Wb) = 1\ Vs$
Induktivität L	1 Henry $(Hy) = 1\ VsA^{-1} = 1\ WbA^{-1}$
Kapazität C	1 Farad $(F) = 1\ CV^{-1}$
Kraft F	1 Newton $(N) = 10^5\ dyn$
Länge l	$1m = 10^{10}$ Ångstrøm (Å)
	1 Fermi $(fm) = 10^{-15}m$ ($= 1$ Femtometer)
	1 Astronomische Einheit (AU)
	$\quad 1\ AU = 1.496 \cdot 10^{11}\ m$
	1 Parsec $(pc) = 3.085\ 72 \cdot 10^{16}\ m$
	$\qquad\qquad\quad = 3.26$ Lichtjahre
Leistung W	1 Watt $(W) = 1\ Nms^{-1} = 1\ Js^{-1}$

Masse m	$1\ kg = 10^3\ g$
elektrische Spannung U	1 Volt (V)
elektrische Stromstärke I	1 Ampère (A)
Temperatur T	1 Kelvin (K) Celsius $(^\circ C) = T[K] - 273.16$
elektrischer Widerstand Ω	1 Ohm $(\Omega) = 1\ V A^{-1}$
spezifischer Widerstand ρ	$1\ \Omega \cdot cm$
Zeit t	$1 s$

Literatur

- Die Zeitschrift "Nuclear Instruments and Methods in Physics Research" wird im folgenden mit NIM abgekürzt.

[1] H.A. Bethe, Ann.d.Phys. 5 (1930) 325

[2] H.A. Bethe, Z.Phys. 76 (1932) 293

[3] G. Musiol, J. Ranft, R. Reif, D. Seeliger, "Kern- und Elementarteilchenphysik", VCH Verlagsgesellschaft, Weinheim (1988)

[4] F. Bloch, Z.Phys. 81 (1933) 363

[5] S. Hayakawa, "Cosmic Ray Physics", Wiley Interscience (1969)

[6] C. Serre, CERN 67-5 (1967)

[7] U. Fano, Ann.Rev.Nucl.Sci. 13 (1963) 1

[8] N.I. Koschkin, M.G. Schirkewitsch, "Elementare Physik", Hanser (1987)

[9] H.A. Bethe, Phys.Rev. 89 (1953) 1256

[10] H.A. Bethe, W. Heitler, Proc.Roy.Soc. A146 (1934) 83

[11] E. Lohrmann, "Hochenergiephysik", Teubner (1981)

[12] O. Klein, Y. Nishina, Z. Phys. 52 (1929) 853

[13] W.S.C. Williams, "Nuclear and Particle Physics", Clarendon Press, Oxford (1991)

[14] A. Peisert, F. Sauli, CERN 84-08 (1984)

[15] J. Fehlmann, G. Viertel, ETH-Zürich-Report, "Compilation of Data for Drift Chamber Operation", (1983)

[16] L. Landau, J.Phys. USSR 8 (1944) 201

[17] CERN Program Library, CERN Program Library Section (1986)

[18] S. Behrends, A.C. Melissinos, University of Rochester Preprint UR-776 (1981)

[19] Y. Iga et al., NIM 213 (1983) 531

[20] A.H. Walenta, "Review of the Physics and Technology of Charged Particle Detectors", SI-83-23 (1983)

[21] U. Fano, Phys.Rev. 72 (1947) 26

[22] C. Grupen, Fortschr.d.Physik 23 (1976) 127

[23] W. Lohmann, R. Kopp, R. Voss, CERN 85-03 (1985)

[24] J. Marshall, A.G. Ward, Canad. Journ. Res. A15 (1937) 39

[25] G. Joos, E. Schopper, "Grundriß der Photographie und ihrer Anwendungen, besonders in der Kernphysik", Frankfurt/M. (1958)

[26] A.G. Wright, Preprint 1974, Polytechnic of North London

[27] S.C. Brown, "Basic Data of Plasma Physics", MIT-Press, Cambridge, Mass. (1959)

[28] H.W. Fulbright, "Ionisation chambers in Nuclear Physics", in Encyclopedia of Physics (ed. S. Flügge), Springer (1958)

[29] A. Breskin et al., NIM 124 (1975) 189

[30] J. Townsend, "Electrons in Gases", Hutchinson, London 1947

[31] P.V. Vavilov, Sov.Phys. JETP 5 (1957) 749

[32] K. Kleinknecht, "Detektoren for Teilchenstrahlung", Teubner (1984, 1987 und 1992)

[33] J.A. Jaros, SLAC-PUB 2647 (1980)

[34] W. de Boer et al., Proc. Wire Chamber Conf., Vienna (1980)

[35] PLUTO-Collaboration, L. Criegee, G. Knies, Phys. Rep. 83 (1982) 153

[36] C. Biino et al., IEEE Trans.Nucl. Sci. 36 (1989) 98

[37] W.H. Toki, SLAC-PUB-5232 (1990)

[38] R. Bouclier et al., NIM A265 (1988) 78

[39] W. Bartel et al., Phys. Lett. 88 B (1979) 171

[40] H. Drumm et al., NIM 179 (1980) 333

[41] F. Sauli, CERN-EP/86-143 (1986)

[42] J. Bartelt, Contribution to the 23rd Int.Conf. on High Energy Physics, Berkeley (1986)

[43] D.R. Nygren, Phys. Scripta 23 (1981) 584

[44] ALEPH-Collaboration, D. Decamp et al., NIM A294 (1990) 121

[45] W.B. Atwood et al., NIM A306 (1991) 446

[46] G. Charpak, NIM A252 (1986) 131

[47] J. Va'vra, NIM A252 (1986) 547 und weitere Referenzen darin

[48] O.C. Allkofer, "Teilchendetektoren", Thiemig (1971)

[49] D.H. Perkins, "Introduction to High Energy Physics", Addison-Wesley (1987)

[50] V. Barnes et al., Phys.Rev.Lett. 12 (1964) 204

[51] W. Wolter, priv. Mitteilung, Univ. Kiel 1969

[52] R. Rice-Evans, "Spark, Streamer, Proportional and Drift Chambers", Richelieu Press, London (1974)

[53] F. Rohrbach, CERN/EF-88-17 (1988)

[54] O.C. Allkofer, W.D. Dau, C. Grupen, "Spark Chambers", Thiemig (1969)

[55] C.A. Ayre, M.G. Thompson, NIM 69 (1969) 106

[56] M. Conversi, A. Gozzini, Nuovo Cim. 2 (1955) 189

[57] M. Conversi, L. Federici, NIM 151 (1978) 93

[58] J. Trümper, E. Böhm, M. Samorski, priv. Mitteilung 1969

[59] B. Agrinièr et al., J.Phys. 24 (1963) 312

[60] W. Stamm et al., Nuovo Cim. 51A(1979) 242

[61] A. Bäcker, Dipl. Thesis, Univ. Kiel (1975)

[62] R.C. Uhr, Dipl. Thesis, Univ. Kiel (1972)

[63] S. Aoki et al., NIM B51 (1990) 466

[64] B. Rossi, "High-Energy Particles", Prentice-Hall (1952)

[65] CERN-Annual Report, Vol. 1 (1987) 26

[66] F. Close et al., "The Particle Explosion", Oxford University Press (1987)

[67] Th. Wendnagel, Univ. Frankfurt, priv. Mitteilung 1991

[68] C. Childs, L. Slifkin, Am. Phys. Soc. 6 (1961) 52

[69] Th. Wendnagel et al., Proc. 10th Int. Conf, on SSNTD, Lyon (1979), Pergamon Press (1980)

[70] A. Noll, Dissertation, Univ. Siegen (1990)

[71] C.M.G. Lattes, Y. Fujimoto, S. Hasegawa, ICR-Report-81-80-3, University of Tokyo (1980)

[72] Mt. Fuji Collaboration (M. Akashi et al.), ICR-Report-89-81-5, University of Tokyo (1981)

[73] I. Ohta et al., 14th Int. Cosmic Ray Conf. München, Vol. 9 (1975) 3154

[74] Y. Okamoto et al., 18th Int. Cosmic Ray Conf., Bangalore, Vol. 8 (1983) 161

[75] W. Enge, Nucl. Tracks 4 (1980) 283

[76] W. Heinrich et al., Rad. Research 118 (1989) 63

[77] M. Henkel et al., Proc. 21st Int.Conf. Cosmic Rays, Adelaide Vol. 3 (1990) 15

[78] C. Brechtmann, W. Heinrich, Z.Phys. A330 (1988) 407; A331 (1988) 463

[79] T. Hayashi, Hammamatsu TV Co. Ltd., Application Res.-0791 (1980)

[80] J.A. Kadyk, NIM A300 (1991) 436 und Referenzen darin

[81] R. Kotthaus, NIM A252 (1986) 531

[82] F. Ashton, J. King, J.Phys. A4, L31 (1971)

[83] F. Ashton, priv. Mitteilung 1991

[84] H. Bingham et al., E-632 Collaboration, CERN/EF 90-3 (1990) und NIM A297 (1990) 364

[85] CERN-Courier Vol. 22 (1982) 24

[86] CERN-Courier Vol. 20 (1980) 58

[87] CERN-Courier Vol. 25 (1985) 31

[88] CERN-Courier Vol. 27 (1987) 25

[89] Valvo Datenbuch Photomultiplier (1985)

[90] K. Oba, Hammamatsu TV Co. Ltd., Application Res.-0792 (1980)

[91] M. Simon, T. Braun, NIM 204 (1983) 371

[92] B.M. Bleichert, Dissertation, Univ. Siegen (1982)

[93] D. Acosta et al., CERN-PPE/91-011 (1991)

[94] Particle Data Group, Phys. Lett. 239 (1990) 1

[95] V.H. Regener, Phys. Rev. 84 (1951) 161

[96] G. Zech, NIM A277 (1989) 608

[97] O. Helene, NIM 212 (1983) 319

[98] S. Brandt, "Datenanalyse" BI-Verlag, Mannheim/Leipzig (1992)

[99] Yu.A. Budagov, G.I. Merson, B. Sitar, V.A. Chechin, "Ionization Measurements in High Energy Physics", Energoatomizdat, Moskau (1988)

[100] W. Braunschweig, Phys. Scripta 23 (1981) 384

[101] G. Hertz, "Lehrbuch der Kernphysik", Bd. 1, Teubner (1966)

[102] E. Sauter, "Grundlagen des Strahlenschutzes", Thiemig (1982)

[103] S.E. Hunt, "Nuclear Physics for Engineers and Scientists", Wiley (1987)

[104] F. Sauli, CERN 77-09 (1977) und Referenzen darin

[105] L.B. Loeb, "Basis Processes of Gaseous Electronics", Berkeley (1961)

[106] G.A. Schröder in "Summer School Univ. of New England", ed. S.C. Haydon, "Discharge and Plasma Physics", The University of New England, Armidale (1964)

[107] M. Salehi, Dipl.Arbeit, Univ. Siegen (1990)

[108] E. Iarocci, NIM 217 (1983) 30

[109] G. Battistoni et al., NIM 164 (1979) 57

[110] G.D. Alekseev, NIM 177 (1980) 385

[111] R. Baumgart et al., NIM A239 (1985) 513; NIM A256 (1987) 254; NIM A258 (1987) 51; NIM A268 (1988) 105

[112] CERN-Courier Vol. 21 (1981) 358

[113] R. Baumgart et al., NIM 222 (1984) 448

[114] J. Engler, H. Keim, B. Wild, NIM A252 (1986) 29

[115] M.G. Albrow et al., NIM A265 (1988) 303

[116] K. Aukowiak et al., NIM A279 (1989) 83

[117] M. Pripstein, Lawrence-Berkeley Laboratory, LBL-30282 (1991)

[118] E. Aprile, K.L. Giboni, C. Rubbia, Harvard University Preprint, May 1985

[119] G.A. Erskine, NIM 105 (1972) 565

[120] H. Kapitza, Int. Bericht DESY F14-79/01 (1979)

[121] G. Charpak, Filet à Particules, Découverte 1972

[122] T. Trippe, CERN NP Internal Report 69-18 (1969)

[123] H. Netz "Formeln der Technik", Hanser (1983)

[124] Kleine Enzyklopädie der Physik, ed. P. Rennert, H. Schmiedel, C. Weißmantel; Harri Deutsch (1987)

[125] R. Roark, W. Young "Formulas for Stress and Strain", McGraw-Hill (1975)

[126] A. Oed, NIM A263 (1988) 351

[127] F. Angelini et al., Particle World 1 (1990) 84

[128] D. Mattern et al., CERN-EF 90-4 (1990)

[129] D. Mattern et al., CERN-PPE-Preprint, August 1990

[130] K. Mathis, Staatsexamensarbeit, Univ. Siegen (1979)

[131] J. Allison, C.K. Bowdery, P.G. Rowe, Int. Report, Univ. Manchester MC81/33 (1981)

[132] J. Allison et al., NIM 201 (1982) 341

[133] A. Franz, C. Grupen, NIM 200 (1982) 331

[134] Ch. Becker et al., NIM 200 (1982) 335

[135] G. Zech, NIM 217 (1983) 209

[136] D.C. Imrie, Lecture delivered at the School for Young High Energy Physicists, Rutherford Lab., Sept. 1979

[137] H. Neuert, Kernphysikalische Meßverfahren, G. Braun Verlag, Karlsruhe (1966)

[138] P. Marmier, "Kernphysik I", Zürich (1977)

[139] P.A. Cherenkov, Phys. Rev. 52 (1937) 378

[140] P.A. Cherenkov, I.M. Frank, I.E. Tamm, Nobel Lectures in Physics, New York, Elsevier (1964)

[141] P. Marmier, E. Sheldon, "Physics of Nuclei and Particles" Vol.I, Academic Press, New York (1969)

[142] C. Grupen, E. Hell, Vorlesungsskript, "Kernphysik", Univ. Siegen (1983)

[143] C.W. Fabjan, H.G. Fischer, "Particle Detectors" CERN-EP/80-27 (1980)

[144] J. Seguinot, T. Ypsilantis NIM 142 (1977) 377

[145] T. Ekelöf, CERN-PPE/91-23 (1991)

[146] R. Stock, NA35-Kollaboration, priv. Mitteilung 1990

[147] F. Sauli, CERN-EP/89-74 (1989)

[148] A. Bodek et al., Z. Phys. C18 (1983) 289

[149] W.W.M. Allison, J.H. Cobb, Ann. Rev. Nucl. Sci. 30 (1980) 253

[150] W.W.M. Allison, P.R.S. Wright, Univ. Oxford Preprint OUNP 35/83 (1983)

[151] V.L. Ginzburg, I.M. Frank, JETP 16 (1946) 15

[152] G.M. Garibian, Proc. 5th Int. Conf. in Instrumentation for High Energy Physics, Frascati (1973) 329

[153] X. Artru et al., Phys. Rev. D12 (1975) 1289

[154] H.G. Fischer et al., Proc. Int. Meeting on Prop. and Driftchambers, Dubna (1975), JINR-Report D13-9164

[155] C.W. Fabjan, W. Willis, CERN-EP/80-198 (1980)

[156] C.W. Fabjan et al., NIM 185 (1981) 119

[157] J.N. Marx, D.R. Nygren, Physics Today Oct. 1978, S. 46

[158] T. Miyachi et al., Jap. Journ. of Appl. Phys. 27 (1988) 307

[159] ORTEC Application Note AN34, "Experiments in Nuclear Science", (1976)

[160] A.H. Walenta, NIM A253 (1987) 558

[161] Technical Measurement Corporation "Practical Guide to Semiconductor Detectors" (1965)

[162] K. Farzine, B. Schmitz, Kerntechnik 15 (1973) 27

[163] A.H. Walenta, Phys. Blätter 45 (1989) 352

[164] D. McCammon et al., J. Appl. Phys. 26, Suppl. 26-3, (1988)

[165] F. Cardone, F. Celani, Il Nuovo Saggiatore 6/3 (1990) 51

[166] T. Ohsugi et al., KEK Preprint 87-22, May 1987

[167] U. Amaldi, Physica Scripta 23 (1981) 409

[168] S. Iwata, Nagoya University Preprint DPNU 13-80 (1980)

[169] S. Iwata, Nagoya University Preprint DPNU-3-70 (1979)

[170] C.W. Fabjan, CERN-EP/85-54 (1985)

[171] W.R. Nelson et al., SLAC-265 (1985)

[172] E. Longo, I. Sestili, NIM 128 (1985) 283

[173] H. Frauenfelder, E.M. Henley "Teilchen und Kerne", Oldenbourg (1979)

[174] B. Rossi, K. Greisen, Rev. Mod. Phys., 13 (1941) 240

[175] O.C. Allkofer, C. Grupen, "Lectures on Space Physics 1", ed. H. Pilkuhn, Bertelsmann (1973)

[176] C.W. Fabjan, T. Ludlam, CERN-EP/82-37 (1982)

[177] R. Baumgart, Dissertation, Univ. Siegen (1987)

[178] U. Schäfer, Dissertation, Univ. Siegen (1987)

[179] A.N. Diddens, NIM 178 (1980) 27

[180] R. Baumgart et al., NIM A256 (1987) 254

[181] R. Baumgart et al., NIM A268 (1988) 105

[182] A. Baranov et al., CERN EP/90-03 (1990)

[183] E.B. Hughes et al., SLAC-Report Nr. 627 (1972)

[184] Y.D. Prokoshkin, Proc. of Second ICFA Workshop, Les Diablerets, Oct. 1979

[185] B.M. Bleichert et al., NIM 199 (1982) 461

[186] D. Bogert et al., IEEE Trans. Nucl. Science (1981)

[187] J. Ranft, Part. Acc. 3 (1972) 129

[188] A. Baroncelli, NIM 178 (1974) 401

[189] T.A. Gabriel, W. Schmidt, NIM 134 (1976) 271

[190] T.A. Gabriel, NIM 150 (1978) 145

[191] R. Wigmans, Lecture Notes, ICFA School on Instrumentation in Elementary Particle Physics Trieste (1987); NIKHEF-H 87-12 (1987)

[192] E. Bernardi, Dissertation, Univ. Hamburg, DESY Int-Rep. F1-87-01 (1987)

[193] R. Wigmans, CERN-PPE/91-39 (1991)

[194] R. Baumgart et al., NIM A272 (1988) 722

[195] S. Iwata, Nagoya Univ. DPNU 3-79 (1979)

[196] M. Holder et al., NIM 148 (1978) 235

[197] M. Holder et al., NIM 151 (1978)69

[198] D.L. Cheshire et al., NIM 126 (1975) 253

[199] D.L. Cheshire et al., Phys. Rev. D12 (1975) 2587

[200] A. Grant, NIM 131 (1975) 167

[201] B. Friend et al., NIM 136 (1976) 505

[202] J.K. Walker, Fermilab Conf. 78/58-Exp. (1978)

[203] O. Botner, Phys. Scripta 23 (1981) 556

[204] R. Baumgart et al., NIM A158 (1987) 51

[205] J.R. Primack, D. Seckel, B. Sadoulet, Ann. Rev. Nucl. Part. Sci. 38 (1988) 751

[206] K.P. Pretzl, Particle World 1 (1990) 153

[207] V.N. Trofimov, DUBNA-Preprint E8-91-67 (1991)

[208] C. Kittel, "Einführung in die Festkörperphysik", Oldenbourg (1980)

[209] N.W. Ashcroft, N.D. Mermin, "Solid State Physics", Holt-Saunders, New York (1976)

[210] K.H. Hellwege, "Einführung in die Festkörperphysik", Springer (1976)

[211] M. Frank et al., NIM A287 (1990) 583

[212] CERN-Courier Vol 27, No. 5 (1987) 12

[213] R.L. Glückstern, NIM 24 (1963) 381

[214] R.L. Graham et al., NIM 9 (1960) 245

[215] K. Siegbahn, K. Edvarson, Nucl. Phys. 1 (1956) 137

[216] N.A. Dyson, "Nuclear Physics with Application in Medicine and Biology", Wiley (1981)

[217] A.J. Lennox, Fermilab-Pub. 90/217 (1990)

[218] U. Braun, Dipl.Arbeit, Univ. Siegen (1988)

[219] C. Grupen et al., Symp. "Strahlenmessung und Dosimetrie", Regensburg (1966) 670

[220] L. Alvarez et al., Science 167 (1970) 832

[221] F. El Bedevi et al., J. Phys. A5, (1972) 292

[222] G. Danby, J.M. Gaillard, K. Goulianos, L.M. Lederman, N. Mistry, M. Schwarz, J. Steinberger, Phys. Rev. Lett. 9 (1962) 36

[223] H. Faissner, CERN-Report 63-37 (1963)

[224] R. Hillier, "Gamma Ray Astronomy", Clarendon (1984)

[225] P.V. Ramana Murthey, A.W. Wolfendale, "Gamma Ray Astronomy", Cambridge Univ. Press (1986)

[226] G.F. Bignami et al., Space Sci. Instr. 1 (1975) 245

[227] P. Léna, "Observational Astrophysics", Springer (1988)

[228] P. Baillon, CERN-PPE/91-012 (1991)

[229] J. Linsley, Scientific American, July 1978, 48

[230] J. Boone et al., University of Utah, UU-HEP 84/3 (1984)

[231] G.L. Cassiday et al., "Cosmic Rays and Particle Physics", ed. T.K. Gaisser AIP 49 (1978) 417

[232] C. Grupen, "Physik in unserer Zeit" 16 (1985) 69

[233] R. Bionta et al., Phys. Rev. Lett. 58 (1987) 1494

[234] K.S. Hirata et al., Phys. Rev. Lett. 58 (1987) 1490

[235] J.L. Stone, "ICFA School on Instrumentation in Particle Physics", Trieste (1987)

[236] K.S. Hirata et al., Inst. f. Cosmic Ray Research, ICR-Report 188-89-5 (1989)

[237] W. Stolz, "Radioaktivität", Hanser (1990)

[238] Hammamatsu, CERN-Courier Vol. 21, No. 4 (1981)

[239] Philips, CERN-Courier Vol. 23, No. 1 (1983) 35

[240] M. Kobayashi et al., NIM A306 (1991) 139

[241] M. Kobayashi et al., NIM B61 (1991) 491

[242] J. Bähr et al., NIM A306 (1991) 169

[243] CERN-Courier Vol. 27, No. 5 (1987) 9

[244] CERN-Courier Vol. 29, No. 10 (1989) 9

[245] C. D'Ambrosio et al., NIM A306 (1991) 549

[246] CERN-Courier Vol. 30, No. 8 (1990) 23

[247] D. Acosta et al., Riv. Nuovo Cim. 13 (1990) 1

[248] R. Santonico, R. Cardarelli, NIM 187 (1981) 377

[249] R. Cardarelli et al., NIM A263 (1988) 20

[250] E. Calligarich et al., NIM A307 (1991) 142

[251] P. Fonte, V. Peskov, F. Sauli, CERN-PPE/91-17 (1991)

[252] P. Astier et al., IEEE Trans, Nucl. Sci. NS-36 (1989) 300

[253] V. Peskov et al., NIM A283 (1989) 786

[254] R. Bouclier et al., CERN-PPE/90-140 (1990)

[255] M. Izycki et al., Proc. 2nd Conf. on Position Sensitive Detectors, London, 4.-7. Sept. 1990

[256] G. Charpak et al., CERN-PPE/91-47 (1991)

[257] G. Charpak et al., NIM A307 (1991) 63

[258] Nuclear Enterprises Broschüre "Scintillation Materials", (1977)

[259] CERN-Courier Vol. 22 (1982) 149

[260] T. Yuda, NIM 73 (1969) 301; Nuovo Cim. 65A(1970) 205

[261] T.C. Weekes, Phys. Rep. 160 (1988) 1

[262] CERN-Courier Vol. 20, No. 5 (1980) 189

[263] C.E. Fichtel et al., Proc. 12th ESLAB Symp., Frascati (1977), S. 95

[264] G.L. Cassiday, priv. Mitteilung 1985

[265] CERN-Courier Vol. 28, No. 10 (1988) 18

[266] P. Nieminen, Univ. Helsinki HU-SEFT 1991-11 (1991)

[267] "Perspectives for New Detectors in Future Supercolliders", ed. L. Cifarelli, R. Wigmans, T. Ypsilantis, World Scientific (1989)

[268] G. Czapek et al., NIM A306 (1991) 572

[269] V. Palladino, B. Sadoulet, LBL-3013, UC-37, TID-4500-R62 (1974)

[270] G. Bressi et al., NIM A310 (1991) 613

[271] R.A. Muller et al., Phys. Rev. Lett. 27 (1971) 532

[272] S.E. Derenzo et al., Lawrence Berkeley Lab. LBL-2092 (1973)

[273] H. Stahl et al., NIM A297 (1990) 95

[274] D. Mattern et al., NIM A300 (1991) 275

[275] D. Mattern et al., CERN-PPE 91-193 (1991)

[276] F. Angelini et al., INFN Pisa PI/AE 91/10 (1991)

[277] F. Angelini et al., CERN-PPE/91-122 (1991)

[278] J. Schmitz, NIKHEF-H/91-14 (1991)

[279] R. Bouclier et al., CERN-PPE/91-227 (1991)

[280] A.H. Walenta et al., NIM 92 (1971) 373

[281] R. Dörr et al., NIM A238 (1985) 238

[282] Yu. A. Budagov et al., NIM A255 (1987) 493

[283] Photo MBB-GmbH, Unternehmensbereich Raumfahrt, München (1975)

[284] R. Horisberger, "Lectures given at the III ICFA School on Instrumentation in Elementary Particles Physics", Rio de Janeiro, July 1990; PSI-PR-91-38 (1991)

[285] A. Matsumura et al., NIM A309 (1991) 350

[286] A. Kusumegi et al., KEK Preprint 80-11 (1980)

[287] A. Kusumegi et al., KEK Preprint 81-11 (1981)

[288] A. Kusumegi et al., NIM 185 (1981) 83

[289] R.M. Baltrusaitis et al., NIM A240 (1985) 410

[290] C.W. Fabjan, R. Wigmans, CERN-EP/89-64 (1989)

[291] D.F. Anderson et al., Fermilab-Pub. 89/189 (1989)

[292] S. Cooper et al., Max-Planck-Inst. München MPI-PhE/91-07 (1991)

[293] C. Rubbia, CERN-EP 77-8 (1977)

[294] P. Benetti et al., CERN-PPE/92-004 (1992)

[295] F. Pietropaolo et al., Frascati INFN-LNF 91-036(R) (1991)

[296] C. Zupancic, CERN-EP/85-144 (1985)

[297] M.J. Tannenbaum, CERN-PPE/91-134 (1991)

[298] W.K. Sakumoto et al., Univ. Rochester UR-1209 (1991) und Phys. Rev. D45 (1992) 3042

[299] R. Klanner, Max-Planck-Inst. München MPI-PAE/Exp. El. 135 (1984)

[300] G. Carugno et al., NIM A311 (1992) 628

[301] F.E. Taylor et al., Fermilab-Conf. 77/100-Exp (1977)

[302] C.A. Heusch, CERN-EP/84-98 (1984)

[303] G. Gerbier, CEN Saclay, DPHPe 91-13 (1991)

[304] V.S. Kaftanov, NIM 20 (1963) 195

[305] D.H. Perkins, "Cosmic Ray Work with Emulsions in the 40's and 50's", Oxford Univ. 36/85 (1985)

[306] M. Simon, Lawrence Berkeley Lab. XBL-829-11834, priv. Mitteilung 1992

[307] J. Nishimura et al., Astrophys. J. 238 (1980) 394

[308] D. Acosta et al., NIM A305 (1991) 55

[309] N.I. Bozhko et al., Serpukhov Inst., High Energy Phys. 91-045 (1991); NIM A317 (1992) 97

[310] M. Adinolfi et al., CERN-PPE/91-66 (1991)

[311] C.M. Lederer, "Table of Isotopes", Wiley (1967)

[312] Landolt-Börnstein, "Atomkerne und Elementarteilchen", Band 5, Springer-Verlag (1952)

[313] Handbook of Chemistry and Physics, CRC-Press (1979)

[314] E. Roderburg et al., NIM A252 (1986) 285

[315] A.H. Walenta et al., NIM A265 (1988) 69

[316] A.H. Walenta, "Proc.Int.Conf. on Instrumentation for Colliding Beam Physics", SLAC-Report, p. 34 (1982)

[317] H. Anderhub et al., NIM A265 (1988) 50

[318] F. Bulos et al., "Streamer Chamber Development", SLAC-Technical Report, SLAC-74, UC-28 (1967)

[319] J.B. Birks, "The Theory and Practice of Scintillation Counting", Pergamon Press, Oxford (1964)

[320] A. Gabutti et al., NIM A312 (1992) 475

[321] G.F. Britvick et al., NIM A308 (1991) 509

[322] R. Bouclier et al., CERN-PPE/92-53 (1992)

[323] E.B. Normann, LBL-Report 31371 (1991)

[324] M. Spiro, Saclay Report DPhPE 91-17 (1991)

[325] P.F. Smith, J.D. Lewin, "Dark Matter Detection", Phys. Rep. Vol. 187, No. 5 (1990) 203

[326] M.J. Tannenbaum, Brookhaven National Laboratory, BNL-44554 (1990)

[327] C.W. Fabjan, T. Ludlam "Calorimetry in High-Energy Physics" Ann. Rev. Nucl. Part. Sci. Vol. 32 (1982)

[328] R.M. Sternheimer, Phys. Rev. B3 (1971) 3681

[329] E.A. Uehling, Ann. Rev. Nucl. Part. Sci, Vol. 4 (1954)

[330] J.E. Moyal, "Theory of Ionisation Fluctuations", Ser. 7, Vol. 46, No. 374, March 1955

[331] D.M. Websdale, P.R. Hobson (ed.), "Position-Sensitive Detectors", 2nd Conf. London UK Sept. 1990; NIM A310 (1991) 1-575

[332] Particle Data Group, Phys. Rev. D45 (1992)

[333] F. Angelini et al., INFN-PI-AE 92-01 (1992)

[334] O. Biebel et al., CERN-PPE/92-55 (1992)

[335] W.K. Sakumoto et al., Phys. Rev. D45 (1992) 3042

[336] K. Mitsui, Phys. Rev. D45 (1992) 3051

[337] S. Schmidt, priv. Mitteilung (1992)

[338] J. Va'vra, SLAC-PUB-5793 (1992)

[339] T. Lohse, W. Witzeling in "Instrumentation in High Energy Physics", ed. F. Sauli, World Scientific (1992)

[340] P.B. Cushman in "Instrumentation in High Energy Physics", ed. F. Sauli, World Scientific (1992)

[341] Proceedings of the 6th Moriond Workshop of the 21st Recontre de Moriond on "Massive Neutrinos in Astrophysics and in Particle Physics", ed. O. Fackler, J. Tran Thanh Van (1986)

[342] A. Allessandrello et al., NIM A320 (1992) 388

[343] P. Lecoq, CERN-PPE/91-231 (1991)

[344] D. Achterberg et al., DESY 78/15 (1978)

[345] G.D. Alekseev et al., JINR-Rapid Communications, No. 2[41] (1990) 27

[346] V.N. Trofimov, JINR-Report E8-91-67 (1991)

[347] J. Seguinot et al. in "Advances in cryogenic engineering", Vol. 37 (1991) 1137; ed. R.W. Fast

[348] "Particles and Detectors", Springer Tracts in Modern Physics Vol. 108; ed. K. Kleinknecht and T.D. Lee (1986)

[349] S.L. Wu, Phys. Rep. 107 (1984) 150

[350] S.P. Beaumont et al. NIM A321 (1992) 172

[351] CERN Annual Report Vol.1 (1985) 31

[352] J. Proudfoot, "Conference Summary: Radiationtolerant scintillators and detectors", Argonne Nat. Lab. -ANL-HEP-CP-92-046 (1992)

[353] J.A. Kadyk, J. Wise, NIM A300 (1991) 511

[354] A.Simon, CERN-PPE-92-095 (1992)

[355] D.J. Miller, NIM A310 (1991) 35

[356] T. Ferbel (ed.), "Experimental Techniques in High Energy Nuclear and Particle Physics", World Scientific (1991)

[357] D. Acosta et al., NIM A316 (1992) 184

[358] E.Aprile et al., NIM A316 (1992) 29

[359] U.S. Panin et al., NIM A316 (1992) 8

[360] NA48 Collaboration NIM A316 (1992) 1

[361] P. Belli et al., NIM A316 (1992)55

[362] B. Aubert et al., NIM A321 (1992) 467

[363] A.A. Aseev et al., NIM A317 (1992) 143

[364] G. Hall, Contemp.Phys. 33 (1992) 1

[365] J. Chadwick, Phil.Mag.(7) 2 (1926) 1056

[366] V. Henri, J. des Bancels, Journ.Phys.Path.Gen.XIII (1911) 841

[367] K.W.F. Kohlrausch, "Radioaktivität", Handbuch der Experimentalphysik Bd. 15 (Herausgeber W. Wien und F. Harms), Akademische Verlagsanstalt Leipzig (1928)

[368] M.V. Babykin et al., Sov.J. Atomic Energie IV (1956) 627

[369] S. Barwick et al., J.Phys.G. 18 (1992) 225

[370] Y. Totsuka, Rep.Prog.Phys. Vol. 55 No.3 (1992) 377

[371] R. Hofstadter, IEEE Scintillation and Semiconductor Counter Symposium, Washington DC, HEPL Report No. 749, Stanford University (1974)

[372] L. Malter, Phys.Rev. 50 (1936) 48

[373] M. Born, E. Wolf "Principles of Optics", Pergamon, New York (1964)

[374] F. Ansorge, Dipl.Arbeit, Univ. Siegen (1993)

[375] W. Heitler, "The Quantum Theory of Radiation", Oxford (1954)

[376] V. Chernyatin et al., CERN-PPE/92-170 (1992) und NIM A325 (1993) 411

[377] C.T.R. Wilson, Proc.Roy.Soc.London (A)85, (1911) 285 und 87 (1912) 277

[378] H. Geiger, Verh. d. Deutsch. Phys. Ges. 15 (1913) 534

[379] J.W. Keuffel, Rev. Sci. Instr. 20 (1949) 202

[380] O.C. Allkofer et al., Phys.Verh. 6 (1955) 9

[381] F. Bella, C. Franzinetti, Nuovo Cim. 10 (1953) 1335, Nuovo Cim. 10 (1953) 1461

[382] T.E. Cranshaw, J.F. De Beer, Nuovo Cim. 5 (1957) 1107

[383] S. Fukui, S. Miyamoto, Nuovo Cim. 11 (1959) 113

[384] Proc. of the Sixth International Wire Chamber Conference, Vienna (1992); NIM A323 (1992) 1-552

[385] G. Buehler, Proc. Opportunities for Neutrino Physics at BNL, Brookhaven (1987), p. 161

[386] J. Seguinot et al., NIM A323 (1992) 583

[387] R. Werthenbach, Dipl.Arbeit, Univ. Siegen (1987)

[388] "Formulae and Methods in Experimental Data Evaluation", ed. R.K. Bock et al., General Glossary, Vol.1 (1984) 110

[389] J. Nishimura, "Theory of Cascade Showers" Hd. Physik, Herausg. S. Flügge Bd. XLVI/2 (1967) 1

[390] B. Aubert et al., NIM A325 (1993) 116

[391] G. Charpak et al., NIM 62 (1968) 262

[392] G. Forster et al., NIM A324 (1993) 491

[393] J. Va'vra et al., NIM A324 (1993) 113

[394] T. Kunst et al., NIM A423 (1993) 127

[395] E. Rutherford, H. Geiger, Proc.Roy.Soc.81 (1908) 141

[396] H.A. Bethe, J. Ashkin "Passage of Radiation through Matter" in Experimental Nucl. Phys. (ed. E. Segré) Wiley, New York Vol. 1 (1953) 166ff

[397] J. Wise, "Chemistry of Radiation Damage To Wire Chambers" Lawrence Berkely Lab. LBL - 32500 (92/08) (1993)

[398] F. Sauli (ed.), "Instrumentation in High Energy Physics", World Scientific, Singapore (1992)

[399] Yu. N. Pestov, G. V. Fedotovich, Preprint IYAF 77-78, SLAC-Translation 184(1978)

[400] U. Wiemken, Dipl. Arbeit, Univ.Kiel (1972); K. Sauerland, priv. Mitteilung 1993

[401] CERN-Courier Vol. 27, No. 10 (1987) I

[402] E. Gatti et al. (ed.), Proc. Sixth European Symp. on Semiconductor Detectors, "New Developments in Radiation Detectors", NIM A326 (1993) 1

[403] B. A. Dolgosheim, B. U. Rodionov, "The Mechanism of Noble Gas Scintillation" in "Elementary Particles and Cosmic Rays" No. 2 (Atomizdat, Moscow) Sect. 6.3 (1969)

[404] A. J. P. L. Policarpo, Space Sci. Instr. 3(1977)77

[405] A. J. P. L. Policarpo, Phys. Scripta 23(1981)539

[406] V. A. Monich, Pribori Tekhn. Exp. No. 5 (1980)7 (Engl. Übersetzung in: Instr. Exp. Techn. 23(1980)1061)

[407] C. Grupen, Fortgeschrittenen Praktikum, Univ. Siegen (1989)

Index

A

Abbildungskammer 154, 155, 407
Abklingzeit 215
Ablagerung
    Abbrennen 160
    Anodedrähte 161, 166
    Chlor, Kupfer 162
    Silizium 162
    Kohlenstoff 157
    Oxydschicht 157
    Silikat 157
Ablenkung
    durch Vielfachstreuung 346
Ablenkwinkel 343
    -bestimmung 344
Abschirmeffekt 30, 39
Abschirmung
    unvollständige 55
    vollständige 55
Abschneideparameter 293
Abschwächungskoeffizient 56, 57, 398
Absorbermaterial,Uran 312
Absorberschichten
    dünne 26–28, 36
    dicke 27
Absorption
    UV-Licht 158
    von Hadronen 60
Absorptions
    -kante 51
    -koeffizient 398
    -länge 61, 62, 324, 326, 398
    -prozeß 53
    -verhalten 46
Abstrahlung, an Grenzflächen 256
Abtasten des Films 197
Adaptionszeit 213

ADC 236
Äquivalentdosis 84, 400
Aerogel 244
Aerogelzähler 247
Äthanol 158
Ätzdauer 199
Ätzkegel 198
Ätzkrater 199
Ätzvorgang, Zeitverlauf 199
Ag-Cluster 195
$AgCl$-Einkristalle 194
AGS-Beschleuniger 373
Akkordeon-Kalorimeter 324
Aktivator-Zentren 213, 214
Aktivität, von 1g Radium 84
Akzeptanzbereich 372
Akzeptorniveau 275
ALEPH-Experiment 384
ALEPH-TPC 152
ALEPH-Zeit-Projektions-Kammer
    153, 387
Alkohol 158
α-Teilchen 45
    Reichweite in Silizium 280
    -Spektroskopie 285
Alterung
    beschleunigen 157
    Gaszusätze 158
    Kathodenoberflächen 159
    Verjüngung 158
Alterungs
    -effekte
        in Drahtkammern 156, 407
        konstruktive Maßnahmen 159
    -phänomene 156
    -prozeß 156
Aluminium
    Kalorimeter 324

Streufolie 363
Ambiguität 125
Amplitudenverteilung
  Elektron, Myon 330
  für Elektronen 304
Analog-Digital-Wandler 121, 156, 236
Analyseverfahren, automatische 195
Ankunftszeitdifferenz 208
Annihilation 30
Anoden
  -abstand 128
  -belag 157
  -drähte 137
    dicke 109, 113
    elektrostatische Abstoßung 123
    Lage 137
    Wolfram, vergoldet 122
  -drahtauslese 304
  Ladungsauftrag 157
  segmentierte 227, 289
  -streifen, auf Dielektrika 126
  -struktur
    auf isolierenden Oberflächen 126
Anregung 17, 395
Anregungs
  -leuchten 18
  -prozeß 18
  -zustand, metastabiler 97
Ansprechvermögen 75, 79, 80, 115
  Vielfach- 81
Ansprechwahrscheinlichkeit 75
  Vielfach- 81
Anstoßelektronen 24
Antikoinzidenzforderung 376
Antikoinzidenzzähler 231
Ar-Ne-Zähler 247
Argon
  festes 119
  ultrareines 154
Astrophysik 54, 335
Atomare Korrekturen 28
Atome, pionische 366
Auflösung

Energieauflösung 77
Ortsauflösung 77
Zeitauflösung 77
Auflösungs
  -verbesserung 36, 324
  -vermögen 71
  -verschlechterung 333
Aufladezeit 133
Aufladung, elektrostatische 127
Auge 15
  Empfindlichkeit für Photonen 5, 213
Augenempfindlichkeit 213
Auger-Effekt 52
Auger-Elektronen 397
Ausgasen 157
Auslese
  ambiguitätsfreie 126
  -element 127
  Ferritkern 187, 188
  magnetostriktive 186
  multiple hit 81
  single hit 81
  -technik
    holographische 394
  -zeit 78
Auslösebereich 107
Auslösezähler 107, 402
Auslösung von Elektronen aus tieferen Schalen 102
Auswertung, manuelle 202
Avogadro Zahl 20
Ayre-Thompson-Technik 179
Azeton 160

B

B-Feld, solenoidales 146
b-Parameter 44
Bändermodell 213, 275
  Festkörper 214
Bänderstruktur, Halbleiter 276
Bahnrekonstruktion 352
Ballonexperiment 202
Bariumfluorid 215
barn 234
Baryonenzahlerhaltung 381
$BaYb_2F_8$-Radiatoren 306

BBQ-Absorber/Emitter 222
Becquerel 15, 84, 399
Bernoulli-Experiment 80
Bernoulli-Verteilung 75
Beschleuniger 5
Beschleunigungsspannung 206
β-Spektroskopie 285, 356
β-Strahler 86
  Identifizierung 368
Bethe, Bloch
  Energieverlust n. 20
Bethe-Bloch-Formel 21, 145, 366
Betriebsmodus 115
Beugungsphänomen 65
BGO 306
Bhabha-Streuung 334
Bialkali-Kathoden 206
Bild
  -auflösung 154
  -aufnahme 360
  latentes 188
  -verstärker 254
bildgebende Verfahren 361
Bindungsenergie, des Elektrons 52
Binomialverteilung 75
Biologische, Wirksamkeit
  relative 84, 399
Blasenbildung 163
Blasenkammer 15, 163, 202, 407
  Aufbau 164
  Berne Infinitesimal Bubble Chamber (BIBC) 168
  -bilder, Auswertung 163
  Bläschengröße 169
  Blasendichte 165
  elektronische 154
  Ereignisse hoher Komplexität 163
  -flüssigkeit 165, 166
  holographische Auslese 202
  Messung von Lebensdauern kurzlebiger Teilchen 169
  Nachteile 168
  Ω^--Produktion 167
  Studium seltener Ereignisse 163
  Zustand der Überhitzung 163

Blei
  Flüssig-Argon-Zähler 305
  Flüssig-Xenon-Kalorimeter 305
  -Fluorid 244
  -fluoridradiator 306
  -glas 244
  -glas-Cherenkov-Zähler 306
  -glasplatte 210
  -glaszähler
    totalabsorbierener 306
  -Sulfid 244
  Szintillator-Zähler 305
Blumlein-Schaltung 175
Bolometer 285, 286
  zweikomponentiges 287
Borsilikat-Glasfenster 209
Borsilikatglas 244
Bortrifluorid
  -gas 231
  -zähler 231
Bosekondensat 335
Bragg-Kurve 365
Bragg-Maximum 367
Bragg-Peak 367
Brechungsindex 238, 240, 244
  gemittelter 245
Bremsstrahlung 17, 38, 331
  am Targetkern 39
  von Elektronen 38
Bremsstrahlungsverlust 38, 396
Brennbarkeit 119
Butyl 222

C
^{14}C-Methode 382
$^{14}C/^{12}C$-Verhältnis 383
Cäsiumjodid-Kristall (Tl) 377
CCD-Detektor 290
CCD-Kamera 189, 201
Cer-Fluorid 215
Channel Plates 210
Charged-Coupled Device Detector 290
Cheops-Pyramide 369
Chephren-Pyramide 369
Cherenkov
  -Effekt 238, 239

-Licht
  in der Atmosphäre 326
  Ring 381
-Medium Tiefsee 326
Photonen 239
  pro Wegstrecke 242
-Radiatoren 244
Ring 250–255
  Erzeugung 382
-Strahlung 238, 242, 380, 382
-teleskop 380
-winkel 239–241
-Zähler 238, 415
  differentiell 247, 248, 249
  Gas 247
  Schwellwert 246, 247
Chlor 70
Clerici-Lösung 244, 306
Cluster-Häufigkeitsverteilung
  Übergangsstrahlungsdetektor
  261
Compton-Effekt 18, 50, 52, 60, 230,
  398
  inverser 53
Compton-Streuung
  Energiestreuquerschnitt 57
Containment 317
  95%- 300, 319
Conversi-Kügelchen 179, 181
Cooper-Paarbindung 335
Cooper-Paare
  aufgebrochene 335
  in Supraleitern 285
COS-B-Detektor 377
COS-B-Satellit 377
Coulomb
  -potential 37
  -Streuung 37
  -Vielfachstreuung 37, 397
  -Vielfachstreuwinkel, planar 37,
  356
  -Vielfachstreuwinkel, räumlich
  37, 346
Curie 84
Current-limited spark chamber 184
Cygnus X3 377

D

Dämpfe, molekulare 98
Dampf
  Zustand der Übersättigung 171
Dampfzusatz 156
Datierung 201
de Broglie-Beziehung 5
Dekoration 195
δ-Elektronen 252, 266, 395
Detektor
  Auflösung 5
  biegsamer 127
  elektronischer 163
  für kleinste Energien 335
  Gallium-Arsenid 290
  Gasdruck 266
  gepulster 78
  Halbleiterstreifenzähler 16, 288,
  289, 290
  kalorimetrischer 154
  -konzept 17
  kryogenischer 335, 338
  Ortsmessung, Vergleich 203
  Phosphatglas- 198
  Plastik- 195
  Silberchlorid- 195
  Thermolumineszenz- 196
  visueller 163
  zylindrischer 149
Detektormedium 154
Detektortest 86
  radioaktive Quellen 88
Diagnostik
  nuklearmedizinische 86
Diamant 244
Dichte-Effekt 21, 24, 147
Dielektrika
  Anlagerung von positiven Ionen
  126
Diffusion 62
  im elektr. Feld 63
  lineare 63
  longitudinale 64, 398
  transversale 63, 64, 398
Diffusions
  -bewegung 63

-koeffizient 63
-konstante 64
-nebelkammer 173, 408
-spurbreite 177
-unterdrückung 178
Dimethyläther 158
Diode 277
Dipolanordnung
  selbstkompensiert 351
Dipolfeld
  zeitliche Veränderung 238
Dipolmagnet
  kompensierter 351, 352
Dipolmoment 157
  resultierendes 238
DISC-Zähler 249
Discriminating-Cherenkov-Counter
  249
Dispersion 242
Draht, Durchhang 124
Drahtkammer
  Alterungseffekte 156
  vorzeitiges Altern von 156
  zylindrische 136, 405
Drahtschatten-Muster 157
Drahtspannung
  mechanische 123
Dreifachkoinzidenzrate 80
Drift 62
-bewegung 63, 398
-eigenschaft 117, 119
-feldkonfiguration, ideale 133
-flüssigkeit
  warme 324
Gasabhängigkeit 64
-geschwindigkeit 63, 65, 69
  $\vec{E} \times \vec{B}$-Effekt 68, 70
  elektromagn. Feld 68
  feldabhängige 68, 95
  flüssige Edelgase 117
  in Argon-Isobutan-Gemi-
    schen 67
  in Argon-Methan-Gemischen
    67
-kammer 15, 64, 81, 404
  ebene 128, 404

elektrodenlose 126, 133, 405
großflächige 132, 133
hohe Raten 134
zylindrische 137
-mode 128
Ortsauflösung 65
-raum 134, 135
-region 135
-schlauch 134
-trajektorie 140, 147
  offene Zelle 141
-volumen 151
-wegunterschied 129
-zeit 118, 128
  -Driftwegbeziehung 132
  -messung 71
-zelle
  geschlossene 139
  hexagonale 143, 144
-zellengeometrie
  geschlossene 138
  hexagonale 139
  offene 138
Durchbruchspannung
  statische 226
Durchgangswiderstand 133
Durchhang infolge Gravitation 124
Dynode 205
  kontinuierliche 210

E
Eichkonstanten 334
Eichkurve 77
Eichparameter 77, 304
Eichung 302
  mit Laserstrahlen 334
  mit lichtemittierenden Dioden
    334
  zeitabhängige 334
Eigenschaften, von Gasen 32
Eimerkettenschaltung 290
Ein-Elektron-Tunneleffekt 336
Einheit
  $\frac{MeV}{g/cm^2}$ 22
  $dx(\text{in } g/cm^2)$ 22
Einkristalle, dotierte 213
Einzelspurauflösung 224

Eisen-Kalorimeter 314, 325
Eisen-Streamer-Rohr-Kalorimeter
     304, 321
Eisen-Szintillator-Kalorimeter 307,
     317
Elastizitätsmodul 124, 187
Elektrodenmaterial 160
Elektrodenstruktur 127
   auf dünnen Plastikfolien 127
Elektrolumineszenz-Driftkammer
     217
Elektron
   Hadron-Kalorimeter 273
   Hybridanordnung 325
   Streamer-Rohr-Sampling 308
   Hadron-Myon-Trennung 172
   -hypothese 328
   Ion-Paare
      Erzeugung 31, 33
      primäre 32
   Kalorimeter 291, 418
   Loch-Paare 32, 274
      mittlere Energie zur Erzeu-
         gung 274
   Lochzustand 214
   max. übertragbare Energie 19
   -neutrino 372, 373
   Photon-Kalorimeter 291
   Photon-Kaskade 197
   Positron-Annihilation 140, 153
   Positron-Speicherring 384
   Positron-Wechselwirkung 140,
      142
e/μ-Mißidentifizierung 330
e/μ-Trennung 330
e/π-Mißidentifizierung 328
e/π-Signalverhältnis 321
e/π-Trennung 262, 263, 328, 329
Elektron-Elektron, Stoßprozeß 30
Elektronegativität 158
Elektronen
   Absorptionsverhalten von 46
   -akzeptanz 262, 328
   -beweglichkeit 104
   δ- 24, 28
   -einfang

   aus der K-Schale 86
   -energie 101
   -kaskade 197, 295
   Knock-on- 24, 28
      Energieabhänigkeit 28
      Spektrum 28
   -lawine 97, 104, 105
      Entwicklung 122
   -lithographie 127
   primäre 29
   -radius
      klassischer 20
   Reichweite in Silizium 280
   Sammelzeit 92
   -sammlung 118
   -schauer
      laterale Entwicklung 297
      longitudinale   Entwicklung
         297
   -schwarm 64
   sekundäre 29
   -signal 92
   -spektroskopie 278
   -spektrum, linearisiertes 369
   -streuquerschnitt 117
   -vervielfacher
      Einkanal- 212
      Mikrokanal- 254
ELOISATRON 331
Emissionsmaximum 155
Emissionsspektrum 216
Emulsion, photographische 190
Endfensterzählrohr 384
Endkappendetektor 155
Endplatten-Proportional-
      Kammersegment 151
Energie
   -abgabe, Tiefenprofil 367
   -absorption, physikalische 84
   -absorptionsquerschnitt 53, 57
   -auflösung 36, 77, 88, 227, 301,
      304, 325
      erreichbare 324
      Magnetfeldabhängigkeit 332
      Proportional-Zähler 106
      Sampling-Fluktuationen 300

-auflösungsvermögen
   Hadronen 311
-aufteilung
   Paarerzeugung 56
-bestimmung
   schwere Ionen 200
deponierte 28
-deposition
   durch   Übergangsstrahlung
      258
   gewichtet 323
   ungewichtet 323
-dosis 84, 86, 399
-eichung 88, 332
-fluktuation
   diskontinuierliche, thermische
      337
gesehene 302
-gewinn zwischen zwei Stößen
      97
kinetische 18
   Myonen 40
kritische 40, 41, 295, 397
maximal übertragbare 18
-lücke 274
-messung 273, 417
reduzierte
   Photonen 51
-streuquerschnitt 53
unsichtbare 311, 312
Energie-Reichweite-Beziehung
   α-Teilchen 46, 48, 281
   Elektronen 47, 48, 281
   Myonen 48, 49
   Pionen 48
   Protonen 48, 233, 281
   in Silizium 281
Energieverlust 20, 24, 25, 38, 42, 43,
      89, 258, 396
   beschränkter 29
   Deuteronen in Luft 25
   durch Bremsstrahlung 24, 38
   durch Cherenkovstrahlung 239
   durch Ionisation 24
   durch Übergangsstrahlung 255,
      260

Elektronen in Luft 25
Fermi-Plateau 21
Fluktuation 26, 28, 36, 45
geladener Teilchen 20, 22
gesamter 43
Ionisation 260
Kaon-Hypothese 268
katastrophaler 45
Landau-Verteilung 26
langsamer Protonen 22
Leckverlust 302
logarithmischer Anstieg 23
longitudinaler 293
-mechanismen
   Elektronen 291
   Trennung 261
Meßprobe
   eingeschränkte 266
-messung 145, 270
   beschränkt 269
mittlerer 26, 31, 32, 43
Myon
   hochenergetisch 326, 331
Myonen in Eisen 24, 25
Paarerzeugung 43
Parameter 44
Pion-Hypothese 268
Pionen in Luft 25
Protonen in Luft 25
Schnittparameter 28
schwerer Teilchen 20
spezifischer
   Elektron 29, 264
   Kaon 20, 264
   Myon 20, 264
   Pion 20, 264, 265
   Proton 20, 264, 265
Spinabhängigkeit 28
statistische Fluktuation 32
Trident-Produktion 42
verschiedene Elemente 28
-verteilung 26, 29, 396
   Halbleiterzähler 265
   Kaonen 267
Maximum der 26
   Pionen 267

unsymmetrische 265
Überangsstrahlung 260
Übergangsstrahlungsdetektor
    258
von α-Teilchen in Luft 24, 25
von Deuteronen in Luft 25
von Elektronen 25, 30, 40
    durch Bremsstrahlung 38
    in Luft 25
von Myonen 24, 40, 42, 44
    in Luft 25
von Pionen in Luft 25
von Positronen 30
von Protonen in Luft 25
wahrscheinlichster 26, 27
Energieverteilung, thermische 62
Entladung
    lokalisierte 109
    transversale Ausbreitung 108
Entladungskammer 179
Entladungskanal 182
Entladungsstrom 140
Epoxydharz
    glasfaserverstärkt 159
Erdmagnetfeld 208
Ereignisrekonstruktion 350
    dreidimensionale 154, 170
Erholzeit 77
Ersatzradiator 259
Erwartungswert 71, 72
Expansion, schnelle 171
Expansionsphase 163
Expansionszyklus 170
Exposition 235
extensiv air showers (EAS) 378
Exziton 214

F
Fano-Faktor 32, 36, 285
Fasern, szintillierende 223–225
Fehler
    poissonartige 81
    poissonscher 75
Feinstrukturkonstante
    Sommerfeldsche 22
Feld
    -formung 146

-gradient, konstanter 132
-inhomogenität 387
magnetisches 68
-qualität 131, 152
-stärke
    elektrische 63
    kritische, der Supraleitung
        337
    zeitlich konstantes 174
Feldelektronenemission 158
Fermi-Kurie-Darstellung 369
Fermi-Plateau 21, 29
Festeisen
    -magnet 345
    -spektrometer 345, 349
Festkörper
    -anregung 213
    Bändermodell 214
    driftkammer 288
    -ionisationskammer 90, 274
    -phononen 335
    polymerisierte 213
Filtertechnik, elektronische 337
Fischschwanz-Lichtleiter 219
fixed target 168
Flash-ADC 121
Flash-Kammer-Kalorimeter 309, 318
Flash-Tube Kalorimeter 318
Flash-Tube-Kammer 180
Fliegenauge 379, 380
    Messung   ausgedehnter
        Luftschauer 378
Flintglas 244
Flüssig
    Argon 116
    Argon-Ionisationskammer 283
    Argon-Kammer 284
    Argon-Sampling 305
    Argon-Zeit-Projektions-
        Kammer 154
    Edelgas-Ionisationskammer 119
    Edelgas-Kammern 403
    Xenon 116
    Xenon-Ionisationskammer 283,
        284
Flüssiggas 163

Flüssigkeit
  schwere 306
  warme 119
Flüssigkeitsszintillator 216
Flugzeit
  -differenz 236, 237, 238
  -meßtechnik 235
  -messung 229, 235, 415
  -zähler 235
Fluoreszenz-Strahlung 198
Fluoreszenzstoff 215, 216
  Naphtalin 222
  organischer 217
  primärer 215, 216
Fokussierungsfeld 207
Folien, periodische Anordnung 256
Fremdatome 214
Fremdzentren 213
Frequenzverschiebung
  doppelte 221
  mehrfache 222
Frisch-Gitter 92
Funken
  -bildung 183
  -durchbruch 184
  -durchschlag 182
  -entladung 186
  -strecke 175
Funkenkammer 15, 81, 182, 202, 410
  Glas- 184
  strombegrenzte 184
  -teleskop 371, 377
    für hochenergetische
    γ-Strahlen 376
  Vielplatten- 183
Funkenzähler 237
  planare 205, 226
fwhm 285

G

Gadoliniumsilikat 215
γ-Astronomie 255, 376
γ-Punktquelle 380
γ-Quanten, Verteilung
  galaktische Ebene 378
γ-Spektroskopie 285
γ-Strahlendetektor 360

γ-Strahlung 5
  galaktische 359
  solare 359
Ganzkörperdosis 86
  letale 86
Gas
  Cherenkov-Zähler 244
  Dampf-Gemisch 171
  -detektor 88, 89
  Diffusion in 62
  -durchflußsystem 159
  elektronegativ 70, 117
  -entladung
    Geiger-Müller Zählrohr 112
    Proportional-Zählrohr 112
    Streamer-Rohr 112
  -mischung 90
  -molekülbindung 157
  Sampling-Kalorimeter
    laterale Breite 299
  schädliche Verunreinigung 158
  Szintillationsdriftkammer 217, 413
  Szintillationskammer 218
  Szintillationszähler 217
  Szintillator 217
  -temperatur 62
  ultrarein 158
  -verstärkung 90, 97, 101, 115
    in Flüssigkeiten 119
  -verstärkungsfaktor 97, 98, 101
  -verstärkungsraum 134
  -verunreinigung 31, 66, 156
  -verzögerung 135
  -zusätze
    elektronegative 175
Gate 151
Gaußverteilung 27, 73
Gedächtniszeit 78, 179, 182
Gedankenexperiment 34
Geiger-Entladung 110
Geiger-Müller Zählrohr 77, 107, 402
  Auflösungsvermögen
    zeitlich 108
  Auslösebereich 109
  Ladewiderstand 109

Geigerbereich, räumlich eingeschränkt 109
Geisterkoordinate 125
$Ge(Li)$-Detektor 280
Geminga 377
Generationen der erzeugten Ladungsträger 102
Geometrie, projektive 388
Geophysik 359
Gerhirntumore, inoperable 367
Germanium
　-detektor 280
　Lithium-gedrifteter 89
Gesamtenergie 18
Gesamtimpuls 354
Gesamtionisation 31
Geschwindigkeitsfenster 249
Gewebezerstörung 365
Gitteranteil
　der spezifischen Wärme 337
Gitterebene ("Gate") 151
Gitterionisationskammer 93
Gitterschwingung 214, 276
Glasfunkenkammer 185, 410
Glimmentladung 179
Grabkammern 369
Granule
　supraleitende, überhitzte 336, 338, 339
Gravitationswellen 393
Gray 84
Grenzfall, relativistischer 19
Grenzfläche 255
Grenzwinkel
　der Totalreflektion 248
GUT-Theorie 381

H

Höhenstrahlexperiment 325
Höhenstrahlung 170
Haaraktivierung 384
Hadron-Kalorimeter 273, 307, 419
　Energieauflösung 321
　-kompensation 312
　totalabsorbierendes 325
hadronischer Z^0-Zerfall 391

Hadronkaskade 197, 272, 308, 309, 313
　neutrinoinduzierte 309
　Schauerlänge 317
　Schauerschwerpunkt 317
　Sekundärteilchen 311
Hadronschauer
　Energieanteile
　　relative 312
　Länge 316
　Lateralverteilung 318
　neutrinoinduzierter 308
　radiale Breite 320
　totale Breite 320
Halbleiter
　Bänderstruktur 275, 276
　Bildsensor 189
　-kristall 274
　Ortsmessung 288
　-thermistor 287
Halbleiterdetektor 16, 32, 287
　$Ge(Li)$ 275
　p-i-n 279
　lebendes Target 288
　p-n 277
Halbleiterzähler 89, 265, 273, 274, 283, 284, 417
　Energieauflösung 274
Halbwerts
　-breite 74
　-zeit 83
Halogenverbindung 159
Havariedosimetrie 384
Higgsboson 385
Hintergrundstrahlung
　kosmische 5
hochauflösenden Blasenkammer 169
Hochraten
　-beschleuniger 128
　-experiment 135, 143, 224
　-verträglichkeit 203
Hochspannungs
　-impuls großer Amplitude 174
　-impulserzeuger 175
　-kontakt 278
　-signal, Anstiegszeit 183

Homogenität 81
Hyperboloidkammer 140

I

Iarocci-Tubes 109
Imaging Chamber 154, 407
IMB-Experiment 381
Impuls
-auflösung 349, 387
-bestimmung 344
-betrieb 96
-höhendiagramm 93
maximal meßbarer 345
-meßfehler 347
-meßungenauigkeit
relative 250
-messung 15, 341
-spektrometer 325
Induktionsdriftkammer 135, 405
Inelastizität, mittlere 311
Infrarotstrahlung 5
Ingestion 86
Inhalation 86
Inkorporation 86
Interferenz 257
intrinsic conductivity 279
Ionen
-anlagerung 133
-beweglichkeit 117
-bewegung 92
-dosis 85
-paar 32
-schlauch 107
schwere
Reichweite in Silizium 280
Ionisation 17, 395
primäre 31
spezifische 136, 189
Mehrfachmessung 263
totale 31
Ionisations
-ausbeute 31
-dosimeter 96
-energie 21
-konstante 20
-minimum 22
-potential, effektives 32

-prozesse, Anzahl 33
-spur 177, 387
-statistik 35
-struktur 121
zeitliche 104
-verlust 20, 30, 89
Landau-Ausläufer 26, 260
Reichweitenende 366
relativistischer Anstieg 264
von Elektronen 29, 30
von Positronen 30
von schweren Teilchen 20
Ionisationskammer 89, 90, 93
planare 90
zylindrische 94
Feldstärke 94
Isopropanol 158
Isotropie 81

J

JADE-Experiment 146
JADE-Zentraldetektor 148
Jet-Driftkammer 145, 146, 405
Jet-Kammer 136, 405
Drifttrajektorie 149
Driftzelle 149
Josephsoneffekt 336

K

Körperradioaktivität 86
Kalibration 302
mit radioaktiven Edelgasen 333
mit Uran 333
relative 333
Stabilität 334
Kalorimeter 89, 218
Eichung und Überwachung 332, 420
elektromagnetisches 272, 273, 303
Flüssig-Krypton- 305
homogenes 300
kryogenische 335, 339
Leckverlust 301
Linearität 332
segmentierte 324
Signalverhälnisse 314

totalabsorbierendes 287, 299, 306
Kalorimeterbreite, laterale 320
Kalorimetrie
  Elektronen- 168
  Hadronen- 168
  klassische 336
Kalziumfluorid-Kristall 253
Kamiokande Experiment 208, 381
Kammer 89
  Emulsions- 195
  Flüssigionisations- 116
  -füllung 119
  -gas
    Freon 166
    Xenon 166
  Lebensdauer 156, 159
  -material, Ausgasen 158
  Strohhalm- 124
  Vieldraht- 71
  zylindrische 134
Kanal-Elektronenvervielfacher 210, 254
Kanalplatte, offene 211
K/p-Trennung 246
Kapazität pro Einheitslänge 101, 123
Kaskaden
  Bildung in der Erdatmosphäre 310
  elektromagnetische 291, 292
  laterale Entwicklung 292
  longitudinale Entwicklung 292
  simuliert
    elektromagnetische 310
    hadronische 310
Kathoden
  Ablagerungen 157
  -auslese 125, 150
    sequentielle 289
  Bialkali 206
  -pad 133
  -plättchen 290, 304
  segmentierte 109, 113, 125, 289
  -streifen 125
  -struktur, mäanderartig 113
  Verzögerungsleitung 113

Keramiksubstrat 127
Kern
  -bindungsenergie 311
    Rückgewinnung 313
  -emulsion 48, 188, 202, 357, 410
    Stapel 189, 194
  -fragment
    kurzreichweitiges 311
  -ladung
    Abschirmung 55
  -ladungszahl 20
    effektive 41
  -physik 359
  -wechselwirkung 43, 331
    inelastische 231
  -wechselwirkungslänge 61
Kernwaffentest 383
Knallgasbildung 164
Knock-on-Elektronen 24, 28, 395
Kobalt-Nickel-Eisen-Legierung 187
Kohlenstoff-Faser 262
Kohlenwasserstoffe 159, 160
  halogenisierte 159
Kohlenwasserstoffverbindung 159
Koinzidenz
  Dreifachrate 80
  Zweifachrate 80
Kompaktheitsparameter 328
Kompensation 313
Kompensationsspule 350
Kondensationskeim 171
Kondensationskern 171
Kondensator-Gleichung 92
Konfidenz-Intervall 73
Konfidenz-Niveau 74, 76
Kontrollbereich 86, 400
Konversions
  -elektronen 88, 284
    monoenergetische 88
  -linienspektrum 282, 283
  -reaktion 230
kosmische Strahlung 357
  Elementhäufigkeit 201
  primäre 380
Krümmungsradius
  im Magnetfeld 343

magnetischer 347
Krebsnebel 377
Kristallgitter 214
Kryodetektor 337
Kryogenik 119
Kupfer-Streamer-Rohr-Kalorimeter
    304

L

Laborsystem 350
Ladewiderstand 108
Ladung, influenzierte 117
Ladungs
    -cluster-Zählmethode 262
    -deposition 160
    -dichte 118
    -schwerpunkt 125, 317
    -schwerpunktstiefe 317
    -träger
        -beweglichkeit 63, 277
        -konzentration 276
        -paar 32
        Statistik 32
        -vermehrung 97
    -verteilung
        Myonen 389
        Pionen 389
    -zahl 37
Landau
    -Fluktuation 26, 28, 36, 266,
        301, 302
    -Schwanz d. Verteilung 29
    -verteilung 26, 265, 269
langsame Teilchen 22
Laplace-Operator 94
Large Electron Positron Collider
    384
Large Hadron Collider 128
Larmor-Radien 150
Laser-Ionisationssystem 387
Lateralverteilung 325
Laufzeit
    -messung
        Massentrennung 237
    -schwankungen 210
    Differenz 208
Lawinen 97

-aufbau 102
    Photonenerzeugung 154
-ausbreitung
    transversale 107
-bildung 103, 106
    laterale Diffusion 103
-entwicklung 108
-kammer 227, 414
    mehrstufige 135, 136
Lebensdauer 83, 170
-bestimmung
    kurzlebiger Hadronen 386
Kanalplatten 211
Teilchen 169
Leck
    -rate, longitudinal 303
    -strom 290, 336
    -verlust
        intrinsischer 325
        lateraler 301, 302
        longitudinaler 301, 302
Leitfähigkeitsband 214
Leitungsband 214
LEP 384
Leptonenzahlerhaltung 381
Lexan 199
LHC 331
    Strahlenbelastung 291
Licht
    -absorption 219
    -ausbeute 218
    -auslese 220
    -empfänger
        spektrale Empfindlichkeit 216
    -extraktion 215
    -verlust 221
    sichtbares 5
    ultraviolettes 5
Lichtempfindliche Systeme 205
Lichtfaser
    Bündel 224
    Kalorimeter 223
    System 223
Lichtleiter
    adiabatischer 219, 220
    Faser 219, 223

Fischschwanz 220
limited Geiger mode 109
Liouvillesches Theorem 221
Lithium-Fluorid 232
Lithiumfolien-Radiator 262
Lithiumradiator 263
Löcher
   -leitung 276
   -strom 276
Löschgas 108
   SF_6 176
   SO_2 176
   -molekül 109
Löschung durch Widerstand 108
Logik,externe 135
Lorentz
   -faktor 18
   -kraft 68
   -winkel 69, 140
Loschmidt'sche Zahl 20
Low-Level-Counter 383
Luftkondensator
   zylindrischer 96
Luftlichtleiter 248
Luftschauer 181
   Cherenkov-Licht 380
   ausgedehnte 325, 378
   Experiment 172
   longitudinale Entwicklung 379
   Szintillationslicht 379
Luftspaltmagnet 345, 349
Lumineszenzstrahlung 214
Luminosität 350
Luminositätsmonitor 390

M
Magnetfeld
   -einfluß 211
   -konfiguration 350
   Krümmungsradius 229
   longitudinales 136
   solenoidales 136, 352
Magnetostriktion 186
Magnetspektrometer 236, 272, 341, 342
   festes Target 341
   spezielle Anordnungen 350

Makkaronis 223
Makrokosmos 5
Malter-Effekt 158
MARK II-Jet-Kammer 147, 148
Marmor-Kalorimeter 324
Marx-Generator 175
Massen
   -abschwächungskoeffizient 56, 57
   -absorptionskoeffizient 50, 56, 57
   -belegung 50
Massenzahl 20
Massenzuordnung 145
Materie
   dunkle 335
   nichtleuchtende 335
Materiebelegung 22
Materiefreiheit 136
Maximalenergie 86
Maxwell-Boltzmann-Verteilung 63
Meßziel 89
Mehrfachansprechvermögen 226
Mehrfachdurchgänge
   von Teilchen 252
Mehrspuranprechvermögen 184
Meißnereffekt 336
Messung
   Ionisationsmessung 89
   Ortsmessung 89
Methan-Durchflußzähler 383
Methanol 158
Methoden, photometrische 195
Methylal 158
Mißidentifizierungswahrscheinlichkeit
   Elektron-Myon 331
   Elektron-Pion 329
   Kaon-Proton 246
   Pion-Kaon 237
Mikro-Vertexdetektor 339
Mikrokalorimeter 287
Mikrokanal 210, 211
   Elektronenvervielfacher 254
   dreistufiger 212
   -photomultiplier 210
Mikrokosmos 5

Mikroplasmaentladung 156, 407
Mikroskope
    i.d.Teilchenphysik 5
Mikrostreifen
    Gasdetektor 126, 127, 404
    durchkontaktierte   Punkte
        126
    Kammer 202
Mikrowellen 5
Mikrowellenstrahlung 287
Milli-Kelvin-Bereich 335
Mindestdrahtspannung
    mechanische 124
Mineralien 201
Minimalenergie
    Schauerteilchen 293
Mittlerer Energieverlust 23
Mobilität 95
    von Elektronen 64
    von Ionen 64
Moderation
    Neutronen
        nichtthermische 231
        Paraffinmantel 232
Moderator
    schnelle Neutronen 231
Molekülbildung
    kovalente 157
Moleküldimension 65
Molekülfragment 156
Molekularsieb 159
Molière-Theorie 37
Molière-Radius 296
Monopol, magnetischer 201, 287
Monte-Carlo-Simulation 310
Mosaik-Zähler 125
Moseley-Gesetz 364
Mu-Metall-Zylinder 206
Multi-step avalanche chamber 135
Multifunktionsdetektor 393
Multiplikationsschritt 298
Multiplizität 310
Mustererkennung, automatische 201
Mylar-Halm
    aluminisiert 124
μ/π-Trennung 264

Myonen 326
    -absorptionsdetektor 371
    -absorptionsmessung 360
    -bremsstrahlung 330
    der kosmischen Strahlung 88
    Energie
        maximal übertragbare 19
    Energiebestimmung 326
    Fluß kosmischer 88
    Identifizierung von 168
    -Kalorimeter 331
    -kammer 389
    -neutrinos 372, 373
    -paarproduktion 334
    -produktion 375
    -röntgenaufnahme 372
    Tiefen-Intensitätsbeziehung 370

N

Nachweis, neutraler Teilchen 397
Nachweiswahrscheinlichkeit 79
    Neutronen 232
$NaJ(Tl)$-Schauerzähler 306
Naphtalin
    Fluoreszenzstoff 222
Natrium, festes 244
Nebelkammer 15, 163, 202, 408
    Diffusions- 172
    Expansions- 172
    Expansionszyklus 171
    Vielplatten- 172
Negative Temperature Coefficient
    337
Neon-Flash-Kammer 179, 409
    Plastikrohre, extrudierte 179
Neon-Flash-Rohr 180, 409
Neonröhrchen, sphärische 181
Neopentanzähler 247
Neutrino
    Ansprechvermögen 235
        Massenbelegung 235
    Astronomie 326
    -detektor 235, 415
    Experiment 180, 208
    -Nukleon-Wechselwirkung 374
    -Registrierung 382
    -reaktion, inelastische 235

-sorte 235
-strahlerzeugung 373
-wechselwirkung 163, 374
Neutrinos
  astrophysikalische 287
  kosmische 326
  kosmologische 393
  niederenergetische kosmische
    335
  solare 382
Neutronen
  -bestrahlung 367
  Energiespektrum 235
  epithermische 367
  -flüssigkeit 166
  -nachweis 227, 230, 414
    Proportional-Zählrohr 232
  -nachweiswahrscheinlichkeit
    232, 234
  niederenergetische 230
  quasi-thermische 232
  relative biologische Wirksam-
    keit 234
  schnelle 85
  Strahlen 367
  thermische 85, 231
  -wechselwirkung 230
  Wirkungsquerschnitt 231
  -zähler 231
Normalverteilung 73, 74
NTC-Widerstand 337
Nuklearmedizin 86
Nukleon
  Zerfall 180, 381, 382
    Cherenkov-Zähler 381
  Zerfallsexperiment 208
Nuklididentifizierung
  im radioaktiven Fallout 368

O
Oberflächen
  Kontamination 384
  Qualität 227
  Sperrschichtzähler 276, 278
  Untersuchung 363
    zerstörungsfreie 363
OPAL-Detektor 147

Organfehlfunktionen 362
Orts
  -auflösung 77, 128, 153, 178
  endliche 344
  großflächige Kammer 133
  -bestimmung 16
  Detektor 203
    triggerbarer 182
  Fehler 349
  Meßfehler 345
  Messung, Vergleich 203
Oxydschicht, dünne 157

P
p-n-Halbleiterzähler 277
p-i-n-Struktur 276
Paarbildung 230
Paarerzeugung 18, 50, 54, 60
  am Elektron 55
  am Kern 56
  direkte 42, 43, 331
  durch Myonen 42
  Energieaufteilung 56
  Energieaufteilungsparameter 55
  Schwellwertenergie 54
  Wirkungsquerschnitt
    totaler 56
pad 290
Parallel Plate Avalanche Chamber
  227
Parallel-Platten-Lawinenkammer
  227
Pendelbestrahlung 365
Penning-Effekt 97, 98
Personendosis 96
  Bestimmung 411
PET 361
PETRA 146
Phonon 214, 276, 336
  -detektor 335
Phosphatglas, silberaktiviert 198
Photoabsorption 56
Photodiode 213
  Matrix 254
Photoeffekt 18, 50, 51, 60, 230, 397
  Z-Abhängigkeit 51
Photoelektronbildung 107

Photoelektronen 52
  gasverstärkte 102
Photokathode 216
  Alkali-Metall 205
  spektrale Empfindlichkeit 209,
    216
Photokonversion 149
Photolumineszenz-Zentren 198
Photomultiplier 205, 206, 412
  Durchlaufzeit 207
  Empfindlichkeit 5
  Fenster, Transparenz 206
  Matrix 361
  Signal, Anstiegszeit 207
Photonen 17
  Ausbeute 243
  comptongestreute 283
  Empfindlichkeit d. Augen f. 5,
    213
  Intensitätsabschwächung 40
  niederenergetische 18
  pro Längeneinheit 242, 243
  Reichweite 108
  Sternenlicht- 54
  virtuelle 43
Phototransistor 213
π/K-Trennung 237, 263
$\pi/K/p$-Trennung 264
Pick-up-Elektroden 135, 179
Pion
  -hypothese 328
  -kontamination 328
  -unterdrückung
    kalorimetrische 328
Pionen
  -akzeptanz 263
  Einfang 366
  -kontamination 262
  Mißidentifizierungs
    -wahrscheinlichkeit 262
  -unterdrückung 262
PIXE-Detektor 364
PIXE-Technik 363
  Anwendungen
    Archäologie 364
    Biologie 364

  Geologie 364
  Metallurgie 364
Pixel 290
  System 224
Planare Funkenzähler 205, 413
Planare Ionisationskammer 89, 400
Plancksches Wirkungsquantum 65
Planparallelität 227
Plasmaentladung 184
Plasmakanal 178
Plasmaschlauch 182, 276
Plastik
  Detektor 198, 202, 234, 411
  Spuren 200
  Stackaufbau 200
  Folie 198
  Struktur 127
  Szintillator 216
Plateau des Ansprechvermögens 112
Plexiglas 222, 244
Poisson
  Fluktuation 36
  Gleichung 94
  Statistik 32, 76
    Wurzelfehler 76
  Verteilung 74
Polarisationsunterschied 238
Polarwinkelmeßfehler 355, 356
Polykarbonatfolie 199
Polymerbildung 157
Polymerisation 156
Polymerisationseffekt 157
Polymerisationsrate 157
Polymerisationsstruktur
  haarartige 160
Polymethylmetacrylat
  Plexiglas 222
Positronen-Emissions-Tomographie
  361
Potentialdrähte 131, 137
Potentialverlauf 94
PPAC 227
Primärionisation 101
Primärionisationsstatistik 130, 147
  Fluktuationen 129
Primärvertex 288, 374

pro-Kopf-Belastung
    jährliche 86
Projektilfragment 190
Projektilladung 252
Proportional-Zählrohr 97, 101, 106,
    401
    Auslese 104
    Lawinenbildung 103
    Neutronennachweis 232
Proportionalbereich
    Schwellenspannung 101
    Zählrohr 98
Proportionalkammer
    Feldlinien 120
Proton-Antiproton Wechselwirkung
    176, 177
Proton-Speicherring 201
Protonen
    -induzierte   Röntgenemission
        363
    Photoproduktion 165
    -synchrotron 373
PVC-Schlauch 159
Pyramide, Myonenröntgenaufnahme
    370

Q
Quanten
    -ausbeute 205, 206
    Interferometer 336
    -übergangsenergie 335
Quasiteilchen 335, 336
Quelle, radioaktive 87

R
Röntgen 85
Röntgenfilm 15, 195, 360
    industrieller 195
Röntgenstrahlung 5, 15
    charakteristische 51, 88, 363,
        397
    kontinuierliche 363
    Spektroskopie 106
Rückflußjoch 325
    für Magnetfelder 388
Rückstellkräfte, magnetische 150
Rückstoß

-kerne, schwere 85
-protonen 231
-reaktion, elastische 232
Rückwärtsstreuung 53
rad 84
Radiator
    für Cherenkovstrahlung 243
    feste 243
    flüssige 243
    gasförmige 243
    Länge, erforderliche 246
    Mylar-Folie 262
    poröser Schaumstoff 262
Radikaldichte 157
Radikale 156
    chemische Aktivität 157
    freie 156
radioaktive
    Belastung 360
    Präparate 83
    Strahlung
        siehe Strahlung 15
radioaktiver Zerfall 399
Radioaktivität
    induzierte 359
    natürliche 359
Radioindikator 360
Radiokohlenstoffgehalt 383
Radionuklid 359
    Aktivität 83
    -identifizierung 368
    Zerfallskonstante 83
Radiophotolumineszenz-Detektor
        198, 411
Radiowellen 5
Ramsauer-Effekt 65
Ramsauer-Minimum 117
Ramsauer-Wirkungsquerschnitt 65,
        66
Raumfahrt
    Experimente 202, 359
    -mission, bemannte 359
    Strahlenbelastung 291
Raumladung 108, 151, 279
    räumlicher Verlauf 280
Raumladungszone 277

Raumwinkelüberdeckung 136
Rauschen, Drähte 157
RBW-Faktor 84, 85
Reaktionswahrscheinlichkeit 235
Rechteckverteilung 71
Rechts-Links-Ambiguität 130
Regenerstatistik 76
Registrierung
  elektronische 78, 179
  holographische 170
  optische 163
  photographische 173
  stereoskopische 186
Reichweite
  α-Teilchen 45, 46, 48, 281
  Deuteronen 281
  Elektronen 46, 47
    niederenergetische 46
  Fluktuation 48
  in Luft 45
  Myonen 48, 49
    hochenergetische 48
  Photonen 50
  Pionen 48
  praktische 46
  Protonen 46, 48, 233, 281
  schwere Ionen 281
  Teilchen 45
    niederenergetische 45
Reichweitenende 367
Rekompression 171
rem 85
Resistive Plate Chamber 227
Restlichtverstärker 212
RICH-Zähler 249, 251, 253
Ring Imaging Cherenkov Counter
  249
Rotationsniveau 98
RPC 227
Röntgenfilme 195, 411

S
Sättigungsdampfdruck 171
Sättigungseffekt 102, 318
Säuberungsfeld 175, 182
Sagitta 347, 348
  Verfahren 347

Sampling
  Dicke, effektive 300
  Fluktuationen 300, 323
  Kalorimeter 172, 299
    hybride Anordnung 324
  Zeit 313
SAS-2-Satellit 377
Sauerstoff 70
  atomarer 158
Schädigung
  biologische 84
  latente 198, 201
Schallgeschwindigkeit 186, 187
Schauer
  -ausdehnung, laterale 378
  -bildung 293
  elektromagnetischer
    laterale Breite 296
  -elektronen, Anzahl 295
  -energie
    laterale Verteilung 308
  -entwicklung
    longitudinale 295, 314, 315,
      327
    Startpunkt 328
  Hadron induziert 380
  -kern 296
  kosmischer Myonen 180
  kritische Energie 299
  Länge 317
  longitudinale Ausdehnung 294
  Maximum 299, 303, 315
  -modell
    Parametrisierung 298
    vereinfachtes 298
  -profil
    laterales 314, 316
    longitudinales 295, 302, 303
  radiale Breite 319
  -schwerpunkt
    longitudinaler 328
  Teilchengesamtzahl 299
  Zähler
    totalabsorbierender 298
Schwärzung 190
  photometrisch gemessen 196

radiale Verteilung 196
Struktur 196
Schwellwert
Bedingung 245
Cherenkovzähler 247
Detektor 234
Effekt 195, 201
Energie 240
Geschwindigkeit 240
-reaktion, Neutronen 234
-verhalten
effektives 257
Schwerionen
schnelle 252
Schwerionenwechselwirkung 176
Schwerpunktssystem 350
Schwingungsniveau 98
Sekundärelektronen
-vervielfacher 205
Emissionskoeffizient 206
Sekundärionisation 31
Sekundärionisationsprozeß 90
Sekundärlawine 107
Sekundärvertex 169, 288
Rekonstruktion 386
Selbst-Triggerung 217
Selbstlöschung 108
Separation
Elektron/Hadron 326
Kriterien 327
Si/Al-Kalorimeter 286
Siedetemperatur 163
Sievert 85, 399
Signal, zeitliche Struktur 105
Signalanstiegszeit der Elektronen-
komponente 104
Signallaufzeit-Unterschied 386
Signallaufzeiten 140
Silan 159
Silber-Cluster 194
Silber-Chlorid 244
Silberhalogenid-Kristalle 188, 194,
411
Silberkeimbildung 195
Si(Li)-Detektor 280
Si(Li)-Halbleiterzähler 286

Silikaaerogel 244
Silikat 158, 159
Silikonfett 159
Silikonschlauch 159
Silizium
Halbleiterzähler 285
störstellenfreies 279
Staub 157
Streifenzähler 89, 288, 289, 385
doppelseitige Auslese 290
Verunreinigung 158
Zähler 89
Silizium-Vertexdetektor 386
Simulationsrechnung 312
Sinnesorgane 5
SIS Übergang 336
Solenoid 353
Solenoid-Detektor 354
Spaghetti-Kalorimeter 223, 324
Spaltereignis, spontanes 201
Spaltfragmente
Ionisationsspuren 190
Spuren 199, 200
Spaltreaktion 232
Spannungsimpuls 91
Spannungsteiler 205
Speichermedien 196
Kalziumfluorid-Kristalle 196
Lithiumfluorid-Kristalle 196
Speicherphosphore 196
Speicherring-Experiment 136, 168
Spektrometer 342
doppelfokussierendes 356
Spiegelladung 255
Splitfield-Magnet 351
Spule
solenoidale 352, 385
supraleitende 385
toroidale 352
Spur
Ladungsprofil 156
latente 177
optisches Bild 154
Rückextrapolation 192
Spurlänge, meßbare 293
Spurrekonstruktion 141

SQUID 336
SSC 331
  Strahlenbelastung 291
Stöße, von Gasmolekülen 68
Störsignal 202
Standard-Abweichung
  der projizierten Streuwinkelver-
    teilung 37
  räumliche Streuwinkel 37
Standard-Fehler 74
Statistik
  Kenngrößen 76
  kleine Zahlen 76
Stereodrähte 140, 141
Stereowinkel 140
Stern, Teilchen 190
Stern von sekundären Teilchen 189
Sternbildung 367
Stoß
  Funkengenerator 175
  -ionisationsquerschnitt 98
  -prozeß 18
  -querschnitt 65
    Beugungsphänomene 65
    energieabhängiger 63
    Ramsauer-Effekt 65
    Reibungskraft 68
    stochastische Kraft 68
Strahl
  impulsselektierter 247
Strahlen
  Belastung
    der Umwelt 86
    hohe 290
    zivilatorisch 86
  -härte 225, 290
  -kamera 360
  -resistenz 119, 203, 290, 306
  -schäden, reduzierte 127
  -schutz 6, 411
  -schutzbereich 96
  -therapie
    mit schweren Teilchen 366
Strahlung
  biologische Wirksamkeit 83, 84,
    367, 399

kosmische 5, 196
  Quellen 359
  natürliche 400
  primäre kosmische 325
  radioaktive 15
Strahlungs
  -detektor
    Anwendungen 359
  -gürtel 359
  -härte 306
  -korrektur 334
  -länge 37–39, 41, 215, 396
    effektive 41
    von Gemischen 40
  -messung
    Einheiten 83, 399
Straw-Tube-Kammer 143
  dünnwandig 143
Streamer
  -bereich 110
  leuchtende 174
  -signal 110
Streamer-Kammer 15, 155, 173, 178,
    202, 409
  Aufbau 174
  Aufnahme 176
  Betrieb 175
Streamer-Mode 155, 227
  Übergang 110, 111
  zweiter 111
Streamer-Rohr 109, 110, 114, 173,
    402
  Ansprechvermögen 113
  Hadron-Kalorimeter
    digitale Muster 332
  Kalorimeter 303, 327
    Magnetfeldabhänigkeit 333
  Sampling 307
  selbstlöschendes 112
  Zählratenabhängigkeit 116
Streuung
  Compton 52
    inverse 53
  Elektron-Positron 140, 142, 147,
    391
  Kerntreffer 37

Photon-Photon 60
Proton-Proton 60
quasifreier Elektronen 50
Standardabweichung 37
Winkelverteilung 37
Streuwinkel
von Photonen 52
Strohhalm-Kammer 143, 404
Ortsauflösung 143
Strombetrieb 96
Stromsignal 101
Stromteilungsmethode 140, 147
Stromverstärkung 207
Superconducting Quantum
Interference Devices 336
Superconducting Super Collider 128
Superconducting-Insulating-
Superconducting-
Übergang 336
Supernova 1987A 382
Supraleiter 335
Synchronisation 163
Synchrotronsstrahlung 350
Szintigraph 361
Szintillations
-licht 15
in der Atmosphäre 326
primäres 217
sekundäres 217
-mechanismus 213
-zähler 81, 171, 205
großflächige 218
modularer 362
organische 16
Szintillator 79, 213, 413
Abklingzeit 214
anorganischer 213, 215
$NaJ(Tl)$ 361
Flüssig 223
-material 213
anorganische Kristalle 213
$NaJ(Tl)$ 275
organischer 213
Sampling 307
-substanz 213
Transparenzeigenschaft 225

Wellenlängenschieber-Auslese
221

T
TAC 236
TANC 325
Target
-fragment 190
lebendes 287
Proton 192
stationäres 342
Taschendosimeter
direkt ablesbares 96
Teilchen
-diskriminierung 145
-durchgangsort 15
-generation 385
-identifizierung 145, 229, 240,
256, 263–265, 414
mit Kalorimetern 326, 420
Spezialdetektor 271
minimalionisierende 22
-multiplizität 310
neutrale 17
-rate 333
hohe 153
-registrierung
in Flüssigkeiten 116, 403
relativistische 19
schwach wechselwirkende
massive 335
-separation 147
-spuren, Konservierung 194
-spursegment 299
-strahlung
galaktische 359
solare 359
-trennung
Elektronen/Hadronen 326
Temperatur
kryogenische 287
Temperaturgradient
konstanter 173
Tertiärlawine 107
Teststrahlen
an Beschleunigern 88, 332
Tetrafluorsilan 159

Tetrakis-Dimethylaminoäthylen (TMAE) 251
Tetramethylgerman 324
Tetramethylpentan 119, 324
Tetramethylsilan 119, 324
Thalliumformiat 244, 306
Thalliummalonat 306
Theorie
elektroschwache 385
Thermistorauslese 287, 337
Thermolumineszenz
Detektoren 196, 411
Dosimeter 196, 197
Filme 196
Pulver 197
Stoffe 197
Zentrum 197
Thomson-Wirkungsquerschnitt 51
Tiefbau 360
Tiefenprofil, Energieabgabe 366
Time Projection Chamber 149
Time-Jitter 207
Time-to Amplitude Converter 236
TMAE 251
TMS 119, 324
Tomograph, Positronen-Emission 362
Toroid-Magnet 352
Total Absorption Nuclear Cascade 325
Totalreflektion 220
Totzeit 77, 179
Townsend-Koeffizient
erster 98
Edelgase 100
Zähldampfzusätze 100
zweiter 102
Toxizität 119
TPC 149
Trägerfolie 235
Tröpfchenspur 171
Tracer 360
Transferwahrscheinlichkeit
mittlere 135
Transition Radiation Detector 255
Transmission 356

Transversalimpuls 136, 192, 308, 387
mittlerer 310
Trapezzellen, offene 138
TRD 255
Trenn
-kriterium 328
-methode 262
-verfahren 327
Trennung
gravimetrische
von Mineralien 306
Trennungsparameter 388
Triäthylamin (TEA) 251
Trident-Produktion 42
Trigger
-rate 390
-schwelle 287
-signal 78, 182
externes 156
-system 390
-verzögerung 177
-zähler 205
truncated mean 266
Trunkierungsgrad 269
Tschernobyl 368
Tschernobyl-Isotope 368
Tumortherapie 365
Tunnel
-effekt 336
-grenzschicht 285, 286
-strom
Interferenzerscheinungen 336
-übergang 287

U
UA5-Experiment 176
Übergang
Proportional- zum Streamer-Mode 111
Übergangsstrahlung 256
Übergangsstrahlungs
-detektor 255, 258, 416
-photonen 256
Emissionswinkel 257
mittlere Energie 257
-radiator 257
Überkompensation 313

Überladung 134
Umweltradioaktivität 86
Uniformität 81, 218
Unterlage, dielektrische 126
Unterscheidung
　　Elektronen-Pionen 260
Uran/Hadron-Kalorimeter 324
Uran/Flüssig-Argon　　Kalorimeter
　　313
Uran/Kupfer-Szintillator　Kalorime-
　　ter 313
Urknall, Überreste 273
UV-Laserlicht 177

V

Valenzband 214
Valenzbandkante 275
van Allen-Gürtel 359
Varianz 71, 72
Vela X1 377
Verarmungszone 277–279
Verfahren
　　bildgebende 359
　　kalorimetrische 273
Verkehrsplanung 360
Versatz, alternierend 147
Verschiebung
　　dielektrische 256
Verstärker
　　stromempfindlicher 91
Verstärkungseigenschaft
　　zeitabhängig 127
Verteilung
　　Bernoulli- 75
　　Binomial- 75
　　diskrete 74
　　Gauß- 73
　　Landau 26
　　Poisson 74
Verteilungsfunktion 71
　　kontinuierliche 74
Vertex-Bestimmung 381
Vertex-Blasenkammer
　　holographische Auslese 394
Vertex-Detektor 143, 168, 189, 192,
　　194, 288, 385
Verunreinigung

Öle 159
Brom 159
Chlor 159
elektronegative 117
Fluor 159
Halogene 159
Kohlenstoff 159
makroskopische
　　auf Drähten 160
Polymere 159
PVC-Schläuche 159
schädliche 159
schwefelhaltige　　Verbindungen
　　159
Silizium 159
Siliziumkarbid 159
Vervielfachungssystem 205
Verzögerungsleitung 113
　　magnetostriktive 186
Verzögerungsschaltungen
　　elektronische 135
Vieldraht
　　Driftkammer
　　　Feldlinienverlauf 131
　　Driftmodul 143, 144
　　　Einteilchenereignis 145
　　Proportionalkam-
　　　mer 15, 71, 119, 251, 257,
　　　403
　　Äquipotentiallinien 121
　　ambiguitätsfrei 126
　　Aufbau 120
　　Feldlinien 121
　　Kapazität 123
　　miniaturisierte 126
Vielfach
　　Ansprechvermögen 81, 184
　　-stöße 62
　　Streamerentladungen 111
　　-streufehler 346, 349, 354
　　-streuung 37, 45, 149, 296
　　-streuwinkel 346
Vielkanalanalysator (PHA) 236
Vielkanalkollimator 361
Vielplattenfunkenkammer 136, 182–
　　185, 376

Vielspurereignisse
  Elektron-Positron-
    Wechselwirkung 142, 153
4π-Geometrie 168, 384
virtuelle Austauschteilen 43
Volumendiffusion 63
Vorverstärker
  ladungsempfindliche 285, 403
  rauscharme 154, 285

W

W-Wert 31
Wärmekapazität 287, 336
Wahrscheinlichkeitsverteilung   73,
  268
Wands 187
Wasser-Cherenkov-Zähler
  Nukleon-Zerfall 381
Wasserdampf 160
Wasserstoff-Blasenkammer 164
Wechselstrom 5
Wechselwirkung
  inelastische 43, 60
  Kohlenstoff 192
  mit Materie 17
  Schwefelion 191
  starke 60
  Teilchen, geladener 60
  Urankern 191
  von Hadronen 60
  von Neutronen 230
  von Photonen 50
Wechselwirkung von geladenen Teil-
    chen 18
Wechselwirkungs
  -länge 61, 62, 326, 398
  -mechanismus 17
  -prozeß 17
  -target 165
  -vertex 176
  -wahrscheinlichkeit 62, 233
Weglänge 207
  freie 97, 98
  Elektronen 103
  mittlere freie 63, 64, 70
  Schwankung 207
  Variation 208

Wellen
  elektromagnetische 5
Wellenlängen
  -schieber 216, 217
  -schieberauslese 222, 307
  -schiebermaterial 216
  -schieberstab
    externer 221
  -schieberstreifen 219
Weltraumexperiment 211, 359
Whiskers 160
Wichtung 321
Wichtungsfaktor 322
Widerstandsdrähte 160
Widerstandskette 132
Widerstandsplatten-Kammer   227,
  414
Wiederanlagerungszeit 177
Wiederholzeit 78, 79, 202
Wilson-Kammer 170
WIMPs – Weakly Interacting Mas-
    sive Particles 335
Winkelverteilung, Myonen 88
Wirkungsquerschnitt 30
  Absorption 57
  atomarer 57, 62
  Born-Approximation 51
  Bremsstrahlung 39
  Energieabhängigkeit 51
  hadronischer 61
  n. Klein-Nishina 52
  Neutrinowechselwirkungen 235
  Neutronen 231
  neutroneninduzierte   Reaktion
    231
  nuklearer 62
  Paarerzeugung 50, 54
  Photoabsorption, totale 56
  photoelektrischer 51
  Photoionisation 99, 100
  Photoprozesse 292
  Proton-Proton 60
  Ramsauer- 66
  Stoßionisation 99, 100
  totaler 51, 61
  von Photonen 59

Wahrscheinlichkeit in cm^2/g
    233
Wismutgermanat 306
Wolfram-Kalorimeter 314
Wolframdrähte, vergoldet 160
Wurzelfehler 76

X
Xenon-Proportionalzählrohr 106

Y
Yokotaglas 198

Z
Z^0-Resonanz 390
Zähl
    -drahtdurchmesser 97
    -flüssigkeit 117
    -gas 90
    -medium 119
    Rohr
        Geiger-Müller 77
        Proportionalbereich 98
        selbstlöschendes 108
    -statistik 76
Zähler
    zylindrische
        Betriebsmodus 115
Zählmedium 154
Zeit
    Amplituden-Wandler 236
    -auflösung 77, 79, 121, 227
        großer Szintillatoren 221
    Digital-Wandler 156
    -eichung 383
    empfindliche 78
    Expansionskammer 134, 405
    -meßinstrumente 205
    -messung 205, 412
    hochauflösende 205
    Projektions-Kammer 136, 149,
        150, 153, 202, 386, 406
    Gate-Prinzip 151
    selbsttriggernd 154
    -schwankung 207
    -verzögerung 78
Zellen

geschlossene 138
hexagonale Struktur 138
Trapez 138
Zellulose
    -azetat 234
    -nitrat 234
Zenitwinkel 88
Zentralelektrode 149
Zentrifugalkraft 164, 343
Zerfalls
    -gesetz 399
    -kanal 373
    -länge 169
Zink-Sulfid 244
Zink-Sulfid-Schirm 213
Zink-Sulfid-Szintillator 15
Zinngranulen
    mikrophotographische
        Aufnahme 337
Zone
    lokal ineffiziente 124
Zufallsexperiment 75
Zwei-Jet-Struktur 140
Zweifachkoinzidenzrate 80
Zweispurauflösung 224
Zyklotronfrequenz 68
Zykluszeit 16, 163, 172, 202
Zylinder
    Driftkammer 137
    -kondensator 123
    -koordinate 94
    Ionisationskammer 94, 400
    Proportional-Kammer 137

Zum Thema
Physik
im B. I.-Wissenschaftsverlag

Fließbach, T.
Mechanik
Inhalt einer einsemestrigen Kursvorlesung im Zyklus Theoretische Physik.
382 Seiten. 1992. Kartoniert.

Fließbach, T.
Allgemeine Relativitätstheorie
Eine anschauliche Einführung in die Allgemeine Relativitätstheorie.
365 Seiten. 1990. Gebunden.

Fließbach, T.
Quantenmechanik
Das Besondere an dieser gut lesbaren und übersichtlichen Einführung liegt in ihrem nicht streng deduktiven Zugang zur Materie. Prof. Dr. Torsten Fließbach, Universität Siegen.
384 Seiten. 1991. Kartoniert.

Neuert, H.
Physik für Naturwissenschaftler
Band I: Mechanik und Wärmelehre
173 Seiten. 2., überarbeitete Auflage 1989. (HTB 727). Kartoniert.
Band II: Elektrizität, Magnetismus, Optik, Atomphysik und Verfahren der chemischen Analyse.
344 Seiten. 1991. Kartoniert.

Schmutzer, E.
Grundlagen der Theoretischen Physik
Mit einem Grundriß der Mathematik für Physiker in zwei Bänden
Band I: 1008 S. 1989. Geb.
Band II: 1008 S. 1989. Geb.
Eine Lehrbuch-Gesamtdarstellung, die an den heutigen Forschungsstand der Theoretischen Physik heranführt.

Fließbach, T.
Statistische Physik
Eine Einführung in die Statistische Mechanik und Thermodynamik. Inhalt und Darstellung entsprechen einer einsemestrigen Kursvorlesung zur Theoretischen Physik.
440 S. 1993. Kartoniert.

Wissenschaftsverlag
Mannheim · Leipzig · Wien · Zürich

Zum Thema
Physik
im B.I.-Wissenschaftsverlag

Andretsch, J./K. Mainzer
Wieviele Leben
hat Schrödingers Katze?
Physikalische und philosophische
Aspekte der Quantenmechanik.
320 Seiten. 1990.

Kunick, A./W.-H. Steeb
Chaos in dynamischen
Systemen
Eine Einführung in diskrete
und kontinuierliche dynamische
Systeme mit chaotischem
Verhalten.
2., völlig überarbeitete und
erweiterte Auflage 1989.
240 Seiten. Kartoniert.

Lucha, W./F. F. Schöberl
Die starke Wechselwirkung
Eine Einführung in nichtrelati-
vistische Potentialmodelle
Verständliche Einführung in den
Problemkomplex der starken
Wechselwirkung mit einer um-
fassenden Formelsammlung.
184 Seiten. 1989. Kartoniert.

Mittelstaedt, P.
Der Zeitbegriff
in der Physik
Philosophische Konsequenzen
aus der modernen physikalischen
Definition des Zeitbegriffs.
Reihe Grundlagen der exakten
Naturwissenschaften, Band 3.
3., überarbeitete Auflage 1989.
192 Seiten. Gebunden.

Mitter, H.
Mechanik
Vorlesungen über theoretische
Physik I
Einführung in dieses Teilgebiet
der theoretischen Physik
mit PC-gestützten Beispielen.
240 Seiten. 1989. HTB 698.
Kartoniert.

Mitter, H.
Elektrodynamik
Vorlesungen über theoretische
Physik II
Einführung mit zahlreichen
Übungsaufgaben.
272 Seiten, 2., vollständig über-
arbeitete Auflage 1990. HTB 707.
Kartoniert.

B·I·
Wissenschaftsverlag
Mannheim · Leipzig · Wien · Zürich